HANS CONRAD ESCHER VON DER LINTH

Hans Conrad Escher, 30 bis 35 Jahre alt. Unsignierte Porträtzeichnung in schwarzer Kreide und Rötel von Diethelm Heinrich Lavater (1780–1827), bisher Hans Jakob Oeri zugeschrieben. Zentralbibliothek Zürich. Ein Bericht über die Feststellung der Urheberschaft ist im Kapitel «Quellen» enthalten. Um 1800. Oval 333:244 mm.

HERAUSGEGEBEN VON GUSTAV SOLAR
TEXT VON GUSTAV SOLAR UND JOST HÖSLI

HANS CONRAD ESCHER VON DER LINTH

ANSICHTEN UND PANORAMEN DER SCHWEIZ

DIE ANSICHTEN 1780-1822

ATLANTIS

Atlantis Verlag Zürich und Freiburg im Breisgau

Gestaltung: Heinz von Arx, Stäfa
Photolithos und Druck: Vontobel-Druck AG, Feldmeilen
Satz: Filmsatz Stauffer & Cie., Basel
Einband: Buchbinderei Burkhardt, Zürich
ISBN 3 7611 0440 5

Inhalt

ZUR BEGRÜNDUNG UND EINFÜHRUNG

Das vorliegende Buch verdankt seine Entstehung der erstaunlichen Tatsache, daß das zeichnerische Lebenswerk einer so bedeutenden Gestalt der schweizerischen Geschichte, wie sie Hans Conrad Escher von der Linth vorstellt, der Öffentlichkeit hundertfünfzig Jahre lang unbekannt bleiben und erst kürzlich unerwartet auftauchen konnte. Daß es sich bei den zwischen 1780 und 1822 gezeichneten neunhundert Ansichten und Panoramen der Schweiz und der angrenzenden Berggebiete in Frankreich, Italien, Österreich und Deutschland um das bei weitem umfangreichste von einem Schweizer Zeichner geschaffene Aquarellandschaftenwerk handelt und daß dieses Werk nicht in alle Winde zerstreut wurde, sondern mit geringen Ausnahmen als Ganzes, zudem größtenteils in einer der bedeutendsten wissenschaftlichen Wirkungsstätten des Landes erhalten blieb, sind nicht minder erstaunliche Erkenntnisse. Man wird sich daran gewöhnen müssen, bei der heutigen Konzentration von Dokumenten und Kunstgut in den großen Institutionen dort immer mehr das zu finden, was eigentlich längst gefunden sein sollte. Das menschliche Gedächtnis ist begrenzt, die bisherige Datenerfassung Stückwerk. Der Computer war fällig, und erst er wird – vielleicht – auch den dunklen Fleck unter der brennenden Kerze erhellen.

Eschers Ansichten und Panoramen der Schweiz sind eine einmalige, nur in ihren Teilaspekten mit Zeitgenössischem vergleichbare Leistung. Zum rein zahlenmäßigen Vergleich eignet sich noch am ehesten das Werk Johann Ludwig Aberlis, des Erfinders der sogenannten Aberlischen Manier – einer aquarellkolorierten Umrißradierung. Als aquarellierender Landschaftszeichner war Aberli ein Vorbild Eschers, der nach ihm kopierte und doch er selbst blieb. In der kommerziellen Zielsetzung unterscheidet sich Aberlis Werk allerdings grundlegend von demjenigen Eschers. Laut Geisers Werkverzeichnis[1] umfaßt es insgesamt 205 Nummern, zudem nicht nur Aquarelle, sondern auch Gemälde, Zeichnungen und druckgraphische Arbeiten.

Zur quantitativen Einmaligkeit der Ansichten und Panoramen Eschers gesellt sich die qualitative. Am Anfang der schweizerischen Aquarellvedutistik sind sie eine bewundernswerte Pioniertat. Escher geht eigene Wege in der realistischen Erfassung des Hochgebirges, in der koloristischen Behandlung, und vor allem: die meisten seiner Arbeiten sind erste Darstellungen der Gegend überhaupt. Seine Landschaftszeichnungen und Bergwanderungen waren nicht Flucht, sondern gesellschaftlich nutzbringendes Wirken in anderer Form. Escher war kein Romantiker, und er wollte auch kein Künstler sein. Seine Aquarelle und Skizzen sind wissenschaftliche Belege und zugleich persönliche Erlebnisberichte. Er hat sie nie einer breiteren Öffentlichkeit zur Kenntnis gebracht. Trotzdem sind sie künstlerisch weit bedeutender als vieles, was sich oft lautstark als Kunst bezeichnet. In seinen besten Arbeiten erreicht er eine geradezu Hodlersche Ausdrucksgewalt der Gebirgssicht. Seine Art, das Tektonische der Erdfaltung und das Elementare der Erosion in Harmonie und Dynamik umzusetzen, kennzeichnet seinen aufklärerischen Glauben an den naturgesetzlichen Ausgleich der Kräfte, an die alles durchdringende und nur sichtbar zu machende große Ordnung. Oft gesellt sich eine heitere Pleinairstimmung hinzu; auch die flüchtig skizzierten, die Reportagebildchen vermitteln noch das Beglückende seiner Lust und Freude am Schauen.

Diese Erkenntnisse werden in dem vorliegenden Ansichtenband nachzuweisen sein. Eine wichtige muß allerdings der später folgenden Panoramenkassette[2] vorbehalten bleiben: daß Escher nicht nur der eigentliche Gründer der schweizerischen Panoramenzeichnerschule ist, für den man Heinrich Keller hielt, sondern darüber hinaus sich zu den beiden bisher bekannten Erfindern des modernen Panoramas – dem Iren R. Barker und dem Deutschen J.A. Breysig – gesellt. Diese Erstleistung krönt frühere Erfolge seiner Landsleute. Das erste topographische Alpenpanorama überhaupt, 1754 vom Staatsgefangenen J.B. Micheli du Crest auf der Festung Aarburg gezeichnet, das erste Rundpanorama des Horizontaltyps, erfunden 1776 von H.B. de Saussure, und nun auch Eschers erstes Vollrund-Vertikalpanorama von 1792, eine «Circularaussicht» vom Fieudo im Gotthardmassiv, setzen schweizerische Weltprioritäten[3]. Doch auch in dem vorliegenden Band wird der Leser vereinzelt Panoramen und häufig panoramatische Ansichten vorfinden – die Weitwinkelsicht ist Eschers wichtigstes Hilfsmittel beim geognostischen Zeichnen.

Die Aquarelle werden hier in möglichst originalgroßen und farbentreuen Reproduktionen, in der Panoramenkassette sodann als Faksimiledrucke auf Syntosil wiedergegeben, einem Kunststoff, der es gestattet, die neuen Faltstellen in den bis 4 Meter langen Bildstreifen auszuglätten. Eine so aufwendige Wiedergabe hat die Zentralbibliothek in Zürich, unter deren Patronat die Herausgabe erfolgt, zusammen mit den Verlagen und dem Herausgeber für notwendig gehalten, weil die Aquarellfarben der Originale, die nach 150- bis 190jähriger Aufbewahrung im Dunkeln noch voll Leuchtkraft sind, nicht erhalten bleiben können, wenn sie nicht vor jeder Lichteinwirkung geschützt werden. Das ist – zum mindesten bis zur Erfindung neuer Konservierungsmethoden – praktisch unmöglich, weil sie ab und zu doch hervorgezogen werden müssen. Das Max-Doerner-Institut der Bayerischen Staatsgemäldesammlungen in München, eine der bedeutendsten Forschungsstätten auf dem Gebiet der Konservierung und naturwissenschaftlichen Untersuchung von Kunstwerken, hat festgestellt, daß verschiedene Aquarellfarben bereits nach 200000 Luxstunden, d.h. bei normaler achtstündiger Beleuchtung mit 400 Lux nach nur 60 Tagen, merklich auszubleichen beginnen und daß die Luxstundenzahl aufeinanderfolgender Belichtungen, auch wenn Jahre dazwischenliegen, zusammengezählt werden muß. Nur ein den UV-Bereich weitgehend vermeidendes Kunstlicht geringster Intensität – um 50 Lux – kann verantwortet werden, wenn die Belichtung wenige Wochen nicht überschreitet und nicht mehr wiederholt wird; eigentlich sollten Aquarelle überhaupt nicht ausgestellt oder sonst dem Licht ausgesetzt werden. Den Besucher der einmaligen, 1972 in München veranstalteten Ausstellung «Das Aquarell – 1400–1950» (der beispielsweise eine Institution vom Rang des British Museum erstmals in ihrer Geschichte die streng gehüteten eigenen Schätze anvertraute) empfing ein Halbdunkel, das nach einer gewissen Anpassungszeit trotzdem als genügende Helle empfunden wurde. Die Zürcher Escher-Ausstellung von 1973, aus der diese Publikation hervorgegangen ist, durfte aus demselben Grund nicht verlängert werden, und darum fand auch sie bei stark gedämpftem Kunstlicht statt. Wenn Eschers Ansichten und Panoramen der Schweiz nunmehr als gute Reproduktionen in die Hände der Öffentlichkeit gelangen, ist das ein Ersatz für die nicht zu verwirklichenden weiteren Ausstellungen, die in Unkenntnis der Umstände angeregt wurden. Die Veröffentlichung schützt zudem wertvolles Kulturgut, indem sie zu einer möglichst geringen Beanspruchung der Originale beiträgt. Nach einer Untersuchung der Bayerischen Staatsbibliothek in München sind dort seit 1945 mehr Schäden durch Benutzung festgestellt worden als in den ganzen Jahrhunderten bis 1945, Kriege und Katastrophen eingerechnet. Der Standpunkt des Kulturgüterschutzes allein rechtfertigt die Publikation.

Der Bildteil dieses Bandes wurde so geordnet, daß ohne Rücksicht auf Entstehungsdaten überschaubare regionale Einheiten zustandekommen, die eine Orientierung erleichtern (wenngleich innerhalb dieser Grenzen aus technischen Gründen nicht immer die wünschenswerte Reihenfolge eingehalten werden konnte). Sie beginnen mit Zürich und seiner Landschaft als dem Ausgangspunkt Eschers und erfassen von Osten nach Westen im Sinne seiner sich ständig ausweitenden Bergwanderungen das ganze Land. Diese Ordnung hätte Escher selbst befürwortet. Denn nicht sein Werk, so bedeutend es in vieler Hinsicht sein mag, soll vor allem vorgestellt werden; Hauptthema dieser Auswahl – ebenso wie dasjenige Eschers – ist die Schweiz, wird die Schweiz sein, ob es der Herausgeber will oder nicht.

Das Kunstinteresse unserer Zeit läßt einen seltsamen Bruch erkennen. Der Auseinandersetzung mit dem Heute durch alle möglichen Spielarten des Abstrakten und Formal-Dekorativen, des Naturfernen und Künstlichen, steht ein starkes Bedürfnis nach der konkreten Darstellung des Gestern gegenüber. Das Sammeln alter Ansichten, Stiche, Postkarten ist zu einer wahren Volksbewegung geworden. Diese Polarisierung gibt zu denken, um so mehr als die Kunstwissenschaft sie noch nicht richtig zur Kenntnis genommen hat. Die nostalgische Flucht in die Vergangenheit – in die reale, nachweisbare, und nicht in eine erträumte wie in der Romantik – hat sich zu einem ausgeprägten Zug unserer Zeit entwickelt. Sie ist keineswegs gleichzusetzen mit der Vorliebe für Altes. Antiquitäten wurden zu allen Zeiten mit verschiedener Absicht gesammelt, aus religiösen, politischen, repräsentativen, wissenschaftlichen, künstlerischen, ökonomischen Gründen (z.B. die derzeitige Flucht in die Sachwerte). Die Nostalgie unserer Tage ist anders.

Bleiben wir bei der Graphik. Wer sammelt noch Bildnisse, die das späte 19. und auch noch das beginnende 20. Jahrhundert so schätzte? Heute liegen die Preise für die trockensten, künstlerisch belanglosesten Ansichtenblättchen um ein Vielfaches über ihrem tatsächlichen Wert, während die Antiquare auf ihren Bildnisposten sitzenbleiben, obwohl diese oft hohe Werte vorstellen. Dasselbe gilt für biblische Szenen. Aus diesen Überlegungen ergibt sich vor allem, daß es der heutigen Nostalgie um das *konkrete* Gestern zu tun ist, um seine *topographische* Dokumentation.

Der Grund findet sich bald. In einer so stürmisch und so

planlos sich wandelnden Umwelt, wie sie das Industriezeitalter mit seinem auf Konsum und Raubbau abzielenden Wirtschaftswachstum kennzeichnet, wird das Leben chaotischer, unruhiger, die Welt unwohnlicher. Der Mensch fühlt sich verunsichert und unkontrollierbaren Gewalten preisgegeben. Die Tatsache, daß die Menschheit Gefahr läuft, mit der Zerstörung ihres Lebensraumes sich selbst zu zerstören, bestimmt die Nostalgie nach der «heilen» Welt von gestern. Es handelt sich also nicht um eine Flucht in die Vergangenheit überhaupt, sondern um eine solche in die noch nicht allzulange vergangene. Deren soziale Spannungen, die zur Spaltung Europas führten, haben mit dem steigenden Wohlstand der Industrieländer ihre Aktualität eingebüßt. Eine neue Teilung in reiche und arme, entwikkelte und Entwicklungsländer überlagert die alten Gegensätze. Die Industrienationen stoßen nunmehr an Grenzen ihres Wachstums. Das Interesse für die gußeiserne Gotik, die gravitätisch-behäbigen Dampflokomotiven, die fliegenden Kisten mit den tollkühnen Männern darin, die komischen Maschinen, ist nichts anderes als Sehnsucht nach der ungleich harmloseren Technik ihrer Kinderjahre.

Die Nostalgie kann also nicht als ein politisches Phänomen im alten, klassenkämpferischen Sinn verstanden werden, wie manche Soziologen sie deuten. Sie ist kein Protest gegen die Gesellschaftsordnung, denn sonst würde sie sich nicht ebenso deutlich in der Sowjetunion und den osteuropäischen Ländern ihres Machtbereichs bemerkbar machen, wo der Verbrauch zwar empfindlich hinter dem des Westens zurückbleibt, der Raubbau an der Umwelt aber nicht weniger brutal erfolgt.

Das verlorene Paradies unserer Zeit ist die wohnliche Stadtlandschaft und die unverdorbene Naturlandschaft von gestern. Die Schweiz gilt als europäischer Erholungsraum höchsten Rangs, weil sie beides noch in hohem Maß besitzt. Dennoch ist vieles hier gefährdet, manches schon unwiederbringlich verloren. Man muß nur einmal von hoch oben beobachtet haben, wie der grauweiße Schimmelpilz der technischen Zivilisation sich im lebenspendenden Grün der Landschaft vorwärtsfrißt und Betonwüsten zurückläßt. Vielleicht ist man in der Schweiz wegen des Überflusses an Naturlandschaft allzulange großzügig und unvorsichtig gewesen. In einem Land, das so grün ist, daß zwischen Straßenbelag und Wiesenrand kein Stückchen erdiges Bankett bleibt, dessen Städte ohne die Industriewüsten der Peripherien unmittelbar in grüne Landschaft übergehen, dessen Industrieballungen sich hinter den nächsten waldigen Hügeln verstecken oder ein interessantes und oft schönes Zusammenspiel von Natur und Technik versuchen konnten, solange sie nicht überhandnahmen – in einem solchen Land sind derlei Versäumnisse verständlich. Entschuldbar sind sie nicht. Wie so vieles in der Schweiz, kommt auch die Raumplanung zehn, zwanzig Jahre später, als sie hätte kommen sollen. Die Folge sind die chronischen Krankheiten unguter Kompromisse, deren Heilung Zeit und sehr viel Geld kosten wird. Besitz und Bankkonten können wachsen. Die Bodenfläche des Landes kann es nicht.

Und so mutet es wie eine Warnung Eschers an sein Volk an, wenn er es gerade jetzt, hundertfünfzig Jahre nach seinem Tod, mit dem einstigen Lebensraum konfrontiert, wie eine Mahnung, entschlossener und härter auf dem Vorrang planender Selbstbeschränkung vor schrankenloser Liberalität zu bestehen. So sehr Escher Demokrat war – in Notlagen des Landes hat er es ebenso gehalten.

Über diese grundlegende Bedeutung hinaus sind die Escher-Zeichnungen für eine Reihe von Wissenschaftszweigen wertvolle Informationsquellen: für die Glaziologie, weil sie Gletscherzustände einer Zeit festhalten, aus der es bisher überhaupt keine verläßlichen Nachrichten dieser Art gab; für die Geologie und Mineralogie sowie ihre Geschichte; für die Denkmalpflege und Ortsbildforschung; für die Forstwissenschaft, die Geographie und Kartographie, die Ortsnamenforschung, und nicht zuletzt für die schweizerische Kunstgeschichte, die Hans Conrad Escher bisher nicht zur Kenntnis nahm, nehmen konnte.

Ebensowenig kennt ihn seltsamerweise eine Institution, die ihn zum Unterschied von der Kunstgeschichte kennen sollte. Im Schweizerischen Alpinen Museum in Bern ist alles zusammengetragen, was bei der Erschließung der Alpen eine Rolle gespielt hat. Unter den Männern, die sich dabei Verdienste erworben haben, findet man dort auch Eschers Sohn Arnold, den bedeutenden Geologen und Gebirgsforscher. Hans Conrad selbst fehlt. Der Mann, der die Schweizer Bergwelt kannte wie kein anderer, der sie mit dem dichtgeknüpften Netz seiner Bergwanderungen überzogen, sie als Geologe und Mineraloge untersucht, als Gebirgsforscher beschrieben und oft als erster im Bild festgehalten hat, ist nicht vertreten.

Zur Einführung noch einige Hinweise.

Dieses Buch ist keine Biographie. Es behandelt das zeichnerische Lebenswerk Eschers. Darum wurden seine einzelnen Lebensabschnitte nur so weit verfolgt, als sie zum Verständnis seiner zeichnerischen Entfaltung und Tätigkeit beitragen können.

Die Auswahl der Abbildungen mußte sich dem Rahmen des Möglichen einfügen. Nur etwa ein Fünftel der Ansichten konnte in diesem Band untergebracht werden. Dabei wäre für jede Gegend, jede Talschaft eine mit Eschers Zeichnungen gut dotierte Monographie möglich gewesen. Wer in das zeichnerische Gesamtwerk Einblick nehmen muß, sei auf den dritten Band dieser Arbeit, das Werkverzeichnis[4], verwiesen. Für Reproduktionszwecke können Schwarzweiß-Aufnahmen sämtlicher festgestellter Zeichnungen Eschers durch die Graphische Sammlung der Zürcher Zentralbibliothek bestellt werden, wo die im Rahmen der Escher-For-

schung angefertigten 9 × 12-Negative verwahrt werden. Die Bildlegenden sind der Übersichtlichkeit wegen knapp gehalten und nennen möglichst nur den heutigen Namen der dargestellten Örtlichkeit sowie Entstehungsdatum und Format der Zeichnung. Eschers eigene Bildlegenden werden nicht wiederholt, weil sie, in seiner sauberen Lateinschrift geschrieben, auf den Abbildungen gut lesbar sind. Wo sie aus technischen Gründen fortfallen mußten, werden sie in den Kommentaren angeführt. Angaben über den Standort des Zeichners, Technik, Zustand, Aufbewahrungsort der Zeichnung usw. sind im Werkverzeichnis zu finden.
Die am Ende des Bildteils eingereihten Kommentare enthalten möglichst Eschers eigene Bemerkungen zur Entstehung der Zeichnungen aus bisher unpublizierten handschriftlichen Quellen. Dabei wurde die oft vorherrschende geologische Thematik zugunsten der allgemeinmenschlichen eingeschränkt. Die abgedruckten Zitate sind in der Orthographie und Interpunktion der besseren Lesbarkeit wegen vereinheitlicht, aber nicht verändert worden. Wenn im Text einmal vom Panoramenband und einmal von der Panoramenkassette gesprochen wird, so ist damit einerseits der zu den faksimilierten Panoramen gehörige separat gedruckte erläuternde Text, andererseits der Bildteil mit den in der Kassette verwahrten faksimilierten Panoramen gemeint.
Abkürzungen werden im Text und Anhang weitgehend vermieden; das kleine Verzeichnis der verwendeten steht im Anhang an erster Stelle. Ein nützlicher Behelf mag das Verzeichnis der Bergwanderungen sein, deren Netz die im Kapitel über den Bergwanderer reproduzierte Karte aus dem Anhang zur Escher-Biographie J. J. Hottingers[5] anschaulich macht, ohne es zu entwirren. Ihr Wiederabdruck drängte sich auf, da das erwähnte Werk längst vergriffen ist. Auf eine entsprechende Karte der Zeichnungen mußte verzichtet werden – die 900 Standorte wären darauf nicht übersichtlich unterzubringen. Eine Zeittafel enthält sodann Eschers Lebensdaten in Gegenüberstellung mit den wichtigsten Zeichnungen. Das Literaturverzeichnis liefert die bibliographischen Daten der im Text und in den Anmerkungen nur abgekürzt genannten Werke. Ein Orts- und ein Personenregister erwies sich als notwendig, weil in der Literatur über Escher solche Register selten sind, was die Arbeit mit den Quellen erschwert. Obwohl es sich bei dem vorliegenden Buch um eine für breite Leserschichten in und außerhalb der Schweiz bestimmte Arbeit handelt, sollte sie mit diesem Apparat auch der Forschung nützlich sein können.
Was ich in dieser Einleitung abschließend zu bekennen habe, sei als mein Sonderfall verstanden: Ich bin in den sechs Jahren meines schweizerischen Da-Seins nur verständnisvoller Aufgeschlossenheit und bereitwilliger Unterstützung begegnet. Die vorliegende Arbeit wäre ohne die großzügige Förderung der Escher-Forschung seitens der Zürcher Zentralbibliothek nicht zustandegekommen. Dafür danke ich sehr herzlich Herrn Direktor Hans Baer, ebenso wie seinem Vorgänger Dr. Paul Scherrer-Bylund. Mit Umsicht und kollegialer Hilfsbereitschaft hat Dr. Bruno Weber als Leiter der Graphischen Sammlung mich zeitweilig von allen anderen Aufgaben entlastet und damit seine eigenen vergrößert. Zudem hat er mir nützliche Daten und Informationen zugespielt, wo er auf solche stiess. Dr. Jost Hösli hat mir als aufmerksamer Leser und Beurteiler der einzelnen Kapitel und Kommentare sehr geholfen. Die Leiter der Bibliothek und Handschriftenabteilung sowie der Graphischen Sammlung der Eidgenössischen Technischen Hochschule in Zürich überließen uns bereitwillig Handschriften und Zeichnungen Eschers zum Studium und zur Reproduktion. Als Vertreter der Escher-Familien haben vor allem die Herren Dr. Konrad Escher, Zürich, Dr. Hans Kaspar Escher, Wallisellen, Dieter Escher, Russikon, Hans Beat Branger, Bern, Walter Hintermann-Hirzel (†), Zürich, und Frl. Gertrud Escher, Zürich, durch Ratschläge, Leihgaben und organisatorische Hilfe das Werk gefördert. Der Atlantis-Verlag Zürich und die Druckerei Vontobel AG Feldmeilen tragen das Risiko einer technisch wie finanziell äußerst anspruchsvollen Publikation. Ihnen allen bin ich zu Dank verpflichtet.

VORWORT EINES NICHTSCHWEIZERS FÜR NICHTSCHWEIZER

Die Schweiz ist anders.

Die großartige Bergwelt, die alten Städte, die guten Straßen, die Sauberkeit – das ist die äußere Gestalt, die Schweiz der Ausländer. Ihr Anderssein haben sich schon die englischen Reisenden des 18. Jahrhunderts – Vortrupp späterer Touristenscharen – vergegenwärtigt: die mit nichts anderem vergleichbaren landschaftlichen Kontraste, die Steilheit der Hänge, die Tiefe der Schluchten an den Talausgängen, die optische Höhen- und Größenwirkung des jäh aufragenden Hochgebirges. Selbst die Mittelgebirge des Voralpenlandes sind beispielsweise im Vergleich zu den alt und weise gewordenen Mittelgebirgen Böhmens ungebärdig steil und durchfurcht. Die Alpen, in der Gegend des großen Bogens dramatisch aufgerissen, haben sich hier besonders hoch emporgeschoben. Hier mußte geologisches Interesse reiche Nahrung finden. Das war der Fall bei Hans Conrad Escher.

Die innere Gestalt der Schweiz bleibt dem Besucher verborgen. Man kann sie durch kein Studium kennenlernen, so wie man die deutschschweizerische Mundart nicht lernen kann. Die einzige Initiation, die dem Nichtschweizer die innere Gestalt und das Wesen der Mundart offenbaren kann, heißt Zeit. Erst sie löst ihm das Schwyzerdütsch in eine Vielfalt von -dütschs auf: Berndütsch, Baseldytsch, Züritütsch usw. bis zu der für Uneingeweihte unenträtselbaren Geheimsprache des Berneroberländischen. Mit der Mundart ringt der Nichtschweizer vergebens; der Schweizer wird immer erkennen, daß man keiner ist, und im Gespräch ins Hochdeutsche hinüberwechseln. Das sind dann in dem Kampf gegen die mundartlichen Windmühlen die unausweichlichen Niederlagen. Erst mit der Zeit wird der Nichtschweizer begreifen, daß Deutsch für den Deutschschweizer eine Fremdsprache ist, so, als hätte der Holländer neben seinem gesprochenen Niederländisch nur die deutsche Schriftsprache zur Verfügung; daß man das Tessinische nicht mit dem Italienischen gleichsetzen kann, weil es in den Schwalbennestern der Tessinerdörfer Einheimische gibt, die gar nicht Italienisch können, obwohl die «Repubblica e Cantone del Ticino» («liberi e svizzeri», und nicht umgekehrt!) die ältere Schwester und erste Erzieherin des anderen italienischen Staates gewesen ist; daß hingegen der bis nach Bern, Freiburg und ins Wallis hineinreichende monde francophone, kulturell nach Paris orientiert, den Patois nicht anerkennt, sondern nur duldet; daß das Überleben der rätoromanischen Sprache – auch sie wieder ein Sammelbegriff für das Surselvische, Sutselvische und Ladinische – ohne die Hilfe der gesamten schweizerischen Nation undenkbar wäre (das Rätoromanische wurde 1938 mit dem bis dahin weitaus größten Stimmenmehr einer eidgenössischen Volksabstimmung zur vierten Landessprache erhoben). Und er wird am Beispiel dieser so vielschichtigen schweizerischen Nation die überaus wichtige Wahrheit lernen, daß Sprache ebensowenig Voraussetzung nationaler Gemeinschaft ist wie etwa Religion.

Er erkennt schließlich, daß diese schweizerische Nation, ein unter dem Schutz der Alpen übriggebliebenes Stück Mittelalter, dem Nationalität noch nichts bedeutete, Europa und der Welt eine Zukunftsbotschaft von größter Bedeutung zu überbringen hat: daß eine Sprachgrenze keine politische oder militärische Demarkationslinie sein muß; daß sie zum Beispiel mitten durch eine Stadt wie Biel-Bienne oder Freiburg-Fribourg hindurchgehen kann, ohne daß diese geteilt wird; daß kein Schweizer auf den Gedanken käme, Sprachgrenzen zu verschieben – wozu auch? daß die selbstverständliche Toleranz gegenüber dem Anderssprechenden eine solche gegenüber dem Andersdenkenden, d.h. Demokratie fördert. Der sich einlebende Nichtschweizer wird feststellen, daß die wunderbare Symbiose der vier Volksgruppen in einer schweizerischen Nation für die Schweizer so selbstverständlich ist, daß ihnen jeder missionarische Eifer abgeht, die Botschaft zu verkünden. Missionarischer Eifer ist überhaupt nicht ihre Sache, aber das gehört schon in den nächsten Absatz. Hier sei vermerkt, daß die erwähnte Symbiose auch für Escher selbstverständlich war, daß seine Eltern ihn früh der

Zweisprachigkeit zuführten und das Französische zu seiner zweiten Umgangssprache wurde.
Mancher aus dem größeren deutschsprachigen Nachbarland in die Deutschschweiz kommende Besucher nimmt mit einem gewissen Befremden zur Kenntnis, daß er es hier nicht mit seinesgleichen zu tun hat. Der deutsche Dichter Friedrich von Hagedorn hat eine solche Haltung einmal mit den folgenden erheiternden, aber nachdenklich stimmenden Versen umschrieben:

Es gibt ein Volk, das immer lernen sollte,
und immer lehrt;
Das ist das Volk, das man nie hören sollte,
und immer hört.

Hagedorn starb fünf Jahre nach Goethes Geburt. Man kann seinem Aphorismus also keine politische Absicht unterschieben. Der Schweizer *ist* anders. Man hört ihn nicht. Und er läßt, weit entfernt, Lehren zu erteilen, den anderen ihren Irrglauben. Er ist tolerant, und er ist Realist.
Geld ist für ihn eine handfeste Realität, aber er protzt nicht damit, trägt überhaupt seine Vorzüge, Verdienste oder Bankkonten nicht zur Schau. Die allem Luxus abholde Strenge der reformierten Staatskirche mag dazu beigetragen haben; dennoch ist es in den katholischen Kantonen nicht anders. Nur im alten mächtigen Bern verstanden sich die Gnädigen Herren der bürgerlichen «Aristokratie» nach außen hin mit dem Glanz feudaler Fürstlichkeit zu geben. Am Zürich-, Zuger-, Vierwaldstättersee ist es mit den Patrizierfamilien – regierende Familien genannt, weil ihre Mitglieder berufen waren (nicht: wurden), den Staat zu regieren – wie mit ihren Residenzen: es sind Bauernhäuser außen und Paläste innen. In diesen alten Familien lebt man auch heute ziemlich spartanisch, obwohl man sich die Bequemlichkeiten der modernen Technik selbstverständlich leistet. Man ißt wenig und einfach (außer wenn man ausgeht: der Gastwirt muß ja auch von etwas leben). Nichts Eßbares wird fortgeworfen. Man lebt zurückgezogen, huldigt keinem Nachtleben (in Zürichs Straßen wird nach 21 Uhr mehr italienisch als deutsch gesprochen), dafür um so mehr der Arbeit. «Schaffe» ist oft «chrampfe», arbeiten bis zur Erschöpfung. Am Sonntag arbeiten ist allerdings ganz unzulässig, nicht nur aus religiösen Gründen: wie soll man denn sonst für die Arbeitsanstrengung der nächsten Woche ausgeruht sein? Einem meiner tschechischen Freunde, der den Sonntag dazu nutzte, in seiner Wohnung neue Tapeten anzubringen, schickte der Nachbar von gegenüber die Polizei ins Haus. Die Arbeitsmoral des Schweizers ist die des Bergbauern. Escher war nicht anders. Sonst hätte er nicht all das fertigbringen können, was zu tun er sich verpflichtet fühlte. Escher scheute alle Publizität. Seine Ehrungen konnten ihm nur posthum verliehen werden – er hätte sie als ungerechtfertigt abgelehnt.
In der Schweiz gibt es viele Schlösser, aber die wenigsten sind es im nichtschweizerischen Sinn feudaler Prachtentfaltung. Ein Schloß ist hier, was den Zugang verschließt. Die schweizerischen Schlösser sind jedoch selten wirkliche Burgen, eher befestigte Bauernhäuser (auch die Habsburg ist – Ironie der Geschichte – ein solches), wo später kein Feudalherr mehr, sondern ein biederer Landvogt saß. Die Schweizer haben ihren Adel schon im 14. Jahrhundert entmachtet. Das Volk war auf sich gestellt – darum die auf der Gemeindeautonomie fußende tiefverwurzelte Demokratie, für die es nur eine Parallele gibt: das hussitische Böhmen. Beide kleinen Länder waren zu dieser Zeit militärische Großmächte, beide waren auf die Kampftechnik des Panzerknackens durch ein neuartig bewaffnetes Fußvolk spezialisiert. In beiden Völkern hat die Demokratie ein Heimatrecht.
So wie ein Schloß noch verschließt, anstatt zu repräsentieren, ist der Oberst in der Schweiz noch der oberste militärische Rang (wenngleich er als Oberstdivisionär eine, als Oberstkorpskommandant mehrere Divisionen befehligen kann). Ein General – einer! – wird nur bestellt, wenn generaliter, für alle gemeinsam, entschieden werden muß, das heißt nur in Kriegszeiten. Die Schweiz wehrte sich lange gegen die in der Folge der allgemeinen diplomatischen Inflation verlangte Aufwertung ihrer Gesandtschaften zu Botschaften. Das schweizerische Staatsoberhaupt – der Bundespräsident – ist noch ein Präsident im eigentlichen, simplen Sinn des Wortes: ein bloßer Vorsitzender des Bundesrates (um wieviel demokratischer klingt das als die obrigkeitsbetonte «Regierung»!), im Turnus aus den sieben Bundesräten (anderswo Ministern) gewählt für ein einziges Jahr. Und ein Minister (verbi Domini, des Gotteswortes) ist hier noch ein Priester, ohne den Zusatz vielleicht noch ein leitender Diplomat.
In der Schweiz hat das Wort noch seinen Wert. Wenn der aus dem Ausland zurückkehrende Schweizer an der Grenze auf die Frage, ob er etwas zu verzollen habe, antwortet: nein, wird ihm geglaubt. (Mit Ausländern haben die Schweizer Zollbeamten oft andere Erfahrungen.) Geschwindigkeitsbeschränkungen auf den Straßen werden von der überwiegenden Mehrzahl der Schweizer Fahrer eingehalten. Man darf sicher sein, daß sie gerechtfertigt sind (während anderswo oft lächerliche Schleichtempos vorgeschrieben werden, wenn das Doppelte gemeint ist). Der Schweizer ist seriös und verläßlich. Escher war genauso.
Der Schweizer ist konservativ. Er hat eine ausgeprägte Abneigung gegen die Übernahme politischer und sozialer Neuerungen von auswärts. Seine eigene jahrhundertealte Ordnung hat sich bewährt. Man muß erlebt haben, wie sie funktioniert: Wenn Schweizer einander von Rechts wegen in die Haare geraten sollten, setzen sie sich zusammen, handeln eine tragbare Lösung aus, und am Ende hat jeder irgendwo recht behalten. Konzilianz und die Kunst des klugen Kompromisses, Kitt der Demokratie, hat in der Schweiz Tradition. Sie half den Schweizern Erschütterungen vermeiden, die ein kleines,

von großen Mächten umgebenes Land sich nicht leisten kann. In der Schweiz kommt alles Neue außer der Technik zehn, zwanzig Jahre später, aber es kommt ohne die Kinderkrankheiten der Anfänge. Nur für die Raumplanung gilt das nicht. Eschers politische Tätigkeit war von seinem Schweizertum geprägt. Selbst von kompromißloser Geradheit, fand er sich anderen gegenüber zu jeder tragbaren Konzession bereit, sich selbst gegenüber zu keiner. Einer der ersten publizistischen Vorstöße im beginnenden Prager Frühling von 1968 war ein Beitrag des nachmaligen Kulturministers der Dubček-Ära über gesunden Konservativismus. Richtiges erhalten ist nicht konservativ. Und Escher war es schon gar nicht.

Der Schweizer ist zivil. Bürokratie und Kadavergehorsam liegen ihm nicht. Alles funktioniert von selbst. Die Schweizer Soldaten, die 1968 die schutzsuchenden Tschechoslowaken in den grenznahen Auffangzentren (sie Lager zu nennen, wäre Verleumdung) betreuten, waren uniformierte Zivilisten, die Prozedur dauerte einschließlich einer ärztlichen Untersuchung nur wenige Stunden, und der Abtransport erfolgte durch freiwillige Fahrer, die die Abgefertigten in ihren eigenen Wagen in die vorläufigen Unterkünfte brachten. Unser Fahrer war, wie sich später herausstellte, ein kantonaler Regierungsrat. Wo anders als in der Schweiz würde sich ein Regierungsmitglied, und sei es auch ein solches einer Provinzialregierung, zu Ähnlichem herablassen? Wir wurden im stattlichsten Gasthof eines Feriendorfes in den Bergen untergebracht. In die Kosten teilten sich der Besitzer und der Gemeinderat. Keine Behörde gab Anweisungen, und doch ging alles wie am Schnürchen. Die überwältigende Solidarität des Volkes war völlig spontan. Die Schweiz wird manchmal das militaristischste Land Europas genannt. Der Schweizer hat zwar nur wenige Monate militärischer Grundausbildung zu absolvieren, kehrt aber sein aktives Leben lang alljährlich für einige Wochen zur Truppe zurück. Trotzdem ist er Bürger in Uniform. Schon die in der Welt einzigartige Tatsache, daß er sein Sturmgewehr bei sich zu Hause hat, stellt sein ganz anderes Verhältnis zum Militär – und des Staates zu ihm – unter Beweis. Escher war von Jugend auf Zivilist in Uniform. Sein von niemandem befohlener Einsatz für die Landesverteidigung brachte ihn 1792, als er anläßlich der Grenzbesetzung bei Basel eine Truppe befehligte, in Spionageverdacht: er hatte eine genaue Karte des Baselbiets mit den eingezeichneten Verteidigungsmöglichkeiten angefertigt, die nach Aufklärung der Umstände dankbare Anerkennung fand. In einem anderen Land wäre Bestrafung die unausbleibliche Folge gewesen. In einem anderen Land wäre der 1803 abgehalfterte Revolutionär Escher eingekerkert oder hingerichtet worden. In der Schweiz konnte er die Linthsümpfe austrocknen und seit der Restauration der alten, von ihm bekämpften Zustände 1815 sogar Staatsrat sein.

In der Schweiz sind Gegenwart und Vergangenheit einander näher: das Alte blieb von Kriegen weitgehend verschont und ging von einer Generation auf die andere über. Was in den Schweizer Familien erhalten ist, übersteigt alle Vorstellung. Anderswo ist Erbgut aus dem 18. Jahrhundert kostbarster Familienbesitz. In meiner böhmischen Heimat hat allein meine Generation zwei- oder auch dreimal alles verloren. In der Schweiz ist das 18. Jahrhundert gestern, das sechzehnte oft noch materiell gegenwärtig, die Tradition reicht nicht selten ins Vierzehnte zurück, und dabei handelt es sich nicht um Adels-, sondern um ehemalige Handwerker- und Bauernfamilien. Man sollte die ganze Schweiz unter Denkmalschutz stellen. Ich bin an Eschers Tisch gesessen und wurde aus seinem Kaffeeservice bewirtet. Die Porträtreihe seiner Verwandten und Ahnen ist in seltener Vollständigkeit erhalten. Prunkstücke seines Mobiliars werden als Geschenke der Nachkommen im Schweizerischen Landesmuseum verwahrt. Dort befindet sich auch die brillantenbesetzte goldene Tabakdose, eine Ehrung, die dem Bezwinger der Linth vom Zaren Alexander I. zuteil wurde (und die Escher nicht für sich, sondern für sein Volk entgegennahm und darum nie benützt hat). In Privatbesitz sind sämtliche Ehrenurkunden und einige der 1832 von der Eidgenössischen Tagsatzung den Hinterbliebenen Eschers überreichten sieben Goldmedaillen erhalten. Eine Fülle von Dokumenten, Manuskripten, Korrespondenz und wissenschaftlichen Notizen Eschers ist erst kürzlich als Geschenk in die Zürcher Zentralbibliothek gelangt. Nur in der Schweiz konnte die Dokumentation über den Staatsmann und Naturforscher Escher lückenlos vorhanden – und doch unbekannt sein.

Das verkehrsfeindliche Gebirge hat nicht nur den Föderalismus begünstigt, sondern auch vieles lebendig erhalten, was sonst längst abgestorben wäre: Lokale Bräuche reichen Mittelalterliches und Vorzeitliches in unsere Gegenwart weiter. Wer die Schweizer Guggenmusiken gehört und den Böög brennen, als Mädchen verkleidete stämmige Appenzeller Sennen mit riesigen Kopfputzaufbauten und zentnerschweren Kuhglocken behängt in Gänsemarschformation durch die Dorfstraßen springen gesehen hat, wird nicht mehr in Versuchung kommen, eine Schweizer Fasnacht irgendeinem Karneval gleichzusetzen. Eines meiner ersten Erlebnisse dieser Art war ein vorweihnachtliches: Am frühesten Morgen, eigentlich tief in der Nacht noch, erhob sich plötzlich in dem modernen Viertel, wo ich wohne, ein heidnisch-schauerlicher Lärm, nichts vergleichbar, was ich an ähnlich Seltsamem je erlebt habe. Es klingelte und ächzte, schnarrte und schrillte, trommelte blechern und hölzern, klopfte arhythmisch und doch wieder rhythmisch, unterbrochen von Klagetönen im Diskant und im Baß, die von keiner lebenden Kreatur stammen konnten, grauenerregend, fremdartig und doch wieder nur skurril: der Schulsilvester, Abschied von täglicher

Plage, ist unantastbares Privileg der Kinder, und welches den herkömmlichsten Lärminstrumenten den exotischsten Lärm zu entlocken vermag, das hat einen Hauptspaß. Die Schweiz ist ein schwimmender Berg (aber kein kalter); man sieht nur den Gipfel. Auch bei dem modernen Menschen Escher war – ihm selbst gar nicht bewußt – eine ganze Vor- und Frühgeschichte mit am Werk, die hier aufzudecken sein wird.

Dem Schweizer wird nachgesagt, er sei – hierin das Gegenteil von konservativ – technisch interessiert bis zum Perfektionismus. Seine Sonderleistungen im Präzisionsmaschinen- und -apparatebau bestätigen es. Sein Hang zur sauberen Lösung geht so weit, daß die schweizerischen Kunstdenkmäler oft wie Neufassungen ihrer selbst aussehen, weil jeder auch nur angewitterte Stein ausgewechselt wird. Eschers hellwaches Interesse für alles Technische, technisch Fortschrittliche ist kein Zufall. Wer an einem Regentag am Molliserkanal die Fluten graugrünen Gletscherwassers mit rasender Schnelligkeit sich dem Walensee entgegenwälzen gesehen hat, weiß, daß dem Perfektionismus hier keine Alternative gegenüberstand. Jahrhundertelange Mißerfolge haben diese Haltung geprägt. Doch die Überbewertung der Technik wird heute für die Schweiz zur Gefahr.

Der Deutschschweizer ist scheu und ein wenig verschlossen. Seine Kontaktarmut kommt von den Bergen, die ihn von seinesgleichen trennen. Und er leidet an seiner sprachlichen Schizophrenie. Beides fällt beim Welschschweizer weitgehend fort, macht sich hingegen beim Rätoromanen, beim Bündner überhaupt verstärkt bemerkbar. Selbst beim Tessiner findet sich noch eine Spur davon, wenn auch von anderer Art: er ist von allen Schweizern am meisten Kontaktmensch und dennoch merklich reservierter als der Italiener, von einer in den Schwalbennestern seiner Dörfer nicht erwarteten urbanità, die noch von der großartigen Kulturmission der Heerscharen von Tessiner Malern und Stukkateuren, Bildhauern und Baumeistern in der halben Welt zeugt. Escher litt bis in seine Mannesjahre an seinem schüchternen und kontaktarmen Wesen. In der Welschschweiz lernte er sich in Gesellschaft bewegen, mit «Frauenzimmern» weltgewandt umgehen und seine Hemmungen überwinden. Die Alpen bedrohten ihre Bewohner ständig mit Naturkatastrophen, gewährten aber auch Schutz, der die Entstehung der Eidgenossenschaft begünstigte. Die Eidgenossenschaft war Rettung, der im übrigen Europa undenkbare Zusammenschluß über die tiefsten Religionsgegensätze hinweg Selbsterhaltung.

Die Schweiz kommt nicht in Versuchung, fremdes Gebiet zu verlangen. Seit Jahrhunderten lehnt sie jede Einverleibung prinzipiell und konsequent ab (zuletzt das Ansuchen Vorarlbergs nach dem Ersten Weltkrieg). Das Fürstentum Liechtenstein, seit 1923 mit der Schweiz durch eine Zollunion verbunden, ist ein selbständiger Staat. Mit der republikanischen Schweiz lebt auch eine Monarchie gern und gut. Hier wird etwas vorgelebt, was Europa bisher nur bewunderte. Meine Jugend war begleitet von den tschechisch-deutschen Nationalitätenkonflikten. Sie führten zu tragischen Irrtümern und menschlichen Tragödien. Nach allen Enttäuschungen – der ersten durch das unverwirklichte Postulat Masaryks, die Tschechoslowakei zu einer zweiten Schweiz zu machen, der zweiten durch das deutsche Volk, das sich in die Arme der Hitlerbarbarei stürzte, und der dritten durch die «internationalistische» Invasion und Okkupation meiner Heimat – blieb das Bild der Schweiz für uns Tschechen intakt. Mag sie in anderem nachhinken, in der Lösung der nationalen Frage ist sie allen Ländern voraus. Escher war ein glühender Patriot, und doch waren ihm Nationalismus, Aggression und Chauvinismus fremd.

Die Schweiz ist anders. So anders, daß ihre Neutralität, ihr Abseitsstehen von den Händeln der Mächte, der Nationalisten und Pseudointernationalisten begreiflich ist. Escher wußte, was die Neutralität für die Erhaltung der schweizerischen Freiheiten bedeutet. Daß sie heute auch Geld einbringt, das aus der ganzen Welt hierher flüchtet, ist zwar materiell, nicht aber moralisch von Vorteil; zu Eschers Zeiten fiel diese Versuchung fort.

Die Schweiz ist anders – das Welsche beider Observanz hat die Deutschschweiz, das schwerblütigere Element des Nordens die leichtlebigeren Landesteile durchdrungen. Kaum hat man den Rhein überschritten, weht eine andere Luft: Die Zollbeamten, Eisenbahner und Soldaten tragen Käppis französischen Zuschnitts, danke heißt merci, der Gehsteig Troittoir, der Schaffner Kondukteur und die Kurzwarenhandlung Mercerie. Das Reich des Sauerkrauts, der Kartoffeln und des Biers hat dem Regime des Weins und der Teigwaren Platz gemacht, als da sind: Fideli, Spätzli, Spaghetti, Cannelloni, Ravioli und so weiter; Chäschüechli und -wähe, Zuger Kirsch- und Engadiner Nußtorte stellen für mich die durch nichts zu überbietenden Bestleistungen des schweizerischen Perfektionismus dar.

Diese Aperçus sollen keine Wertung sein. Auch die Schweiz hat, wie jedes Land, ihre Schattenseiten und Schwächen. Der Erfahrung, daß die altbewährten nationalen Eigenschaften und Spielregeln durch egoistische Interessen allmählich zerstört werden, entspringt wachsendes Unbehagen, das diese und andere egoistische Interessen wiederum zu nutzen versuchen. Vielleicht braucht die Schweiz heute auch ein geistiges Umweltschutzgesetz.

Doch es ging hier nicht um ein Bild der Schweiz überhaupt, sondern um ein solches Eschers als Schweizer, um das bessere Verständnis seines Schweizertums. Da die Aufgabe, dieses zu vermitteln, einem Nichtschweizer in den Schoß gefallen ist, bleibt ihm nichts anderes übrig, als zu schreiben, worüber ein Schweizer nicht schreiben würde: über den Schweizer.

Gustav Solar

HANS CONRAD ESCHER 1767–1823

Ist jedem Schweizer Kind von der Schule her bekannt. Als Sieger über die Linthsümpfe zwischen dem Walen- und dem Zürichsee und Retter von 16000 Menschen aus Elend und Sumpffieber, als treibende Kraft und Leiter dieser ersten derartigen gesamtschweizerischen Unternehmung ist er eine Gestalt von nationaler Bedeutung, einer der eigentlichen Einiger der heutigen Schweiz. Erfüllt von den Idealen der bürgerlichen Freiheit und Gleichheit, wird er, selbst «Aristokrat» aus einer der regierenden Familien Zürichs, zu einem der Träger der Revolution von 1798; selbst Demokrat und Unitarier, d.i. Vorkämpfer der «Einen und Unteilbaren Helvetischen Republik», zum Gegner jedes Verstoßes der eigenen Partei gegen Humanität und Demokratie. Er steht bedingungslos zu dem als richtig erkannten moralischen Prinzip, verteidigt ungerecht Verfolgte und zieht sich, als er mit Argumenten nichts erreichen kann, zurück, will «lieber Sümpfe abgraben als... regieren». Soviel oder so wenig dürfte der schweizerischen Öffentlichkeit bestenfalls gegenwärtig sein. Escher ist zum imaginären Denkmal erstarrt; das für ihn vorgesehene steinerne hat ihm seine Vaterstadt Zürich versagt. Er hätte es übrigens abgelehnt, so wie er sich nie porträtieren lassen wollte. Und er hätte von der postumen Verleihung des erblichen Prädikats «von der Linth», der einzigen von der Eidgenossenschaft je beschlossenen Ehrung dieser Art, sicher nichts wissen wollen; der Titel ist denn auch mit seinem kinderlos verstorbenen Sohn wieder erloschen.

Was Hans Conrad Escher alles war, sein lernte, ist kaum faßbar. Er war Kaufmann und Seidenfabrikant, Politiker, Publizist und Staatsmann, Naturforscher, Wasserbauingenieur, Nationalökonom und Statistiker, Sozialpolitiker und Pädagoge, Forstpolitiker, Bergbauexperte, Militärfachmann, Kartograph – und nun liegt ein zeichnerisches Lebenswerk von ungeahnter Dichte vor. Dennoch ist das alles einleuchtend, ergibt sich eines aus dem anderen.

Weil er es ungerecht fand, daß nur der Stadtbürger frei, der Landbewohner aber Untertan der Stadt war, wurde er Demokrat. Weil er Demokrat war, schloß er sich in der vom Ersten Konsul Frankreichs, Bonaparte, 1798 der Schweiz aufgezwungenen Revolution der Führungsgruppe der Verantwortlichen an.

Hans Conrad Escher um 1820. Kupferstich von Martin Eßlinger (1793–1841), einem Schüler von J.H. Lips.

Weil er als Politiker und Staatsmann, der sogar Präsident des helvetischen Großen Rates und Kriegsminister wurde, es nicht verantworten konnte, daß die in die Minderheit versetzte helvetische Regierung Wahlergebnisse manipulierte, schied er freiwillig aus.

Weil er sich verpflichtet fühlte, seine Mitbürger über die helvetische Politik zu informieren, wurde er Publizist,

Mitherausgeber des «Schweizerischen Republikaners» und anderer bedeutender Zeitschriften der Helvetik.

Weil der Unitarier, der 1798 vorgeschlagen hatte, die zweiundzwanzig so verschiedenartigen Kantone der Schweiz in zehn gleiche umzuschmelzen, zwei Jahre später die Pauschalverurteilung der föderalistischen Gegenpartei als «Stadtpöbel» durch den Freund und Mitredaktor Paul Usteri nicht mitverantworten wollte, zog er sich auch aus der Redaktion zurück, wurde in der Folge von kleinkarierten Mitmachern, die ihr Mäntelchen immer in den Wind hängen, als «Reaktionär» abgestempelt und bezeichnenderweise sogar aus seiner zürcherischen Sonntagsgesellschaft ausgeschlossen.

Weil der Sproß einer alten Familie sich der neuen Zeit zugehörig fühlte und ihn Naturwissenschaft und Technik mehr anzogen als Latein und klassische Bildung, wurde er Naturforscher. Und da er von Jugend an die Heimat durchwanderte und sie kennenlernte wie kein anderer, wandte sich sein naturwissenschaftlicher Erkenntnisdurst ihr zu: er wurde Geognost[6], und Geognosie mußte für ihn Gebirgsforschung sein.

Weil er als Gebirgsforscher die Bedeutung des Waldbestands erkannte und zur Zeit der Helvetik Zeuge des Raubbaus an den Gemeinde- und Staatswaldungen war, wurde er mit seinen Entwürfen einer Forstpolizeiordnung für das ganze Land zum Wegbereiter einer schweizerischen Forstpolitik[7].

Weil er auf seinen Bergwanderungen die Not der Bewohner der Linthebene sah und die Ursache des Übels im ständig nachrückenden Geschiebe des Gebirgsflusses erkannte, setzte er sich mit allen Mitteln für die Korrektion der Linth ein und wurde Präsident der Linthaufsichtskommission.

Weil er nicht nur theoretisch verantwortlich sein wollte, wurde er der wirkliche Leiter der Arbeiten und ein tüchtiger Wasserbauingenieur, dessen exakte Berechnungen von Durchflußmengen, Dammhöhen, Kanalbiegungen und Brückenbelastungen erhalten sind.

Weil die Leitung der Lintharbeiten deren finanzielle Sicherung voraussetzte und die von den kriegerischen Ereignissen der Revolutionsjahre und den Besetzungen durch fremde Truppen ausgeblutete Eidgenossenschaft die erforderlichen Mittel nicht aufbringen konnte, wurde er zum modern denkenden Wirtschaftsfachmann und Manager, der erstmals in der Schweiz eine nationale Anleihe durch Aktienzeichnung vorschlug und zum Erfolg führte[8].

Weil ihm die Humanität eine innere Notwendigkeit war und er sich ständig – auch an der Linth – mit sozialen Problemen auseinanderzusetzen hatte, wurde er Sozialpolitiker, der unter anderem die beim Übergang von der Heim- zur Maschinenspinnerei unter den 30000 Baumwollspinnern seiner engeren Heimat um sich greifende «Verdienstlosigkeit» untersuchte und bekämpfte, Umschulungen organisierte und den Bläsihof, eine vorbildliche landwirtschaftliche Internatschule, gründete.

Weil er früh die heimatlichen Verhältnisse mit jenen des vorrevolutionären Frankreich vergleichen konnte, entwickelte er ein starkes staatsbürgerliches Bewußtsein, das er seinesgleichen vermitteln wollte. Darum gründete er 1793, erst 26 Jahre alt, im Alleingang ein «politisches Institut», das eine Art Volkshochschule war und wo er unentgeltliche Vorlesungen über Politik, Staatswirtschaft und Statistik hielt. 1807 nahm er sie am neugegründeten Politischen Institut für die Erziehung zum Staatsdienst, der Weiterentwicklung seiner Idee von 1793, wieder auf, mußte sie aber nach seiner 1815 erfolgten Wahl zum Zürcher Staatsrat wegen Zeitmangels aufgeben.

Weil er auf diese Weise pädagogische Erfahrungen gesammelt hatte, wurde er Mitglied des Zürcher Erziehungsrates, Präsident der Aufsichtskommission der Kunstschule (die er selbst besucht hatte), Mitglied der Waisenhauskommission und anderer mehr. Dem Experiment Heinrich Pestalozzis folgte er mit Interesse und Sympathie.

Weil er im Rahmen seiner staatswissenschaftlichen Vorlesungen im Jahre 1793 Statistik vorgetragen hatte und seine späteren sozialpolitischen Ermittlungen vorwiegend statistische Erfassung verlangten, weil er sodann aus zeitgenössischen Quellen ein umfangreiches statistisches Lehrbuch, die noch unveröffentlichte «Theorie der Statistik», zusammenstellte[9], gehört er zu den schweizerischen Pionieren auch dieser jungen Wissenschaft.

Weil er Kanalbau- und Bewässerungsfachmann war, wurde er für zahlreiche Gutachten in der ganzen Schweiz und auch im Ausland beigezogen; als Bergbauexperte war er weithin bekannt.

Weil er sich früh mit militärpolitischen Fragen befaßte, 1792 einen Verteidigungsplan für das Baselbiet ausarbeitete und später eine Reihe militärpolitischer Gutachten schrieb, genoß er auch hierin als Fachmann hohe Anerkennung.

Weil er als solcher überaus präzise Karten zeichnete, um später auch Gebirgskarten hinzuzufügen, die in ihrer Reliefkonzeption heute noch nicht veraltet sind, war er auch als Kartenzeichner beispielgebend.

Weil er zeichnerisch begabt war und mit dreizehn Jahren begann, sich bei dem Zürcher Landschaftsmaler J.B. Bullinger im Zeichnen, Malen und Radieren auszubilden, konnte er später eine Art zeichnerisches Tagebuch führen und auch seine geognostischen Beobachtungen in Terrainstudien und Panoramen festhalten.

All das fügte sich folgerichtig aneinander und war doch nicht selbstverständlich, außer für Escher selbst. Selbstverwirklichung waren ihm nur seine Gebirgswanderungen im Verein mit der Naturwissenschaft und dem Zeichnen – und das seltene Verweilenkönnen bei den Seinen, von denen er während der langen an der Linth verbrachten Jahre getrennt leben mußte. Alles übrige hielt er für seine Pflicht und Schuldigkeit. Wie konnte er

es in den nur 56 Jahren, die er zu leben hatte, unterbringen? In seinem Jahresbericht für 1821 schreibt er: «Ich war genötigt, in meinem Leben soviele Rollen zu spielen, daß ich mich unmöglich auf jede derselben mit gleicher Gründlichkeit vorbereiten konnte. Ich muß mich glücklich schätzen, wenn es mir gelang, mich leidlich aus der Sache zu ziehen...»
Wir leben in einer Zeit, der Realitäten mehr gelten als Ideale. «Positive Helden» sind ihr verdächtig, weil sie selbst keine hervorzubringen vermag. Der negative, der destruktive «Held» beherrscht seit einem Menschenalter die Szene. In der Morgendämmerung dieses und überhaupt jedes Zeitalters war das anders. Dennoch ist die Frage, ob das überlieferte Bild Eschers nicht entidealisierbar wäre, nicht unberechtigt. Man will wissen, wie es wirklich gewesen ist.
Die beste Quelle solcher Information ist Escher selbst. Seine Selbstzeugnisse haben sich in seltener Vollständigkeit erhalten (sie werden hier in einem besonderen Kapitel behandelt). Jede «positive» Pose, jede Eitelkeit müßte sich darin verraten. Nichts dergleichen ist ihnen zu entnehmen. Nur innere Sauberkeit und Festigkeit, genährt durch ständigen Zweifel und Kritik an sich selbst, nur äußerste persönliche Anspruchslosigkeit und Bescheidenheit, und als einzige Schwäche – wenn man so will –, die man eigentlich seine Stärke nennen müßte, ein fast kindlich naiver Fortschrittsglaube und die aufklärerische Überzeugung, daß alles Sein und Geschehen von einer großen, wenngleich nicht immer durchschaubaren Harmonie durchdrungen ist.
Um das – wenigstens im Bereich des engen Rahmens, der uns mit den Zeichnungen und Bergwanderungen gegeben ist – unter Beweis zu stellen, soll in diesem Buch möglichst Escher selbst zu Wort kommen.

DIE 900 ANSICHTEN UND PANORAMEN

Ende Juli 1971 erhielt die Zentralbibliothek in Zürich von privater Seite achtzehn kleine Aquarellzeichnungen zum Geschenk, die mit einer sonst kaum vorkommenden Sorgfalt in feiner, gut lesbarer Lateinschrift deutsch oder französisch signiert, datiert und *«des. d'ap. Nat.»* bzw. *«n. d. Nat. gezcht.»* waren. Die Chiffre JCEdK erwies sich bald als diejenige des 14–18jährigen Hans Conrad Escher, der im Vollgefühl seiner künftigen Schloßherrenwürde den aristokratisch klingenden Zusatz *d.K.* – de Kefikon – zu seinem Namen hinzugefügt hatte, denn seinem Vater Hans Caspar Escher, einem wohlhabenden Zürcher Seidenfabrikanten und Regierungsrat[10], war nach dem Tod des Bruders, Statthalter Heinrich Escher, im Jahre 1777 das Schloß Kefikon an der zürcherisch-thurgauischen Grenze zugefallen. Eine kleine interne Ausstellung des Geschenks war Anlaß zu näherer Untersuchung und zum Vergleich mit den aus Eschers späteren Jahren stammenden schönen zwölf Alpenansichten, die sich schon seit langem in der Graphischen Sammlung der Bibliothek befanden. Es ergab sich, daß nun ein zwar kleiner, aber für H.C. Escher repräsentativer und daher ausstellungswürdiger Querschnitt seines öfter erwähnten, aber nie gezeigten zeichnerischen Schaffens vorhanden war. Die im Auftrag der Bibliotheksleitung konzipierte Ausstellung, in der ich diesen Querschnitt der Öffentlichkeit präsentierte, fand im Herbst 1971 statt[11]. Damals wußte ich schon, wie klein der hier überschaubare Bruchteil von Eschers zeichnerischem Lebenswerk war, weil ich in dem von seinem Sohn Arnold verfaßten Anhang «Escher als Gebirgsforscher» zu J.J. Hottingers Escher-Biographie von 1852[12] die Stelle gefunden hatte, wo es heißt: «Da Escher von 1791 bis 1822 jährlich größere oder kleinere Gebirgsreisen unternahm und jede derselben zu geognostischen Beobachtungen benutzte, so bildete er sich nach und nach drei einander gegenseitig ergänzende Sammlungen, bestehend in etwa 1430 Folioseiten Textes, an 900 größere und kleinere Gebirgsansichten und ungefähr 10000 Belegstücke von Gebirgsarten.» In der Literatur waren nähere Angaben über diese 900 Zeichnungen nicht zu finden. Darum wandte ich mich in der erwähnten Vestibülausstellung mit einer Schlußbemerkung an das Publikum und ersuchte es um Hinweise auf weitere vielleicht erhaltene Zeichnungen Eschers. Solcher Hinweise kamen mehr, und einer war höchst bedeutsam: Ein Besucher ließ mir mitteilen, daß im Geologischen Institut in Zürich ein ganzer Schrank voll Escher-Zeichnungen stehe.

Das weitere ergab sich von selbst. Ich ging hin und fand in der modernen Institutsbibliothek den sogenannten Escher-Schrank, ein hundertjähriges Pseudorenaissancemöbel, das Arnold Escher von der Linth (1807–1872), Professor der Geologie an der Universität Zürich und am damals neuen Zürcher Polytechnikum, seinem Institut hinterlassen hatte. In dem Schrank befanden sich unter anderem[13] sechzehn wohlverschnürte schwere Pakete mit Zeichnungen beider Escher, von denen sieben diejenigen Hans Conrads enthielten. Ich öffnete eines davon; der Inhalt übertraf alle meine Erwartungen. Es handelte sich zweifellos um einen Großteil des zeichnerischen Lebenswerkes, um viele hundert leuchtende Aquarelle, die zu je einem, zwei oder mehr auf häßlichen braunen Karton aufgezogen waren. Die lange Aufbewahrung im Dunkeln hatte die Farben völlig frisch erhalten. Der Vergleich mit Zeichnungen Arnold Eschers zeigte, daß dessen Arbeiten – sehr zum Unterschied von denen seines Vaters – meist nur schwarzweiß gezeichnete, rein wissenschaftliche Dokumente waren.

Da die Bearbeitung der Aquarellansichten des älteren Escher in der Zentralbibliothek einmal begonnen war, mußte sie fortgesetzt werden, wenn die dieser Institution anvertraute Aufgabe der Erschließung schweizerischen und besonders zürcherischen Kulturguts erfüllt werden sollte. Wir beschlossen, um eine befristete Überlassung der Blätter zu ersuchen, sie zu bearbeiten und das

Ergebnis in einer umfassenden Ausstellung der Öffentlichkeit bekanntzugeben. Das Vorhaben fand bei den zuständigen Stellen der Eidgenössischen Technischen Hochschule volles Verständnis. Auch die privaten Besitzer von Escher-Zeichnungen stellten diese bereitwillig zur Verfügung. Dabei zeigte sich, daß die Ansichten und Panoramen von geologisch-gebirgskundlicher Bedeutung sich sämtlich (die zwölf der Zentralbibliothek ausgenommen) im Escher-Schrank befanden, während die in Privatbesitz erhaltenen, fast ausschließlich Jugendzeichnungen und Skizzen, mit ganz geringen Ausnahmen (s. tieferstehende Übersicht) in den Escher-Familien geblieben waren. Hans Conrad Escher wandte sich mit seinen Ansichten und Panoramen ja nicht an die Öffentlichkeit, er hielt die schönsten oder interessantesten Plätze fest, um sie besser in Erinnerung zu behalten; die geognostischen Zeichnungen dienten ihm zudem als wissenschaftliche Dokumentation. Es ist begreiflich, daß sein Sohn alles gebirgskundlich Interessante für sich und sein Institut sicherte, während die Jugendzeichnungen und die Skizzen als private, pietätvoll verehrte Erinnerungsstücke in den Familien der Töchter blieben[14].

So erklärt sich, daß die Öffentlichkeit praktisch keine Zeichnungen Eschers kannte, kennen konnte. Auch das Schweizerische Künstlerlexikon (SKL) führt Escher nur als Kartenzeichner an, obwohl das nicht einmal volle Dutzend von seiner Hand stammender Karten, von denen die Hälfte Kopien nach fremden Vorbildern sind, in keinem Verhältnis zu den 900 Zeichnungen steht[15]. Im bisher bedeutendsten Künstlerlexikon, dem 37bändigen «Thieme-Becker» (1907–1950), wird ein schweizerischer Kartenzeichner namens Hans Conrad Escher erst gar nicht aufgeführt, da er ja der schweizerischen Quelle zufolge kein Künstler war. Für diese Unterlassungssünde ist die sonst zuverlässige Redaktion des «Thieme-Becker» mitverantwortlich, denn die Hauptinformationsquelle, aus der vor allem das Schweizerische Künstlerlexikon, aber auch das Thieme-Beckersche hätte schöpfen müssen, weil es sie in den meisten Fällen anführt, erweist sich als ungleich zuverlässiger: 1779 erschien das «Allgemeine Künstlerlexikon oder Kurze Nachricht von dem Leben und den Werken der Maler, Bildhauer, Baumeister, Kupferstecher, Kunstgießer, Stahlschneider etc. etc.» des Zürcher Miniaturenmalers Johann Rudolf Füßli (1709–1793). Sein Sohn Johann Heinrich Füßli (1745–1832), als Historiker wie als Staatsmann bedeutend, ergänzte es durch eine wesentlich erweiterte vierbändige Neuausgabe, die von 1806 bis 1821 erschien. Sie stellt eine der wertvollsten Quellen für spätere lexikale Werke dieser Art dar, weil J.H. Füßli, ein führender Unitarier der Helvetik, auch «als Historiker eine in seiner Zeit ungewöhnliche Berücksichtigung der primären Quellen zeigt»[16]. Unter «Escher, Conrad» finden wir dort den folgenden aufschlußreichen Text:

— — (Conrad), geb. zu Zürich 1767. ein Mineraloge, der seit Saussure's Tode die Schweizerschen Alpen, so wie die anliegenden Hochgebürge der Nachbarschaft, am Gründlichsten, noch in größerm Umfange kennt, und seine Kunde derselben durch jährliche Reisen unermüdet erweitert; so wie er auch in Pfeiferscher Manier Reliefs verfertigt, und eine Menge Alpenaussichten, zwar vorzüglich zum Behufe seiner Lieblingsstudien gezeichnet hat, welche aber zugleich in topographischer Hinsicht hohen Werth haben, und wegen der ungemeinen Wahrheit und Richtigkeit der Gebirgs-Zeichnung auch für den Maler äusserst merkwürdig sind. Lebte in seiner Geburtsstadt 1806. *Msc.*

In einem 1806 erscheinenden Werk dieser Größenordnung noch einen Manuskriptbeitrag aus dem gleichen Jahre unterzubringen, ist heute eine kaum wiederholbare Leistung. Füßli sagt hier eigentlich alles, was die Nachwelt hätte aufhorchen lassen müssen – wenn sie nachgelesen hätte.

Dank der Konzentration an verhältnismäßig wenigen Standorten blieben die Zeichnungen zum Vorteil der Forschung leicht faßbar – die Streuung war äußerst gering. Das geht aus der folgenden Übersicht hervor, die nur Einzelblätter, nicht aber in Kollegheft, Reisenotizen u.ä. eingezeichnete Skizzen und Aquarelle erfaßt:

Standorte der Zeichnungen H.C. Eschers (April 1974)

Öffentliche Sammlungen:		
ETH Zürich	Graph. Sammlung	680
	Handschriftenabt.	1
ZBZ	Graph. Sammlung	68
		749
Privatbesitz:		
4 Escher-Familien		135
4 andere Privatbesitzer		6
		141
Insgesamt		890

Das entspricht nahezu der von Arnold Escher genannten Zahl von 900 Zeichnungen. Dazu kommen noch etwa ein Dutzend Radierungen, die ebenfalls zu den Ansichten gezählt werden müssen. Um 1850, vor dem Erscheinen der Hottingerschen Biographie, hat der Sohn den Gesamtbestand der Zeichnungen des Vaters sicher gekannt. Aus dem Lebensbericht und den Reisenotizen ergibt sich allerdings, daß es über die Zahl 900 hinaus noch eine Reihe von vermutlich auch Arnold Escher nicht bekannten Zeichnungen gegeben hat, die in diesen Quellen ebenso erwähnt werden wie die vorhandenen. Die Evidenz dieser Blätter ist dem Werkverzeichnis vorbehalten.

Warum aber blieben die 900 Zeichnungen der Öffentlichkeit unbekannt? Bei den in den Familien der Escher-Töchter zurückbehaltenen ist das klar. Anders verhält es sich mit dem im Escher-Schrank des Geologischen Instituts verwahrten Hauptteil, von dem ein begrenzter Kreis von Fachleuten natürlich wußte. Arnold Escher hatte das Bildmaterial pietätvoll geordnet mit seinem eigenen aufbewahrt. Er konnte es nicht veröffentlichen – er handelte im Sinne des Vaters, der jede Publizität in eigener Sache scheute. Daß auch seine Zeitgenossen und spätere Geologen, Geographen und Biographen sich daran gehalten hätten, ist zweifelhaft, und doch wiederholten sie meist nur die karge Mitteilung Arnold Eschers von den 900 Zeichnungen, ohne der Sache nachzugehen. So Bernhard Studer 1863, Rudolf Wolf 1879, Fritz Wartenweiler 1936 und auch noch Eduard Imhof 1963[17] («...erstellte er etwa 900 größere und kleinere Gebirgszeichnungen und Panoramen, ohne sie jedoch zu veröffentlichen...»). Aber selbst wenn sie der Sache nachgegangen wären, ist es fraglich, ob die Öffentlichkeit diese bedeutendste Sammlung topographischer Aquarellansichten der Schweiz so zur Kenntnis genommen hätte, wie sie es heute tut. Denn 1871 erklärt Oswald Heer, der übrigens ebenfalls das Wort von den 900 Zeichnungen nur wiederholt[18], in seiner Rede vor der Festversammlung des SAC, daß in der Zürcher Tonhalle einige dieser Zeichnungen ausgestellt seien. Von einem besonderen Interesse des Publikums ist nichts überliefert – noch bestand dafür nicht der zwingende Grund.

Für uns ist diese Bemerkung Heers allerdings sehr wichtig. Es ist anzunehmen, daß damals besonders schöne Zeichnungen oder solche bekannter Berggebiete ausgestellt waren, die die SAC-Mitglieder fesseln würden. Die zwölf großformatigen Aquarellansichten Eschers, die sich seit langem in der Graphischen Sammlung der Zentralbibliothek befinden und deren Provenienz nicht festzustellen war, zeigen, um einige Beispiele herauszugreifen, Spektakuläres: das Matterhorn, die bekannten Erdpyramiden im Val d'Hérens, Brione im wildromantischen Verzascatal, die seinerzeit so berühmte Aussicht vom Scopi im Lukmaniergebiet usw. Arnold Escher lebte 1871 noch; er mag die Zeichnungen für die SAC-Ausstellung bereitgestellt haben. 1872 starb er. Vielleicht waren die Leihgaben noch nicht zurückgekommen. Bibliothek und Archiv des SAC-Zentralkomitees in Zürich wurden in drei Schüben – 1890, 1912 und 1927 – der Stadt- bzw. der Zentralbibliothek übergeben. So etwa könnte man rekonstruieren, wie es zu dem einmaligen Vorkommen erstrangiger geognostischer Zeichnungen Eschers außerhalb des Geologischen Instituts gekommen sein mag. Die Bestätigung dieser Vermutung muß einer späteren Gelegenheit vorbehalten bleiben.

Nur zweimal haben Forscher Blätter aus dem Escher-Schrank nicht nur gesehen, sondern auch vor die Öffentlichkeit gebracht. Der Geologe Rudolf Staub, ein Nachfolger Arnold Eschers auf dem Lehrstuhl und im Institut, brachte 1954 in seinem Buch über den Bau der Glarner Alpen drei Gebirgsansichten aus dem Schrank zum Abdruck[19] und würdigte im Text «die bewundernswerten, meist als Aquarelle ausgeführten, heute noch im Zürcher Institut gut erhaltenen Gebirgszeichnungen und Panoramen... Man kann sich vorstellen», schreibt er, «was ein Mann von den Gaben Eschers in diesem langen Zeitabschnitt und während seiner besten Jahre in den Alpen alles gesehen haben muß – man kann dies auch aus der eben erwähnten Escherschen Aquarellsammlung sogar reich dokumentiert ersehen...» Dieses Bekenntnis zu Escher als Zeichner konnte jedoch in einem Werk der geologischen Fachliteratur, auch wenn es für eine breitere Leserschaft bestimmt war, die Öffentlichkeit nicht erreichen.

Der zweite Versuch hätte es ohne das Spiel des Zufalls ebensowenig gekonnt. Als Zürich den zweihundertsten Geburtstag Eschers im Jahre 1967 mit Stillschweigen überging, beschloß man im dankbareren Glarnerland, ihn wenigstens im folgenden Jahr durch eine Ausstellung[20] in Erinnerung zu rufen. Für einen einleitenden Vortrag wurde der Zürcher Geographieprofessor Dr. Jost Hösli, ein gebürtiger Glarner und Kenner des Linthwerks, verpflichtet. Hösli hatte in seinen Studienjahren am Geologischen Institut in Zürich die Escher-Zeichnungen gesehen. Er veranlaßte, daß man in der Glarner Ausstellung neben acht von der Zentralbibliothek Zürich geliehenen Aquarellen auch sieben Ansichten und ein Panorama aus dem Escher-Schrank zeigte, die sich auf das Glarnerland bezogen. Zudem fertigte er von den interessantesten Blättern Farbdias an, um sie anläßlich seines Vortrags einem beeindruckten Publikum vorzuführen. Glarus, obwohl in diesem Fall Zürich um einiges voraus, liegt abseits, wie die Glarner etwas bitter zu bemerken pflegen. Der Anschluß an die breite Öffentlichkeit war wieder nicht gefunden.

Drei Jahre später veranstaltete die Zentralbibliothek in Zürich die schon erwähnte Ausstellung. Die Identität des Besuchers, der sich auf Grund meiner Schlußbemerkung meldete, sei nun mitgeteilt: es war Hösli. Seine Aktionen hatten sozusagen die kritische Masse – um die Sprache des Atomzeitalters zu gebrauchen – nicht erreicht. Erst die umfassende Ausstellung der Zentralbibliothek, wo ich 270 Zeichnungen Eschers zeigen konnte, erreichte sie. Natürlich ersuchte ich Hösli, bei der Eröffnung mitzuwirken. Er sprach über Eschers Leben und sein Linthwerk, ich über den Zeichner. Diese Zusammenarbeit hat ihren Niederschlag nun auch in dem vorliegenden Band gefunden, der ein unmittelbares Ergebnis der Ausstellung von 1973[21] ist. Von einer Entdeckung oder, wie man es in einem Teil der schweizerischen Presse lesen konnte, gar von einem sensationellen Fund kann nicht die Rede sein. Eines ergab sich aus dem andern.

Eschers Geburtshaus und erster Wohnsitz, der Neue oder Vordere Seidenhof (Fotoaufnahme), wurde als Gebäude der Werdmüllerschen Seidenfirma im Jahre 1606 erbaut; der von den Brüdern David und Heinrich Werdmüller, den Begründern der Zürcher Seidenindustrie, im Jahre 1592 errichtete Alte Seidenhof (Eschers Zeichnung, um 1786) war der prunkvolle Werdmüllersche Familienbesitz. Das schöne Renaissancegebäude mit dem Treppengiebel wurde 1874, der weit bescheidenere Neue Seidenhof, der mit dem Alten durch Hof- und Gartenanlagen verbunden war, 1931 abgebrochen. Die beiden Häuser standen an der Sihlstraße 16 und 20.

ENTWICKLUNG EINER FERTIGKEIT

«Als ein kaum dreijähriger Knabe hatte ich mein kleines Bettchen in einem finstern Eck der Kinderstube, in der auch einige meiner kleinen Geschwister hausten; jeden Tag vor dem Mittagessen meiner Eltern zog man mich aus u. legte mich zu Bett; im Lauf des Nachmittags hob mich die Kindermagd wieder aus dem Bette, setzte mich auf den Tisch u. zog mir, während ich mir die Augen rieb, die Strümpfe u. Schuhe u. ein Röckchen an... Mein Vater (ein großer, wohlgebildeter, ernsthafter Mann) flößte mir eine furchtsame Hochachtung ein; meine Mutter (eine schöne, schlanke, immer sorgfältig gekleidete, herzlich gutmüthige Frau) besaß mein ganzes Zutrauen u. meine innigste Liebe... Etwas später (im Jahr 1771?) reiste ich mit meinen Eltern nach Baden, wo mir der Kirchthurm mit seinen vielfärbigen Ziegeln sehr auffiel; man nannte ihn mir den Krällelithurm, u. ich glaubte lange, er sey mit kleinen Korallen gedeckt – u. noch immer wird mir diese Idee bey dessen Anblick rege (die ersten Ideen sind bleibend – wahr oder falsch).» Das sind die ersten Erinnerungen Hans Conrad Eschers, so wie er sie am 24. Februar 1812 im Lebensbericht für seinen Sohn festzuhalten begann. Die erste Erinnerung aus der äußeren Welt war eine ästhetisch-optische.

«In meinem fünften Jahre wurde ich in eine sogenannte Mädchenschule geschickt, wo Knaben u. Mädchen beysammen sind u. lesen u. schreiben nebst dem alten Cathechismus lernen sollen. Der Lehrer (Hr. Arter oben an der Ötenbachgaß) war ein guter alter Mann u. hatte eine ebenso gute u. ebenso alte Gehülfin... Zuweilen machte der Hr. Praeceptor meinen Eltern einen Besuch u. brachte mir allemale ein Bleystift, mit dem er mir eine Kirche zeichnete, die mir große Freude machte; wahrscheinlich ist dies der erste Grund zu meiner Liebe für Zeichnung; denn bald fieng ich an, diese Kirchen mit Dinte zu überziehen u. bald gar zu illuminiren; nun erhielt ich einige Farben u. meine Freude am Illuminiren war so groß, daß nun bald kein Kupferstich mehr vor mir sicher war... Nach Beendigung meines VIten Lebensjahres wurde ich aus der s. g. Mädchenschule in die teutsche Schule befördert, wo nur Knaben sich einfanden... Wahrscheinlich meiner Liebhaberey fürs Illuminiren, an die sich bald auch die fürs Zeichnen anschloß, wegen lernte ich ziemlich gut schreiben; auch das Rechnen gieng nicht übel... Zu Hause hatte ich zur Nachhülfe für den Schulunterricht einen Privatlehrer, Hr. Hirzel,[22] der mir seiner traulichen Gutmütigkeit wegen sehr lieb war... wir besahen zuweilen die historischen Neujahrskupfer[23] von Zürich... ich sah die Schneegebirge, den Zürichsee, die Gegend von Zürich mit Aufmerksamkeit u. Wohlgefallen an u. betrachtete schweizerische historische u. topographische Kupferstiche mit besondrer Freude. Diese Liebhaberey vereinigte sich nun mit meiner Freude am Illuminiren u. Zeichnen, u. schon frühe legte ich eigne Neujahrskupfersammlungen an...» Wenn wir den ersten Entwicklungsabschnitt von Eschers zeichnerischer Fertigkeit benennen sollten, müßte er «Illuminiren» heißen; der entsprechende Lebensabschnitt des Knaben hieße dann weit prosaischer «Appetit»: «Einst, als ich auf die Mittagsmahlzeit wartete u. im Hof u. Garten herumsprang, bemerkte ich, daß eine Katze mit einer gestohlnen gebratnen Schaafskeule beschäftigt war; ich jagte ihr ihren Raub ab, erhielt ihn glücklich u. labte mich nun vergnügt am erbeuteten Überrest, aber meine Eltern bemerkten, daß ich mit Abnagen von Knochen beschäftigt war, man rief mich u. ich wurde so in meiner angenehmen Arbeit gestört u. machte mit dieser Geschichte der ganzen Familie viel Spaß...»

Der Achtjährige war anders als seine Kameraden. Er hatte keinen besten Freund: «.... ich liebte alle... der Umfang meiner Liebe war zu groß, um einige ganz ausschließend zu lieben. Auch hätte ich meine natürliche Forchtsamkeit keinem gestehen dürfen, u. es war keiner, der mit mir illuminirte, Neujahrskupfer sammelte, die Sternen betrachtete u. über Zeit u. Raum mit mir sich unterhielt...»

Das nachhaltigste Erlebnis dieser Kinder- und ersten

Jugendjahre Eschers war Kefikon. «Im Herbst 1775 machte mir mein Vater die unschätzbar große Freude, mich auf einen Besuch mit sich nach Kefikon zu seinem Bruder, Hrn. Statthalter Escher[24], zu nehmen; es war mir, ich hätte eine Reise um die Welt zu machen: Die alte Straße über die Steig herab kam mir als eine ungeheure Bergstraße vor. In Winterthur, wo wir zu Mittag aßen, gefiel mir die gerade breite Hauptstraße u. die Gräben, auf denen wir noch spazirten, überaus wohl. Durch die alte Straße vom Grüt her langten wir in Kefikon an; das damals noch alte Schloß schien mir ein Palast zu seyn; der Garten mit dem ihn durchrieselnden Bach u. den Wäldchen im erhöheten Hintergrunde überstieg alle meine frühern Begriffe ländlicher Schönheit... Neben der guten Tafel dienten mir die Schaffnereyküche u. die Obst-, Milch- u. Brodvorräthe zur Zwischenerquickung...»

Zum Appetit als bestimmendem Lebensprinzip gesellte sich allmählich der Hunger nach «Begriffen», nach dem Neuland der Erkenntnis, das der nunmehr Zehnjährige in reichem Maß in Kefikon vorfand: «...im 7ber 1777 starb mein Oheim, der allgemein geschätzte Hr. Statthalter Escher; dadurch wurde mein Vater Besitzer der Herrschaft Kefikon, u. schon im nächsten Herbst zog man hin, in dieses Paradies meiner Kinderjahre; da unterblieben nun selbst die Träumereyen, denn hier hatte ich unübertreffbarste Wirklichkeit von Seligkeit wirklich im Besitz. Mit einer aus mehr als 50 Personen bestehnden Winzerschaar beym Geläut der Schloßglocke und beym Klang aller Traubenkübel, auf die man mit den Winzermessern schlug, in die Rebberge ziehen, da vom Morgen bis in die Nacht bleiben, also natürlich genug Trauben essen; dann abends bis zum Nachtessen in der Trotte[25] zubringen, also noch genug Most trinken; die übrigen Tage des Abends auf die Weide gehen, beym Hüttenfeuer Kartoffeln u. Rüben braten, dann in eine Bauerstube ziehen u. bis zum Nachtessen mit den sehr ergebnen Bauerkindern Plumpsack u. andere ähnliche Spiele treiben; zuweilen gar mit einem Stück Brod u. einigen Birnen im Sack u. mit einer Flinte u. Jagdtasche versehen auf die Jagd gehen; des Sonntags ½ Stunde weit nach Gachnang in die Kirche gehen, dann erst in der Schaffnerey mit geräuchtertem Fleisch, nachher im Schloß zum zweytenmal, aber mit gestärktem Appetit zu Mittag essen... ähnliche abwechselnde Zerstreuungen waren mehr, als die ungezähmteste Einbildungskraft je sich zu erträumen imstande war. Von nun an wurden alle Sommer u. alle Herbste jedesmal 4 Wochen in diesem Paradies zugebracht u. mit jedem Male vermehrte sich der Genuß dieser Freuden... Ungeachtet ich weder Eichhörnchen noch Krähen, viel weniger andres Gewild zu schießen vermochte, so gieng ich doch mit unbeschreiblichem Vergnügen auf die Jagd; endlich schoß ich einmal unter ein Hundert Sperlinge auf einem nahen Baum – einer hatte das Unglück, getroffen zu werden; nun wurde ich statt eines Robinsons ein Jäger u. dachte mir die Seligkeit, einst ganze Wagen voll Hirschen u. Schnepfen ins Schloß Kefikon zu versenden. Einst sogar schoß ich einen von meinem 2ten Bruder angeschossnen Hasen noch vollends zutode; im Triumph trug ich ihn nach Hause, u. mein Jubel darüber wurde um so größer, da eben... mein Lehrer Hr. Vögeli auf Besuch ankam...»

Als Hans Conrad zwölf Jahre alt war, begann das Zeichnen eine wichtige Rolle zu spielen. «Sowie nun einmal meine Einbildungskraft geweckt war u. ich in dem Unterricht, den ich erhielt, nicht die geringste Nahrung fand, so war ich auf alles begierig, was mir Stoff zu neuen Ideen zu geben im Falle war. Einst fiel mir Lavaters geheimes Tagebuch[26] in die Hände; dieses konnte ich nicht genug lesen u. immer wieder lesen, u. nun fieng ich an, mich selbst ebenfalls zu beobachten u. trug lange den Gedanken, selbst ein Tagebuch zu führen, mit mir herum. Endlich an meinem Geburtstage, da ich das zwölfte Jahr zurückgelegt hatte[27], fieng ich ein solches Tagebuch an, das ich anfangs äußerst fleißig und umständlich, nach u. nach aber etwas oberflächlicher führte und doch etwan 7 Jahre lang fortsetzte. Leider verbrannte ich dasselbe erst später in einem unberechneten Anfall von Scham über meine Kindereyen; natürlich enthielt mein Tagebuch auch Zeichnungen wie das Lavatersche, u. als Titel hatte ich mich selbst gemahlt, wie ich in der Nachtmütze am Schreibpult sitze u. das Tagebuch schreibe...» Das war die erste einer Reihe gezeichneter und aquarellierter Titelseiten.

Die nächsthöhere Stufe des Zeichnens begann mit dem Übergang des hoffnungslos schlechten, weil des Auswendiglernens toter Vokabeln unfähigen Lateinschülers auf die Kunstschule. Diese 1773 gegründete Anstalt, eine Vorläuferin der späteren Industrieschule, hatte mit Kunst unmittelbar wenig zu tun und war nur durch die Person ihres Direktors, des Landschaftszeichners Johann Balthasar Bullinger, für Eschers zeichnerische Entwicklung bedeutsam, denn der Patriziersohn nahm bei Bullinger auch Privatstunden im Zeichnen. «Im Herbst-

Escher war 15 Jahre alt, als er diese beiden Bildchen in Kefikon, dem Paradies seiner Jugend, zeichnete. Die eine, auf der er im Vordergrund sich selbst beim Zeichnen darstellt, entstand am 20., die Jagdszene am 4. Oktober 1782 als Nr. 3 und 2 einer nicht mehr feststellbaren Bildfolge. Als angehender Schloßherr (J.C. Escher de Kefikon) muß man wohl zeigen, daß man so gut deutsch wie französisch spricht, wenngleich es mit dem Nachweis des letzteren etwas hapert («occtobr.», «Peint à la Nat.»). Die Selbstdarstellung als Zeichner hat eine alte Tradition und zieht sich durch das gesamte zeichnerische Werk bis zu Eschers Tod hin (s. Kapitel «Der Zeichner und Aquarellist»). Bei der Jagdszene, in der Hans Conrad sich triumphal im grünen Jägerwams präsentiert, handelt es sich offenbar um die im Lebensbericht geschilderte Begebenheit mit dem einzigen von ihm erlegten Hasen (den sein Bruder allerdings zuvor angeschossen hatte, was die Zeichnung natürlich nicht verrät). Die damals noch schlanke Weide im Bild links, vom Sohn des heutigen Schloßbesitzers und von der Dorfjugend als beliebtes Kletterobjekt geschätzt, stand noch nach dem Zweiten Weltkrieg und wurde erst vor wenigen Jahren im Zuge einer Bachbegradigung gefällt. 175:235 mm (oben), 199:259 mm (unten).

N.o 3.
Schloß Keſikon gegen Weſt.
Peint a la Nat. par J.C. Eſcher le 20. octobr.

N.o 2.
Schloß Keſikon gegen Sud Oſt.
Peint de J. C. Eſcher de Keſikon le 4. Octobr. 82.

Fall des Ozbachs, ohnweit Bözen am Horgenberg, im Canton Zürich.
J. B. Bullinger ad nat. del. 1778.

Wasserfall des Obachs im Horgerberg ob Bözen.
J. Conrad. Gÿser delin. 1782.

examen des Jahres 1779 saß ich wie gewohnt als der Zweytunterste in meiner Classe der Lateinschule u. wurde von meinen Lehrern als ein schwacher Knabe ohne Anlagen u. ohne Fleiß mit Vergnügen an die Kunstschule abgegeben; hier war auf einmal alles anders. Breitingers[28] zweckmäßigen Unterricht in der Geometrie faßte ich sehr leicht u. mit viel Begierde... Im zweyten Jahrcurse, wo die Mechanik, Hydrostatik u. Hydraulik weit gründlicher u. umfassender getrieben wurde, faßte ich alle Lehrsätze mit solcher Bestimmtheit auf, daß ich imstande war, alle Erscheinungen im menschlichen Geschäftskreise, die hierauf Bezug hatten, mit Leichtigkeit darnach zu beurtheilen...» Von dieser Vorliebe des 14jährigen zeugt das «illuminirte» Kollegheft «VON DER MECHANIC, HYDROSTATIC und HYDRAULIC, Behandlet von Hr. Professor BREITINGER in ZÜRICH anno MDCCLXXXI für IOH. CONRD. ESCHER VON KEFIKON», ein prächtig gebundener schmaler Folioband mit Lederrücken und goldgepreßtem Titel auf rotem Saffianlederschild, dessen Inhalt Hans Conrad mit seiner kindlichen deutschen Schrift gefüllt hat, eifrig auf Sauberkeit bedacht und angestrengt kalligraphierend. Die prächtigen aquarellierten Federzeichnungen (s. Abb.) sind jedoch kaum ohne Bullingers Hilfe entstanden, was schon aus dem Wortlaut «für Joh. Conr. Escher» hervorgeht. Ein weiteres Titelblatt aus dem folgenden Jahr 1782 entstand zwar unter Bullingers Einfluß und Leitung («Curs. III»), darf jedoch schon dem 15jährigen zugeschrieben werden: «Vereinigte Niederlande/von Joh. Conrad Escher/von Kefikon./MDCCLXXXII.»

Hans Conrad ist plötzlich «einer der besten Schüler. Meine Eltern waren ganz erstaunt, mich auf einmal diese Wendung nehmen zu sehen, denn nicht bloß in der Schule war ich thätig u. aufmerksam, sondern neben derselben machte ich alle aufgetragnen Arbeiten aus eignem Eifer immer vollständig... Das Zeichnen wurde mir bald zur Liebhaberey u. ich nahm noch häufigen Privatunterricht bey Bullinger, wo ich in den Ferien oft ganze Tage zubrachte u. mich auch im Gespräche angenehm mit ihm unterhielt. Bald legte ich mich auf das Landschaftszeichnen u. fieng sogleich an, nach der Natur zu zeichnen, welches ich von diesem Zeitpunkte an immer eifrig betrieb.» Die beiden ersten nach der Natur gezeichneten Ansichten stammen schon aus dem ersten Jahr seines so anregenden Besuchs der Kunstschule und stellen das alte Amtshaus Stampfenbach (Mai 1780, s. Abb.) und die Mörsburg bei Winterthur (20. Juli 1780) dar. «Mit Herrn Professor Bullinger machte ich nicht selten kleine Wanderungen zum Zeichnen nach der Natur; besonders eifrig suchte er die Ruinen der alten Schlösser auf, weil er eine Geschichte derselben schrieb, u. meist hatte ich die Freude, ihn zu begleiten. Solche Wanderungen waren mir die angenehmsten Festtage...»

Hans Conrad Escher war künstlerisch begabt, aber als zeichnender Bürgersohn kein Sonderfall. Zu seiner Zeit gehörte es in den Patrizierfamilien Zürichs und anderer Schweizer Städte geradezu zum guten Ton, daß die Söhne zeichnen lernten. Daher die zahlreichen mehr oder minder dilettantischen Ansichten, die sich in Handschriften und Graphiksammlungen erhalten

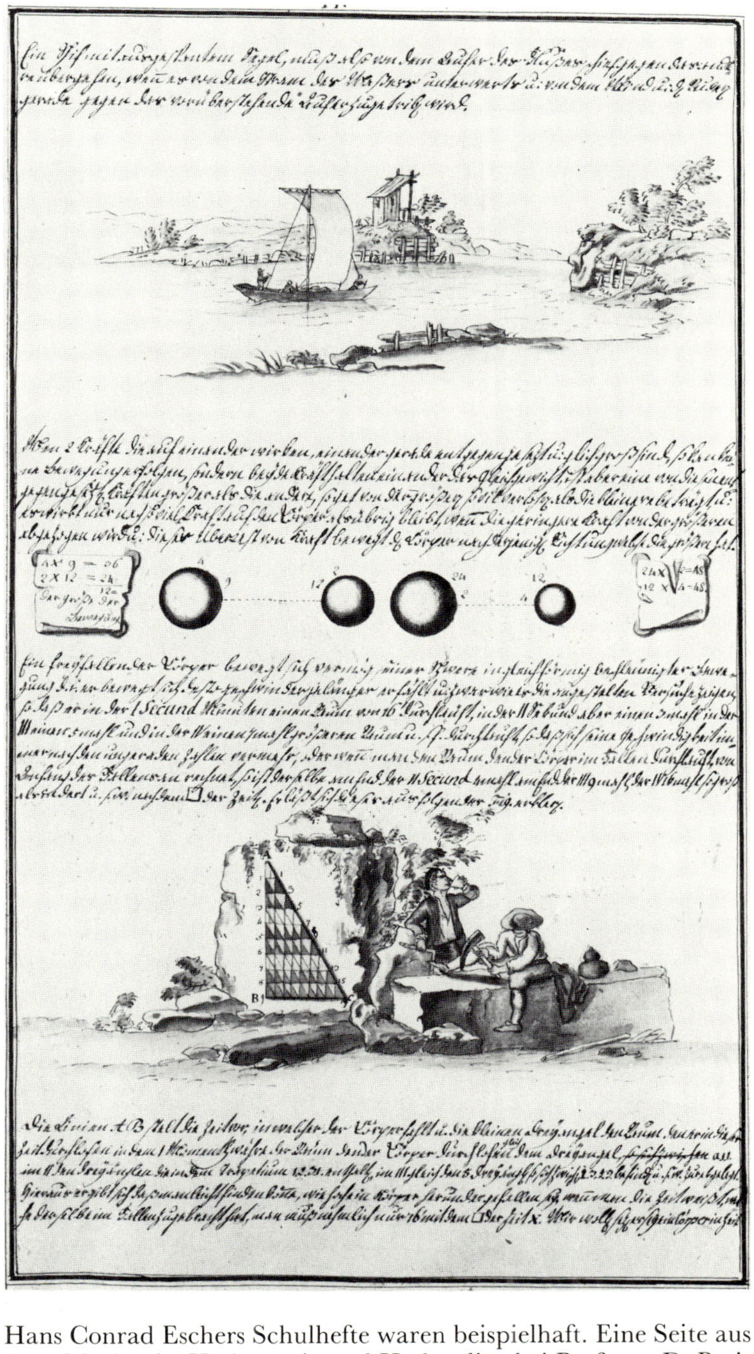

J.B. Bullinger, «Fall des O-Bachs, ohnweit Boken am Horgenberg, im Canton Zürich», 1778, Kunsthaus Zürich und ein weiteres Exemplar in der Zentralbibliothek Zürich; darunter H.C. Eschers Kopie von 1782 «Curs. III. Sch. Art.» = im 3. Jahrgang der Kunstschule. Schon das mehrfache Vorkommen dieser und anderer Zeichnungen Bullingers zeigt, daß es sich um Vorlagen handelte. Eschers Kopie ist keine sklavische und übertrifft manchmal das Vorbild; vermutlich hat Bullinger mit Korrekturen nachgeholfen. Formate: Bullinger 1778 (ZBZ) 219:312 mm, Escher 225:323 mm.

Hans Conrad Eschers Schulhefte waren beispielhaft. Eine Seite aus der «Mechanic, Hydrostatic und Hydraulic» bei Professor D. Breitinger an der Zürcher Kunstschule, deren Direktor, der Maler J.B. Bullinger, zugleich Eschers privater Zeichenlehrer, dem 14jährigen beim Illustrieren geholfen haben mag. 1781. Da ihn die technischen Wissenschaften besonders interessierten, schrieb der 17jährige das Schulheft aus Breitingers Unterrichtsstunden 1784 aus dem unpraktischen Folioformat ins Oktavformat um und illustrierte es diesmal selbst («Escher inv.» auf der Titelseite) und ebenso gut.

Die erste erhaltene Ansicht des noch nicht 14jährigen: das ehemalige Amtshaus Stampfenbach an der Limmat, gezeichnet im Mai 1781.

haben (oft handelt es sich um Nachzeichnungen bekannter druckgraphischer Vorlagen). Der Unterricht junger Menschen höheren Standes im Zeichnen und Malen ist alte Tradition. Charles de Tolnay hat in einem Aufsatz über ein Blatt Michelangelos[29] darauf hingewiesen: Ascanio Condivi (1525–1574), Schüler und Biograph Michelangelos, berichtet[30], daß der Meister sich mit jungen Amateurfreunden umgeben habe und «immer diese Kunst in adelige Personen zu verpflanzen versuchte, wie es die Antiken taten, und nicht in Plebejer». Schon vor Condivi erwähnt Baldassare Castiglione in seinem Cortegiano (1528) ähnliches, und die klassisch-antike Tradition beschreibt Plinius in seiner Naturalis Historia (XXXV, 79).

Der Zeichenunterricht bei Bullinger war, wie die erhaltenen Arbeiten des Schülers zeigen, ein durchaus solider. Für die Zeichenstunden in der Schule hatte Bullinger Vorlagen aller Art, Figuraldarstellungen und Kopien eigener Veduten, bereit, um seine Eleven fleißig danach kopieren zu lassen. Auf Exkursionen wurde sodann auch nach der Natur gezeichnet, aber das Kopieren war wichtiger. Diese letztere, etwas unlogische Art des Unterrichts im Landschaftszeichnen entsprach der alten Schule, aus der Bullinger hervorgegangen war. Im Barock hatte die Invention den Vorrang vor der Naturbeobachtung; nur in den bürgerlichen Niederlanden war das umgekehrt. Die holländischen Maler, die um 1650 mit Staffelei und Malgerät in die Umgebung Roms wanderten, um die Natur nach ihr selbst zu zeichnen und zu malen, fielen dort ganz aus dem Rahmen der künstlerischen Gewohnheiten. Noch am Ausgang des 18. Jahrhunderts ließ man an den Kunstakademien in Paris und London die Schüler im Atelier bereitgestellte Baumstrünke «nach der Natur» zeichnen und damit erfundene Ideallandschaften garnieren. Da die soziale Wirklichkeit – gewaltsame Herrschaft der Feudalmächte Aristokratie und Kirche über die produzierenden bürgerlichen und bäuerlichen Schichten – verschleiert und beschönigt wurde, mußte auch die wirkliche Erscheinung der Natur idealisiert werden. (Wahrheit – wir nennen sie heute Informationsfluß – ist ungerechter Macht immer unbequem.) Das bedeutet nicht, daß nicht echte künstlerische Werte zustandegekommen wären. Sie entstehen ständig. Kunst ist eine Form des Lebens.

In der Barockkunst hatte die Ideallandschaft den Vorrang vor der nur praktischen Zwecken dienenden «topographischen» Landschaftsdarstellung. Die erstere lernte man durch Kopieren, die letztere, geringer geschätzte, durch Zeichnen nach der Natur. Bezeichnenderweise war es von Anfang an und jahrhundertelang die Stadtvedute als Ansicht des bürgerlichen Lebensmilieus, die den «topographischen» Realismus über die auf- und abklingenden Wellen der Idealisierung und Phantastik hinweg lebendig erhielt. Als der feudale Glanz und die aristokratische Machtfülle zum Schäferspiel des Rokoko degenerierte, war es ein Spiel – jeder Spätstil ist Spiel – der vergeblichen Illusionen, der absichtsvollen Verharmlosung der Tatsachen.

Im 17. Jahrhundert stand das bürgerliche Holland zunächst allein auf der anderen Seite des Grabens, der sich durch Europa zog. Der ungeheuere Aufschwung der holländischen Kultur und Kunst, das ungemein hohe Allgemeinniveau auch der holländischen Landschaftsmalerei zeigt anschaulich, welche Kräfte die errungene Freiheit zu mobilisieren vermochte. Die bürgerliche Schweiz, nach dem wirtschaftlichen und kulturellen Hochstand im 15. und 16. Jahrhundert inmitten fremder Feudalmächte isoliert und im 17. Jahrhundert unter ihrem Druck zur Provinz herabgesunken, erwachte um die Mitte des 18. zu neuem Leben. Durch die Tätigkeit J.J. Bodmers (1698–1783) und J.J. Breitingers (1701–1776) wurde Zürich zur «Literaturstadt», die Kleist 1752 einen unvergleichlichen Ort nannte, «nicht nur wegen seiner vortrefflichen Lage, die unique in der Welt ist, sondern auch wegen der guten und aufgeweckten Menschen, die darin sind. Statt daß man in dem großen Berlin kaum drei bis vier Leute von Genie und Geschmack antrifft, trifft man in dem kleinen Zürich mehr als zwanzig bis dreißig derselben an...»

Der Zürcher Pfarrerssohn Johann Balthasar Bullinger (1713 Langnau – 1793 Zürich)[31], eine noch nicht gebührend gewürdigte Schlüsselfigur der Zürcher Malerei und Graphik aus dieser Zeit des Umbruchs und Vermittler älterer Werte auch europäischen Maßstabs, war selbst ein tüchtiger Landschaftszeichner und -maler. Sein Schaffen ist durch einen für seine Zeit typischen Bruch gekennzeichnet: Während seine repräsentativen Gemälde erfundene Ideallandschaften mit Reiter, Jäger- und anderer modisch-höfischer Staffage zeigen,

H.C. Escher, «Die Beatenhöhle am Thunersee», Ausschnitt. Die braune Pinselzeichnung ist wahrscheinlich unter Bullingers Anleitung, aber nicht mehr in der Kunstschule entstanden. Das rokokohaft Leichte der an fernöstliche Tuschemalerei anklingenden Pinselschrift, die zeitgemäß-modischen Requisiten (alte Ruinen, Höhlen, Sonnenschirm, Hündchen) und die miniaturartig feine Figuralstaffage sind Merkmale eines mehr nach Frankreich orientierten Geschmacks, als er Bullinger kennzeichnet. Bullingerisch ist das typische hohe Querformat. Vielleicht handelt es sich um eine Kopie Eschers nach einer von Bullinger besorgten oder kopierten Vorlage. Die Zeichnung läßt erkennen, wie gut Escher diese Manier beherrschen gelernt hat. Vor 1792. 246:338 mm.

Aus der Gegend von Prattelen gegen Basel. nach Biermann gezeichnet von J. C. Escher 1793.

au Pont près du Lac de Joux.

also gewissermaßen «aristokratische» Landschaften sind, bekannte er sich in seinen gezeichneten und radierten Veduten zu einem durchaus bürgerlichen Realismus, wenngleich er ihn rokokohaft aufgelockert und sentimenterfüllt präsentierte. Bullinger hatte seine Wanderjahre teils in Italien (1732–1735) bei G.B. Tiepolo in Venedig, teils in den Niederlanden (1738–1741) verbracht. Seine zürcherische Sachlichkeit mag ihn davon abgehalten haben, sich die geistreich-aristokratische Kunst seines Meisters zum Vorbild zu nehmen; er zog ihr vielmehr die bürgerlichere des Tiepolo-Antipoden Antonio Canal, genannt Canaletto, vor, dessen venezianische Breitwandveduten voll Licht und Leben ihm ebenso den Weg wiesen wie später die naturverbundene Weitwinkelsicht der Holländer. Von ihm übernahm Escher diese Erfahrungen, noch kein wirkliches Panoramaprinzip zwar, aber den Anlauf dazu, worauf im Panoramenband dieser Arbeit näher einzugehen sein wird. Er übernahm aber auch Bullingers zarte Behandlung der Landschaft, sein pastellfarbenes Kolorit, die Atmosphäre, die modischen Staffagen sowie das typische hohe Querformat der Veduten, das er später nicht mehr verwendete. Die Bullingersche Ideallandschaft übernahm er nicht. Und in den Zeichnungen wich er in einem sehr wesentlichen Punkt von seinem Lehrer ab: Wo es Bullinger auf die Genauigkeit der Bergformen nicht so sehr ankam, er sie sanft in der Atmosphäre verschwimmen ließ, gab sie Escher von Anfang an realistisch exakt wieder, lang bevor er an die geognostische Zeichnung dachte.

So lernte der 13- bis 16jährige das Handwerkliche, die Fertigkeit. Eine Zeichnung des Aeneas mit Anchises (s. Abb.) zeigt, daß Figuraldarstellungen, wie damals üblich, zunächst aus der Antike geschöpft wurden. Genreszenen, Biblisches und Historisches, kleine Porträts begleiten das Hauptsujet – die belebte Landschaft. Alle diese frühen Zeichnungen mit ihrer lebhaften Figuralstaffage zeugen von seinem später so ganz vergessenen, verdrängten Sinn für das Bild des Menschen, der zur Zeit der physiognomischen Mode in ihm noch lebendig war. Aus dem Jahre 1783 hat sich das folgende Zeugnis seiner Beziehungen zu J.C. Lavater und seinem Sohn Heinrich im Lebensbericht erhalten: «Einzig mit Freund Lavater, der sich nun der Medicin zu widmen anfieng, unterhielt ich noch Bekanntschaft von meinen Schulkameraden, u. hatte also oft den Anlaß, seinen trefflichen Vater zu sehen u. zu sprechen, der mich gerne um seinen Sohn zu haben schien; auch sah ich oft seine physionomischen Zeichnungen, die mich sehr interessirten, so wie ich auch seine Physionomik las und mich mit physionomischen Urteilen abgab.»

Im Jahre 1782 war für den 15jährigen die öffentliche Schulbildung zu Ende. «Mit inniger Rührung verließ ich diese Schulanstalt (die Kunstschule, Anm. d. Hrg.), in der ich meine glücklichsten Lebensjahre verlebt u. deren Lehrer mir für dauernd zu Freunden gemacht hatte. Ohne eigentliche streng wissenschaftliche Kenntnisse, aber mit ziemlich viel oberflächlichen Ideen mußte ich nun zu einem bestimmten Beruf in die Welt eintreten...» Diese Welt war die väterliche Seidenflorfabrik, «wo ich die einfachern Geschäfte von Copieren, Waaren ausgeben u. abnehmen u. besonders die Zwirnmaschine besorgen helfen mußte. Diese Arbeit beschäftigte mich alle Morgen drey, höchstens vier Stunden, u. zwar ohne große Anstrengung. Mein Vater, meine beyden Brüder u. zwey Schreiber waren mit mir in dieser Handlung u. Fabrik beschäftigt. Für alle war die Arbeit sehr leicht u. bequem, so daß man zwischenein die Zeitungen las, halbstundenweise schwatzte, u. die Liebhaber, doch nur in Abwesenheit meines Vaters, der oft auf dem Rathause war, ein Pfeifchen rauchten. Um 12 Uhr gieng man nach Hause u. glaubte dann die Tagesarbeit

«Aus der Gegend von Pratteln gegen Basel.» Die Kopie nach Peter Birmann belegt Eschers fortgesetzte zeichnerische Selbstbildung durch Kopieren. 1793. 207:287 mm.

«Le Pont près du Lac de Joux.» Kopie Eschers nach J.L. Aberlis kolorierter Umrißradierung gleichen Titels aus der «Collection de quelques vues dessinées en Suisse d'après nature» von 1782. Escher hat eine Reihe von Blättern dieser Aberlischen Vedutensammlung kopiert, die sich alle durch ein viel kräftigeres Kolorit von den Vorlagen unterscheiden. Zum Kapitel «Der Zeichner und Aquarellist». Undatiert, 84:172 mm.

Schularbeit im Figuralzeichnen bei Professor Bullinger: Aeneas und Anchises nach einer alten Kupferstichvorlage. Um 1781.

abgethan zu haben.» Der junge Mann war damit nicht zufrieden: «Neben dieser leichten Berufsarbeit nahm ich noch Unterricht im Französischen bey Hr. Nötzli u. im Zeichnen, in großer angenehmer Abendgesellschaft, bey Hr. Meyer.» Es handelt sich um den Zürcher Maler und Kupferstecher Johann Heinrich Meyer (1755–1829), der mit Escher manches gemeinsam hatte: Der Sohn eines Strumpfwebers kam ebensowenig mit der Lateinschule zurecht und ging daher zur Kunstschule über, auch er lernte dort zeichnen und radieren, reiste dann nach Paris, kopierte nach Aberli und Salomon Geßner und gab schließlich abends nach der Geschäftszeit – er mußte den Kramladen seiner Eltern besorgen – Unterricht im Zeichnen; zu seinen Schülern gehörte Eschers Freund Heinrich Lavater, der diesen Kurs auch Escher vermittelt haben mag. Meyer wurde ein bekannter Vedutenzeichner und -radierer, und von ihm stammt – sicher nicht ganz zufällig – die hier im Abschnitt über das Linthwerk reproduzierte Radierung nach einer Zeichnung Eschers, das überschwemmte Weesen darstellend.

Radieren lernte Escher bei Bullinger mit der ihm eigenen Gründlichkeit. Ein mit vielen Zeichnungen und einigen Radierungen illustriertes Kollegheft «Der Kupferstecher, von Conrad Escher von Kefikon, Ao. 1782» beweist es auf rührende Weise (s. Abb.). Einzig die Handschrift des 15jährigen ist hier seinem Alter entsprechend etwas zerfahren; die Beschreibung und Darstellung der Handgriffe, Materialien und Methoden des Kupferstichs und der Radierung läßt an Vollständigkeit und Anschaulichkeit nichts zu wünschen übrig. Zwischen 1781 und 1791 sind bisher sechs Radierungen Eschers festgestellt worden (die erste und die letzte s. Abb.).

Obwohl Escher sehr früh vor allem nach der Natur zeichnete, war er bestrebt, sich die Erfahrungen und Arbeitsweisen anderer Künstler seiner Zeit anzueignen, indem er – bis in die neunziger Jahre – ihre Arbeiten kopierte; so zum Beispiel solche von Salomon Geßner, Peter Birmann, Johann Ludwig Aberli. Die letzteren sind wegen der unterschiedlichen koloristischen Auffassung Eschers interessant, sollen jedoch im Kapitel über den Zeichner und Aquarellisten besprochen werden.

Wenn man für diesen zweiten Abschnitt der zeichnerischen Entwicklung Eschers einen Titel finden wollte, wäre «Kopieren» der treffendste. Auch im folgenden Abschnitt dieser Entwicklung einer Fertigkeit wird sich künstlerische Potenz noch nicht gleich entfalten; zunächst mußte sich Eschers Persönlichkeit formen.

Die erste Radierung des 14jährigen Hans Conrad stellt – fast müßte es heißen selbstverständlich – Schloß Kefikon dar, wie es 1781 aussah. Die letzte bisher festgestellte Radierung von 1791 zeigt eine Ansicht von Olten. Escher weist sich mit ihr als ein durchaus routinierter Radierer aus.

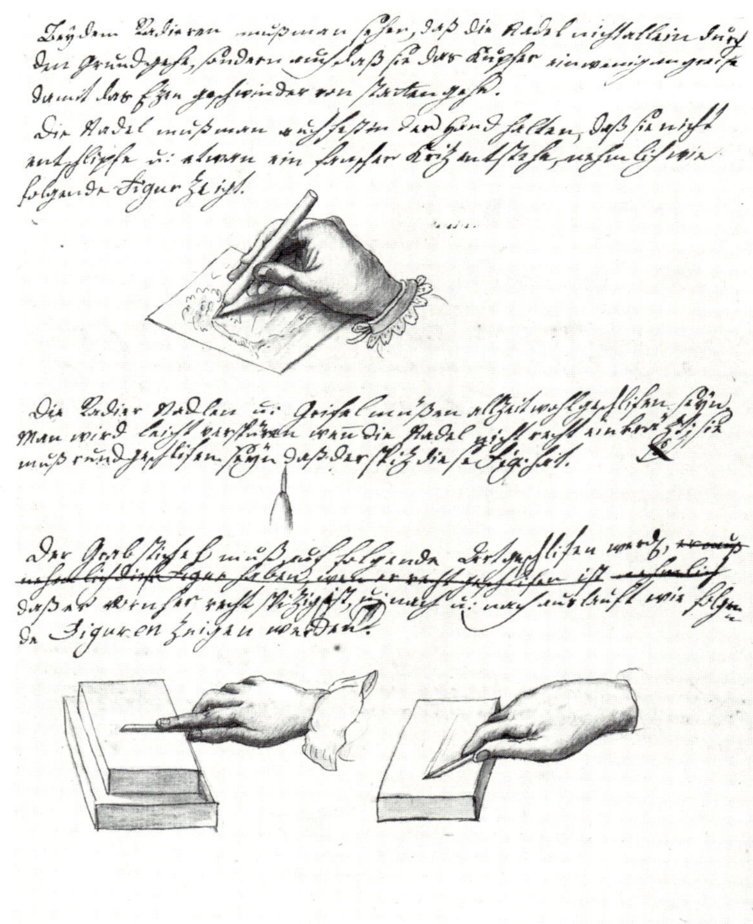

Der 15jährige lernte bei Bullinger auch in Kupfer stechen und radieren. Titel und Seite aus dem entsprechenden Schulheft, von Escher sorgfältig illustriert, diesmal aber weniger sorgfältig geschrieben. Um 1782.

ENTWICKLUNG EINES MENSCHEN

1. Zürich

Man muß in Eschers Kinderjahre zurückkehren, um das Erscheinen der Eigenschaften, die ihn zur Persönlichkeit machen sollten, festhalten zu können.

Er ist fünf Jahre alt; «da ich vom Großvater u. nicht selten von einem Oheim (Hr. Rathsherr Landolt) Schillinge bekam, so dienten mir diese... meinen lebhaften Appetit noch neben der Tafel zu stillen. Doch fühlte ich schon als kleiner Knabe besondre Anhänglichkeit an jenen Oheim, der ein alter Militair war u. ein krummgeschoßnes Bein aus der Schlacht bey Crefeld im VIIjährigen Krieg her hatte – er trieb oft Spaß mit mir, munterte mich zu allerley mechanischen Arbeiten auf und war der erste, der meiner Mutter sagte, es wird mit der Zeit noch was brauchbares aus deinem Curli werden...» Neben dem Lebensinhalt Nahrung früh schon das technische Interesse, das ihn zeitlebens erfüllen wird.

Der erste Lebensinhalt führt den Achtjährigen fast auf krumme Wege: «Mein zu Hause nicht hinlänglich befriedigter Appetit machte, daß ich all mein kleines Sackgeld zu äußerer Befriedigung desselben verwendete u. wohl auch einen ebenso appetitvollen Schulkameraden mit Antheil nehmen ließ. Als dieses Sackgeld nicht mehr genügte, suchte ich erst aus meiner eignen kleinen Sparbüchse Beyträge mir zu verschaffen, die immer freundschaftlich getheilt wurden; dies gab den Anlaß zu kleinen häuslichen Veruntreuungen, wozu ich von meinem losen Spießgesellen sehr lebhaft aufgemuntert wurde; die erste derselben war eine Zurückbehaltung eines Theils des Gutjahrgeschenks an den Hrrn. Praeceptor – sie wurde entdeckt, sehr lebhaft verwiesen, aber wohl nicht ganz zweckmäßig durch Verweisung an den Dienstentisch, wo man Spaß darüber machte, bestraft. Mehrere Mahle unterließ ich nicht aus Mangel an Anlaß, sondern aus Pflichtgefühl, eine geraume Zeit hindurch diese kleinen Räubereyen: dann wurde meinem hungrigen Kameraden die Zeit lange; er schalt mich als zu furchtsam, zu ängstlich, u. munterte mich zu neuen Versuchen auf. Einmal, als ich ihm sagte, daß solche Entwendungen Sünde seyen, gab er mir den schönen Trost, ich hätte schon soviel gesündigt, daß ich schon nicht mehr in den Himmel kommen könne, ich hätte also nichts mehr zu verlieren, sondern ich solle mir nun das Leben möglichst angenehm machen. Endlich überwog doch das Pflichtgefühl über die Charakterschwäche, ich entfernte mich von diesem schlimmen Gesellschafter und enthielt mich nun jeder Dieberey aus Gewissenhaftigkeit, nicht infolge einer Strafe...» Früh also: Versuchung und Sieg über das Triebhafte.

Eine andere Schwäche war Furchtsamkeit. «Ungeachtet eines ziemlich großen u. kraftvollen Körpers hatte ich doch von Jugend auf eine auffallende Forchtsamkeit u. schwächliche Ängstlichkeit, welche wahrscheinlich von meiner physischen Constitution herrührte, indem ich in meinen ersten Kinderjahren sehr gichterisch[32] war. Die Einsamkeit bey Nacht machte mich sehr furchtsam; wozu freylich das Erzählen von Gespenster- u. Diebsgeschichten von Seite der Dienste auch viel beygetragen haben mag. Einst, als ich allein bey einbrechender Nacht zu Hause im obersten Stockwerk war, verband ich alle Fensterriegel sehr sorgfältig mit Schnüren, um gegen das Eindringen von Mördern und Dieben gesichert zu seyn. Durch Nachdenken bey Tage über meine Forchtsamkeit fand ich sie damals schon lächerlich u. nahm mir vor, sie durch einsame nächtliche Wanderungen zu vertreiben – ich zwang mich oft zu diesen – aber immer war meine Einbildungskraft u. mein ganzes Nervensystem dabey so gespannt, daß ich wohl durch irgend eine auffallende Erscheinung in den heftigsten Schrecken u. vielleicht gichterische Zustände verfallen wäre. Diese von natürlicher Reizbarkeit der Nerven u. die unauslöschlichen Eindrücke der Jugend bewirkte Forchtsamkeit klebte mir immer an, u. aller meiner vielfältigen einsamen Wanderungen zu Nacht u. in den ödesten Gegenden ungeachtet konnte ich mir dieselbe nie ganz abgewöhnen. Überhaupt aber war Forchtsamkeit u. große Reizbarkeit, mit Empfindlichkeit verbunden, im allgemeinen von Kindheit an ein Zug meines Charakters, u. so sehr auch meine ganze Lebensweise eine angebohrne Unerschrockenheit u. bis in Hartnäckigkeit übergehende Beharrlichkeit zu beweisen scheint, so ist dieses durchaus Wirkung meines Willens u. Selbstbeherrschung, die ich von meiner ersten Jugend an übte, weil ich mich geschämt hätte, für einen forchtsamen Jungen angesehen zu werden...» Früh also: Überwindung eigener Schwäche durch Willenskraft. Vor allem: frühe Selbstkenntnis durch schonungslose Selbsteinschätzung. Die Empfindlichkeit – er nennt sie Empfindelei, wenn sie sich zu stark bemerkbar macht – wird in künstlerische Sensitivität umgesetzt.

Der Selbsteinschätzung entspringt früh Gerechtigkeitssinn: «Die ganze Schulclasse (im ersten Jahr an der Kunstschule, Escher ist 9 Jahre alt, Anm. d. Hrg.) zog eines Morgens mit Hrrn. Professor Breitinger, schön geordnet, mit Fahnen u. Meßinstrumenten auf den Zürichberg, um eine Feldmessung vorzunehmen; als man oben ankam u. die Arbeit vornehmen wollte, war das Visier vergessen u. Hr. Professor in großer Verlegenheit; ich bot mich an, es schnell zu holen u. war zum Erstaunen des Lehrers u. meiner Mitschüler sehr schnell wieder auf dem Berg; die große Eile hatte mich durstig gemacht; ich suchte einen Schluck Wasser u. wurde von einem liederlichen Schüler begleitet; als wir wieder zurückkamen, war Hr. Professor über unsre kurze Abwesenheit höchst ungehalten, machte uns bittere Vorwürfe u. setzte mich, der sonst einer seiner besten Schüler war, ganz auf gleiche Reihe mit meinem immer liederlichen Trinkgefährten, u. erklärte am Ende, daß wir nun beym feyerlichen Rückzug mit den Instrumenten nicht in Reihe treten, sondern leer neben bey gehen müßten, damit die Stadt die liederlichen Schüler kenne; ich fühlte das Unrecht u. das schnelle Vergessen des geleisteten Dienstes sehr tief – war aber zu stolz, um auch nur ein Wort Entschuldigung vorzubringen. Beym Rückzug schien Hr. Professor Abbitte zu erwarten u. zu wünschen, denn er hätte mich als den größten der Schüler gern in die Reihe gestellt – aber ich fühlte zu tief, daß ohne meine Dienstfertigkeit die ganze Arbeit unterblieben wäre, um mich zu einer Abbitte zu erniedrigen – ich ließ mich nebenaus stellen u. zog, so herabgewürdigt, aber mit tiefem Gefühl meiner Unschuld, auf diese Art durch die Stadt.» Diese Haltung hatte eine unerwartete Folge: «Kurz nachher, am Scheibenschießetfest, fand ich mich sehr geschmeichelt, durch das Zutrauen meiner Mitschüler zum Hauptmann bey einer Militäraction ernannt zu werden...»

Von der Gerechtigkeit für den Einzelnen zur sozialen Gerechtigkeit war es nur ein Schritt: «Schon durch meinen Lehrer Hirzel hatte ich Achtung für die Freyheit der Demokratischen Cantone erhalten, u. mein eigenes Nachdenken machte mich lebhaft fühlen, daß der Schöpfer den Menschen gleiche Rechte giebt; dies fühlte ich im Umgang mit Weber (Konrad Weber, Schulkamerad und Freund, später in Frauenfeld, Anm. d. Hrg.), der kein Stadtbürger war, u. doch geschickter als ich, nun doppelt lebhaft: zwar hörte ich in seinem Hause nie... Klagen über unsre bürgerlichen Verhältnisse, aber ich wußte, daß ihnen der freye Handel verboten war, daß sie für die Stadt arbeiten mußten; dies drückte mich oft tief u. hob meine Achtung für die Gleichheit der Rechte in den Kleinen Cantonen, u. mit Wehmuth erkannte ich, daß nur der Stadtbürger von Zürich frey, der Landmann aber Unterthan ist. Diese Gefühle wurden bey meinen Anwesenheiten auf dem Eydgenössischen Syndikat in Frauenfeld, das ich von Kefikon aus jährlich besuchte, noch lebhafter, denn da hörte ich von den Schändlichkeiten der Landvögte u. der Bestechlichkeit des Syndikats sprechen; wodurch Abscheu vor ungerechter Gewalt u. Unterdrückung sowie Achtung für Freyheit und Recht mir zur eigentlichen Naturanlage gestärkt wurden. Die Abrechnungen über den Todtenfall, die ich im Schloß Kefikon mit den betrübten Hinterlaßnen der Leibeigen Leute, die zur Herrschaft gehörten, machen sah, waren auch nicht geeignet, ungeachtet aller Nachsicht, womit mein Vater dabey zu Werke gieng, diese Gefühle zu schwächen, im Gegentheil empörte mich der bloße Anblick von leibeignen Schweizern!»

2. Welschland

Ende 1782 hatte Hans Conrad die Kunstschule verlassen. Das frühe und allzu bequeme Berufsleben in der väterlichen Fabrik, das dem lernbegierigen 15jährigen nicht behagte, dauerte nur etwas mehr als drei Monate. Sein Vater beschloß, ihn im Welschland seine Französischkenntnisse vervollkommnen zu lassen und brachte ihn Ende April 1783 selbst nach Morges in das ihm empfohlene Privatpensionat des Pfarrers Guex. Doch die Verhältnisse dort befriedigten den Jüngling ebensowenig: «Meine Beschäftigungen in der Pension waren hauptsächlich auf Unterricht in der französischen Sprache gerichtet, mit der noch Unterricht in den schönen Wissenschaften verbunden seyn sollte. Allein allen diesen Unterricht ertheilte Hr. Pf. Guex auf eine zwar angenehme, aber seichte u. oberflächliche Art, so daß ich mich hier in Hinsicht auf meine Ausbildung noch in einer schlimmern Lage befand als in Zürich. Nirgends nämlich war wahre entwickelnde Anstrengung für mich: ich hatte schon so viel Kenntnis in der französischen Sprache, daß die Grammatik u. Übersetzung mir wenig Mühe mehr verursachten; ein Curs in der Geographie, den ich machte, war eigentlich nur Wiederholung – meine Mitpensionnairs copierten einige sehr oberflächliche Landkärtchen als das non plus Ultra von Geschicklichkeit; da ich mit Leichtigkeit zeichnete, so war dies mir Spielwerk. Ein Curs in der Geschichte bestand in dem Copieren u. Durchgehen eines höchst mageren Compendiums; ebenso wurde ein Curs in der Mythologie behandelt. Eine kleine Logik war mir ebenfalls sehr leicht. In der Mathematik behandelte Hr. Guex mit mir Euclids Elemente bis zur Lehre der Hypothenusen als non plus Ultra des mathematischen Wissens. Man fand mich in allem schon bewandert u. sehr geschickt, weil man selbst einen nur mäßigen Grad von Kenntnissen besaß. Kurz, ich fühlte bald selbst das Seltsame der Idee, einen jungen Menschen aus einer Stadt, wo die Cultur ziemlich weitgetrieben ist, in ein kleines Städtchen zur Ausbildung zu versetzen, welches in keiner Hinsicht auf wissenschaftliche Cultur Anspruch zu machen hat – ich war nicht im Fall, mich in irgend einem Fach des Unterrichts anzustrengen, daher auch erhielt ich höchst wenig Entwicklung u. meine schwärmende Einbildungskraft hatte freyen Lauf ohne zweckmäßige Richtung...»

Was tun? Hans Conrad nahm bei einem Zürcher Zeichenlehrer namens Weber, der in Morges dahinvegetierte, Unterricht im Zeichnen, lieh fleißig französische Literatur aus der «artigen» Stadtbibliothek, verschlang Cooks Weltreisen und langweilte sich in einer «Frauenzimmer-Sonntagsgesellschaft», in der er gesellschaftlichen Schliff erhalten sollte, «wo aber meine natürliche Schüchternheit unüberwindlich blieb: man lernte mich spielen, ich verlohr immer... dann sollte ich mit den Frauen und Jungfrauen Conversation machen, aber wovon? Ich wurde in keine verliebt, also hatte ich auch keiner etwas zu sagen. Zuweilen machte man Jeux d'esprit, aber in diesen konnte ich nie nichts leisten; Charaden konnte ich weder machen noch auflösen... Pfänderspiele waren auch nicht meine Sache – ich sollte zum Einlösen singen o. Verse recitiren etc. – aber das eine konnte ich so wenig als das andere... Ich wurde durch eine Empfehlung von Bern im Schloß bey Hrn. Landvogt Stürler eingeführt, wo mir meine ungesellige Ungewandtheit auch lästig war, doch war da eine sehr gutmüthige Tochter, die durch Weber, der auch sie zeichnen lehrte, auf mich aufmerksam gemacht worden war u. die mir durch ihre sehr gefällige Auszeichnung die dortigen Besuche oft erträglicher machte...» So blieb dem linkischen Jungen die selbstgewählte Isolierung, einsame Spaziergänge – höchstens mit zwei Freunden aus der alemannischen Schweiz – und das Lesen und Zeichnen. Es sind nur Bildchen, die er in Morges säuberlich auf kleine Blätter pinselt, ebenso liebenswürdige wie naive Landschäftlein von der Art des Banc de la belle vue (Abb.). Er erfindet für sich geistige Übung: «Ganz eigentlich aus Mangel an hinlänglicher Geistesnahrung studierte ich meine Hefte der angewandten Mathematik wieder durch u. berechnete dann die Kraft, welche vermittelst der im Waadtlande üblichen Traubenpresse in Vergleichung mit dem Trottbaume ausgeübt werden kann, wobey ich freylich die Reibungsverhältnisse nur sehr ungefähr schätzte...»

Im September 1784 unterbricht eine anregende Abwechslung den gemächlichen Gang der Zeit: eine 5tägige Bergwanderung mit Pfarrer Guex und einigen jungen Leuten zum Lac de Joux und auf die Dôle (s. Verz. d. Bergwanderungen), von wo Hans Conrad erwartungsvoll auf Genf, die Stadt seiner Träume, hinunterblickt. Denn «mir verstrich die Zeit bey der sehr gleichförmigen Lebensart u. nicht hinlänglicher Geistesbeschäftigung u. Zerstreuung etwas langsam, so daß ich darüber Bemerkungen nach Hause machte, welches den mir höchst erwünschten Beschluß meiner Eltern bewirkte, mich noch vor Ende des Jahres in eine Pension nach Genf zu versorgen...»

War Hunger das Leitmotiv von Eschers erstem Lebensabschnitt, so ist es nun der Wissensdurst.

In Genf wird – wie schon zuvor in der Kunstschule – mit einemmal alles anders. Der Heranwachsende lernt seinen vier Jahre älteren Philosophie-Hauslehrer J.P. Vaucher nach anfänglichem Befremden schätzen, weil sein Unterricht «...meine ganze Geisteskraft in Anspruch nahm u. diese zu allmähliger Entwicklung immer angespannt erhielt: Hr. Vaucher war mir an Geisteskraft u. Kenntnissen so überlegen, daß ich seinem Raisonnement nur mit Mühe folgen konnte, daher mich immer anstrengen mußte, u. da sich der Unterricht allmählig in freundschaftliche Unterhaltung umschuf, so war ich genöthigt, meine kurzsichtigeren Ansichten zu entwikkeln, in eine Art gelehrter Disputationen einzutreten, die überwiegenden aufgestellten Gegengründe zu prüfen u. so selbständig untersuchen u. urtheilen zu lernen...» Bald bindet die beiden eine Freundschaft, die Eschers ganzes Leben lang andauern wird.

In Genf ist Hans Conrads 2 Jahre jüngere Schwester Bäbe (Barbara) in einem Mädchenpensionat untergebracht. Der schüchterne junge Mann verbringt dort die Abende, denn «...ein Zweck meines Aufenthalts in Genf sollte Ausbildung im gesellschaftlichen Weltton sein... aber leider war meine Schüchternheit u. gezwungne Ängstlichkeit schon zu tief in meinem Charakter eingewurzelt...» Doch ein wenig hilft diese Kontakttherapie doch: «...verlor ich in diesem Frauenzimmerkreis, wo ich allein als Hoffmacher auftrat, jede Spur von Schüchternheit, ungeachtet die Vertraulichkeit nie über die Gränzen der ängstlichen Höflichkeit hinausgieng: ich war der tägliche Gesellschafter, sorgte für Unterhaltung, besorgte – doch ohne erniedrigende Wegwerfung – mancherley Aufträge, kam vielen Wünschen für Anschaffung von Lectur zuvor; im Frühjahr wurde ich der beständige Begleiter auf Spaziergängen – kurz, ich war der Helfer u. Beschützer dieses angenehmen weiblichen Vereins, der, ungeachtet er meine Schüchternheit in anderen Frauenzimmergesellschaften nicht zu überwinden vermochte, doch viel zu meiner Humanisierung u. zu meiner Achtung u. Liebe für das ganze weibliche Geschlecht beytrug...»

Der Unterricht im Zeichnen geht weiter: «Wir zeichneten nach Büsten, ich gieng noch in eine Akademie, wo nach nackten Figuren gezeichnet wurde; ich gieng bis zu Portraiten über, die ich ziemlich kenntlich zeichnete, an denen aber eine gefällige Ausführung fehlte, über die mir unser Zeichenmeister selbst keinen weitern Unterricht zu geben im Falle war.» Warum er das nicht konnte, verraten die beiden hier wiedergegebenen Silberstiftbildnisse, die der 18jährige in Genf zeichnete, ein Selbstporträt und sein Pendant, die Schwester Bäbe darstellend: Sie entbehren ganz und gar jener schmeichelhaften Eleganz, die die Erzeugnisse dieser Zeit kennzeichnet; sie sind schonungslos wahr. Den offenkundigen Kontrast zwischen dem spielerisch-modischen Äußeren und dem kühnen, vorwärtsdrängenden Profil des jungen Escher, zwischen dem hausbackenen, aber energischen und gar nicht schönen Gesicht des dicklichen Mädchens und dem zärtlichen Rahmen der Korkzieherlocken, der losen Bänder und des schmiegsamen Brusttuchs – das kann der Zeichenlehrer nicht gutgeheißen haben. Was er wollte, konnte Escher wiederum nicht: von der Wahrheit Abstriche machen.

Der junge Mann lernt tanzen, besucht Bälle, geht oft ins Theater, liest, lernt und beobachtet viel, und sein aufgeweckter Kopf speichert all die Eindrücke und Erkenntnisse – und wendet sie an. «Mein ältester Bruder hatte in Zürich eine neue Handelssocietät gebildet, die sich mit einem ausgedehnten Zwischenhandel u. besonders mit dem Agiotage in französischen Fonds abgab. Da in dieser letztern Speculationsart die Genfer für sehr geschickt angesehen wurden, so lud mich mein Bruder in einem sehr freundschaftlichen Briefe ein, den Anlaß meines Aufenthalts in Genf dahin zu benützen, mich mit den Verhältnissen dieses Speculationszweigs umständlich bekannt zu machen, um im Falle zu seyn, die wichtigen Resultate davon theils für mich zu benützen, theils damit meiner Familie u. meiner Vaterstadt nützlich zu werden; wozu er mir mit Vergnügen Anlaß durch seine neue Societät geben wolle. Ohne über Handels- u. staatswirtschaftliche Verhältnisse je etwas gelesen zu haben, antwortete ich meinem Bruder, daß es mir freylich scheine, die Genfer haben es in Agiotage u. allen damit verwandten Speculationen sehr weit gebracht u. viele von ihnen sich dadurch sehr bereichert, allein darin sehe ich weder ein Glück für die Bereicherten u. noch weniger für den Staat: erstere werden dadurch zu einem übermäßigen Luxus verleitet – u. im Staat werden die übrigen Bürger meist im gleichen Verhältnis arm, wie einige übertrieben reich werden – diese Ungleichheit aber sey für unsre republikanischen Staaten höchst nachtheilig u. gefährlich... Möchte der speculatife Bru-

Selbstbildnis des 18jährigen Hans Conrad Escher und Bildnis seiner Schwester Barbara (Bäbe), 1785 in Genf gezeichnet. Silberstift. Die beiden Porträtzeichnungen zeigen, daß der junge Escher sich noch nicht so ausschließlich der Landschaft zuwandte wie der ältere, für den das Bild des Menschen immer unwesentlicher wurde. Die beiden Bildniszeichnungen befanden sich unter den 1971 als Geschenk aus Escherschem Nachlaß an die ZBZ gekommenen achtzehn Jugendzeichnungen.

der dem jungen unerfahrnen, aber hierüber sehr richtig urtheilenden Jüngling geglaubt haben!» Denn der Bruder Heinrich Escher «im Berg» (1753–1811, der ältere der beiden Stiefbrüder, s. Anm. 39) mußte einige Zeit darauf den Bankrott anmelden und brachte seine Familie in schwere Sorge und Verlegenheit.

Am 30. Juli 1785 waren die neun Monate, die Escher in Genf verbracht hatte und die schwerer wogen als die anderthalb Jahre in Morges, und damit eine weitere Stufe seiner Persönlichkeitsformung zu Ende. «Nur die bevorstehende Reise durch die Alpen u. die darauffolgende Rückkehr nach Zürich zu meinen lieben Eltern u. Geschwistern machte mir meine Entfernung von Genf erträglich; denn der Aufenthalt in dieser Stadt war die angenehmste u. wohl auch die nützlichste Epoche meines Jugendlebens gewesen...» Die einmonatige Bergwanderung, anfangs mit Vaucher, dann mit Freund Escher v. Luchs und schließlich allein («...meine gänzliche Einsamkeit wurde mir durch das Gefühl von völliger Freyheit u. Unabhängigkeit erträglich...») wurde bestimmend für ein ganzes Leben.

Die aus Genf und insbesondere von dieser Wanderung mitgebrachten Zeichnungen lassen die jähe Entwicklung der Persönlichkeit erkennen. «Genève depuis Les Délices» (Abb.) vom 15. November 1784, kurz nach der Ankunft in Genf gezeichnet, ist noch ein liebenswürdiges Bildchen, obwohl die pittoreske Ballung der Gebäude und Dächer unter dem einigermaßen phantastischen Gebirge weit mehr zeichnerisches Raffinement verrät als die naiven Landschäftlein von Morges; naiv bleibt die Staffage: da steht Hans Conrad im blauen Jackett, an dem man ihn von nun an immer erkennen wird, vor seiner auf der Bank im Vordergrund sitzenden Schwester – «hier sind wir miteinander gewesen!». Doch ein halbes Jahr später hat sich die Szene radikal verändert. Die Skizze «Ville de Gex dans le Pays de Gex en France dessiné d'après Nature le 8 Juin 1785 à 4 heures du Soir» (Abb.) spricht eine überraschend neue Sprache. Bis auf die Orthographie, mit der auch ganz andere Leute damals nicht sehr zimperlich umgingen, läßt sie ein angestrengtes Ringen um Genauigkeit erkennen, schon in der Beschriftung, wo der Ort genauest definiert und die Zeichnung auf die Stunde genau datiert wird. Nicht genug daran – mit ganzen in das Terrain hineingeschriebenen Sätzen werden Geländebeschaffenheit und Entfernungen exakt angegeben, zum Beispiel «rocher couvert de sapins à ½ lieue de Gex», daneben ergänzt «de ce côté presque entierement», und weiteren ähnlichen. Auch auf der Rückseite dieser Inkunabel der Escherschen Terrainstudien, der geognostischen Dokumentationszeichnungen, findet sich eine derartige Skizze: «Vue du Rhône à ¾ de lieue de Genève dessiné d'après Nature le 10.6.1785 à 3 heures aprèsmidi» mit der auf dem Fluß angebrachten Notiz «Rhône du couleur bleüe claire sâle, avec des vagues blanches» und anderen. Später werden diese Gelände- und Farbbezeichnungen nur noch als Abkürzungen und mit Stift so zart hingesetzt werden, daß sie bei der Überarbeitung unter den Aquarellfarben verschwinden. Ein Zwischenstadium können wir in der schönen, schon ganz Escherschen Skizze «Der Rhodann und das Obere Wallis, den 17.8.1785 um 9 Uhr deß Morgens nach der Natur gezeichnet» (Abb.) feststellen. Hier sind nur noch einzelne Worte mit Stift in das Gelände geschrieben: «arbres», «sable», «arbres et rocs», «champs», «prés avec arbres». Vor allem besticht die Landschaftssicht: Da liegt rechts unten Sion, erkennbar nur an den ragenden Burgen Valère und Tourbillon auf kegelförmig steilen Hügeln, durch das breite Tal mäandert die Rhone, und der gebirgige Rahmen mit dem gar nicht mehr phantastischen, sondern streng realistischen Hintergrund am Simplon verleiht dem Ganzen die durch den

Die auf einer Wanderung Eschers mit seinem Genfer Lehrer und Freund J.P. Vaucher am 8. Juni 1785, 16 Uhr entstandene erste Terrainstudie stellt das Streben des 18jährigen nach wissenschaftlich exakter Erfassung der Landschaft unter Beweis. Sie ist zweifellos ein Ergebnis der Lektüre von Saussures und Bourrits Alpenreisen und des Studiums ihrer Illustrationen.

Die Aussicht von oberhalb Sion rhonetalaufwärts gegen das Oberwallis, auf der Heimreise von Genf am 17. August 1785 um 9 Uhr früh gezeichnet, ist bereits ein echter Escher: eine realistische und genaue Gebirgszeichnung von hohem Reiz, der durch die Wahl des hochgelegenen Standorts und die dynamische Tiefenwirkung der Perspektive zustandekommt.

hochgelegenen Standort bedingte hinreißende Perspektive. Wie hat sich in den wenigen Monaten des Genfer Aufenthalts eine solche Wandlung vollziehen können? Escher – noch weiß er es selbst nicht – ist hier schon der Geognost, mit dem sich das folgende Kapitel zu befassen haben wird. Hier sei nur festgehalten, mit welcher Lust der 18jährige im Gebrauch des Deutschen und des Französischen abwechselt, wie er mit der neuen, noch nicht ganz beherrschten Sprache jongliert, während in der Bildlegende noch – vielleicht zum letztenmal – die von der Kindheit her vertraute deutsche Schrift erscheint.

Allerdings: Das Bullingersche Rokoko kehrt sogleich wieder zurück, wenn Escher seine Skizzen zu Hause überarbeitet und aquarellkoloriert. Das widerfuhr seiner «Cascade de la Pissevache» vom 6. August 1785 (Abb.). Das monochromatisch zurückhaltende Kolorit – von braunrot bis braungrün –, die Feinheit der Baumgestaltung, die Eleganz des mächtigen Wasserfalls und die ganz und gar Bullingerische Staffage, die vielleicht einer Vorlage des einstigen Lehrers entlehnt ist – all das bedeutet ein Zurücktreten in Reih und Glied, wenngleich die Gebirgsdarstellung sachlicher und realistischer ist als Bullinger sie gezeichnet hätte. Skizzen sind immer kühner als Endzustände, so wie Zentralfiguren immer konservativer dargestellt werden als Randfiguren – Escher bildet da keine Ausnahme. Seine Staffagen sinken jedoch am Ausgang der 80er Jahre ebenso schnell in anspruchslose Naivität zurück wie seine Terrainskizzen sie verlieren. Sein ganzes Interesse gehört der Landschaft.

3. «Fremdereise»

Ein Jahr bleibt Hans Conrad nun in Zürich; «...meine einzige Pflicht war täglich einige Stunden in der Handlung... zuzubringen, wo ich mich hauptsächlich mit Austheilung u. Abnahme der Fabrikate von den Arbeitern zu beschäftigen hatte u. dabey mit mehr Humanität als merkantilischem Geist zuwerke gieng... In Zürich hatte ich gar niemand, der mich auf irgend eine Art zu leiten im Falle war... Da ich mich... auf vielerley Art von Morgens bis Abends beschäftigte, so hielt man diese Thätigkeit... schon für einen eher zu weit getriebenen Eifer nach Kenntnissen als für eine zu wenig anstrengende und nicht zweckmäßige Geschäftigkeit u. hätte mir lieber etwas mehr Geschmack am gesellschaftlichen Leben statt tiefere Studien gewünscht... Ich wußte, daß ich noch ein paar Jahre zur Vollendung meiner Bildung werde in der großen Welt herumreisen können, u. suchte mir daher in den Leihbibliotheken ohne Auswahl Reisebeschreibungen aus, die ich sorgfältig las u. auszog. Neben diesen Geschäften zeichnete ich viel, theils Landschaften nach der Natur, die ich dann sorgfältig ausmahlte, theils kleine Portraits. Auch gab ich mich wieder, wie ehedem als Kunstschüler, mit Kupferstechen ab...» Skizzieren, dann «ausmahlen» – hier findet sich die Methode bestätigt.

Im Winter 1785/86 besucht er regelmäßig «Tanzparthien». «Da mir die wirklich ausgezeichneten Schönheiten jener Zeit durch ihr Benehmen mißfielen u. da ich meine erste Inclination nicht häufig in Gesellschaft antraf, so hielt ich mich an die Schönheiten von zweitem Rang u. flatterte unter diesen ohne irgend einen Vorzug umher, machte mir aber bey allen Tanzparthien zum Gesetz, mit den vernachlässigtesten Frauenzimmern zu tanzen.» Wenn nichts anderes, so ist das der Beweis seines Andersseins. Er war sensitiver und wertvoller als die meisten seiner Altersgenossen.

Im Sommer 1786 schlug ihm sein Vater vor, er solle den Bruder nach Paris begleiten. «Von langen Jahren her war es nämlich Sitte in Zürich, alle jungen Herren von Stand u. Vermögen in die Fremde zu schicken u. sie ein paar Jahre ohne bestimmten Zweck u. daher auch ohne gehörige Vorbereitung zu ihrem Vergnügen, u. um ihre feinere gesellschaftliche Bildung u. Weltkenntnis zu bewirken, in der Welt herumreisen zu lassen... Ich nahm den Vorschlag mit Vergnügen an, machte mir aber dabey... den geheimen Plan, dann von Paris nach England u. von da durch Holland nach Göttingen zu reisen, um dann da zum Studiren der Politik zu bleiben.» Vielleicht müssen weite Reisen vor Tagesanbruch beginnen, damit man sich der Größe des Vorhabens bewußt wird: «Die Abreise war auf Morgens 2 Uhr des 15. Augusts 1786 bestimmt... Um mich nicht zu verschlafen, gieng ich nicht zu Bette u. beschäftigte mich damit, meine Schweizeransichten noch einmal durchzugehen u. anzuordnen.» Schon als Liebhaberei, die sie noch sind, spielen die Landschaftszeichnungen in seinem Leben eine wichtige Rolle.

Nun begann die nicht mehr abreißende Folge der Vergleiche. «...es gieng rasch den Bötzberg herab ins Frickthal, wo wir bald den Schweizrischen Boden verlassen mußten u. in Östreichisches Territorium kamen[33]. Die Kayserlichen Dörfer schienen mir weniger wohlhabend zu seyn, und ihre Bewohner sah ich mit Mitleide an, daß sie noch innert den natürlichen Schweizergränzen doch nicht mehr Schweizer seyen... Nachmittag reisten wir auf Rheinfelden, wo mir das magere traurige Aussehen der Östreichischen Garnison sehr auffiel...» Seinem aufklärerischen Sinn widerstrebte das Gedrängte – Basel gefiel ihm nicht: «Die engen u. doch ziemlich öden Straßen der Stadt u. die vielen rothen Häuser, welche zum Theil aus natürlich rothem Sandstein gebaut sind, machten mir im ganzen genommen keinen sehr befriedigenden Eindruck für

Zwei während des anderthalbjährigen Aufenthalts in Morges entstandene Bildchen, oben mit der Staffage einer Bootsfahrt auf dem Genfersee, wie sie der 16jährige so oft mit seinen Kameraden unternahm, unten mit der Bank, auf der Escher täglich lesend die erste Nachmittagsstunde zubrachte. September 1784, 106:180 mm (oben) und 15. August 1783, 113:182 mm (unten).

a Morges dans le Pays de Vaud. Des. d'ap. Nat. le 7br. 1784. p. J. C. Escher.

Morges depuis le Banc de Belle Vüe Des d'ap. Nat le 15 Aoust. 1783. p. J. C. Escher.

Das letzte halbe Jahr seines Welschlandaufenthalts verbrachte Escher in Genf, wo seine Schwester in einem Pensionat untergebracht war. Die Ansicht der Stadt verrät ein geschultes Auge. In der Staffage Escher selbst, vor seiner auf der Bank sitzenden Schwester stehend. Das Gut Les Délices gehörte bis 1765 Voltaire, danach dem Genfer Politiker, Bankier und Sammler F. Tronchin. Die Zeichnung wird im Kapitel «Entwicklung eines Menschen» besprochen. 15. November 1784. 106:178 mm.

Eschers «Cascade de la Pissevache, dans le Vallais» (die Beschriftung ist tiefer angebracht und fiel bei der Reproduktion fort) erhielt bei der Überarbeitung in Zürich bullingerische Züge. Zum Kapitel «Entwicklung eines Menschen». 6. August 1785. 271:180 mm.

Des. d'ap. Nat. le 6. Aoust. 1785. p J. C. Escher d. K.

Ansichten von Eschers «Fremdenreise»:
Die Abtei St. Denis, 5. September 1786, 93:196 mm, und Dover, 30. November 1786, 105:205 mm. Zum Kapitel «Entwicklung eines Menschen».

Hannoverisch-Minden, 3. August 1787, 88:162 mm, und Potsdam, 22. September 1787, 116:223 mm. Zum Kapitel «Entwicklung eines Menschen».

Dresden, 6. Oktober 1787, 116:212 mm, und Passau, die bedeutendste von der «Fremdereise» mitgebrachte Zeichnung, in der das neu gefundene Mittel der abstrahierenden Stilisierung erstmals verwendet wird. 1. April 1788, 127:223. Zum Kapitel «Entwicklung eines Menschen».

Die Donau bei Mauthausen, 6. April 1788, 111:185 mm, und Ansicht vom Kahlenberg bei Wien gegen Preßburg, 20. April 1788, 133:217 mm. In beiden Ansichten macht sich bereits die später voll entfaltete geognostische Stilisierung bemerkbar. Zum Kapitel «Entwicklung eines Menschen».

Bey Mauthausen an der Donau, unter Linz in Östreich den 6. April 1788. Abends n. d. Nat. gez. v. H.C.E.

Vom Kalenberg bey Wien, gegen die Ungarische Gränze den 20. Aprill 1788. n. d. Nat. gez. v. J.C. Fischer.

Bey Lerici an der östlichen Küste von Genua.
Den 31 Jul. 1788 n. d. Nat. gezchnt v. H. C. Escher

diese größte Stadt der Schweiz. Noch besuchte ich den Todtentanz von Holbein, über dessen fast gänzlichen Ruin[34] ich mich ärgerte.» Für die Reise nach Paris braucht die Postkutsche soviel Zeit wie die letzten Passagier-Ozeanriesen für die Überfahrt nach Amerika. Verkehrsprobleme und Luftverschmutzung scheint es schon damals gegeben zu haben: «Die Lebhaftigkeit der Straße nimmt nun immer zu; aber von Charenton an war mir sehr auffallend, daß auch die Verdorbenheit der Atmosphäre mit der Annäherung der Hauptstadt überhand nimmt, u. beym Eintritt in die Stadt durch die Barriere wurde sie mir beynahe unerträglich.»
Paris: Von früh bis spät nehmen ihn die Merkwürdigkeiten der Stadt in Anspruch. Wenn er Hunger verspürt, geht er «zu irgendeinem Traiteur zum Mittagessen, wobey ich absichtlich alle Classen derselben von den Restaurateurs im Palais royal bis zu den schlechtesten Garküchen durchlief.» Spät abends spricht er mit dem Bruder ein paar Worte und schreibt seine Eindrücke nieder. «Diese Lebensweise wäre für meine Zwecke ungemein passend gewesen, wann ich nicht so ganz isolirt, aller unterrichtenden Anweisung beraubt gewesen wäre, wodurch ich besonders die vielen Kunstwerke... nicht zur Bildung meines ästhetischen Sinnes gehörig benützen konnte...» Näher standen ihm die «mechanischen Künste»: «Die Pompe à feu o. Dampfmaschine beobachtete ich mit Intresse u. begriff ihren Mechanismus ziemlich vollständig, aber ihre Wirkung, die Bewässerung eines Theils von Paris, vernachlässigte ich näher zu erforschen... Die große Spiegelfabrik (in Sèvres, Anm. d. Hrg.) beobachtete ich ziemlich richtig u. vollständig, u. fand mit Recht sonderbar, daß die langwierige Arbeit des Schleifens u. Polierens der gegoßnen großen Glastafeln so langsam u. mühsam durch Menschenhände u. nicht durch mechanische Künste erleichtert betrieben wird...» Immer überlegt er, was für die Heimat von Nutzen sein könnte: Im «Cabinet de Marine, wo eine Modelsammlung der verschiedenartigsten Maschinen sich vorfindet», fiel ihm besonders «eine zweckmäßige Einrammlungsmaschine auf, weil in Zürich die Pfähle auf eine wenig vortheilhafte Art eingerammelt werden.»
Er hat offene Augen für die soziale Situation. «Mit Sorgfalt besuchte ich die verschiednen öffentlichen Anstalten der Polizey u. Armenunterstützung... aber wie tief waren dabey meine Gefühle für Humanität, Recht u. Ordnung gekränkt! Mehrere Male besuchte ich das ungeheur zahlreich besetzte Hospital Hotel Dieu, wo mehrere tausend Kranke zusammengedrängt sind; mit Entsetzen wanderte ich durch die großen Säle, in welchen Bett an Bett dichte aneinander gereiht sind, in deren jedem 4 kranke Menschen so lagen, daß die Füße der

Bei Lerici östlich von Genua, 31. Juli 1788, 130:223 mm, und eine andere Ansicht der ligurischen Küste, Ende Juli oder Anfang August 1788, 143:225 mm. Zum Kapitel «Entwicklung eines Menschen».

einen zwischen die Achseln der andern zu liegen kamen: täglich werden nur 2mal die Todten weggenommen, so daß oft ein paar Lebende noch viele Stunden lang zwischen ein paar Todten liegen müssen... Noch größer war mein Entsetzen beym Besuch der Salpetrière, wo Arme, Kranke, Venerische, Verrückte, Enfants trouvés (die einen mit dem Anruf ‹bon jour mon Papa, comment te portes-tu? donne-moi un sold› bewillkommnen) u. Gefangene gehalten werden. Am schauderhaftesten ist der Zustand der verrückten Weiber, die theils in Ställen angekettet, theils oft ganz nackt in einem Hof herumrennen, auf die jämmerlichste Art heulen, um Hülf u. Erlösung flehen, u. die in einem Zustand von Hülflosigkeit u. Elend sind, der alles menschliche Gefühl empört. Man versicherte mich, der Administrator dieser Anstalt habe vor einigen Jahren am Hof im Spiel seine Fortun derangirt u. habe diese Verwaltung erhalten, um sich in einigen Jahren wieder à son aise zu setzen. Nun wunderte ich mich freylich weniger mehr über den Zustand dieser Anstalt, in der bis 7000 Menschen zur Ehre der Humanität versorgt werden sollten...» Im Hotel des Enfants trouvés sieht er Wiege an Wiege stehen: «...das elendste Thier besorgt seine Jungen – aber der Mensch im Culturstand arthet oft so aus, sie zu verlassen... selbst Rousseau gab seine Kinder hierher, u. ließ doch seine Julie ins Wasser springen, um ihr Kind zu retten... Nichts hatte mich noch so gerührt als der Anblick dieser vielen hundert verlaßnen Kinder u. der Gedanke, daß doch viele ihrer Mütter nur durch schaurliche Verhältnisse gezwungen ihre heiligsten Gefühle aufopferten u. ihre Kinder verstoßen mußten...» Er denkt durch und durch fortschrittlich – nicht die Mütter sind schlecht, sondern die Verhältnisse.
Er besucht Theater, Paläste, soziale Einrichtungen, wissenschaftliche Arbeitsstätten, Museen, Galerien, Bibliotheken, Fabriken, Militäranlagen und dergleichen mehr, die ihm zugänglich sind, und beobachtet sehr genau: «Von unerschöpflichem Intresse war für mich der fast tägliche Besuch des Palais royal, in dessen Nähe ich wohnte u. welches gleichsam das Herz von ganz Paris zu seyn scheint. Die Restaurateurs, Caffés u. Boutiques aller Art, die hier zusammengedrängt sind, sind das Non plus ultra von Eleganz u. bieten dem Beobachter wie dem Käufer alles dar, was man sich auch nur wünschen kann: doch an diesen Anblick u. Genuß gewöhnt man sich allmählig. Aber die sich zu allen Stunden des Tags u. vor Mitternacht hier zusammendrängende Menschenmenge... bietet immer neuen Stoff zu Beobachtungen... Jede Stunde scheint eine neue Menschenclasse herbeyzuführen: des Morgens kommen Frömde u. Einheimische zum Frühstück u. zum Zeitunglesen – alles giebt sich hier Rendezvous. Nachmittag kommt die begüterte Classe von Frömden u. Heimschen hier zum Mittagessen bey den Restaurateurs o. an einer Table d'hote à 6 Liv. pr. tête, wo es recht lustig ist, der lebhaften Critik aller Speisen von

Seite der leckern Pariser zuzuhören. Gegen Abend kommt man hieher zum Spaziergang o. auf Abentheuer; daher finden sich die elegantern Freudenmädchen hier ein, die der Unkundige für vornehme Damen ansieht – doch später ist die Sehnsucht der Übrigbleibenden, welche auch noch eines Verdiensts bedürfen, ziemlich merkbar u. macht sie auch dem anfangs Unkundigen kenntlich. Gegen Mitternacht werden nach u. nach die Arkaden des Palastes leer; die Boutiques u. dann die Caffés schließen, die Lichter löschen...» Er klassifiziert hierauf ausführlich die Pariser Freudenmädchen, vor deren Reizen ihn nicht mehr seine Schüchternheit, sondern nur hartnäckige Abwehr zu schützen vermag. Er wohnt einer Übung der Schweizergarde bei: «...als ich diese schöne Mannschaft vorbeydefiliren sah, bedaurte ich doch ihre elende Bestimmung, einzig zum Parademachen das Vaterland verlassen u. da in sclavischer Unthätigkeit seyn zu müssen...» – er ahnte nicht, daß sie 1792 beim Sturm auf die Tuilerien fast bis zum letzten Mann niedergemacht werden würde. Er sah den König und Marie-Antoinette – diese noch einmal im Bois de Boulogne: «Gegen Abend kam die Königin in einem offenen achtspännigen Wagen, von einigen sechsspännigen begleitet..., u. fuhr langsam im Park spazieren: sie war nun nicht im plumpen Hofcostüm, sondern weiß, sehr elegant gekleidet u. hatte ein wirklich schönes u. majestätisches Aussehen, aber ich war erstaunt über die Kälte oder vielmehr den Trotz, womit sie von dem ganzen hier lustwandelnden Publicum aufgenommen wurde: einige wahrscheinlich bezahlte Buben schrien Vive la Reine, aber kein Mensch stimmte ein; nur unwillig u. langsam machte man ihrem Wagen Platz, u. was sich dadurch zu beyden Seiten zusammendrängte, bezeugte ihr nicht die geringste Ehrfurcht, im Gegentheil, die Männer behielten ihre Hüte auf dem Kopf und alles sah sie mit Verachtung u. Trotz an...»

Nach fast zweimonatigem Aufenthalt in Paris ging es am 15. Oktober 1786 weiter nach England. Die Umstände der Reise und primitiven Überfahrt nach Portsmouth, die Bemerkungen über den so andersartigen Lebensstil der Briten, über die in «Kohlendämpfen» fast erstickende Riesenstadt London, die Atmosphäre von Freiheit in dieser aufgeklärten Monarchie, über die Londoner Börse, die gut funktionierenden sozialen Einrichtungen, die öffentliche Justiz, die «mechanischen Werkstätten» und anderes mehr ergeben ein so buntes und fesselndes Bild, daß es schwerfiel, die Zitate aus Eschers Lebensbericht auf Paris zu beschränken. Sie müssen für die übrigen stehen, weil der Nachweis, wie entscheidend die «Fremdereise» zum Wachstum der Persönlichkeit Eschers beigetragen hat, schon durch sie erbracht ist. Nachdem er die Umgebung Londons mit Richmond und Windsor gesehen und die Universität Oxford eingehend besichtigt und beschrieben hat, schifft sich Escher am letzten Tag des Jahres 1786 in Dover ein, um am Neujahrstag 1787 von Ostende aus weiterzureisen. Die winterliche Fahrt durch Flandern und die Niederlande, oft zu Schiff auf den Kanälen, die Eindrücke aus Brügge, Gent, Brüssel und Antwerpen, aus Dordrecht, Rotterdam, Delft, dem Haag, Leiden, Haarlem, der mehrtägige Aufenthalt in der großen Handelsstadt Amsterdam und die Reise über Düsseldorf, Köln, Frankfurt und Kassel nach Göttingen – all das ist auch für uns heutige Leser ein Erleben stärkster Intensität. Kaum je findet man Vergangenes so lebendig, so aktuell und trotz der altertümlichen Sprache und Orthographie so modern geschildert, weil Eschers vorwärtsgewandtes, natürliches und offenes Wesen alle zeitbedingten Zwangsjacken abstreift.

Für seine weitere menschliche Entwicklung ist das glückliche Göttinger Studienjahr mit den drei Deutschlandreisen (sie sind im Verzeichnis der Reisen und Bergwanderungen im Anhang aufgeführt) am bedeutsamsten. Hier erfährt er, was Wissenschaft ist, hier wird sein philosophisches, naturwissenschaftliches, politisches und volkswirtschaftliches Wissen – in dem einen Jahr! – bis zu jener Grenze weiterentwickelt, von der er allein fortschreiten wird.

Aus Göttingen geht es noch nicht nach Hause. Auf seiner Karte der persönlichen Erfahrung ist noch ein wichtiges Gebiet europäischer Hochkultur als weißer Fleck eingezeichnet: Italien, das Nachbarland seiner Heimat. Über Bamberg, Nürnberg und Regensburg erreicht er die Donau, übersteht einen Schiffbruch bei Linz, widmet sich mit dem ihm eigenen wißbegierigen Interesse Wien und reist von da über Graz nach Triest und zu Schiff nach Venedig. Bologna, Florenz, Rom, Neapel und wieder und diesmal lange und eingehend Rom, Florenz, eine Seefahrt von Livorno nach Genua, und schon ist in Mailand die Heimat nah. Doch er geht nach Genf, um von da einen Abstecher nach Südfrankreich zu machen, wo sich seine kranke Schwester Regula in Montpellier aufhält. Dann fährt er über Nîmes, Grenoble und Genf nach Hause, entschlossen («...und nun für immer dein, o Vaterland!»), in Zukunft alle seine Kräfte dem kleinen Land zu widmen, das ihm kein anderes – nach zweijähriger Umschau in der Welt weiß er das nun ganz gewiß – auch nur annähernd ersetzen kann.

Der von dieser Umschau mitgebrachte Erfahrungsschatz ist gespeichert; seine Verarbeitung wird sich noch auf Jahre hinaus auswirken. Unmittelbar kommt er – außer im Reisebericht – in den Zeichnungen zum Ausdruck. Die wenigen, die hier aus diesen zwei Jahren wiedergegeben werden können (Gegenstand dieses Buches sind ja die Schweizeransichten), lassen eine ausgeprägte Entwicklung erkennen. «St. Denis près de Paris» ist ein Bildchen von der Naivität der in Morges entstandenen, hat jedoch die in Genf entwickelte Raffinesse der Standortwahl, die der Baumasse der Abtei das weithin und ungeachtet der Siedlung einsam Ragende

verleiht. Deutlicher und zu finsterer Größe gesteigert ist die Kunst der subjektiven Interpretation eines objektiven Landschaftsausschnitts in der Zeichnung «A Dover en Engleterre»: alles scheint hier auf Abwehr eines vom Meer her kommenden Angreifers ausgerichtet, die Cliffs, das mauerumgürtete Vorfeld, die ragende alte Burg und die befestigte Stadt selbst. Drei der vier deutschen Ansichten machen den Spielraum deutlich, der Escher nunmehr zwischen Realismus und Rokoko zur Verfügung steht: Das in die Flußlandschaft des Weserberglands eingebettete Hannoverisch-Minden bezeichnet das Ausschlagen des Pendels zum ersteren, die aristokratische Noblesse Dresdens ein solches zum letzteren, die Seenlandschaft bei Potsdam etwa die Mitte. Ganz anders die Ansicht von Passau, völlig neu, bewußt und ästhetisch äußerst wirkungsvoll stilisiert: sie gehört zum zeichnerisch Besten, was Escher von der «Fremdereise» mitgebracht hat, weil diese Stilisierung genau die beabsichtigte Wirkung erreicht, das pittoresk Kubische der Stadt im Kontrast zur sanft gewellten Hügellandschaft des Donautals hervorzuheben. Escher ist künstlerisch gewachsen, zweifellos infolge der in Göttingen erfahrenen Klärung der Begriffe und Ziele.
Von nun an experimentiert er mit den neuen Stilisierungsmöglichkeiten: in der Donauansicht bei Mauthausen mit der rhythmischen Terraingestaltung links, den parallelen Vertikalen des Nadelwalds im Vordergrund, den horizontal hintereinandergelagerten Plänen der Waldstreifen und Flußkrümmungen, in der Kahlenberglandschaft schon ganz deutlich im Sinn jener plastischen Hanggestaltung, die seine späteren geognostischen Terrainstudien kennzeichnet. Die ligurische Küste bei Lerici, vor allem aber die andere undatierte und unbeschriftete ligurische Küstenfernsicht, die so italienisch, so mittelmeerisch, so gelöst, so charakteristisch ist, daß jede Staffage Ballast wäre, weist Escher von nun an als souveränen Interpreten des Landschaftscharakters aus.

4. Die Jahre des Reifens

Zunächst wird der junge Mann seine persönlichen Verhältnisse ordnen. An seinem 22. Geburtstag heiratet er nach einer rührend zarten und reinen Liebesgeschichte die ein Jahr jüngere Regula von Orelli[35] und begibt sich mit ihr auf die Hochzeitsreise nach Süddeutschland[36]. Das Glück bleibt nicht ungetrübt. Die junge Frau, Tochter eines gutmütigen Kaufherrn und seiner dominanten Gattin, das «natürliche, offne, anspruchslose, ...in seinem ganzen Aufzug u. Betragen sehr bescheidne Mädchen», ist nicht der holde Engel, den es vor einer als despotisch und zänkisch bekannten Mutter zu retten und zu beschützen gilt, sondern äußerst reizbar und empfindlich. Häufige zu «gichterischen» Anfällen gesteigerte üble Launen erschrecken und verstören den jungen Ehemann. Er leidet darunter, daß die Auserwählte ihn in seiner Welt allein läßt, ihm nicht in das

Regula von Orelli, die spätere Gattin Hans Conrad Eschers, als 19jähriges Mädchen. 1788, Maler unbekannt. Öl auf Leinwand. Zürcher Privatbesitz.

erträumte gemeinsame Paradies folgt. Ihre unduldsame, wenig zartfühlende Art des Umgangs nicht nur mit ihm, sondern auch mit seinen Eltern und Verwandten, besonders aber mit den Dienstboten befremdet ihn. Der gehobene Stil, in dem sie den Haushalt führen möchte, entspricht weder seinem Wesen noch seinen finanziellen Möglichkeiten. «Meine Liebe zu meiner Gattin war zu fest gegründet u. jede Rückkehr zur Zärtlichkeit war für mich zu erhebend, um durch die ganz getäuschte Erwartung irgend eine Schwächung meiner Liebe zu fühlen; im Gegentheil schien das Mitleid diese noch zu bestärken; ich sank dagegen in nagenden Kummer, verlohr nur allzu oft allen Muth u. alle Kraft, mich männlich über mein Mißgeschick zu erheben; so schlimm meine Lage war, so mahlte sie meine Einbildungskraft doch mir noch schlimmer, u. oft quälte ich mich selbst durch Hirngespinste.» Die beiden Kapitel des Lebensberichts, die diese Liebe und Ehe schildern, zeigen auch, wie er sich zur Analyse seiner selbst durchringt und zur Diagnose gelangt: «Empfindeley und Mangel an erforderlicher Selbständigkeit.» Doch in diesem entscheidenden inneren Konflikt Eschers führt die Analyse und Erkenntnis nicht zum ursprünglichen Glückszustand zurück, sondern zur Suche neuer, jenseits der eigenen Person liegender Glückszustände. Eine der Hüterinnen des Escherschen Andenkens hat zu einer Zeit, die derlei

Konflikte im Namen der Familienehre streng geheimhalten zu müssen glaubte, einmal gesagt: Wenn bei Lintheschers zu Hause alles in Ordnung gewesen wäre, gäbe es wohl keinen Linthkanal...

Der Selbstanalyse kommen äußere Umstände zu Hilfe. Nach der Geburt der ersten Tochter sieht er die Welt in einem neuen Licht: «Ich sah nun neben meiner Gattin ein Band, das mich noch fester als sie an die Welt knüpfte. Vorher glaubte ich, wann sie mir entrissen würde, so würde auch ich zu ihr in die Gruft hinsinken müssen – jetzt fühlte ich, daß mich größere Pflichten, Sorge für unser Kind ans Leben binde, u. wann ich durch Gichteranfälle meiner Gattin aufs neue beängstigt wurde, so blickte ich nach dem gesunden muntern Nettchen hin, wodurch ich gegen die vorherige öftere gänzliche Muthlosigkeit geschützt ward...» Wenn ihn die Mißstimmungen seiner Gattin wieder bedrücken, ist seine Gefälligkeit und Nachgiebigkeit «nicht mehr so ganz Sache des Gefühls, sondern mußte auf Grundsätze, auf Überlegung der Pflicht u. ... Humanität gegründet werden. Diese allmählige Schwächung der überspannten Gefühle gab nun nach u. nach meinem Verstand mehr Gewicht u. mir selbst überhaupt mehr Selbständigkeit. In diesem Zeitpunkt fieng ich an, mich mit Mineralogie zu beschäftigen, um die Gebirgskunde betreiben zu können; ich wurde allmählig selbständiger, thätiger..., fieng an, mit Eifer zu studiren.» Er sucht nun öfter seine Freunde Lavater[37] in Richterswil und Rengger[38] in Baden auf, und nun beginnen seine in den Reisenotizen festgehaltenen (und aus dem Verzeichnis der Bergwanderungen ersichtlichen) geognostischen Spaziergänge und Reisen häufiger und regelmäßiger zu werden. Seine psychologische Erfahrung wächst: «...diese Erhebung meiner selbst schien... zweckmäßig auf meine Gattin einzuwirken – meine häufigen Abwesenheiten, größere Thätigkeit, ruhigere Stimmung bewiesen ihr meine größere Unabhängigkeit von ihr, u. ich glaubte bald etwas mehr Sorgfalt in ihrem Betragen zu beobachten, um mich weniger zu kränken u. ihren Unmuth zu bezähmen.» Und so kann er am 25. Juni 1790 in seinem Tagebuch sagen: «Mit wahrer Zufriedenheit sehe ich auf alle Arbeit, allen Genuß, alle Angst u. alle Beschwerden zurück; nichts wünsche ich mir zurück, aber auch nichts hinter mir, was noch vor mir ist – die Wiederherstellung meiner Gattin ausgenommen. Ich fühle ganz, daß alles, was über mich geht, meiner Bestimmung gemäß ist, so daß ich es nicht einmal wagen würde, etwas in meiner Laufbahn zu ändern...». Escher ist er selbst geworden.

Er ist jetzt «fast immer allein, indem meine Gattin beständig mit ihrem Hauswesen u. Reinlichkeitsbesorgungen beschäftigt ist u. abends fast immer in Gesellschaft geht, so daß an keine wissenschaftlichere Ausbildung, die ich so sehr gewünscht hatte, zu denken ist.» Die Reinlichkeitsbesorgungen: «Übertriebne Sorgfalt für den innern Glanz des Hauses, durch Abwaschen der Stubenböden u. Abreiben aller Thüren, Mobilien usw. erhob sich zur Leidenschaft, daher jeder kleine Fleck zu den heftigsten Auftritten mit den Dienstboten Anlaß gab – jede Vorstellung darüber war Öl ins Feuer gegossen u. endete meist mit den wildesten Gichteranfällen.» Die Symptome sind klar. Der Zustand Regula Eschers ist der heutigen psychologischen Erfahrung kein Rätsel mehr. Damals gab es wirksame Sedativa ebensowenig wie Analyse, autogenes Training oder Yoga. Die Ursachen hat Escher schließlich selbst erkannt: Hysterie als Abwehr der herrschsüchtigen Mutter; Übernahme ihres so erfolgreichen Verhaltens; beides zur Universalwaffe gesteigert durch den unpädagogischen Schutz seitens des Vaters und der Großmutter. Hysterie und Aggressivität sind letzten Endes Angst. Neben Escher wird Regula sie verlieren, aber der Gesundungsprozess wird ein ganzes Leben dauern.

Es ist bezeichnend, daß dieses negative Bild Regula Eschers sich mit der fortschreitenden Verselbständigung des Gatten bessert. Er läßt ihre Qualitäten gelten, auch wenn sie sich noch negativ auswirken: «Durch das immer engere Anschließen meiner Gattin an unsre Schwägerin im Felsenhof[39] entfernte sie sich immer mehr von meinen mir so theuren Eltern u. Schwestern, u. da sie zu gerade u. redlich war, um Gefühle zu heucheln, die sie nicht hatte, so ward diese Entfernung in ihrem ganzen Betragen spürbar...» Er fügt sich ins Unabänderliche und setzt sich nun darüber «mit heiterem Sinn hinaus... Auch traten doch oft Augenblicke, Stunden u. Tage reiner Übereinstimmung u. herzlicher Traulichkeit ein, um die gegenseitige Liebe ungeschwächt zu erhalten.» Briefe aus späteren Jahren und Eschers Testament, das er am 6. März 1823, drei Tage vor seinem Tode, noch eigenhändig verfaßte, lassen erkennen, wie der Charakter seiner Gattin sich im Lauf der Jahre wandelte und wie dankbar er ihr dafür war. Auch die anfangs verfehlte Art und Weise, wie sie die Kinder erzog, änderte sich zum Besseren, wofür ein Zeugnis aus dem Jahre 1792 und eines von 1832 angeführt sei: «Gegen Ende des Maymonats (1792) gieng meine Gattin mit ihren Eltern nach Baldingen (ins Landhaus ihrer Eltern, Anm. d. Hrg.) u. war 3 Wochen abwesend; alle Sonntage besuchte ich sie u. kehrte jedesmal sehnsuchtsvoll zu meinen beyden verlaßnen lieben Kindern zurück. Die Entfernung der Mutter von diesen unmündigen Lieblingen meines Herzens schmerzte mich einerseits, weil sie mir etwas unnatürlich vorkam; anderseits aber fühlte ich mich glücklich in dieser ruhigen Abgeschiedenheit u. dadurch bewirkten Möglichkeit, nun die lieben Kleinen nach der Art besorgen zu können, die mir die zweckmäßigste schien – denn auch hierin waren meine Ansichten nicht mit denjenigen meiner Gattin übereinstimmend. Ich wünsche einfache eingezogne Gleichförmigkeit, immer sanfte Ruhe in ihrer Behandlung u. allmählige freye Entwicklung ihrer körperlichen Kräfte – statt dessen trat Verzärtlung, Aufopferung der diätetischen Besorgung zugunsten des Putzes u. besondre Einwirkung der Launen u. Leidenschaften im Betragen gegen diese zarten Pflanzen ein, die... ich anfangs mit Kraft abzuwenden suchte, aber am Ende, um auch für die Kinder noch nachtheiligere Auftritte zu verhüten, ebenfalls still ertragen mußte...» Daß Regula Escher im Lauf der Jahre auch als Mutter reifte, zeigt ein Brief ihres Sohnes Arnold aus Italien, wo er sich auf einer fast dreijährigen geologischen Forschungsreise befand. Am 8. Mai 1832 erhielt er in Neapel von seinem Schwager Conrad Bürkli die Trauerbotschaft vom Hinschied der Mutter und antwortete: «Daß sich die gute Mutter noch in der letzten Zeit sehr gut und munter befunden hat, dafür sind mir ihre Briefe die besten Zeugen. Sie waren selten so fröhlich, und es sprach sich in ihnen auf eine rührende Weise ihre ganze Liebe zu mir und zu uns allen aus. Ich unterhielt mich deshalb auch sehr oft mit dem Gefühl der Wonne über sie mit Hoffmann[40] und schätzte mich je länger je mehr glücklich, eine so vortreffliche Frau zur Mutter zu haben...»

Was Hans Conrad Escher die Kinder bedeuteten, zeigen diese späteren Eintragungen aus einer Zeit, in der das öffentliche Wirken fast seine gesamte Freizeit in Anspruch nahm: «Bey all dieser Tätigkeit zum gemeinen Besten blieb ich doch immer sorgsamer Hausvater. Noch erinnere ich mich lebhaft, daß ich in dem Zeitpunkte des Winters u. Frühjahrs 1795 regelmäßig alle Morgen, ehe ich in das Comptoir gieng, eine volle Stunde lang mein kleinstes schwächliches Kind Julie auf dem Arm herumtrug: es war sich dieses Spaziergangs so gewöhnt, daß es mir schon von ferne seine kleinen Ärmchen entgegenstreckte; ich las bey diesem Morgenspaziergang regelmäßig in Filangieris politischen Schriften[41] u. hatte einige Mühe, die Blätter umzuwenden; dann war das kleine Julchen, welches damals schon ausgezeichnete Anlagen zeigte, immer darauf bedacht, mir so gut möglich mit seinen Händchen bey diesem Geschäft zu helfen, und ein freundlicher gegenseitiger Blick hatte bey jeder Blattumwendung statt... Mit meinen beyden ältern Kindern Nette u. Döde machte ich hingegen abends ziemlich regelmäßig kleine Spaziergänge womöglich außer die Stadt oder doch in unsrem großen Garten, der im Grabenhof unsre Wohnung umgab; bey diesen Spaziergängen hatte schon mündliche Unterhaltung statt, welche dieselben uns gegenseitig angenehm machte, u. ich fühlte mich glücklich in dem traulichen Anschließen meiner Kleinen an mich, die sich nie glücklicher fühlten, als wann ich sie spazieren führte, ihnen erzählte u. wann's etwas kalt war, durch Abwechslung ihrer Stellung gegen mich auch abwechselnd ihre kleinen Händchen in meinen Händen wärmte.» Welches Opfer müssen die in der Schäniser Klause verbrachten Jahre, fern von den heranwachsenden Kindern, für Escher bedeutet haben!

Sein Tag, dessen Zweckmäßigkeit er im Lebensbericht allerdings anzweifelt («ich hielt aber meine im Grunde doch unsystematische oberflächliche Arbeitsamkeit, die leider durch keinen erfahrneren Rath geleitet wurde, für zweckmäßiger als sie es wirklich war»), findet in einer Tagebucheintragung am 10. Dezember 1791 den folgenden Niederschlag: «Übrigens ist mein Leben jetzt eine wahre Wonne: hier zum frohen Andenken eine kleine Schilderung davon. Morgens um 5 Uhr stehe ich auf u. widme die erste Stunde des Tags dem Studium der Geologie, die allmählig meine Lieblingswissenschaft zu werden anfängt u. mit hohem Intresse betrieben wird. Die zweyte Stunde ist den Nebenzweigen dieser Wissenschaft, der Mineralogie, Physik, Reisebeschreibungen usw. gewidmet. Von jeder mir einigermaßen wichtig scheinenden Idee mache ich mir Verzeichnisse, welche zur Bestimmtheit u. Richtigkeit meiner Kenntnisse sehr dienlich sind.[42] (s. auch Abb.) Gewöhnlich

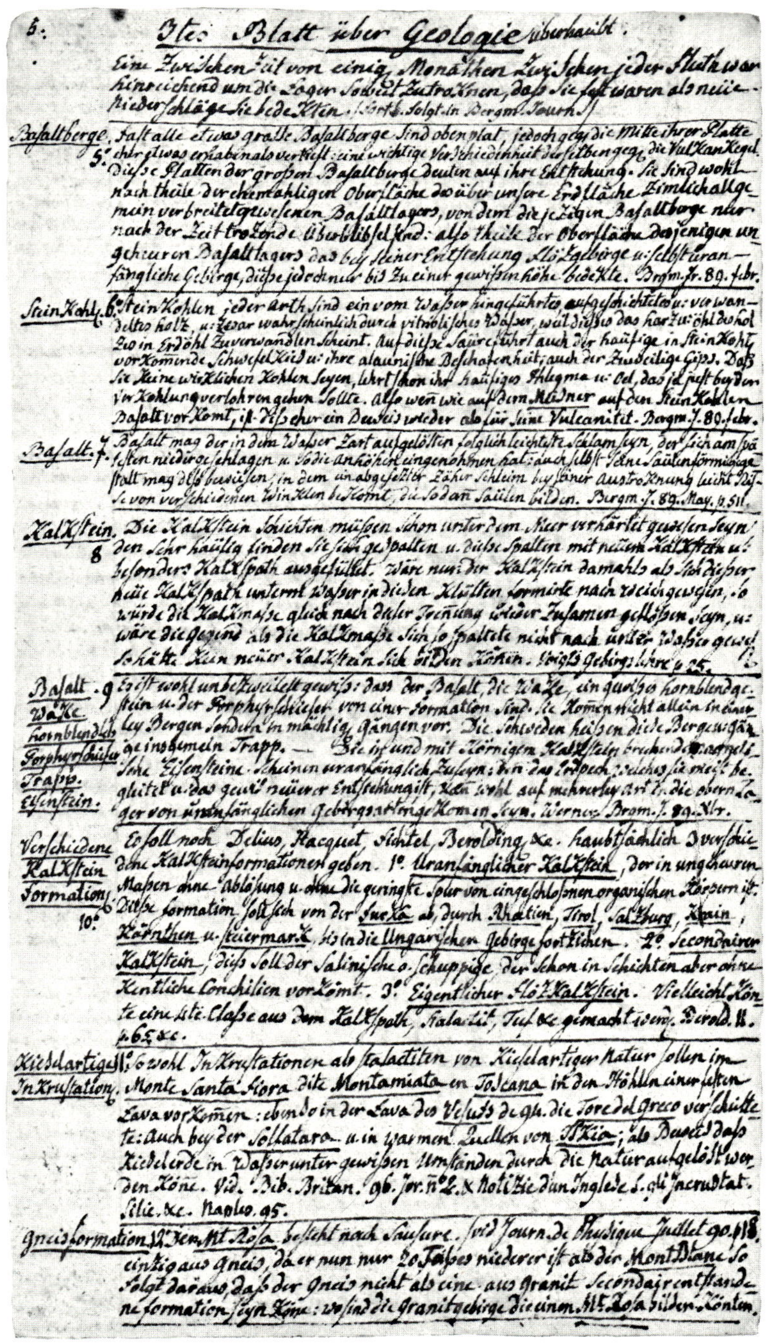

Die zahlreichen Auszüge Eschers aus der Fachliteratur sind in sparsamster Miniaturschrift geschrieben. (Originalgröße).

wecke ich dann meine Gattin am Ende dieser Stunde auf, was im Verhältnis Ihrer Stimmung auf mehr u. minder zärtliche Art geschieht. Dann geht durch Reinlichkeitssorge u. Frühstück meist eine Stunde verloren; diesem wohnt gewöhnlich unser Erstgebohrnes mit viel Traulichkeit bey. Dann habe ich noch eine Stunde dem Briefschreiben oder der italiänischen Sprache oder verschiednen Anordnungen zu widmen. Der übrige Rest des Vormittags gehört meinem Berufe als Kaufmann, den ich so eifrig betreibe, als es die Verhältnisse gestatten. Nachmittags zeichne ich eine Stunde; die 2te ist dem mühsamen Studium der Algeber, die 3te dem langweiligen Eydgenössischen Recht (nach Leu!)[43] gewidmet. Diejenigen Abende, welche mir die Wohlthätige Gesellschaft oder die Knabengesellschaften nicht wegnehmen, sind dem fleissigen Studium der politischen Wissenschaften bestimmt; auch bereite ich mich vor, den Knabengesellschaften mineralogische Vorlesungen zu halten. Einen kleinen Theil des Abends schenke ich der abgebrochnen Lectur verschiedner coursirender Alltagsschriften. Meist ist abends das liebe Nettchen um mich, das neben mir spielt u. mich oft durch seine zärtlichen Zurufungen zerstreut.»

So schwer er an seinem gestörten Familienleben zu tragen hat, so sehr – das mußte hier deutlich werden – fördert es die menschliche Entwicklung Eschers. «Seit ich mit vorurtheilsfreyerm Auge sehe, vermehrt sich allmählig meine Menschenkenntnis... Ich sehe jetzt den Grund ein, warum sich das Mädchen schmückt, warum das Weib Böses nachredet, warum der Hausvater geizt – aus ihren Gesichtspunkten betrachtet haben sie recht...»

Die zeichnerische Fertigkeit entfaltet sich nun ebenso stark und schnell wie der Mensch Escher. «Anfangs May machte ich mit der Militärisch Mathematischen Gesellschaft eine angenehme geognostische Reise ins Reussthal u. auf den Hohen Rohnen, wo ich mein erstes Panorama zeichnete.» Im selben Jahr 1792 wird im Sommer – auf einer Bergwanderung mit Vaucher – am Gotthard das erste wissenschaftliche Gebirgs-Rundpanorama der Welt entstehen, das die Stimmung des eben verschneiten Hochgebirges so eindrücklich wiedergibt, daß die Bezeichnung «Fertigkeit» der neuen Qualität nicht mehr gerecht wird. Eine neue Dimension bringt auch sein Militärdienst: Im Herbst 1792 wird er anlässlich der Grenzbesetzung bei Basel einberufen und bleibt 4½ Monate den Seinen fern. («...lernte ich einsehen, daß ich durch pflichtmäßige gemeinnützige Thätigkeit überall glücklich sein könne...»).

Der 25jährige Leutnant nimmt Abschied von der «innigst betrübten Gattin u. Kindern» und zieht mit den 175 Mann des Zürcher Kontingents nach Basel. «So bald möglich, erstieg ich die Pratteler Hochwache... Hier übersah ich die schwache Erdzunge vollständig, welche die Stadt Basel mit einem Theil ihres Gebietes zwischen den Ländern der beyden großen im Krieg sich befindenden Nachbarstaaten bildet – ich erschrak über diese bedenkliche Lage...» Als die Gefahr gebannt war – die Franzosen hatten den Durchbruch bei Speyer unternommen und das österreichische Heer war von den Schweizer Grenzen abgerückt – suchte Escher «in der Staatskanzley... alte Zehendenpläne auf, machte Auszüge daraus, um vermittelst dieser u. eigner militärischer Aufnahmen einen Generalplan der ganzen Abtheilung des Cantons Basel zu entwerfen... Dies veranlaßte mich zu vielfältigen Spaziergängen in der ganzen

Oben: St. Jakob an der Birs, wo Escher während der Grenzbesetzung im Jahre 1792 Wachdienst leistete. Jenseits der Birs die von dem Zürcher Kontingent besetzte Redoute; die außerhalb postierten Urner gaben den Zürchern am Jahrestag der Schlacht bei St. Jakob im Jahre 1444, in der Zürich mit dem feindlichen Österreich verbündet war, zu verstehen, daß sie ihnen das nicht vergessen würden. Zum Kapitel «Entwicklung eines Menschen». November 1792. 110:178 mm.

Unten: Die kleine Schanze an der Brücke über die Wiese bei Basel beweist mit ihrer Form, wie exakt Escher seine ursprünglich illegale Militärkarte des Baselbiets zeichnete (vgl. Ausschnitt aus dieser Karte). Zum Kapitel «Entwicklung eines Menschen». 12. Oktober 1792. 87:167 mm.

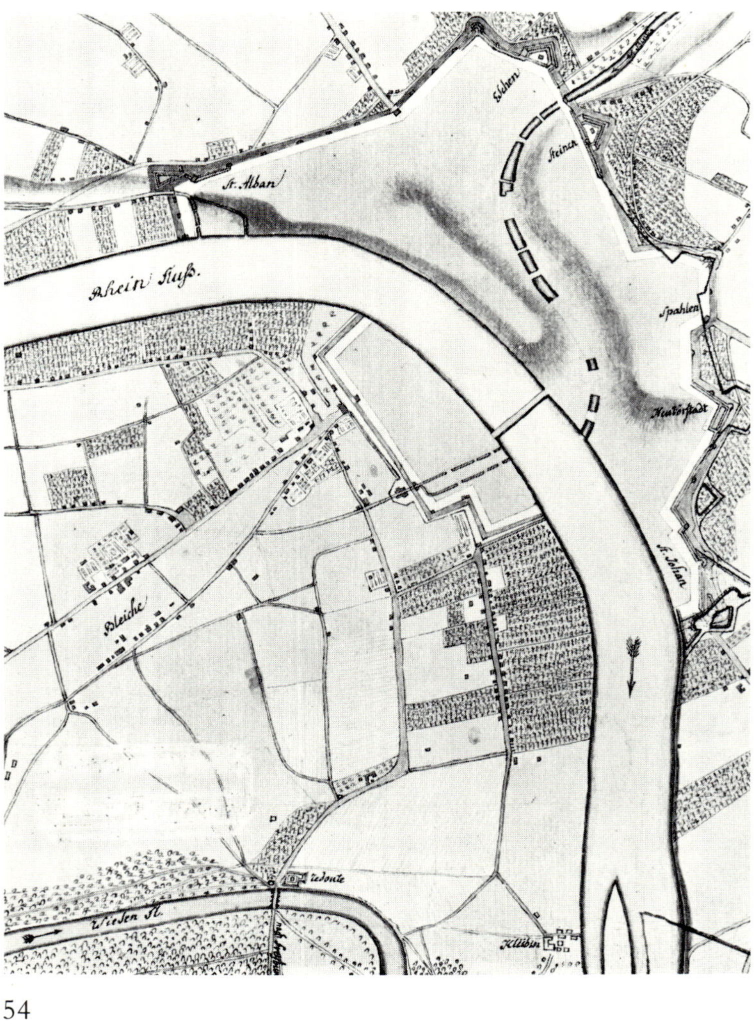

Wie exakt Eschers kartographische Aufnahme des Baselbiets war, derentwegen er 1792 während seines Militärdienstes anläßlich der Grenzbesetzung bei Basel in den Verdacht der Spionage geriet, geht aus diesem Ausschnitt der Karte hervor: Am Flüßchen Wiese (unten) oberhalb (d.i. südlich – die Karte ist nach Süden orientiert) der Brücke erkennt man eine kleine militärische Befestigung, die zur Bewachung der Brücke diente. Die Form dieser Redoute auf dem hier vergrößerten Kartenausschnitt entspricht genau der Situation, wie sie Eschers farbig reproduzierte Zeichnung der Brücke mit der Redoute und dem Wachsoldaten zeigt.

Bey St. Jacob, an der Birs bey Basel. n. d. Nat. gezeich. im gbr. 1792. v. J. H. Escher.

Ba.d. 12. X. 1792 p. J. C. E. Sap. N.

Wiesenbruk bey Basel.

Oben: Koloristisch behandelte Terrainstudie. Zum Kapitel «Der Zeichner und Aquarellist». 12. August 1816. 120:197 mm.

Unten: Wissenschaftliche Exkursion am Lac des Brenets im Jura. Zum Kapitel «Der Zeichner und Aquarellist». 21. Juli 1820. 98:181 mm.

Gegend...» Das war auffallend. Er «erhielt eine Aufforderung, zum Oberstzunftmeister Merian zu gehen; dieser fragte mich, wozu ich die Gegend aufnehme u. in ihrem Archiv Pläne copiere? Sehr natürlich sagte ich: weil man keinen Plan der besetzten Landesgränze besitze, so habe mich die Mathematisch-Militärische Gesellschaft in Zürich eingeladen, einen solchen zu entwerfen... ich wies meine unbedeutende Arbeit vor u. anerbot, die erste Ausarbeitung davon der hohen Regierung einzugeben...» Der Plan mit einer «Dedication an den Hochweysen Dreyzehner oder Geheimen Rath» wurde mit einer goldenen Medaille und dem folgenden Schreiben belohnt: «Dem Wohledlen, Ehrenvesten, Mannhaften Herrn Lieutenant Johann Conrad Escher von Keffikon in Zürich: Wohledler Ehrenvester Mannhafter Herr. Es ist uns durch unsern zu ehrenden Herrn Oberstzunftmeister Merian der von dem Herrn verfertigte Plan über die Gränzen hiesigen Cantons vorgelegt worden, woraus wir mit wahrem Vergnügen schöne Merkmale von des Herrn Geschicklichkeit und nützlichen Bemühungen während seines hiesigen Aufenthalts wahrgenommen und auch diese trefflichen Proben vaterländischen Eifers als schätzbares Geschenke in unsrem Archive aufbewahren werden. Wir erstatten dem Herren dafür verbindlichen Dank und verhoffen derselbe werde die Innlage als ein Andenken unserer Erkenntlichkeit aufnehmen, die wir allstets die Begierde zu Erweisung aller angenehmen Gefähligkeiten beybehalten werden. Euer Wohledel Freundwillige Bürgermeister u. Geheime Räthe so man nennt die Dreyzehn der Stadt Basel. Geben den 2. April 1793.» Die leise Ironie, die im Zitat des ganzen Textes mitschwingt, läßt die Welten ahnen, die Escher von dieser geschraubten und verstaubten «Aristokratie» trennten.

Die neue Dimension seiner zeichnerischen Betätigung heißt Reportage. Er begreift, daß seine Zeichnungen aktuell sein müssen, wenn sie wahr sein sollen. Die Dimension der Zeit läßt sich nicht ausklammern, sie ist und muß daher zur Kenntnis genommen werden. Eine Reihe von Reportageskizzen und -zeichnungen aus den Basler Monaten stellt die neue Erfahrung unter Beweis, die, schon während einer Militärübung im Hard bei Zürich erprobt, das Fieudo-Panorama durchdringt. Damit ist Escher seiner Zeit um fünfzig und mehr Jahre voraus: Landschaft – Gebirgslandschaft zudem – so zu zeigen, wie sie sich jetzt, in diesem Augenblick darbietet – das hat vor ihm noch niemand versucht.

Eschers zeichnerischer Realismus ist nur ein Ausdruck seines fortschrittlichen Denkens (fortschrittlich bedeutet – nicht nur hier, sondern grundsätzlich und immer – demokratisch). Sein Verhältnis zur französischen Revolution macht dieses fortschrittliche Denken deutlich. «Den 1. October bezog ich die Wache auf dem lieblichen Hügel von St. Margrethen außer Basel... Westlich hoben sich die Vogesen aus einer reichen fruchtbaren Ebene – dies ist das Land der neuen französischen Freyheit, dessen noch immer fortdauernde Anarchie... schon so schreckliche Scenen bewirkte, daß auch der eifrigste Freund der Freyheit kaum mehr Parthey für sie nehmen darf. Doch der muthige Kampf der Franzosen gegen den Despotismus macht hoffentlich noch die wahre gesetzliche Freyheit siegen...» Er begann Überlegungen über das Wie anzustellen, um die kommende Umwälzung nicht ausarten zu lassen. «Als ich den 4. 9br. wieder auf der Wache in der St. Jacobsschanze war, erhielt ich einen Besuch von Freund Lüthard[44] von Bern, der Commandant der Bernerschen Artillerie war... Er blieb mehrere Stunden bey mir, wir sprachen freymüthig über die große Geschichte unsres Zeitalters und über die Verhältnisse unsres Vaterlandes zu derselben – wir waren in unsren Ansichten durchaus einstimmig – ahneten nahe Veränderungen, die wir mit Ordnung von oben herab statt durch Umwälzung von unten herauf bewirkt zu sehen wünschten...» Diese Vorstellungen – ein Schlüssel zu seiner politischen Tätigkeit während der Helvetik – konkretisierten sich im Gespräch mit seinem nachmaligen Mitstreiter Paul Usteri[45]: «An dem Gang der französischen Revolution nahm ich hohes Intresse: innig bedaurte ich die grausamen empörenden Maßnahmen, welche dort ein Auswurf der Republikanischen Parthey, der sich der Geschäftsführung bemeistert hatte, nahm; war aber doch weit entfernt, mir dadurch die reinen humanen republikanischen Grundsätze verdächtig machen zu lassen: Zur Unterhaltung über diesen Gegenstand u. zur Stärkung meiner Hoffnungen hierüber besuchte ich meinen Freund Dr. Usteri öfters, welcher mit dem Gang dieser großen Angelegenheit der Menschheit umständlich bekannt war, sie immer aus dem gleichen Gesichtspunkt wie ich beurteilte u. fest in seinen Hoffnungen über das glückliche Endresultat blieb. Ich hatte wenig Anlaß, mich über meine Ansichten zu äußern, denn in meiner Sonntagsgesellschaft waren die meisten Glieder so eifrige Antagonisten der Franzosen u. jeder Erneuerung, daß ich mich nicht in politische Discussionen einlassen mochte. Weniger vorsichtig war mein Freund Usteri, der sich selbst als botanischer Litterator nicht enthalten konnte, seine Ansichten öffentlich mitzutheilen, u. wo es im gesellschaftlichen Leben geschah, sie meist unter leidenschaftlicher Heftigkeit äußerte. Dieses u. meine Freundschaft mit den Renggern u. Lüthard in Bern, welche ebenfalls als Freunde des Republikanischen Systems bekannt waren, brachte auch mich in den Ruf, diesem Systen anzugehören; doch hielt man mich wohl allgemein für einen gemäßigten, wohlgesinnten u. nur aus menschenfreundlicher Gutmüthigkeit irregeleiteten Freund allgemeiner Freyheit.» Dieselbe hier erwähnte reaktionäre Sonntagsgesellschaft wird ihn nur wenige Jahre später wegen «reaktionärer» Haltung aus ihren Reihen ausschließen...

1776 – zwei Jahre vor dem Beginn der Helvetik – kommt er zur Einsicht, «...daß nicht die philosophisch staatsrechtlichen Grundsätze, sondern die leidenschaftlichen Partheyungen u. die Oppositionen der beydseitigen Extreme diese Greuel bewirkt hatten, so wie seinerzeit die Greuel, welche bey Einführung der christlichen Religion und der Reformation sowie die Unmenschlichkeit der Inquisition nicht der christlichen Religion, sondern den Verkehrtheiten der Menschen zur Last fallen. Hieraus zog ich den sehr natürlichen Grundsatz, daß Revolutionen jeder Art möglichst vermieden und eben daher die Regenten nach u. nach durch zweckmäßige Verbesserungen nach dem Geist des reinen Natur- u. Staatsrechts denselben zuvorkommen sollten. Die Grundsätze blieben mir heilig, aber ebenso heilig blieb mir die Klugheitsregel, keine Umwälzungen in den bestehenden menschlichen Verhältnissen zu bewirken, sondern dahin tätig zu seyn, durch Verbreitung wahrer

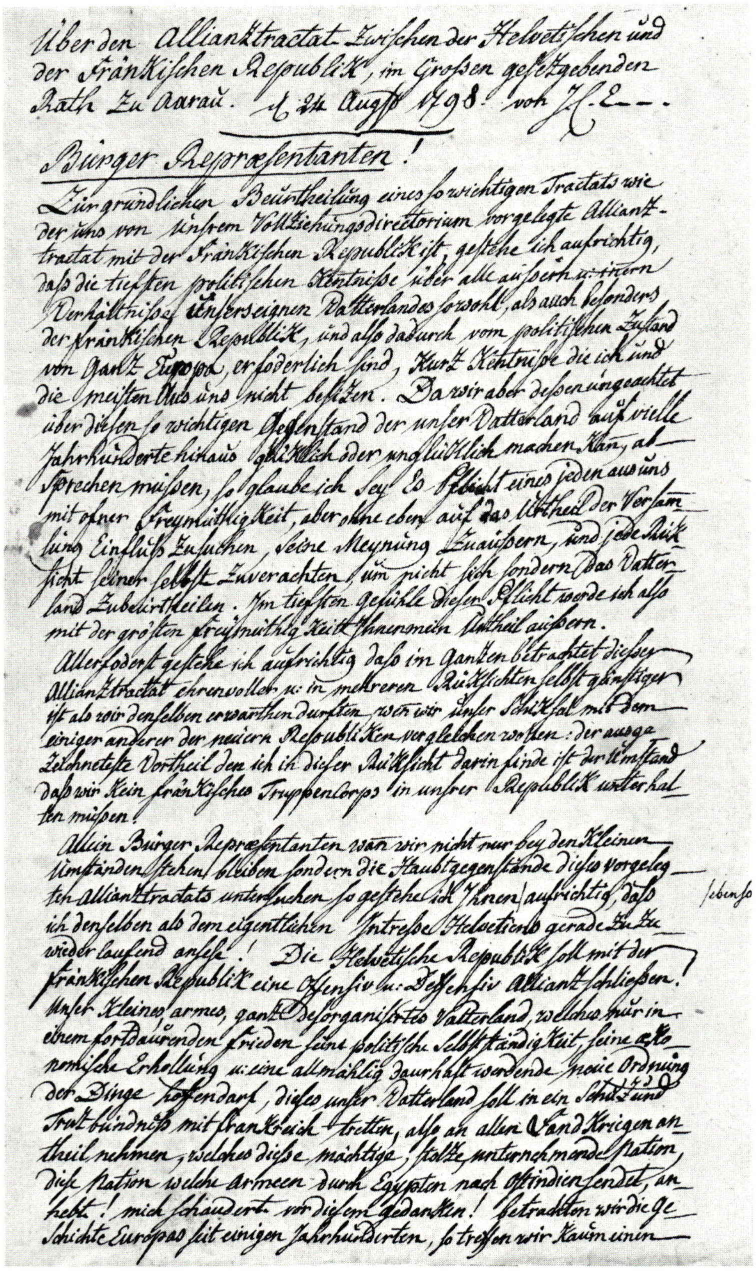

Über den Allianztractat zwischen der Helvetischen und der Fränkischen Republik, im Grossen gesetzgebenden Rath zu Aarau. d. 24 Augst 1798. von H. E---.

Bürger Repræsentanten!

Zur gründlichen Beurtheilung eines so wichtigen Tractats wie der uns von unsrem Vollziehungsdirectorium vorgelegte Allianztractat mit der Fränkischen Republik ist, gestehe ich aufrichtig, daß die tiefsten politischen Kentnisse über alle äussern u. innern Verhältnisse unsers eignen Vatterlandes sowohl, als auch besonders der Fränkischen Republik, und also dadurch vom politischen Zustand von ganz Europa, erfoderlich sind, Kurz Kentnisse die ich und die meisten aus uns nicht besitzen. ...

Das Manuskript einer Rede Eschers am 24. August 1798 vor den Gesetzgebenden Räten der Helvetischen Republik in Aarau über den abzuschließenden Bündnisvertrag mit Frankreich. Escher lehnte diesen Vertrag aus Sicherheitsgründen für sein «armes, ganz desorganisertes Vaterland» ab, obwohl er sich für die Revolution einsetzte.

Grundsätze u. wissenschaftlicher Kenntnisse in der zukünftigen Staatsverwaltern bestimmten Classe meiner Mitbürger gewaltsamen Erschütterungen durch Zuvorkommen von Seite der Regenten entgegenzuwirken.» Der Aufklärer Escher konnte noch nicht wissen, daß Bildung allein nicht genügt, weil Interessen schwerer wiegen als Erkentnisse; die Zielsetzung seines Politischen Instituts ist damit umrissen. Die in Frankreich beschlossene und auf französische Bajonetten in die Schweiz getragene Umwälzung kam doch und verlangte all diesen Erkenntnissen zum Trotz Eschers Einsatz. Dennoch sind seine Erkenntnisse für uns Heutige nicht veraltet – man zerstört nicht ungestraft einmal existierende, in der Tradition verankerte demokratische Strukturen, weil man sich damit des wirksamsten Kampfmittels gegen undemokratische Interessen begibt.

Die ungemein interessante Entwicklung der helvetischen Angelegenheiten in der Sicht Eschers zu verfolgen, würde den Rahmen dieses Buches sprengen; wir haben uns dem Geognosten, Bergwanderer und Zeichner zu widmen. Wie weit Escher als politisch und sozial engagierter Beobachter der schweizerischen Verhältnisse um 1795 gelangt war, zeigen die folgenden Bemerkungen von seiner ersten Wanderung in die tessinischen Landvogteien der alten Eidgenossenschaft:

«Das allmählige Erscheinen der Italiänischen üppigen Vegetation u. der Anblick der steil schroffen Hochgebirge, welche den immer fruchtbarer werdenden Thalgrund einschließen, machte mir diese Wanderung äußerst angenehm. In Faido wurde mir diese angenehme Stimmung durch den Anblick von dem Platze getrübt, auf welchem vor etwann 40 Jahren die Anführer eines Aufstandes enthauptet wurden, der im Livinerthal gegen den Beherrscher dieses Thals, die Landsgemeinde von Uri, statt hatte. Leider ist die Regierung von Seite solcher Souveraine eben so schlecht, als es natürlich ist, daß ein Bergvölkgen, welches sich durch Waffengewalt die höchste Freyheit erwarb, über ein Volk von andern Sitten u. Sprache herrsche – mit Wehmuth dachte ich an die Männer, welche ihrem Vaterlande ein besseres politisches Verhältnis verschaffen wollten u. die für ihren Eifer ihr Blut auf dem Schaffot vergießen mußten – damals schon dachte ich: möchten die Schweizer doch einsehen, daß nur durch Vereinigung aller Schweizer zu gleichmäßiger Freyheit u. kräftigem Nationalgeist sie imstande sind, ihr schönes Vaterland zu erhalten!» Es folgt die im Kommentar zu Bild 94 erwähnte Stelle, und Escher fährt dann fort: «Nachmittag wanderte ich durch den sehr erweiterten flachen öden Thalgrund der Riviera herab, welcher schon mehrere Male durch Ausbrüche von Aufschwellungen des Blegnostroms überschüttet worden war, welche durch Bergschlipfe verursacht wurden – den Einwohnern fehlt der Muth, diese so günstige Ebene wieder zu bearbeiten u. der elenden Regierung fehlt es an Kenntnis u. Wille, durch gute

Forst- u. Wasserbaupolizey ihre Unterthanen gegen gefährliche Naturverhältnisse zu sichern. Im Blegnothal werden nähmlich durch künstliche Holzgeleite ganze Waldungen abgetrieben u. dem Tessin u. so nach Mailand hinausgeflößt – dies bringt Geld ins Land, sagt man: ja, u. dagegen werden die steilen Gebirgsabhänge der schützenden Waldung beraubt, der Zerstörung der Lauwinen preisgegeben, dadurch Bergschlipfe bewirkt, welche das ganze weite Thal bis zum Langensee herab verwüsten. Dieses Thal könnte bey gehöriger Polizey das schönste Gelände der Schweiz seyn u. viele tausend Haushaltungen ernähren – statt dessen schicken wir unsre Söhne in fremde Kriegsdienste u. lassen sie im Kampf der Völker mit ihren Beherrschern niedermetzeln. O theures Vaterland, was bist du u. was könntest du seyn!» Dann steht Escher auf den Zinnen eines der drei Schlösser von Bellinzona, die nach ihren Beherrschern Castello Uri, Castello Schwyz und Castello Unterwalden genannt wurden, und gibt sich angesichts dieser fast unüberwindlichen militärischen Talsperre kriegstechnischen Überlegungen hin, «ward dann aber durch die Frage aufgeschreckt: wer soll dieses Land vertheidigen? Etwann die Einwohner, um nicht zur Cisalpinischen Republik zu kommen, sondern um die Ehre zu haben, von Landvögten regiert zu werden, welche ihre Stellen durch Steigerung an Landsgemeinden erkauft haben?»

«In Locarno herrschte damals (1795) der Züricher Landvogt Schweizer mit sehr viel Geschäftsgewandtheit; ich wohnte einer seiner sehr zahlreich besuchten öffentlichen Gerichtssitzungen bey u. war über die Bestimmtheit seiner Verhöre der beyden streitenden Partheyen u. die Schnelligkeit seiner Urtheile erstaunt, aber auch zugleich über die Willkür entrüstet, mit welcher ein solch einzelner Mann als Richter zu urtheilen beauftragt ist...»

«Während meiner Anwesenheit in Lauis[46] wurde ein Kirchendieb beurtheilt; da dieses zum Theil öffentlich geschah, so wohnte ich dem Akt bey. Der Landvogt AmRhein von Luzern u. etwann 4 Richter waren in schwarzer Kleidung an einem Tische sitzend. Der Fischkal las in Gegenwart des Verbrechers die Prozeßakten vor, u. ein Advokat vertheidigte den Unglücklichen auf eine sehr befriedigende Art. Er zeigte, wie das Eigenthum nicht auf dem Naturrecht, sondern nur auf den bürgerlichen Einrichtungen beruhe, daher der Diebstahl nicht als Capitalverbrechen anzusehen sey, besonders da der Staat so wenig zu Gunsten der Armen leiste – er stellte den Verbrecher als einen Menschen dar, der ohne Rücksicht auf die Heiligkeit der Kirchen nur sich das Bedürftige raubte, wo er es fand, u. der nie das Leben eines Menschen bedroht habe. Diese öffentliche Vertheidigung war mir neu u. sehr befriedigend... Der Verbrecher selbst bat mit wenigen Worten um Gnade u. wurde zum Tode verurtheilt.»

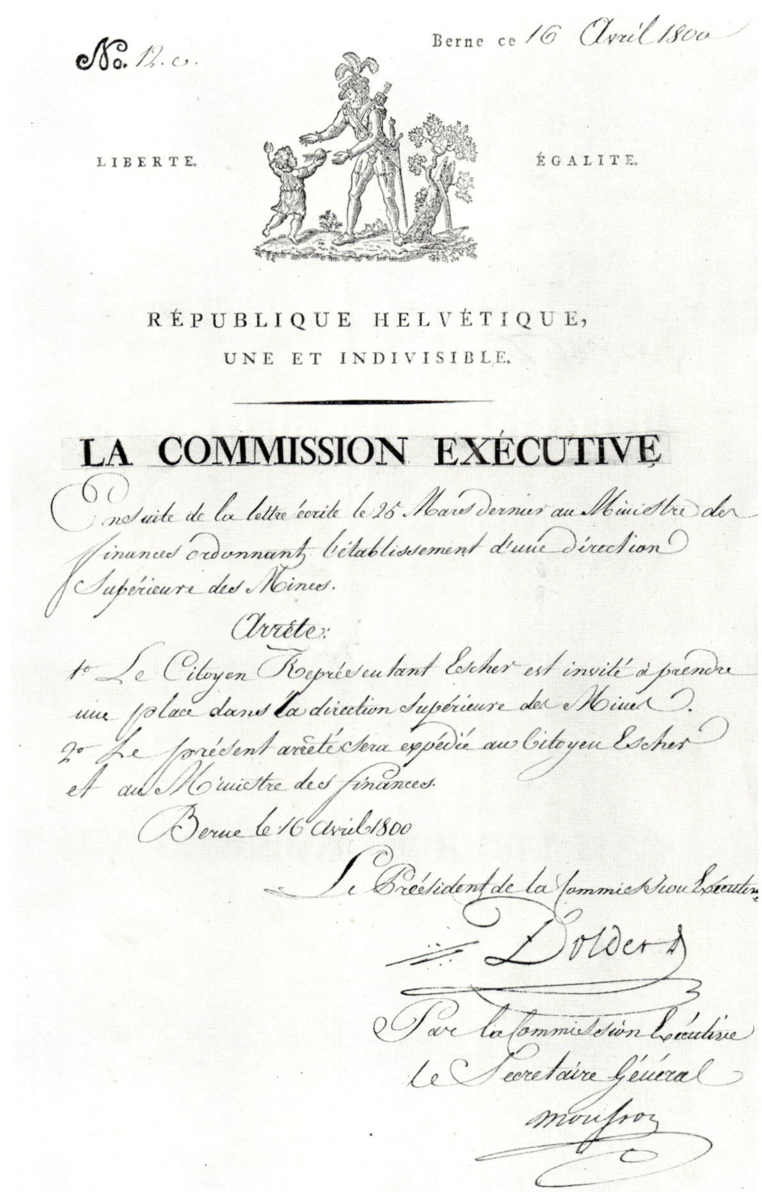
No. 12. c.

Berne ce 16 Avril 1800

LIBERTÉ. ÉGALITÉ.

RÉPUBLIQUE HELVÉTIQUE,
UNE ET INDIVISIBLE.

LA COMMISSION EXÉCUTIVE

En suite de la lettre écrite le 25 Mars dernier au Ministre des finances ordonnant l'établissement d'une direction Supérieure des Mines.

Arrête:

1° Le Citoyen Représentant Escher est invité à prendre une place dans la direction Supérieure des Mines.

2° Le présent arrêté sera expédié au Citoyen Escher et au Ministre des finances.

Berne le 16 Avril 1800

Le Président de la Commission Exécutive
Dolder

Par la Commission Exécutive
le Secrétaire Général
Mousson

Ernennung Eschers in die Bergwerksdirektion der Helvetischen Republik.

DER GEOGNOST

Das geognostische Interesse Hans Conrad Eschers erwachte 1785 in Genf. Sein Freund und Lehrer J.P. Vaucher war jedoch nur mittelbar daran beteiligt, indem er mit ihm die ersten naturwissenschaftlich motivierten Wanderungen unternahm. Der junge Theologe, der Eschers Erziehung zum wissenschaftlichen Denken so günstig beeinflußt hatte, war von der Philosophie her zur Naturwissenschaft gekommen und hatte die ihm gemäße Disziplin in der Botanik gefunden.
Die überragende Rolle, die der Genfer Aufenthalt in Eschers Leben spielte, hängt einerseits mit der geistigen Situation der damals auf allen Seiten von französischem Gebiet umklammerten Stadt, andererseits mit ihrer Lage unter der höchsten Erhebung der Alpen und mit dem Wirken H.-B. de Saussures zusammen, dessen weithin ausstrahlende Persönlichkeit Escher schon früh beeindruckt hatte, als er – noch in Zürich – seine seit 1780 erscheinenden «Voyages dans les Alpes» las und «umständlich auszog».
Es ist kein Zufall, daß der jahrhundertealte Abscheu vor dem Hochgebirge gerade in Genf ein plötzliches Ende fand und wachsendem Interesse für die Alpen wich, so wie es kein Zufall ist, daß es ein Engländer war, der diese Entwicklung auslöste. Als Seehandels- und Weltmacht hatte England die Fesseln der Feudalwirtschaft früh abgestreift und auf allen Gebieten einen höheren Standard erreicht als das übrige Europa (mit der Ausnahme Hollands). Der englische Pragmatismus war Ausdruck einer sozialen Partnerschaft, die den einzelnen Klassen der englischen Gesellschaft ein Maximum an Freiheit gewährte. Einst hatte der Kontinent England entdeckt und erobert. Nun entdeckte England den Kontinent. Die ersten Touristen im heutigen Sinn waren Engländer.
Im Jahre 1741 schrieb der junge Reisende William Windham einem Freund in Genf einen Brief, in dem er über seinen Besuch im damals noch touristisch unentdeckten Tal von Chamonix berichtete. Das Schreiben zirkulierte in Abschriften sowohl in Genf als auch in England und rief solche Aufmerksamkeit hervor, daß schon ein Jahr darauf der Genfer Ingenieur Pierre Martel eine Reise auf Windhams Spuren unternahm, um sie seinerseits in einer an Windham adressierten «lettre» zu schildern[47]. Auf diese «Entdeckung» der «glacières» von Faucigny[48] folgte eine Welle des Interesses für die «Eisgebirge», die auch Genfs Philosophen auf den Plan rief. Die kulturelle Orientierung der Stadt nach Frankreich und die Anziehungskraft, die sie als freie Republik auf die aufgeklärten Geister Frankreichs ausübte, das Wirken Voltaires und Rousseaus in ihrer unmittelbaren Nähe sodann, und schließlich das Erstarken des vom letzteren gepredigten neuen Naturgefühls – all das trug dazu bei, daß die Genfer Philosophen sich immer mehr mit den Naturwissenschaften befaßten. Den enzyklopädischen Bestrebungen des 18. Jahrhunderts gemäß wurde die Philosophie als Universalwissenschaft verstanden, der die Aufgabe zufiel, dem biblischen Schöpfungsmythus eine wissenschaftliche Erklärung der Weltentstehung entgegenzusetzen. So gelangten die von der Philosophie herkommenden Genfer «naturalistes», von der Nähe des Gebirges begünstigt, zur Konzeption einer universalistischen Geologie, deren Anliegen die Erklärung der Erdgenesis war. Beispielgebend war hier der französische Naturforscher Georges Louis Buffon (1707–1788) gewesen. In seiner «Théorie de la Terre» hatte er 1749 diese Forderung erhoben und aus dem Vorkommen von Fossilien auch auf hohen Bergen geschlossen, daß die Erde einst ganz vom Meer bedeckt gewesen sei. Der Genfer Geologe Jean-André Deluc (1727–1817)[49] übernahm in seinen «Lettres physiques et morales sur les montagnes et sur l'histoire de la terre et de l'homme» (1778–1780) diese Thesen, verlieh aber durch seine Spekulationen dem Begriff Geologie eine andere Bedeutung, so daß sich in Deutschland für die eigentliche Geologie die Bezeichnung Geognosie oder Geognostik durchsetzte. Es leuchtet ein, daß der Theologe Vaucher jeglicher Geologie ausweichen mußte, um mit seiner geistlichen Bestimmung nicht in Konflikt zu

geraten, und sich daher der unverfänglicheren Botanik zuwandte.
In der alemannischen Schweiz hatte die Hinwendung zur Naturwissenschaft und zur positiven Einschätzung der Alpen ältere Wurzeln. Die Menschen mußten sich dort mit dem Gebirge, das sie einengte und nicht, wie in Genf, nur aus der Ferne zu sehen war, früh auseinandersetzen. 1574 erscheint Josias Simmlers «Vallesiae descriptio et de Alpibus commentarius», 1642 Matthäus Merian des Älteren «Topographia Helvetiae, Rhaetiae et Valesiae», 1708–1723 Johann Jakob Scheuchzers «Ouresiphoites Helveticus sive Itinera alpina», 1706–1708 seine «Natur-Geschichten des Schweizerlandes». Doch Scheuchzers Bestreben, die Wissenschaft mit der Religion in einen seltsam barocken Einklang zu bringen[50], zeigt die Grenzen, die die volle Entfaltung der Gebirgskunde und Geologie in der gesellschaftlich rückständigeren deutschen Schweiz behinderten. Während sie im 18. Jahrhundert in Genf fruchtbaren Boden fand, wich der kritische Geist in der deutschen Schweiz auf die literarische Ebene aus: Das hellwache literarische Zürich um Bodmer und Breitinger war ebenso Ausweg wie das so bedeutsame Gedicht «Die Alpen» (1732) des Berners Albrecht von Haller – es ersetzte gleichsam Gebirgskundliches, und Haller war im übrigen Botaniker und Anatom. Scheuchzer selbst ging als Gebirgsforscher von der unumstößlichen Tatsache der Sintflut aus, in der die zu Fossilien versteinerten Tiere umgekommen und auch die von ihm z.B. am Urnersee beobachteten Lagerungsstörungen entstanden sein sollten. R. Trümpy führt in seiner lesenswerten Betrachtung «Goethes geognostisches Weltbild» (1968) dazu an, daß Voltaire, um eine Anerkennung der Sintflut zu vermeiden, das Vorkommen von Fossilien auf hohen Gebirgen schlechterdings negiert und lächerlich gemacht habe, indem er behauptete, es seien von Pilgern zurückgelassene Muschelschalen. In Bern, dessen geographische Lage das Interesse für das Hochgebirge insofern begünstigte, als die Berner Eisriesen sich dort ebenso auffallend präsentierten wie die Mont-Blanc-Kette in Genf, waren zum Unterschied von Zürich in der zweiten Hälfte des 18. Jahrhunderts einige Gebirgsforscher tätig, deren bedeutendster, Gottlieb Sigmund Gruner (1717–1778) der Vater des am Ende dieses Kapitels vorgestellten Weggenossen Eschers war; sein 1760 erschienenes Hauptwerk «Die Eisgebirge des Schweizerlands» mit unzuverlässigen, meist erdachten Illustrationen überschreitet kaum den Rahmen des schon von Scheuchzer Beobachteten. Johann Georg Altmanns (1695–1758) «Versuch einer historisch-physischen Beschreibung der helvetischen Eisgebirge» von 1751 ist eine Sammlung der bis dahin verfügbaren Nachrichten über die Alpen und enthält u.a. einen Wiederabdruck der Korrespondenz Windham-Martel in deutscher Übersetzung. Die wissenschaftliche Gebirgskunde brach sich in der deutschen Schweiz erst kurz vor der Beseitigung der «alten Oligarchen» oder «Aristokraten» (sie waren weder das eine noch das andere) mit Escher freie Bahn, und Escher wurde beides – Naturforscher und Demokrat, Geognost und Politiker.
Auch sein wesensverwandter Vorgänger und älterer Zeitgenosse Horace-Bénédict de Saussure (1740–1799) war von der Genfer Philosophie her zur Naturwissenschaft gekommen. Seit 1760 hatte er achtzehn Jahre lang die Alpen durchwandert, bevor er seine Erfahrungen und Erkenntnisse in seinem großangelegten Hauptwerk «Voyages dans les Alpes» (1779–1786) niederlegte. Claire-Eliane Engel kennzeichnet 1930 in ihrem informativen und kritischen Werk «La littérature alpestre» treffend seine Persönlichkeit, indem sie ihn mit seinen Vorläufern, den Brüdern Deluc[51], vergleicht. Auch sie waren als Gebirgsforscher und begeisterte Berggänger – die ersten, die die Alpen mit dieser neuen Art von Naturliebe betrachteten – 1754 auf Windhams Spuren nach Chamonix und von da über die Forclaz ins Wallis gewandert. «Die alpine Laufbahn der beiden Deluc erscheint als unvollkommene Skizze derjenigen H.-B. de Saussures. Die Deluc erforschten Chamonix, Samoëns, das Aostatal; Saussure überschritt vierzehnmal die gesamte Alpenkette über acht verschiedene Übergänge («Voyages...», Vorrede). Sie entdeckten den Buet; Saussure erstieg den Mont-Blanc. Ihre «Physikalischen und moralischen Gesetze» zielten auf ein kosmisches System ab; die «Voyages dans les Alpes» enthielten den Entwurf einer Studie über die Entstehung der Erde. Hier enden die Ähnlichkeiten. Die Deluc begnügten sich wie Kéralio und Bourrit alsbald damit, daß sie Buffon und Rousseau wiederholten. H.-B. de Saussure wagte es, sein Leben lang er selbst zu bleiben.»
Wenn man Escher mit Saussure vergleicht (was sich geradezu aufdrängt), ergeben sich weit mehr Ähnlichkeiten. Es nimmt nicht wunder, daß die Ernennung zum Mitglied der Kaiserlichen Leopoldinisch-Karolinischen Akademie der Naturforscher, der 1652 gegründeten ältesten Deutschlands, am 28. November 1821 Escher, da sie üblicherweise mit der Verleihung eines wissenschaftlichen Beinamens verbunden war, eben jenen seines großen Vorläufers («accipe cognomen Saussure!») einbrachte. Escher dürfte darüber nicht gerade begeistert gewesen sein, denn soviel ihm Saussure anfangs bedeutet hatte, so sehr entfernte er sich später von ihm, als er sich von ihm in der Überzeugung von der alles durchdringenden Harmonie nicht bestätigt fand. Hottinger[52] zitiert diese Verurteilung Saussures in seiner Escher-Biographie: «Wenn man auch sich vor der Übereilung Ebels[53] und andrer hüten muß, so soll man sich doch anderseits auch durch die vielen aufgefundenen Anomalien nicht irre machen lassen, an aller Ordnung verzweifeln und nur bei dem traurigen Resultate Saussures stehen bleiben, der am Ende seiner langen Bahn, freilich bei geschwächten Geisteskräften, behauptete: «Qu'il n'y a rien de constant dans la formation des

Alpes, que l'inconstance.» O nein! In der Natur sind allgemeine Kräfte thätig, die unter gleichen Verhältnissen auch immer gleichförmig wirken. Wo Abweichungen stattfinden, da liegen auch gewiß immer Ursachen, die ihre eigenthümlichen Zwecke haben, zum Grunde, und diese aufzusuchen und ebenfalls kennen zu lernen ist für den denkenden Naturforscher gerade das lohnendste Geschäft.»

Über Saussure schreibt die zuvor zitierte Autorin: «Sein Gewissen – es war von einer fast übertriebenen Ehrlichkeit – hinderte ihn daran, vor 1779 etwas zu veröffentlichen; um endgültige Beweise zu erhalten, wiederholte er alle seine Reisen und vergewisserte sich immer wieder von neuem der Richtigkeit aller seiner im Laufe von zwanzig Jahren gesammelten Anmerkungen[54].» Auch Escher sammelte sein Leben lang Erkenntnisse und Erfahrungen, glaubte aber – zum Unterschied von Saussure – für Folgerungen oder gar weittragende Schlüsse, wie sie Saussure zog, noch nicht erfahren genug zu sein, und erst sein Sohn Arnold Escher sollte später seine Feststellungen auswerten. Saussures «Arbeitsmethoden gewährleisteten diesem die größtmögliche Präzision: Sein Leben lang schrieb er seine Feststellungen an Ort und Stelle oder spätestens binnen vierundzwanzig Stunden» (Engel)[55]. Auch Escher hielt seine Beobachtungen an Ort und Stelle fest – in Notizen und als Zeichner. Saussures großartiger Gabe der Sprache, der Schilderung, die die «Voyages» zu einem Werk von hohem literarischem Rang macht, entspricht Eschers Gabe der bildlichen Darstellung. Bei beiden finden wir die begeisterte, ganz heutig klingende Schilderung des Hochgebirges: sie sind die ersten, die von prachtvollen Gletschern und herrlichen Felsnadeln sprechen (obwohl Escher auch von scheußlich zerklüfteten Gletschern – dies auf Grund schon moderner alpinistischer Erfahrung – berichten kann).

All das ließe darauf schließen, daß Escher in Genf Saussure begegnet ist, daß er ihn persönlich kannte. Das war nicht der Fall. Dem Lebensbericht ist nur zu entnehmen, daß er hier «Saussures und Bourrits Alpenreisen» las, Saussure also in Fortsetzung und unmittelbar nach dem Erscheinen jedes Bandes. Bedeutsam für Eschers Hinwendung zur Geognostik war die Wanderung nach Chamonix als erste Etappe der Heimreise, die Besteigung des Buet auf den Spuren der Brüder Deluc und Saussures, der 1776 den Einfall gehabt hatte, das von dort sichtbare Panorama in die Horizontale zu projizieren, was Bourrit auf seinen Wunsch sogleich ausführte[56]; Escher hat die den «Voyages dans les Alpes» beigefügte Radierung früh, wahrscheinlich vor 1792, im Aquarell kopiert, und sie wurde zu einer Inspirationsquelle seines Panoramenschaffens. Bedeutsam sodann war die Heimreise selbst – seine erste große Bergwanderung; aber was war entscheidend?

Arnold Escher zitiert in seinem Anhang «Escher als Gebirgsforscher» zur Hottingerschen Biographie aus einem Brief seines Vaters an den österreichischen Erzherzog Johann, der sich sehr für die Geognostik interessierte, diese Begründung für das Erwachen seiner geognostischen Interessen: «Erst nahm mich die Ansicht des schönen Alpenkranzes, den wir von unsern benachbarten Hügeln erblicken, so in Anspruch, daß ich mir vornahm, diese anscheinend chaotisch über einander geworfenen Gebirgsstöcke in topographischer Hinsicht kennen zu lernen. Ich machte Wanderungen in denselben, fand überall zusammenhängende Ketten, korrespondirende Schichtung, sah also übereinstimmende Anordnung und betrieb nun so viel möglich die geognostische Untersuchung unsrer Hochgebirge[57].» Hat Hans Conrad wirklich von sich aus, ohne einen entscheidenden äußeren Impuls, den Weg zur Geognostik gefunden?

Die Stelle, die das bestätigt, fand sich im Lebensbericht. Escher ist am 21. September 1788 von der «Fremdereise» nach Zürich zurückgekehrt. Er hat gerade noch Zeit, nach zweijähriger Abwesenheit einige Freunde und Verwandte zu begrüßen, und muß am 23. mit den Eltern wieder fort – nach Kefikon. Es ist eine Flucht vor dem drohenden Unheil – am 23. werden die vielen Gläubiger und Sparer, die ihr Geld in der angesehenen Handelsfirma – einem eigentlichen Bankhaus – des Stiefbruders Heinrich Escher angelegt haben, von deren Insolvenz erfahren[58]. «Über einen Monat lebte ich nun ... in Kefikon u. beschäftigte mich abwechselnd mit Lectur, mit meiner ziemlich weitläufigen Corespondenz u. mit Zeichnen. Öfters machte ich theils allein, theils mit Hr. Faesi[59] u. meinem Neffen Nachmittagsspaziergänge in der Umgegend u. besuchte besonders alle höhern Standpunkte, auf denen ich dann mit einem schlechten Visir-Winkelmaß ... ein geometrisches Netz

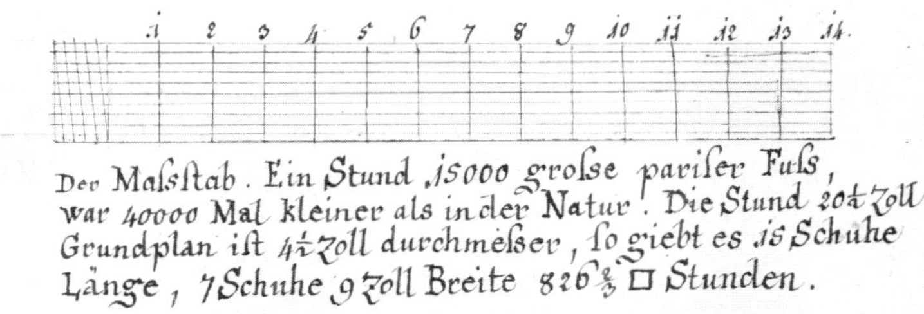

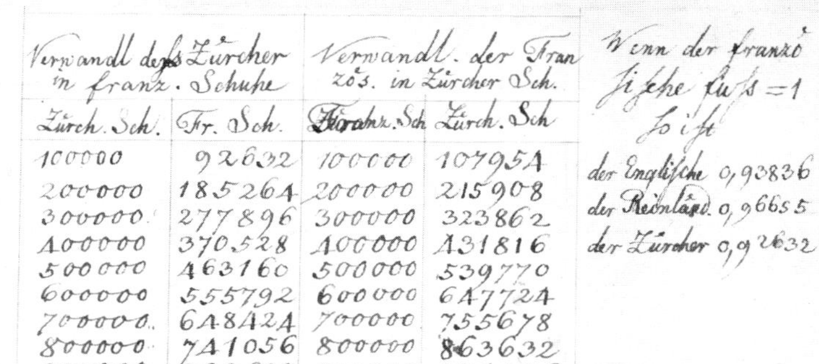

Verwandl. dess Zürcher in franz. Schuhe		Verwandl. der Französ. in Zürcher Sch.		Wenn der franzö sische fuss = 1 so ist
Zürch. Sch.	Fr. Sch.	Franz. Sch	Zürch. Sch	
100000	92632	100000	107954	der Englische 0,93836
200000	185264	200000	215908	der Reinländ. 0,96655
300000	277896	300000	323862	der Zürcher 0,92632
400000	370528	400000	431816	
500000	463160	500000	539770	
600000	555792	600000	647724	
700000	648424	700000	755678	
800000	741056	800000	863632	
900000	833688	900000	971586	

Umrechnungstabellen zur Bestimmung der auf den Karten verzeichneten Höhen und Entfernungen.

über die ganze Gegend entwerfen wollte – aber bald die erbärmliche Unzulänglichkeit dieser Hilfsmittel einsah...» Ein derartiger Vermessungsversuch ist erhalten (Abb.). «...als wissenschaftliche Aufgabe nahm ich mir vor, ...meine in Göttingen angefangenen naturhistorischen Studien ebenfalls bloß durch Lectur u. eigne Beobachtungen ohne weitere Nachhülfe fortzusetzen...» Und er stellt sich die Aufgabe, «vom Ütliberg einst eine solche naturhistorische Beschreibung zu liefern, wie sie Saussure vom Salève in seinen Alpenreisen geliefert hatte – weiter giengen meine Bestrebungen damals noch nicht.» Nach Zürich zurückgekehrt, bringt er «ein artiges Herbarium u. ein kleines Mineraliencabinet zustande, die ich aber einzig als Sammler zu äufnen u. zu benützen wußte.» Die Göttinger Studien hatten wohl naturhistorisches, noch nicht aber sein geognostisches Interesse wachgerufen; auch sie haben also nicht den entscheidenden Impuls geliefert. Am ergiebigsten waren für Escher in naturhistorischer Hinsicht die Vorlesungen Beckmanns über Mineralogie und Lichtenbergs aus der Experimentalphysik. Der Zweck des Göttinger Studienjahres war jedoch ein anderer: Escher bereitete sich auf die ihn erwartende politische und Regierungslaufbahn vor.

So bleibt nach der Untersuchung der möglichen äußeren Einflüsse auf Eschers Wahl der wissenschaftlichen Richtung nur der Schluß, daß er wirklich von sich aus zur Geognostik gefunden hat, allein, ohne fremde Hilfe, intuitiv auf Grund der erwähnten Impulse. Und er hat sich ebenso allein und ohne fremde Hilfe durch fleißigstes Studium aller ihm zugänglicher Fachliteratur zum Geognosten ausgebildet. Neben zahlreichen Bündeln von handschriftlichen Auszügen aus der zeitgenössischen Fachliteratur besitzt die Zürcher Zentralbibliothek in ihren von der Naturforschenden Gesellschaft in Zürich stammenden Beständen Teile der wissenschaftlichen Bibliothek Eschers. Darunter befindet sich ein durchschossenes Exemplar der Scheuchzerschen Meteorologie[60], das vom Verfasser eigenhändig kommentiert ist und von Escher mit weiteren Kommentaren versehen wurde – Handschrift neben Handschrift, Escher neben Scheuchzer.

Mit der um 1790 einsetzenden Abwendung Eschers von seinem häuslichen Mißgeschick, seiner wachsenden Verselbständigung schreitet seine geognostische Selbstausbildung ungeheuer schnell fort. Seit 1791 sammelt er seine Beobachtungen in den «Fragmenten über die Naturgeschichte Helvetiens» (abkürzend Reisenotizen genannt). 1793 lernt er auf einer Tagung der Helvetischen Gesellschaft in Olten den 11 Jahre älteren «geistreichen und geschickten Berghauptmann Gruner[61] von Bern» kennen: «Lüthard stellte uns einander als die beyden eifrigsten Gebirgsnaturforscher vor.» Eine gemeinsame «Alpenreise» wird verabredet und im August 1793 unternommen. Am Walensee fallen Escher «die verschiedenen Schichtensenkungen der Kuhfirstengebirgskette bey Ammon[62] sehr auf, u. ich zeichnete sie mir ganz richtig, war aber verwundert, daß mein Begleiter von solchen Verhältnissen überhaupt wenig Notiz nahm u. ...wenig Eifer in der umständlichern Beobachtung der Gebirge zeigte...» Escher *muß* als Laie gründlicher sein als der Schüler des deutschen Geognosiepapstes Werner – ihm bleibt nichts anderes übrig. Diese erste Bergwanderung mit einem Gebirgsforscher von Fach gibt ihm viel. «Schon am Wallensee hatten wir die kleinen Schuttkegel umständlich beobachtet, die

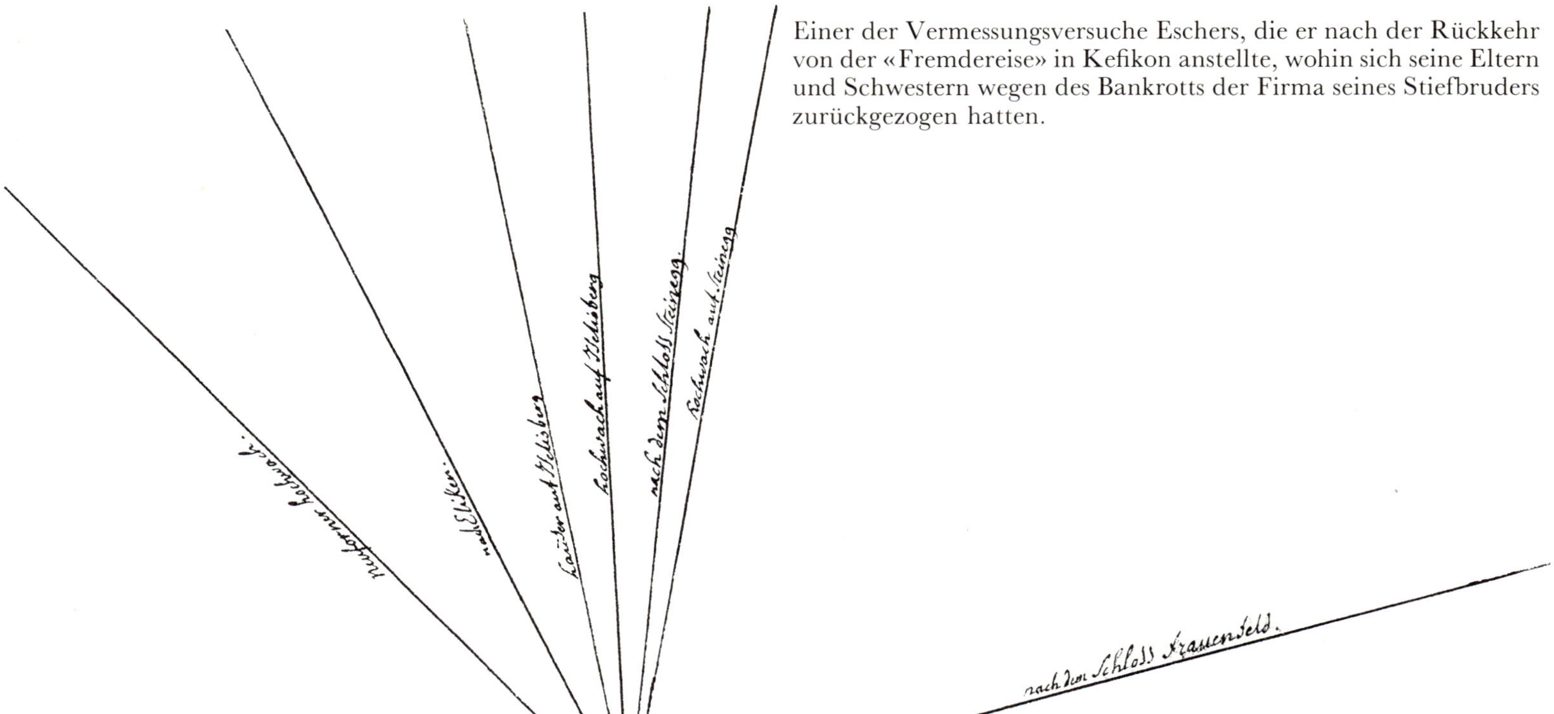

Einer der Vermessungsversuche Eschers, die er nach der Rückkehr von der «Fremdereise» in Kefikon anstellte, wohin sich seine Eltern und Schwestern wegen des Bankrotts der Firma seines Stiefbruders zurückgezogen hatten.

sich am Auslauf enger Felsenklüfte dort häufig vorfanden... Mein Freund hatte diese Stromschuttkegel schon genauer beobachtet u. theilte mir seine Beobachtungen mit; wir machten uns nun gegenseitig auf die verschiedenartigen Schuttkegel aufmerksam, welche jeder geschiebereiche Strom am Auslauf von engen Thälern bildet... Die nähere Untersuchung dieser Schuttkegel, welche ich erst auf dieser Reise begann, gab mir späther wichtige Angaben über die Naturgeschichte der Thäler u. zum Behuf des Wasserbaus.» Die beiden haben Schwierigkeiten mit den Trägern: «...war die Stelle eines Trägers bey uns nicht sehr angenehm, theils weil die Last durch die immer sich mehrenden Steine zunahm, theils weil mein Freund oft sehr übellaunig war u. seine böse Laune auf eine höchst inhumane Art an den Trägern ausließ...» Am Morteratschgletscher bei Pontresina versäumen sie Stunden, weil Gruner erst frühstücken muß (Kommentar 56). Und oben auf dem Berninapaß wird es schlimm: «Schöne Gebirgsarten, merkwürdige Lagerungsverhältnisse u. die schöne Gebirgsgegend bey heiterstem Himmel stimmten mich zu glücklichem Frohsinn – nicht so meinen Begleiter: er war übellaunig, zankte mit unsrem müden Träger, u. ich fürchtete Thätlichkeiten u. legte mich ins Mittel, was aber von meinem Begleiter sehr übel aufgenommen wurde – ich nahm mir daher vor, in Zukunft lieber allein zu reisen...» 1794 tritt Escher in einem Vortrag vor der Naturforschenden Gesellschaft in Zürich (2. Juni) schon als Anwalt der seit Scheuchzers Tod hier vernachlässigten Gebirgskunde auf. Er eignet sich die für seine geognostischen Studien unerlässlichen Kenntnisse der Mineralogie an und befaßt sich intensiv mit den Schriften der Wernerschen Schule. «In der Physikalischen Gesellschaft hielt ich zuweilen mineralogisch-geognostische Vorlesungen ...man übertrug mir die bessere Anordnung des kleinen Mineraliencabinets u. erlaubte mir, eine kleine systematische Sammlung von der Bergakademie von Freyberg kommen zu lassen, u. um mich selbst mit Werners Schule desto bekannter zu machen, verschrieb ich mir zu gleicher Zeit das Bergmännische Journal, das ich eifrig durchstudirte; doch fühlte ich auch hierin wie in allen übrigen Wissenschaften, die ich betrieb, tief den Mangel gründlicher Elementarkenntnisse. Durch diese Anschaffungen kam ich in literarischen Briefwechsel mit dem bekannten Mineralogen Hofmann, der mich einlud, über die geognostischen Verhältnisse der Schweizer Alpen Beyträge ins Bergmännische Journal zu liefern. So sehr ich anfänglich vor dem Gedanken erschrak, Schriftsteller zu werden, u. besonders in einer so berühmten Zeitschrift zum ersten Mal als solcher aufzutreten, so hieng ich doch mit Wohlgefallen diesem Gedanken nach, studirte zu dessen Behuf eifriger die mineralogische Literatur u. verfolgte meine geognostischen Beobachtungen...»

In seinem schon erwähnten Aufsatz über Goethes geognostisches Weltbild entwirft R. Trümpy ein lebendiges Bild des Streits zwischen den Neptunisten Werners und den Vulkanisten v. Buchs, der die deutschen Geognosten in zwei Lager spaltete. Abraham Gottlieb Werner, seit 1775 Professor an der Bergakademie im sächsischen Freiberg, war das diktatorische Haupt der erstgenannten Schule, die den Aufbau der Erde aus Meeresablagerungen erklärte, sein Gegenspieler Leopold von Buch das nicht minder kategorische der anderen Schule, die die erste in ihrer absoluten Herrschaft ablöste und alles auf die Tätigkeit des Erdinneren zurückführte. Eschers Verhalten L. von Buch gegenüber kennzeichnet ganz seinen Charakter. Rudolf Staub zeigt in seinem Buch über den Bau der Glarneralpen, wo er erstmals drei Ansichten Eschers veröffentlichte (s. Kapitel «Die 900 Ansichten und Panoramen»), wie früh Escher seine Beobachtungen zu publizieren begann und wieviel er richtig beobachtete. 1807 entdeckte Escher die Glarner Überschiebung, eine Auflagerung älterer Gesteine auf jüngerem Alpenkalk, was von Buch 1809 glatt abstritt («Es gibt keine besondere Natur in der Schweiz!») und Escher eines Besseren belehrte, da – es ist die bekannte Geschichte – nicht sein kann, was nicht sein darf. Obwohl er an der einmal erkannten Wahrheit unerschütterlich festhielt, erblickte Escher in von Buch weiterhin die Autorität, und so konnte es geschehen, daß er bei seiner ersten Übersteigung des Panixerpasses im Jahre 1811 diesen als «Segnispaß» bezeichnete, nur weil von Buch bei seiner 1809 publizierten «Reise über die Gebirgszüge der Alpen zwischen Glarus und Chiavenna» dieser Fehler unterlaufen war, den Escher erst im folgenden Jahr bei der Übersteigung des wirklichen Segnespasses – für sich – berichtigen konnte. Eschers Konzilianz gegenüber von Buch geht auch aus der folgenden Bemerkung vom 13. Juli 1811 in den Reisenotizen hervor; bei der Erwähnung der roten eckig körnigen Konglomeratformation des Sernftals stellt er fest: «Diese Gebirgsart stimmt in Hinsicht ihrer Bildung, da sie eine allgemeine thonige Hauptmasse, mit eingemengten Quarz-, Thonstein u. andern eckigten Bruchstücken von sehr verschiedener Größe hat, vollkommen mit der Grauwakke der Deutschen überein; doch da nach Hrn. v. Buch... der Name Grauwakke nur dem thonigen Conglomerat der Übergangsformation angehören soll, so mag also diese zwar lokale, doch aber eine Länge von etwann 9 Stunden u. eine Breite von vielleicht 2 Stunden einnehmende Felsart die rothe Conglomeratformation genannt werden...»

Die wichtige Rolle, die Eschers Zeichnungen als geognostische Dokumentation spielten, kann gar nicht besser aufgezeigt werden als mit seinen eigenen Worten zum Fieudo-Panorama von 1792: «So z.B. zeichnete ich schon im Jahre 1792, als man noch an keine Panoramen dachte, auf der Spitze des Fieudo am Gotthard eine vollständige Zirkularaussicht: noch war mir das Streichen der Gebirgsketten unbekannt, und über die Schichtensenkung hatte ich sehr unbestimmte Begriffe.

Erst mehrere Jahre nachher entdeckte ich am Gottharde den fächerförmigen Stand der Schichten: aber die Ausdehnung dieser Schichtung war mir noch unbekannt: ich zog mein Fieudo-Panorama hervor, spannte dasselbe in einen Reif, orientirte es, und fand den fächerförmigen Schichtenstand in seinen Profilansichten so auffallend darin aufgezeichnet, daß nun mein Überblick über die Schichtung des Gotthards sehr erweitert wurde[63].» Trotz der ungeheuren Vielzahl seiner schriftlichen und zeichnerischen Feststellungen haben Escher Erkenntnisse gefehlt, die heute zur Allgemeinbildung gehören. Man muß sich vergegenwärtigen, daß ihm Beispielsweise die Eiszeit noch kein Begriff war und er sich – etwa bei der Frage, wie das Sihltal hoch oben im Hang über dem Zürichsee ent- und bestehen konnte – mit einer «Kluft» aushelfen mußte, die es dort gegeben haben sollte (s. Kommentar zu Bild 11). Natürlich interessierten ihn besonders die erratischen Blöcke, natürlich ahnte er die Art ihres Transports an weit entfernte Orte, aber er hielt sich mit eigenen Schlüssen möglichst zurück. Wie bescheiden und gewissenhaft Escher als Alpenforscher war, geht aus seiner von seinem Sohn im bereits erwähnten Anhang zur Hottingerschen Biographie zitierten Antwort an Dr. Albrecht Rengger hervor, der ihn 1822 aufgefordert hatte, seine 1796 publizierte geognostische Übersicht der Alpen zu erweitern und neu herauszugeben: «Ich weiss nur soviel von den Alpen, um allenfalls irrige Vorstellungen, die man sich von ihrer Zusammensetzung machte, berichtigen zu können; sobald ich aber etwas besseres aufstellen soll, sehe ich unüberwindliche Schwierigkeiten vor mir.»

Außerordentlich wertvolle Dokumente sind die Zeichnungen Eschers für die Glaziologen, die vor der Ausstellung von 1973 über kein auch nur annähernd so frühes Vergleichsmaterial verfügten (s. Kommentar zu Bild 83). Daß Escher die Gletscherbewegungen sehr aufmerksam verfolgt hat, geht zum Beispiel aus einer solchen Anmerkung in den Reisenotizen hervor: «Den 22. Jul. (1813) Morgens besuchten wir den Fuß des untern Grindelwaldgletschers, der sich vor etwann 30 Jahren

Am 1. Juni 1821 unternahm Escher mit der Zürcher Militärisch-mathematischen Gesellschaft eine Exkursion zur Mainau; dort stellten die Herren ihre Theodoliten auf und richteten sie nach der Insel aus. So kam zustande, was in der flüchtigen Reportageskizze Eschers wie ein belustigendes Vermessungsturnier aussieht.

noch bis in den Thalgrund herab, also 230 Fuß unter die Pfarrkirche erstreckte, jetzt aber nur 123 Fuß unter dieselbe herabsteigt, also sich über 100 Fuß hoch hinauf zurückgezogen hat.»

Mit der Geognosie hängt auch die Frage zusammen, ob Escher im Herbst 1797 Goethe begegnet ist. Auf seiner dritten Schweizerreise (Aufenthalt in der Schweiz 17. September – 26. Oktober 1797) erwähnt Goethe einigemal den Namen Escher. Zunächst, am 21. September, ist er, nach einer Reise «zu Schiffe, bei heiterm Wetter, den See hinaufwärts», bei «Herrn Escher zu Mittag auf seinem Gute bei Herrliberg am See» zu Gast und fährt dann weiter nach Stäfa. Der Besitzer der «Schipf» in Herrliberg war der Freihauptmann Johannes Escher, Hans Conrads Stiefbruder. Der letztere kann nicht dabeigewesen sein, weil er erst anderntags von einer Bergwanderung in die Glarneralpen (15.–22.9.) zurückkehrte. Am 24. September notiert Goethe: «Zu Mittag kamen Herr Horner und Escher, der Sohn, von Zürich» nach Stäfa. So bestimmt formuliert, kann Escher der Sohn nur der damals 22jährige Hans Caspar Escher, einziger Sohn des Freihauptmanns, gewesen sein; Hans Conrad war übrigens im Jahre 1797 dreißig Jahre alt. Ihn betrifft jedoch mit Sicherheit die nächste Erwähnung: In einem Brief aus Stäfa an Geheimrat Voigt schreibt Goethe am 25. September 1797: «Die Aufsätze eines Herrn Escher von Zürich haben mir eine geschwinde Übersicht gegeben dessen, was ich auf meiner kleinen vorgenommenen Tour zu erwarten habe.» Im Neuen bergmännischen Journal[64] war zwei Jahre zuvor Eschers Beitrag «Geognostische Nachrichten über die Alpen in Briefen aus Helvetien, Erster Brief (Profilreise von Zürich bis an den Gotthard)» erschienen, und Goethe hat diese Reise von Stäfa aus vom 28. September bis 8. Oktober 1797 mehr oder minder nachvollzogen. Nach Stäfa zurückgekehrt, notiert er am 18. Oktober abermals: «Kam zu Mittag der junge Escher», also Hans Caspar, und am 21. Oktober: «Mittags zu Herrliberg bei Herrn Hauptmann Escher.» Diesmal bleibt er über Nacht, und am nächsten Tag heißt es dann: «Früh Herrn Eschers Kabinett, das sehr schöne Suiten des Schweizer Gebirges enthält.» Das war also die im Schipfgut verwahrte Sammlung, vermutlich von Schweizer Veduten, vielleicht auch von Mineralien, jedenfalls aber weder Hans Conrads Mineralien- noch seine Aquarellsammlung. Und Hans Conrad Escher erwähnt weder im Lebensbericht noch in den Reisenotizen oder in der publizierten Korrespondenz irgendeine Begegnung mit Goethe. Es ist völlig unwahrscheinlich, daß Escher seine Aquarelle einem auswärtigen Gast gezeigt oder seine «Gebirgsarten» nach Stäfa mitgebracht hätte. So muß das Resultat negativ sein – eine Begegnung zwischen Hans Conrad Escher und Goethe hat damals wohl nicht stattgefunden.

Die erwähnte «Gebirgsarten»-Sammlung ist übrigens zum Teil im Geologischen Institut der Eidgenössischen

Technischen Hochschule und der Universität in Zürich erhalten. Sie war mit der Sammlung Arnold Eschers und weiteren Exponaten im Lichthof des Instituts bis zu dessen kürzlich erfolgter baulicher Umgestaltung ausgestellt, wurde dann abgeräumt und ist in der Menge der übrigen Exponate aufgegangen. Eschers wissenschaftliche Publikationen nennt und erläutert Arnold Escher in seinem Beitrag «Escher als Gebirgsforscher» im Anhang zur Hottingerschen Biographie. Eine Übersicht in knappster Zusammenfassung ist dem Schlußkapitel «Quellen» dieses Buches einverleibt worden und wird im Literaturverzeichnis durch bibliographische Hinweise ergänzt.

Abschließend sei auf Eschers philosophisches Bekenntnis zur Geognosie hingewiesen, weil es sich wie ein roter Faden durch sein gesamtes Werk und Wirken zieht. Es entstammt dem Lebensbericht und bezieht sich auf den Winter 1794/95, eine Zeit, in der Eschers geognostische Forschungen sich bereits zu bewähren begannen. In den frühen Morgenstunden studiert er Kants Kritik der Urteilskraft. «Die erste Abteilung derselben, die Critik der aesthetischen Urtheilskraft, nahm mich wenig in Anspruch, ungeachtet sie sehr logisch durchgeführt ist; aber sie öffnete mir keine neuen Ansichten u. befriedigte also meine Wißbegierde wenig. Desto mehr Intresse hatte ich hingegen für die zweyte Abtheilung, ...die Critik der teleologischen Urtheilskraft. Mein Studium der höhern Naturgeschichte der Alpen hatte mir nämlich ...sehr befriedigende teleologische Ansichten über dieselben eröffnet. Ich hatte gefunden, daß die Gebirge keineswegs caotische Erhöhungen der Erdoberfläche seyen, sondern daß sie eine regelmäßige Richtung u. Stufenfolge übereinander haben, u. also in dem ersten Schöpfungsentwurf der Erde gelegen haben müssen. Ich sah, daß ihre Höhe auf die Beschaffenheit unsrer Atmosphäre berechnet sey, indem sich ihre obersten Längenthäler über der Gränze des ewigen Schnees befinden u. dadurch einzig fähig werden, die Gletscher als die unversiegbaren Quellen unsrer nach allen Regionen abfließenden Ströme aufzubewahren. Ich sah ein, daß unsre Gletscher ein unentbehrliches Glied in der bewundernswürdigen Kette derjenigen Anordnungen sind, durch welche der Kreislauf der Gewässer durch Ausdünstung aus den Meeren in die Atmosphäre, aus dieser als Schnee auf unsre Hochgebirge u. von diesen durch Gletscher und Ströme in die Meere zurück statt hat, u. da dieser Kreislauf der Gewässer Bedingung der Bewohnbarkeit unsrer Erdoberfläche ist, so erkannte ich also auch unsre Gebirge als eine unentbehrliche planmäßige Anordnung...»

Das ist Eschers Mahnung an unsere Zeit.

Die Gebirgszeichnungen von den Humboldtschen Andenexpeditionen waren für Escher so interessant, daß er sie für sich kopierte. Demzufolge ist die Darstellung des Vulkans Cotopaxi signiert: «Des. d'apr. Humbold en Avr. 1817 p. J.C.E.»

Graubündner Reisepaß für Escher und seine Genossen vom 10. Juni 1806.

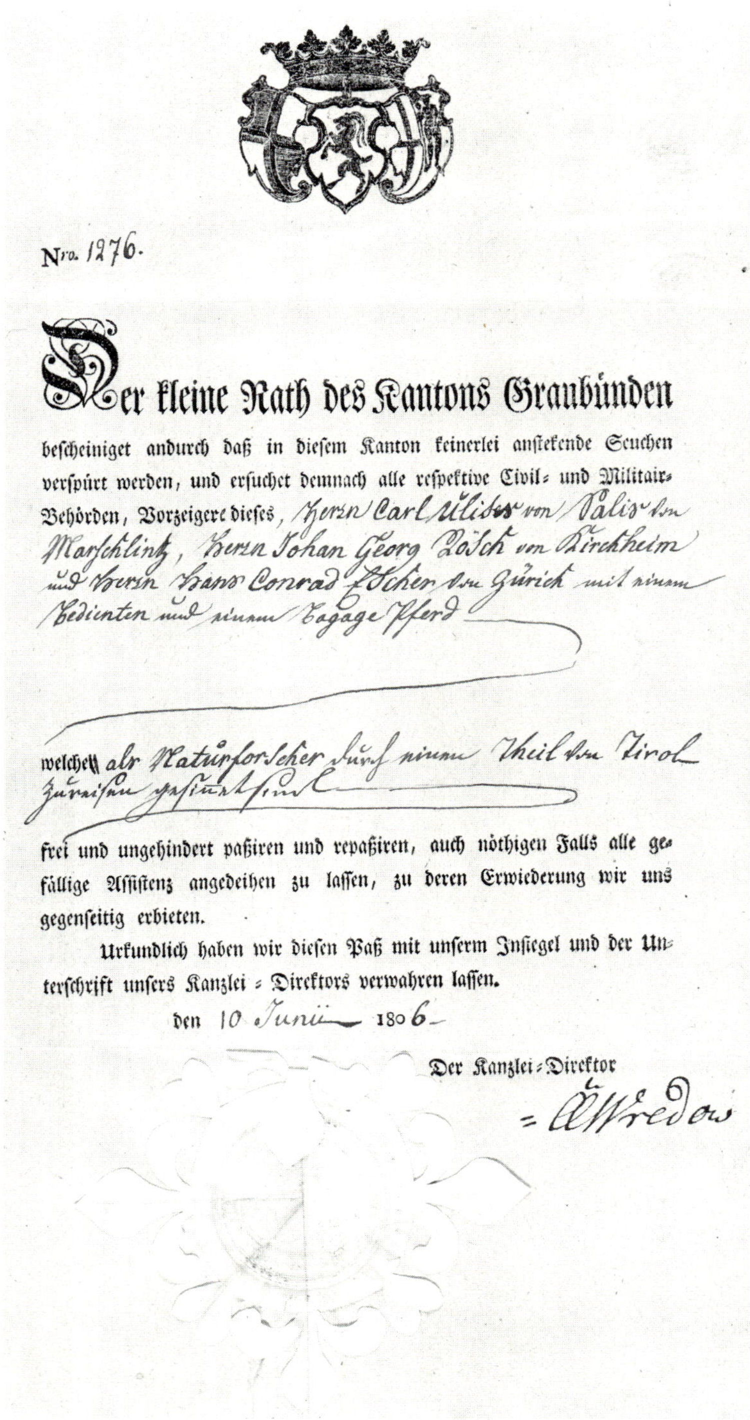

Nro. 1276.

Der kleine Rath des Kantons Graubünden

bescheiniget andurch daß in diesem Kanton keinerlei ansteckende Seuchen verspürt werden, und ersuchet demnach alle respektive Civil- und Militair-Behörden, Vorzeigere dieses, Herrn Carl Ulisses von Salis von Marschlinz, Herrn Johan Georg Rösch von Kirchheim und Herrn Hans Conrad Escher von Zürich mit einem Bedienten und einem Bagage Pferd

welche als Naturforscher durch einen Theil von Tirol zu reisen gesinnt sind

frei und ungehindert paßiren und repaßiren, auch nöthigen Falls alle gefällige Assistenz angedeihen zu lassen, zu deren Erwiederung wir uns gegenseitig erbieten.

Urkundlich haben wir diesen Paß mit unserm Insiegel und der Unterschrift unsers Kanzlei-Direktors verwahren lassen.

den 10 Junii 1806

Der Kanzlei-Direktor

DER BERGWANDERER

Man muß nur vierundvierzig Jahre von Eschers erster Bergwanderung nach Chamonix, die er 1785 mit J.P. Vaucher unternahm, in die Vergangenheit zurückgehen, um zu begreifen, was in dieser kurzen Zeitspanne alles anders geworden ist.
Windham erzählt in seinem Brief, wie er von Genf aus, wo er mehrere Jahre wohnte, die «glacières» (von dort kommen die Kristalle her) sah und Lust verspürte, sie einmal aus der Nähe zu betrachten, das Wagnis aber nicht allein unternehmen konnte; wie im Juni 1741 der bekannte Orientreisende Mr. Pococke[65] in Genf eintraf und Windham ihm den Vorschlag einer gemeinsamen Expedition machte, worauf Mr. Pococke sich entschloß, seine Kenntnis der berühmten ägyptischen Pyramiden um diejenige der natürlichen zu vermehren; und wie die Expedition, mit Lastpferden, einem Zelt und zahlreichen Meßinstrumenten versehen sowie gegen Briganten bis an die Zähne bewaffnet, die gefährliche Reise ins Unbekannte antrat; wie die Gentlemen dann in «Chamouny» eine «glacière» von oben betrachten wollten und jeder, selbst der weise alte Prior des Klosters, ihnen abriet, wie sie dann («après quatre ou cinq heures d'une marche des plus pénibles») den «Berg Montenvert» erstiegen und die dortige «glacière» in ihrer ganzen Größe überblickten: «Man kann lange durch die Welt gereist sein, ohne etwas derartiges je gesehen zu haben... Die Beschreibungen, die uns die Seefahrer von Grönland liefern, mögen diesem Anblick vielleicht ein wenig entsprechen. Man stelle sich den Genfersee vor, von heftigem Sturm bewegt und plötzlich zu Eis erstarrt...»[66]
Man bedenke: Den Engländern ist Grönland ein Begriff; Chamonix und seine Gletscher kennen nicht einmal die Genfer. Das wird sich sehr bald ändern. Englische Touristen werden von nun an scharenweise – immer noch im Sattel – auf den Montenvers pilgern, und auch Escher wird sie 1816 dort vorfinden und ihre wartenden Reittiere «abzeichnen» (Bild und Kommentar 142).
Der aufmerksame Leser des berühmten Briefwechsels kann natürlich nicht umhin zu bemerken, daß es mit der Wildheit und Unberührtheit des Chamonixtals nicht so schlimm gewesen sein kann; daß in der allzu geschliffenen Eleganz der Sprache des Berichterstatters Baulacre eine Voltairesche Ironie mitschwingt; daß die Szene mit der Schilderung, wie Mr. Pococke beim Aufstellen des Zeltes bei Sallanches auf den Gedanken verfällt, sein arabisches Kostüm anzulegen und vor der staunend herbeiströmenden Bevölkerung den Fürsten aus dem Morgenland zu mimen, eines Beaumarchais würdig wäre; daß andererseits in der Gruppe Fachleute mitreisen, zum Beispiel ein Mathematiker und Physiker sowie ein Mechaniker; daß also nicht bloße Sensationslust, sondern ein fundiertes Interesse vorlag; daß die geistreich-sensationslüsterne Präsentation, die auch die unverwesten Leichen im Gletscher Verunglückter nicht unerwähnt läßt, die Aufmerksamkeit des Publikums wecken will. Das Hochgebirge wird nun plötzlich Gegenstand hohen Interesses, und keiner der späteren Autoren unterläßt es, diesen ersten Bericht wiederzugeben oder wenigstens, wie Gruner, darauf hinzuweisen. In der Folge beginnen die wissenschaftlich motivierten Bergwanderungen: 13 Jahre nach Windham – 1754 – sind die Brüder Deluc, 1760 ist Saussure, 1785 Escher in Chamonix.
Ein Blick auf die Karte der Bergwanderungen Eschers genügt, um festzustellen, daß diese seine Vorgänger mit ihren Leistungen weit hinter ihm zurückbleiben. Escher war zu seiner Zeit der beste Kenner der Schweizer Bergwelt und als Politiker, Statistiker, Sozialpolitiker und Naturforscher auf lange Zeit hinaus der beste Kenner der Schweiz überhaupt.
Seine Leistungen: die spektakulärsten sind bekannt und publiziert. Er wanderte die damals 22 Stunden lange Strecke von Bern nach Zürich, über Sursee heute 122 Kilometer, in einem einzigen Tag, um eine Botschaft von staatspolitischer Bedeutung sicher zu überbringen[67], oder von Gais im Appenzellerland nach Küs-

nacht bei Zürich, wobei er in Schmerikon zu Mittag aß und dann im Steinbruch «einige Geschäfte besorgte», sonst wäre er noch bequem die 6 Kilometer bis nach Zürich gelangt[68]; von Gais bis nach Zürich sind es etwa 90 Kilometer. Wie konnte er solche heute unvorstellbare Leistungen vollbringen? Hans Conrad Escher war groß und, obwohl eher feingliedrig gebaut, sehr kräftig und gewandt; seine körperliche Stärke war eine erworbene, trainierte, keine ererbte. Ein biederer Appenzeller, der 1792 Escher und seinen Freund Kastenhofer[69] von Appenzell auf den Kamor, über das Wildkirchli auf den Girenspitz und zurück nach Appenzell führte (in einem Tag – Freund Kastenhofer hatte am Wildkirchli genug und stieg allein ab), gab ihm das Zeugnis, in den Bergen klettere er wie ein Geißbub und in der Ebene laufe er wie ein Metzger. Die 85 Kilometer von Zürich nach Basel bewältigte Escher leicht in einem Tag: «Im May (1793) machte ich noch vor der helvetischen Gesellschaft in Olten einen Besuch in Basel. Ich zog zu diesem Ende hin eines Morgens frühe von Zürich weg über den Heitlisberg nach Arau zum Mittagessen. Nachmittags giengs wieder rasch über die Schaafmatt u. Sissach nach Liestal, wo ich abends bey so guter Zeit ankam, daß ich noch leicht auf Basel hätte kommen können; ich blieb aber bey dem ehrlichen alten Landschreiber Fäsch, wo ich einquartiert gewesen war u. freundschaftlich aufgenommen wurde.» Von 13 bis 23 Uhr die 50 Kilometer lange Strecke von Zürich bis Rigi-Klösterli zu bewältigen, ist auch nicht jedermanns Sache: «Da sich die Witterung wieder günstig hergestellt hatte, so verabredete ich mit Herrn Hoffrath Horner noch eine kleine Alpenwanderung, und weil es so eben darum zu tun war, den Platz des neuen Wirthshauses auf der Höhe des Rigiberges zu bestimmen, so nahmen wir uns vor, erst noch zu diesem Ende hin dieses Gebirge mit Herrn Architekt Escher, meinem Neffen, zu besuchen. Wegen Staatsgeschäften wurde ich gehindert, Morgens den 22. August (1815) mit meinen Begleitern abzureisen u. verließ also erst Nachmittag nach 1 Uhr Zürich, u. zog in kräftigem Schritt über den Albis nach Zug; da hier unser Träger zu mir stieß, so mußte ich ihm zu gefallen ein Schiff nehmen u. fuhr nach Arth. Noch waren meine Reisegefährten nicht lange abgereist, um noch den Rigi zu ersteigen. Nach einiger Erfrischung nahm ich einen Führer mit einer Laterne mit u. erstieg ununterbrochen den Berg: in der obern Hälfte des Berges leuchtete mir der Mond zu meiner großen Erleichterung. Um elf Uhr langte ich bey meinen Gefährten im neuen Wirtshause bey der Capelle von Maria zum Schnee an, u. hatte nun den Vortheil, ein sehr willkommenes Nachtessen schon aufgetischt zu finden.» Daß er so leistungsfähig war, machte Escher selbst Spaß: «Einst (im Jahre 1793, Anm. d. Hrg.) verreiste ich Morgens um 4 Uhr zu Fuß von Zürich u. kam ohne Aufenthalt um 9 Uhr zum Frühstück nach Kefikon. Mein Vater bemerkte, ich sey ziemlich frühe von Winterthur verreist; als ich ihm sagte, ich komme zu Fuß schon von Zürich, war ihm dies beynahe unbegreiflich, denn er war sich von Kindheit an gewohnt, die Reise nach Kefikon immer in einer gut bespannten Kutsche als eine ganze Tagreise zu betrachten.» Die heutigen 37 Kilometer mögen auf der alten Straße, wenn man diese noch um die Abkürzungen und Begradigungen reduziert, die Escher gewöhnlich vornahm, immerhin über 30 Kilometer betragen.

Weil diese Leistungen – vor allem im Gebirge – heute unglaubhaft scheinen, seien die Umstände eingehender untersucht. Zunächst ist die heutige Kilometerzahl, wie oben bereits angedeutet, um höchstens $10^0/_0$ zu reduzieren, weil Escher sich in bekanntem Gelände nicht an die kurvigen Straßen, sondern an eine Art Vogelfluglinie hielt, ohne jedoch querfeldein zu laufen. Sodann lag seine Dauergeschwindigkeit infolge seiner langen Beine und seiner durch sportliche Willenskraft gestählten Natur beim heutigen Maximum von sechs Stundenkilometern. Auf der langen Strecke Bern–Zürich, die Escher auswenig kennen mußte, weil er in jeder politischen Notlage nach Bern «rannte», lief er 18 Stunden lang, und wenn wir die begradigte Strecke mit dem Minimum von 110 Kilometern veranschlagen, beträgt der Durchschnitt 6.1 km/Std. Dabei konnte er sicher noch kurze Verpflegungs- oder Ruhepausen einschalten.

Für eine Gebirgsstrecke sei das folgende Beispiel angeführt: «Den 5. Juli 1795 Morgens verreiste ich frühe von Bellenz (Bellinzona) u. hatte im Sinn, über den Gotthard nach Hause zurückzukehren: ich berechnete, daß 3 Tagreisen erforderlich seyen, um auf Zürich zu kommen. Als ich an die Moesabrücke bey der Vereinigung des Misoxerthals mit dem Livinerthal kam, hielt ich stille u. fühlte mich gereizt, den mir neuen Weg über den Bernhardin u. die Via mala einzuschlagen. Dieser Weg erfordert auch 3, aber bedeutend stärkere Tagreisen, dachte ich – aber dann kann ich meine kranke älteste Schwester mit einem Besuch im Pfeferzbad überraschen; dies gab den Ausschlag, u. ich zog nun in das Misoxerthal nach Bünden hinein. In dem von großen Ruinen umgebenen Dorf Misox frühstückte ich, u. erstieg dann rasch den Bernhardin, in dessen Bergwirthshaus ich zu Mittag aß. Als ich bald darauf die Höhe des Passes erreichte u. jenseits auf das nicht tief unter mir liegende Dorf Hinterrhein herabsah, erkannte ich diese Scheidecke der Alpen als eine der niedrigsten und bequemsten zur Anlegung einer guten, selbst fahrbaren Straße über den Alpenkamm... Rasch gieng es thalabwärts, u. da es noch helle war, als ich in Splügen anlangte, so zog ich noch weiter bis Sufers, wo ich mich dann freylich mit einem schlechten Nachtquartier begnügen mußte. Tags darauf frühe war ich wieder auf der Straße u. zog durch die wilde Rofflen in das anmuthige Schamserthal, u. dann durch die gräßliche schwarze Felsenkluft der Via mala auf Thusis herab, wo ich frühstückte. Noch war damals die neben Thusis vorbeyfließende Nolla ein Bach, der sich durch einen schönen Wiesengrund herausschlängelte und mit dem mitgeschwemmten Mergel das Gelände düngte. Auch der weite Thalgrund von Domletschg, den ich durchwanderte, war damals noch... fruchtbar[70]. In Tamins aß ich zu Mittag u. erstieg gleich nachher mit einem Wegweiser den Kunkelspaß, von welchem ich dann allein durchs Taminthal über Vettis in die Felsenschlucht des Pfeferzbad herabzog, wo ich schon abends vor 5 Uhr anlangte. Der Badwirth, Hr. Boxler, erkannte mich sogleich u. führte mich zu meiner kranken Schwester, die ebenso erstaunt als erfreut über mein Erscheinen war. Die Badgäste bey der Abendtafel hatten Mühe, mir zu glauben, daß ich erst tags zuvor von Bellenz aufgebrochen sey...» Von Bellinzona nach Sufers sind es heute – nicht über den Paß, sondern auf der N 13 durch den Tunnel – 68 Kilometer, hier müssen wir also nichts abrechnen. Der Aufstieg betrug 1836 Meter, am zweiten Tag – bei einer Strecke von 58 Kilometern – nur 700 Meter. Der Stundendurchschnitt für den ersten Tag beträgt bei einer Zahl von 15 Stunden (von 5 bis 20 Uhr) 4.5 Kilometer, für den zweiten (5 bis 17 Uhr) unter 5 Kilometer. Das klingt schon glaubhafter, obwohl die Ausdauer Eschers heute kaum ihresgleichen fände. Ein weiteres Geheimnis seiner Leistungen war der durch Frühaufstehen erzielte Zeitgewinn. «Morgens frühe» bedeutet gewöhnlich 4 bis 5 Uhr und manchmal noch früher. Bis zum Frühstück – um 9 Uhr – hatte er dann schon 25 Kilometer hinter sich gebracht.

Eschers Ausdauer fiel ihm nicht in den Schoß. Das harte Training begann in Genf mit einer Niederlage: Am 28. Juni 1785 wanderte er mit Vaucher nach Bonneville, um tags darauf den Môle zu besteigen. «Das Bergsteigen war mir ziemlich beschwerlich, so wie zeitweiliger Regen; auch der unregelmäßigen Nahrungsart war ich mir nicht gewohnt, u. auf der Rückkehr nach Genf wurde ich gewaltig müde. Dies waren die ersten körperlichen Beschwerden, die ich ertrug, u. sie griffen mich ziemlich an...» Drei Wochen später hat er seine Lektion schon gelernt: «Den 20. Julii machte ich mit Hr. Vaucher u. einigen andern Jünglingen... eine Wanderung nach der Perte du Rhône... da unsre übrigen Begleiter weniger gute Fußgänger waren als ich, so kam ich nun mit meinem kräftigen Freund u. Lehrer hier besser zurecht als auf unsrer ersten Wanderung... In Pont de Bellegarde aßen wir zu Mittag, u. nun mußten wir bey Wind u. Regen noch zu Fuß nach Genf zurück, was wieder eine kräftige Anstrengung veranlaßte, aus der ich mich doch schon besser zog als aus der Rückkehr vom Môle.» Doch die Bewährungsprobe erwartet ihn noch. Zehn Tage später – am 30. Juli 1785 – wandert er mit Vaucher auf Windhams Spuren nach Chamonix: «Die Abreiseanordnungen hatten uns bis Morgens 9 Uhr aufgehalten, so daß wir in der großen Mittagshitze wandern mussten, wodurch mir der mir schon bekannte Weg nach Bonneville sehr lang u. beschwerlich wurde... Eine schlechte Nachtherberge in Cluse war mir sehr unangenehm, als das erste Ungemach der Art, das ich zu ertragen hatte... Müde kamen wir endlich in Chamouni an, wo uns eine gute Herberge aufnahm.» 44 Jahre nach Windhams Reise ist eine gute Herberge in Chamonix schon selbstverständlich. Nicht nur das: Am mer de glace kommt «ein kleines Mädchen... uns mit einem Körbchen Erdbeeren nach u. bot dieses uns zur Erquickung an: wir waren gerührt durch diese uns willkommene Sorgfalt; doch bald merkten wir, daß nicht Gastfreundschaft gegen Frömde, sondern Industrie der hiesigen Thaleinwohner der Beweggrund davon sey...» Bald folgt – auf den Spuren der Deluc, Saussure, Bourrit

Escher mußte zeichnen, auch wenn er kein geeignetes Papier fand. Diese Terrainstudie aus dem Glarnerland ist auf irgendeine Liste von den Arbeiten an der Linth gezeichnet.

die erste Gipfeltour des 18jährigen: «Den 3. August bestieg ich mit Hrrn. Vaucher den Buet als den höchsten damals noch ersteigbaren Berg; allein wir wurden vom Wetter wenig begünstigt, hatten oft Regen, u. die ausgedehnten Schneefelder... waren so weich, daß wir häufig bis über die Knie einsanken u. äußerst mühsam vorrückten... wir mußten überdies, um der Gefahr, in Gletscherspalten zu sinken, auszuweichen, immer sorgfältig hinter unsrem die sichersten Stellen ausspähenden Wegweiser hingehen...» Doch sie erreichen den Gipfel. «Ungeachtet diese Tagreise... sehr beschwerlich war u. wir den ganzen Tag an den Füßen naß u. kalt hatten, so ertrug ich doch frohen Muthes diese Beschwerlichkeiten, die mir durch die ganz neuen Blicke in die Natur u. durch das Bewußtsein kraftvollen Ausharrens reichlich ersetzt wurden. Voll heitern Sinnes schrieb ich nun meine Reisebemerkungen nieder u. schlief nun sehr wohl im erwärmenden Heustock.» Escher ist für die Berge gewonnen.

Wenn man in Betracht zieht, daß zu Eschers Zeit erst wenige Alpengipfel bezwungen waren (die Zeittafel macht das anschaulich), beeindrucken Eschers Pionierleistungen. Manchen seiner Übergänge – über den Brunnigletscher ins Vorderrheintal (Kommentar zu Bild 83), auf den Sandpaß am Tödi (s. tiefer und Kommentar zu Bild 69/70), aus der Leventina ins Val Verzasca (Kommentar zu Bild 101), um nur einige in diesem Buch erwähnte zu nennen – gebührt ein Ehrenplatz in der Geschichte des schweizerischen Alpinismus. Der oft nach Hottingers abkürzender und abändernder Redaktion zitierte Bericht über Eschers Mißgeschick im Jahre 1807 am Sandpaß, das ihn fast das Leben gekostet hätte und in dem er sich beispielhaft verhielt, sei hier in der authentischen Version seiner Reisenotizen mit Eschers eigenen Worten wiedergegeben:

«Den 9. August machten wir uns frühe aus unsrem Alpenlager auf, um nach genommenem Frühstück den Dödigletscher zu besuchen, der nach dem Zeugnis der Älpler wegen wenigem Schnee nun leicht zu besteigen sey. Wir giengen längs dem unmittelbaren westlichen Fuß des Dödibergs, also rechts dem Sandbach, hin; bald verlor sich die Vegetation u. ausgedehnte Schutthalden bekleideten meist das anstehende Gebirge... Nachdem wir ungefähr eine Stunde ziemlich mühsam bald über Schutthalden, bald über ziemlich steile anstehnde Felsen fortgewandert waren, fanden wir endlich den Dödigletscher, der sich vom westlichen Abhang des Dödibergs an die Claridenalpen hinüberzieht u. sich von da seitlich gegen den Canton Uri ausdehnt; der Auslauf dieses Gletschers gegen die Sandalp ist uneben u. daher ziemlich zerrissen, daher meine zum Theil ungeübten Begleiter ziemlich ängstlich diese Wanderung antraten. Die Eisspalten waren weit offen u. drangen in beträchtliche Tiefen herab, daher auch die Rücken des Gletschereises zwischen denselben sich oft so verschmälerten, daß der Spaziergang auf denselben allerdings nicht ganz angenehm war; doch so wie wir am nicht steil ansteigenden Gletscher höher kamen, desto mehr verengten sich die Eisschründe u. also erleichterte sich auch der Marsch auf dem Gletscher. Als die ganze Gesellschaft sorgsam hintereinander über einen breiten Eisrücken hinwanderte, stürzte auf einmal ein großes Felsenstück, von kleinern Bruchstücken begleitet, nur wenige Schritte von uns von den Felsenwänden des Dödi über einen mit Gletschereis behangenen Abhang herab, in die tiefern Gletscherspalten hin; dieser Umstand erschreckte die meisten meiner Begleiter, u. sie beschlossen den Rückzug auf dem nämlichen mühsamen Weg; nur Hr. Ingenieur Obrecht erklärte, daß er mich gerne weiter begleiten wolle, u. so setzten wir mit unsrem Führer unsren immer leichter werdenden Spaziergang auf dem nach u. nach flacher u. weniger verschrundet werdenden Gletscher fort. Sowie wir aber höher stiegen, fand sich allmählig Schnee auf dem Gletscher ein; indessen waren doch noch die Eisschrunden hinlänglich durch Vertiefung kenntlich, um ihnen ausweichen zu können, u. wir folgten mit gehöriger Vorsicht unsrem Führer. Nach u. nach nahm der Schnee auf dem Gletscher so zu, daß er die Eisschrunden zu füllen u. also die Wanderung noch ungefährlicher zu machen schien. Schon sahen wir die wenigen aus dem Gletscher herausragenden Felsen der immerfort sanft ansteigenden Dödi Scheidecke nur noch einige hundert Schritte vor uns – ich folgte Schritt für Schritt unsrem Führer u. Hr. Obrecht mir, als ich mit meinem rechten Fuß etwann 1 Schuh tief in den Schnee eintrat; ich rief meinen Begleitern zu, wollte den Fuß aus dem Schnee herausheben, u. auf einmal lief eine dünne, über eine breite Eisspalte hin liegende Schneekruste unter mir weg – indem ich mich sinken fühlte, streckte ich meine Arme weit aus u. sank so in den Abgrund herab, daß ich nur an meinen ausgestreckten Armen hängen blieb. Meine Begleiter faßten mich sogleich an den Händen u. strengten alle Kräfte an, mich herauszuziehen, aber ungeachtet ich mich ebenfalls auf jede Art zu heben suchte, da ich für meine Füße weder unter mir, noch vorwärts oder rückwärts in der schauerlichen Eiskluft keinen Standpunkt fand, sondern ganz frey in der Öffnung der dünnen Schneekruste hieng, war diese Hülfe vergebens, u. da ich den Schnee vor mir durch diese Anstrengung immer mehr weichen sah u. die Öffnung, in der ich hieng, sich erweitern fühlte, so forderte ich schleunig von meinen Begleitern die Alpstöcke – da sie den Gebrauch, den ich davon machen wollte, nicht kannten, so zögerten sie, u. erst durch einen zweyten Ruf streckte mir Hr. Obrecht seinen Stock (entgegen), diesen konnte ich noch glücklich unter meinem linken Arm quer über die offne Eisspalte schieben, u. nun erhielt ich auch sogleich einen zweyten Stock, den ich mir selbst unter den rechten Arm schob: auf diesen Stöcken hob ich mich allmählig in die Höhe, so daß ich bald mit der obern Hälfte des Körpers wieder außer der Schneeöffnung war, mich vorwärts bog u. so

Vergrößerte Reproduktion der Karte der Bergwanderungen Hans Conrad Eschers aus dem von Arnold Escher verfaßten Anhang «Escher als Gebirgsforscher» in der Hottingerschen Biographie von 1852.

ganz aus dem schauerlichen Abgrund kroch, in welchem ich so gefährlich geschwebt hatte; glücklicherweise war ich durchaus ruhig geblieben u. hatte daher die in dieser fürchterlichen Lage einzig möglichen Hülfsmittel angewandt, um mich zu retten. Als ich, schon wieder gerettet, neben meinen Begleitern stand, waren diese kaum noch gefaßt; nur mein froher Zuruf, uns alle durch ein Schlückgen Kirschwasser zu stärken, stellte den Frohsinn wieder her. Noch hatten wir nur wenige hundert Schritte zur Dödi Scheidecke, aber freylich auf dem auch dem äußern Anscheine nach noch mehr zerschrundeten Gletscher fortzuwandern, u. ich hatte einige Mühe, den erschrocknen Führer zum weitern Vorgehen zu bewegen; doch auch diesen gefährlichsten Theil der Wanderung legten wir glücklich zurück...

Wären wir nicht durch unsre zurückgebliebnen Gesellschafter zur Rückkehr durch den nämlichen Weg gebunden gewesen, gerne hätten wir der gefährlichen zweyten Gletscherwanderung den weitern Umweg durch Bündten vorgezogen; wir entschlossen uns also zur Rückkehr über den Gletscher u. verfolgten so weit herab, als der Gletscher wegen etwas steilerm Abhang besonders gefährlich zu seyn schien, sorgfältig unsre vorigen Fußstapfen; bey dem Loch, in das ich eingesunken war, suchten wir uns den festesten Standpunkt in seiner Nähe aus, öffneten dasselbe mehr u. bemerkten nun, daß die Eisschrunde sehr weit u. so tief war, daß man keinen Grund in derselben sah; der Schnee, der sie bedeckte, war gewölbartig ausgeschmolzen, u. ich hatte gerade im dünnsten Theil dieses nur noch ungefähr 1 Fuß starken Schneegewölbes gehangen; wir beglückwünschten uns also aufs neue zu meiner Rettung u. eilten so schnell als möglich über den Gletscher herab, zogen uns aber mehr gegen die Claridenalpen hinüber, wo wir früher den Gletscher verloren u. auch gangbarer fanden als an der Dödiseite. Als wir den Gletscher hinter uns gelassen hatten u. uns wieder auf festem Land befanden, wars uns doch wieder leichter u. ruhiger...»

Oft begegnen ihm Widerwärtigkeiten anderer Art. Auf der schon erwähnten Bergwanderung von 1792 auf Kamor, Wildkirchli und Girenspitz im Alpstein, auf einem schroffen Felsgrat, «rutschte mir mein Barometer über den Rücken herab, schlug an u. zerbrach – das Quecksilber quoll in Strömen hervor, die der Führer in seinem Hut auffieng. Noch war der Gyrenspitz nie gemessen worden – ich fand mich sehr nahe am Ziel, sah aber meine Hoffnung vereitelt, u. mit einigem Ärger zergliederte ich mein zerbrochnes Instrument...» Ein Quecksilberbarometer war nicht nur ein teures, sondern auch ein langes und sehr schweres Instrument, weil sein starkes Glasrohr sehr viel Quecksilber enthielt. Es war so kostbar, daß Escher, obwohl öfter darum gebeten, sich nicht erlauben konnte, es zu leihen.

Ein andermal waren wiederum Grenzschwierigkeiten lästig. Auf der Bergwanderung mit Vaucher von 1792, auf der das Fieudo-Panorama entstand, gelangten die beiden, vom Gotthard kommend, nach Stein am Rhein, und weil ein Hügel gleich jenseits der Schweizer Grenze ihre Aufmerksamkeit erregte, begannen sie seine «Gebirgsart» zu untersuchen. «Während dieser Zeit kamen 2 östreichische Polizeyjäger herbeygeschlichen und forderten unsre Pässe ab; ich hatte keinen u. die französischen Pässe meiner Reisegefährten konnten sie nicht lesen – sie erklärten, daß sie uns nach Stockach führen müßten, weil bekannt sey, daß Franzosen im Lande seyen, um die Brunnen zu vergiften, u. sie uns an einem verdächtigen Orte neben der Landstraße gefunden hätten – ich machte ihnen die erforderliche Vorstellung, aber sie erklärten, ich sehe am schlimmsten aus und sie halten gerade mich für den ärgsten Spitzbuben. Nach langer Unterhandlung wurde endlich dahin capitulirt: Da wir nach Hohentwiel hinübergehen wollten, so sollten wir auf dem kürzesten Weg das östreichische Gebiet verlassen; denn wenn man uns wieder darauf erblicke, so würden wir ohne weiters als gefährliche Leute arretirt.» Die Methoden von «Polizeyjägern» haben sich seitdem nicht verändert...

Zu den Widerwärtigkeiten gehörten oft die Übernachtungen. Nicht immer kam es, wie nach dem Riesenaufstieg aus dem Comerseegebiet ins Avers (Kommentar zu Bild 44 und 60) zu einem «Ende gut, alles gut.» Als Escher Ende August 1807 mit seinem Schwiegersohn Hirzel über die Greina und Monterascio ins Bleniotal abstieg, machte er die folgende schlechte Erfahrung: «Wir fanden uns also bey einigen elenden verlaßnen Berghütten in der Tiefe des schlundartigen Munteraskathals; vor uns war die tiefere Fortsetzung dieses Thals durch die beydseitigen schwarzen Felswände so enge geschlossen, daß an kein Durchdringen zu denken war. Im Herabsteigen in diesen traurigen Thalgrund hatten wir auf der rechtseitigen Höhe desselben auch einige Alphütten mit Vieh bemerkt. Wir mußten uns also bey einbrechender Dämmerung entschließen, wieder durch einen steilen Pfad bergan zu steigen, meist durch Wald oder abgerißne oder verwitterte Felsenköpfe. Endlich erreichten wir die Hütten – der Befehlshaber in denselben war kein gewöhnlicher Älpler, er hatte das Ansehen, unter italiänischen Douaniers gedient zu haben: er wollte uns nicht aufnehmen, sondern wies uns eine Viertelstunde weiter, wo wir sehr bequeme Hütten finden würden. Ungerne folgten wir bey einbrechender Nacht seiner Weisung. Als wir auf dem bezeichneten Pfad über die mit etwas Wald besetzte Anhöhe hingezogen waren, fanden wir auf einmal die Höhe fast vertical in grause Tiefe herab abgeschnitten, so daß es Tollkühnheit gewesen wäre, bey nun völlig dunkler Nacht hier herabzuklettern. Wir mußten uns also zur Rückkehr entschließen. Unser Pseudo-Älpler empfieng uns mit der Erklärung, gleich unter jenem Abhang seyen die Hütten; ohne eigentliche Erlaubnis setzten wir uns an das Feuer der Hütte u. hatten die Beruhigung, zu sehen, daß einige anwesende Weiber uns des vergebnen Marsches wegen bemitleideten. Wir baten für Milch – man habe keine, war die Antwort – wir wollen sie doch gerne gut zahlen – nun gieng der Mann weg, um welche zu holen; unterdessen gab uns eine mitleidige Frau etwas Ziegenmilch, die wir gleich mit etwas Chokolade kochten u. mit sehr wenig noch mitgetragnem Brod begierig verzehrten. Dann kam der Meister mit einem Gefäß, in welchem kaum 2 Mss. Milch seyn mochten, u. erklärte uns, diese habe er auffinden können, aber sie koste einen Neuen Thaler, indem in Ct. Tessin großer Mangel an Lebensmitteln u. daher alles sehr teuer sey. So wollten wir uns denn doch nicht prellen lassen, u. wir erklärten, daß wir diese Milch nicht wollten – nun wollte man mit uns markten, aber wir wollten uns nun mit diesem Menschen nicht weiter einlassen u. legten uns in eine Ecke der Hütte auf den nur mit wenig Stroh bedeckten Boden so gut möglich zur Ruhe.»

Das war eine Ausnahme; in der Regel fand Escher in den Alphütten gastliche Aufnahme und Bewirtung mit «stärkender Alpenkost», die er sehr schätzte. Als er im Jahre 1805 mit dem Naturforscher Henri Struve, Professor der Chemie und Physik an der Universität Lausanne, zum ersten Mal ins Val de Bagnes zum Giétrogletscher vorstieß, verbrachten die beiden in einem solchen Außenposten menschlichen Lebens eine eisige Nacht, die dennoch voll menschlicher Wärme war:

«In dieser öden Thalebene (heute bedeckt sie der Lac de Mauvoisin, Anm. d. Hrg.) verloren wir bald jede Spur eines Pfads, u. keine Menschliche Spur stellte sich uns dar... Endlich trafen wir eine kleine schlechte Alphütte an, eben als es zu regnen anfieng; sie war verlassen, doch war Feuer darin u. Milch stand in mannichfaltigen Zubereitungen umher. Wir erquickten

Die Staffage mit der fidelen Reisegesellschaft befindet sich auf dem Panorama «Von der Clausen Scheidecke durchs Schächenthal hinaus gegen die Unterwaldner Gebirge, den 9. August 1809 n.d.Nat.-gezcht.v.H.Cd. Escher». Die drei Damen sind Eschers Schwester Döde und seine Töchter Döde und Julie, die Herren Escher (mit Hammer) und vermutlich der Träger und Bediente (rittlings auf den Balken sitzend und das Picknick bereitend), der bei solchen Familienexkursionen mitgenommen wurde.

ungescheut unsre hungrigen Mägen, u. bald kam der alte Senn zu uns u. bewirthete uns noch sehr gastfreundlich. Der Regen ließ etwas nach u. wir entschlossen uns, noch auf den Berg Gétro anzusteigen... Bald fieng es wieder zu regnen an u. unser Weg wurde dadurch mühsamer, allein als sich erst beym Höhersteigen der Regen in Schnee verwandelte u. ein heftiger Wind das Schneegestöber umhertrieb, wurde unser Marsch noch beschwerlicher u. unsicherer. Nur durch das Geschäll der zu ihrer Hütte zurückkehrenden Kühe geleitet, erreichten wir endlich die untere Alphütte des Mont Gétro... So willkommen uns bey dem immer heftiger werdenden Sturm u. stärkerm Schnee u. undurchdringlichem Nebel diese Hütte... auch war, so entblößt befanden wir uns darin von allen Annehmlichkeiten des Lebens: Die Hütte war so unordentlich von Steinen erbaut u. bedeckt, daß es überall hineinschneite, u. das Heu, welches uns zum Nachtlager dienen sollte, war mehrere Zoll tief unter Schnee vergraben. Die Hütte war sehr enge, u. doch sammelten sich nach u. nach gegen 20 Männer in derselben, Hirten, Gemsenjäger u. Reisende; bey zwey Feuerherden war die Käsefabrikation getrieben, wodurch die Hütte so voll Rauch u. Dunst wurde, daß die Brust wie die Augen sehr darunter litten; für meine Zeichnungen, Mineralien u.d.g. fand ich auch nicht ein sicheres Plätzchen als unter meinem einbeinigen Stühlchen, worauf ich in einem engen Winkelchen, durchdrungen von Nässe u. Kälte, am heftig durchziehenden Wind saß – doch die Menschen waren gut, zwischen denen wir uns eingedrängt fanden, u. als die Käsefabrikation vollendet war, ward Milch gekocht u. brüderlich ausgetheilt. Man machte den Schnee vom engen, nassen Nachtlager u. kroch so tief möglich ins durchnäßte Heu hinein, u. fand sich am Morgen fast ein Quarth Schuh tief unter Schnee vergraben: glücklicherweise war mein würdiger Freund (Struve) mit einem guten Mantel versehen u. mir diente ein Schaffell zur etwelchen Sicherung gegen Nässe u. Kälte...»

Eschers Weggenossen waren, wie Gruner und Struve, oft Naturforscher, und manchmal fanden sie sich zu einer ganzen Expedition zusammen (s. Abb. «Am See des Doubs unter Les Brenets» vom 21. Juli 1820). Zuweilen begleiteten Escher die Schwiegersöhne Hirzel und Bürkli; auch seine Töchter scheinen – trotz der unpraktischen Tracht – tüchtige Berggängerinnen gewesen zu sein, und zuletzt war auch Arnold kräftig genug, mitzuhalten. Der gewichtigen «Gebirgsarten» wegen, die Escher sammelte, nahm er später oft einen Träger mit; der seltsame «Artillerie-Lieutenant Frey von Knonau», der ihn auf einer Wanderung als Träger begleitete, war sein späterer Mitarbeiter am Linthwerk[71]. Schießlich versah Eschers treuer Diener Heinrich Alder lange Jahre die Funktion des Trägers und ständigen Begleiters. In der Frühzeit seiner Bergwanderungen hatte Escher allerdings – vor allem nach den schlechten Erfahrungen mit Gruner – den Alleingang vorgezogen, dessen Hochgefühl er 1785 zum ersten Mal erfahren hatte. Nach der Trennung von Vaucher am 4. August in Chamonix «fühlte ich mich ganz verlassen, zum ersten Male ganz mir selbst überlassen, entfernt von meiner Heimat...» – und schon am 19. «morgens frühe nahm ich meinen Reisesack auf den Rücken und zog allein mit meinem Wanderstab zum ersten Male in die mir unbekannte Welt hinaus», denn der «kleine» Reisegenosse Escher von Luchs hatte die Fußwanderung zu mühsam gefunden. «Der Tag war schön, die Gegend, die ich durchwanderte, abwechselnd u. unterhaltend u. meine gänzliche Einsamkeit wurde mir durch das Gefühl von völliger Freyheit u. Unabhängigkeit erträglich u. selbst angenehm gemacht.»

Sehr oft nahm Escher die Dienste eines «Wegweisers» in Anspruch, gewöhnlich eines ortskundigen «Älplers». Sicherheit war für ihn überhaupt ein dringendes Gebot, weil er zu verantwortungsbewußt war, um die Seinen in eine schwierige Lage zu bringen, wenn ihm etwas zugestoßen wäre. Für den August 1793 hatte er mit Gruner die erwähnte große Bergreise verabredet. Gruner stand «im Ruf eines sehr gewohnten, aber verwegenen Bergsteigers, daher fühlte ich mich verpflichtet, vor dieser Bergreise ein Testament zu machen.» Wie es dann mit der bergsteigerischen Tüchtigkeit Gruners aussah, hat der Leser schon erfahren. Seinem besonnenen Verhalten am Tödi verdankte Escher sein Leben. Vorhersehbaren Unsicherheiten und Gefahren beugte er vor. «Als ich auf der Höhe des Grimselpasses anlangte (am 18.8.1794, Anm. d. Hrg.), reizte mich das schöne Wetter zur Ersteigung des Sidelhorns; mein bisheriger Wegweiser (der Reliefbauer Müller von Engelberg, Anm. d. Hrg.) hatte mich verlassen, also zog ich allein an diesem Gebirgsstock hinauf... da ich in Obergesteln kein Frühstück hatte bekommen können, so war ich noch nüchtern, u. ehe ich die halbe Höhe des Gebirges erstiegen hatte, empfand ich eine schwindlichte Blödigkeit, die das weitere Heraufklettern bedenklich machte – ich opferte meine Begierde, diese Höhe zu ersteigen, der pflichtgemäßen Sorge für Selbsterhaltung auf, zeichnete da noch die Ansicht des Griesgletschers mit seinen Umgebungen u. stieg dann in den Grimselspithal herab.»

Wie Eschers Ausrüstung, die doch für seine Sicherheit nicht bedeutungslos war, aussah, wissen wir ziemlich genau. Sein «Bergmannsaufzug», in dem der Patriziersohn in Zürich so unliebsames Aufsehen erregte, daß er von seinen Wanderungen lieber später am Abend heimkehrte, scheint sich nur durch den derben Stoff mit seinen Spuren der Beanspruchung und des Wetters, nicht aber in der Form von der üblichen Kleidung unterschieden zu haben. Das blaue Jackett mit den langen Schößen, in dem er sich immer darstellt, entsprach wahrscheinlich den Tatsachen. Es durfte keinen großen Schaden geben, wenn Escher – wie 1794 im Sihltal (Kommentar zu Bild 7) – über eine lehmige Lehne abrutschte. Nachdem er 1797 vor einem interessierten weiblichen Auditorium einen Vortrag über die Bedeutung der Gletscher gehalten hatte, begann man ihn in Zürich mit anderen Augen zu sehen: «Von nun an ärgerte sich niemand mehr, wann man mich mit Hammer, Barometer u. Bergstock im Reisegewand aus- oder einziehen sah, u. mein Ruf als Naturforscher war nun in Zürich gegründet.» Der Gesteinshammer wurde zu seinem Erkennungszeichen – Vaucher erkannte daran 1794 in Meiringen Eschers vorausgesandten Rucksack (Kommentar zu Bild 113) – und epitheton ornans: Im Juni 1795 hielt sich Escher in einer für das väterliche Unternehmen arbeitenden Seidenspinnerei in Brenta/Valcuvia (nahe der heutigen Tessiner Grenze in Italien) auf. «Nebenbey blieb mir aber noch hinlänglich Zeit zu kleinen Spaziergängen in der umliegenden Gegend, um sie umständlich in geognostischer Hinsicht zu studiren; da ich immer den Hammer mitnahm, so erhielt ich allgemein den Namen il Signor Conrado col martello». Als er im gleichen Sommer Lugano besuchte, wunderte man sich, so erzählt er im Lebensbericht, «mich soviel mit genagelten Schuhen u. einem Hammer herumlaufen zu sehen, um, wie das lebhafte Publikum bald ausfindig gemacht hatte, Steine zu sammeln u. die Gegend abzuzeichnen. Meine sorgsamen Hausleute warnten mich gegen die Gefahren meiner einsamen Spaziergänge wegen mehrerer Räubereyen, die in den letzten Tagen in den Umgebungen statt gehabt hatten, u. wegen der vielen Schlangen, die sich in Felsen u. Gebüschen finden: letzteren Umstand fand ich bald ganz richtig, indem es besonders an den nahen Bergen von Schlangen wimmelte.» Die «Genagelten» waren also auch hier am Platz. Heute sind die «vipere» im Tessin keine Gefahr mehr und die Räuber nicht einmal mehr Legende; und doch muß diese letztere Gefahr

Saussure mit seinem Sohn und seinen Führern, 1787 vom Mont-Blanc nach Chamonix zurückkehrend. Die kolorierte Umrißradierung des Genfer Emailmalers Henri L'Evèque (1769–1832) zeigt dieselbe Tracht und Ausrüstung, wie sie auch Escher noch trug und verwendete, mit dem Unterschied, daß anstelle der kurzen Kniehosen des höfischen Frankreich das lange Beinkleid der Revolution getreten war.

ernst genug gewesen sein. Auf der Wanderung über den Monte Ceneri stellt Escher fest: «Dieser einsame waldige Bergrücken ist durch die häufigen Straßenräubereyen bekannt, welche hier begangen werden. Zur Abschreckung der Räuber, aber wahrlich auch nicht zur Beruhigung der Wanderer, sind die Schädel von allen hingerichteten Räubern längs der Straße an den Stellen aufgesteckt, wo sie ihre Gewalttaten ausübten. Über ein Dutzend solcher schauerlicher Gegenstände fand ich über diese Bergstraße hin zerstreut.» Trotzdem trug Escher auf seinen Bergwanderungen nie Waffen mit sich. In späteren Jahren vermehrte allerdings ein wichtiges Instrument Eschers Reisegepäck: der «Zeichnungsapparat» – eine Camera obscura, die das Panora-

Stark vergrößerter Ausschnitt aus einem Panorama: In der Staffage vorn Escher selbst in seinem «Bergmannsaufzug», dem blauen Jackett mit den Frackschößen, den halbhohen genagelten Bergschuhen und dem wetterfesten breitkrempigen, aber weichen Hut. Im Hintergrund der «Zeichnungsapparat» – die Camera obscura, die ihm auf den späteren Bergwanderungen nach 1815 zur exakteren Festhaltung der Panoramenabschnitte diente.

menzeichnen ungemein erleichterte und abkürzte. Sie kommt in seinen Zeichnungen zweimal vor; ihre interessante historische und praktische Bedeutung wird im Panoramenband behandelt. Escher war sodann einer der ersten Alpenforscher und Alpinisten, die im Gebirge stets ein Fernglas bei sich hatten. Es leistete ihm besonders beim Panoramenzeichnen unschätzbare Dienste. Ebenso trug er, wie er zum Beispiel in der Schilderung der kalten Nacht im Val de Bagnes erwähnt, ein einbeiniges Stühlchen mit sich, dessen Drehbarkeit über einem Punkt beim Panoramenzeichnen von Vorteil war.

Was die zum Teil sehr ausgedehnten Bergwanderungen Eschers kosteten, geht aus einer Zusammenstellung für die fünf Jahre 1791–1796 hervor, die sich am Ende des ersten Heftes der Reisenotizen – und nur dieses einzige Mal – findet: Warum, verrät der Lebensbericht. Als Escher um eine Gehaltsaufbesserung ersuchte, wurde seitens der Associés auf die Ausgaben hingewiesen, die ihm seine Bergreisen angeblich verursachten. Mit der Übersicht konnte er diesen Vorwurf entkräften.

«Nota meiner Reisekosten wärend den zu obigen Beobachtungen angestellten Reisen.»

1791

7br. 16.–18. Reise auf Einsidlen, Schweiz, Lowertz, Rigi, Arth und Zug in Gesellschaft Hr. v. Stettler u. Castenhofer v. Bern — Fl. 8.—

1792

Jullii 4.–7. Reise auf den Rigi in Gesellschaft v. Hr. Vaucher Minister u. Hr. Dunant de Genève — Fl. 9.15

– 11.–17. Reise durchs Linth- u. Schächenthal u. auf den Gothard in Gesellschaft Hr. Vaucher Minister u. Hr. Dunant de Genève — Fl. 23.45

– 22.–24. Reise nach den vulcanischen Hüglen jenseits vom Rhein in gleicher Gesellschaft — Fl. 5.—

Augst. 23.–31. Reise nach den Appenzeller Alpen mit Hr. Castenhofer von Bern — Fl. 15.—

1793

Augst. 9.–20. Reise durchs Bündnerland mit Hr. Gruner v. Bern — Fl. 50.—

7br. 30.–8br. 3. Reise auf den Rigi, Luzern u. in den Freyen Ämtern mit Hr. Pfr. Rengger von Baden u. Hr. v. Orelli — Fl. 8.15

1794

Aprill 19.–22. Reise auf Einsiedlen u. Schweiz u. an den Egerisee mit Hr. Major Meyer, Meyer-Escher u. Fries v. Straßburg — Fl. 10.—

May 9.–11. Reise durchs Wägithal, Clönthal u. Muttenthal mit Hr. v. Orelli — Fl. 6.—

Augst. 11.–28. Reise durch Unterwalden, Engelberg, über Joch, Grimsel, Furka, Gothard, durchs Arunkerthal auf Gries ins Wallis, über Grimsel ins Hasli, Grindelwald, Lauterbrun, Thunersee, Bern, Emithal u. Entlibuch, theils mit Hr. Müller aus Engelberg, theils mit Hr. Vaucher aus Genf, theils allein — Fl. 55.—

1795

May 3. Reise ins Loretzenthal im Cton. Zug m. Hr. Fries von Straßburg — Fl. 2.30

Augst. 6.–8. Reise an die Ufer des Zugersees und an den Fuß des Rigi — Fl. 3.30

– 27. Reise an den Etzel und Hohen Rohnen — Fl. 3.15

7br. Reise in die öst reichischen Waldstätten mit Hr. Pfr. Rengger — Fl. —.—

1796

May 1.–6. Reise nach Sargans, Sax, durchs Toggenburg, über den Hummelwald an den Obern Zürichsee mit der Mil.-Math. Gesellschaft — Fl. 6.30

Fl. 206.—

Vergleichszahlen über Eschers Einkommen finden sich im Lebensbericht. Escher erhält als junger Angestellter der väterlichen Firma (als Sohn des Chefs bekommt er besonders wenig) einstweilen nur 1250.– Gulden jährlich. Das reicht zur Deckung der Kosten seines Haushalts nicht aus. Infolge der Lebensart seiner Gattin und der hohen ärztlichen Ausgaben verbraucht er 1500.– Gulden; die Fl. 250.– nimmt er von seinem «Heurathsgut». Den 5250.– Gulden Einnahmen in fünf Jahren stehen somit die 206 Gulden Reiseausgaben gegenüber, etwa 4%. Wenn wir das auf heutige Verhältnisse übertragen, so gäbe ein junger kaufmännischer Angestellter in ähnlicher Lage mit dem unzureichenden Monatseinkommen von 1500.– Franken oder 18000 Franken jährlich für seine geologischen Bildungsreisen und Exkursionen – denn er müßte zugleich Geologie studieren – 720.– Franken jährlich aus.

Eschers Bergwanderungen hatten durchaus nicht nur geognostische Beweggründe. Die einmonatige Wanderung mit Horner vom Juli und August 1816 beispiels-

weise «ward mehr in politisch-militärischer Hinsicht, um die neuen Savoyschen Neutralitätslande einigermaßen kennenzulernen, als in naturhistorischer Hinsicht unternommen.» Ein andermal war es ein Ruf zur fachmännischen Begutachtung eines Bergwerks (Erzbergwerk Trachsellauenen ob Stechelberg im Lauterbrunnertal 1805, Kommentar zu Bild 117; Silberberg Davos 1806, Kommentar zu Bild 33) oder einer Gletschergefahr oder Gewässerregulierung (Giétro 1818, Kommentar zu Bild 140; Lungernsee 1812, Kommentar zu Bild 92) oder drohender «Bergschlipfe». Die Rigibesteigung 1815 erfolgte zum Zweck der Bestimmung des besten Platzes für den neuzuerbauenden Kulmgasthof.
Das Hauptmotiv unter all diesen Motivierungen hat Escher selbst am schönsten formuliert:

«Glücklich kam meine Gattin den (23., Anm. d. Hrg., der Tag ist im LB ausgelassen) Juli 1794 mit einem dritten Mädchen Julia nieder – ich hatte einen Knaben erwartet u. erhofft, weil mir die Aussicht auf die sich immer weiter verbreitenden Revolutionen, wovon sich auch in der Unzufriedenheit unsres Landvolks der erste Keim sehr spürbar ansetzte, bange Sorgen für meine Töchter machte, daher ich ihnen gerne eine Stütze in einem Bruder hätte aufwachsen sehen. Mit treuer Sorgfalt pflegte ich noch meine Gattin in ihrem Wochenbette bis zu ihrer beruhigenden Herstellung – dann aber trieb mich eine innere kräftige Sehnsucht nach meinen lieben Alpen.»
Vor diesem Hintergrund müssen Eschers Ansichten und Panoramen gesehen werden.

Die prachtvolle Terrainstudie der Gebirge oberhalb Weesen am Walensee (31. Mai 1810) kennzeichnet eindringlicher als Worte die Verbindung von Wissenschaft und Kunst, die Eschers Gebirgszeichnungen so bedeutend macht.

DER ZEICHNER UND AQUARELLIST

Die Entfaltung des zeichnerischen Talents des Knaben über die Vorstufen des «Illuminierens» und Kopierens zu den naiven Landschäftlein des Jünglings und den ersten «mahlerischen» Veduten, die Entdeckung des Realismus als Mittel dokumentarischer Exaktheit und der stilisierenden Abstraktion als Mittel geognostischen Sehens, die Aktualisierung durch die neuerkannte Dimension der Zeit schließlich – all das hat vorweggenommen werden müssen, um Eschers Entwicklung zum Zeichner deutlich zu machen. 1792 ist mit dem Fieudo-Rundpanorama die erste Reife und zugleich der erste Höhepunkt – eine Welterstleistung überdies – erreicht. In ununterbrochener Folge werden weiterhin Zeichnungen und Aquarelle entstehen, die sich nach dem Sujet, der Art des Ausschnitts, nach ihrer Bestimmung und nach der zeichnerischen und koloristischen Behandlung gegeneinander zu Gruppen abgrenzen.

Die weitaus überwiegende Mehrzahl der Zeichnungen Eschers sind Landschaften. Die kleinen Bildnisse und Reportageszenen, die Kopien nach Bullinger und anderen Malern gehören bis auf einige Reportageskizzen der zeichnerischen Frühzeit Eschers an und zählen nur wenige Dutzend.

Die Landschaften unterscheiden sich zunächst durch die begrenzte oder unbegrenzte Sicht. Sie präsentieren sich einerseits als guckkastenartig umrandete Ausschnitte, deren Umgrenztheit gewöhnlich ein blaugrauer Rahmen – das über den Bild- und Blattrand hinausragende Unterlagepapier – andeutet, andererseits als nur materiell, durch den Papierrand, nicht aber ideell begrenzte rand- und rahmenlose Weitwinkelsichten; also als Ansichten und Panoramen. Damit, daß Escher seine Ansichten auf die erwähnte Weise einrahmte, die Panoramen hingegen ungerahmt ließ, nahm er unwillkürlich eine moderne Definition vorweg: Die Ansicht ist ein fest umgrenzter Landschaftsausschnitt, der nach Rahmung verlangt, das Panorama hingegen eine uneingeschränkte, beliebig erweiterbare Weit- und Rundsicht, die keinen Rahmen verträgt.[72]

Wo Escher das blaugraue Unterlagepapier seiner Ansichten bezog, wurde klar, als in seinem Nachlaß sich ein Bogen dieses Papiers mit dem Abklatsch des Titels eines in Zürich erschienenen Druckwerks fand. Escher verwendete zum Unterkleben (und damit auch zur Rahmung) seiner Ansichten Makulatur aus einer Zürcher Druckerei. Wie alle Äußerlichkeiten, beschränkte er auch die äußere Gestaltung, den «Putz» seiner Zeichnungen, auf das Allernotwendigste, und dies zu einer Zeit, in der unter französischem Einfluß die Rahmengestaltung geradezu wucherte. Man denke nur an Johann Caspar Lavaters unerschöpflichen Erfindungsreichtum bei der Adjustierung der Blätter seines Physiognomischen Kabinetts mit ständig wechselnden, immer neuen Rahmenideen.[73] Escher kannte sie zweifellos, der Sohn des Physiognomikers, Heinrich, war ja sein Freund. Umso mehr ist die einfache Umrahmung der Ansichten Eschers als empfundene Notwendigkeit und nicht als Verzierung zu betrachten.

Zwischen den Ansichten und den Panoramen erkennt man eine Zwischengruppe: die panoramatischen Ansichten. Sie sind in der beabsichtigten Ausschnittwirkung deutlich umgrenzt, aber – um ein modernes Wort zu gebrauchen – breitwandig gestaltet. Escher entwikkelte seine panoramatische Sehweise[74], weil er sie für die Darstellung des Hochgebirges geeignet fand. Aus demselben Grund kombinierte er die Weitwinkelsicht mit der vergrößernden, das Ferne heranholenden Sehweise; in der Fachsprache der Photographie also den Weitwinkel- mit dem Teleobjektiveffekt. Er kam vom Panorama her zur panoramatischen Ansicht und nicht umgekehrt – das Panorama ist 1792 voll entwickelt; erst danach kommen bei ihm die ersten panoramatischen Ansichten vor. Das Heranholen und Verdeutlichen des Fernen hat bei Escher ebenso frühe Wurzeln wie die panoramatische Sicht. Schon der Vergleich seiner 1785 gezeichneten Aussicht von der Kirche in Thun gegen den See und die Berneralpen mit dem Vorbild, einer kolorierten Umrißradierung von J.L. Aberli (s. Kommentar zu Bild

121), läßt die Tendenz erkennen, sowohl Klarheit und Deutlichkeit der Geländeformen als auch einen möglichst großen Bildwinkel zu erzielen, der es später gestatten wird, das Streichen der Gebirgsketten und Schichten festzustellen.

Der Bestimmung nach ergibt sich eine andere Gliederung: Den «mahlerischen» Ansichten, den Veduten, steht die wissenschaftliche Dokumentation der Terrainstudien gegenüber. Das Malerisch-Stimmungsvolle beschränkt sich jedoch ebensowenig auf die Ansichten wie das Geognostische auf die Panoramen. Natürlich mußten die Panoramen vor allem Terrainstudien sein; dennoch drängte das starke Erlebnis oft das Dokumentarische in den Hintergrund. Als Escher an einem leuchtenden Bergsommertag «auf dem Wege von Megève nach St. Gervais hoch über dem Thale der Arve» die Aussicht «gegen Salenche, den Auslauf des Chamounithals u. die Gebirge des Mont Blancs» zeichnete (6. August 1816 nachmittags), ließ er sich von der Farbenpracht zu einer Pleinairmalerei hinreißen, die alles in Licht und Farbe taucht.[75] Ähnlich hat sich in seiner «Vue depuis la Cime du Breven contre la Chaine du Mt. Blanc» vom 4. September 1803 das aus der Nahsicht aufgenommene großartige Hochgebirgspanorama der Aiguilles und Dômes zu einem visionären Erlebnis von starker Ausdruckskraft verwandelt.[76]

Bei den Ansichten ist die Scheidung in malerische und in geognostische eine schärfere, deutlichere. Als in der Schlußphase der Arbeit an diesem Buch das Testament Eschers vom 6. März 1823 auftauchte, fand sich diese Unterscheidung darin mit Eschers eigenen Worten bestätigt.[77] Denn den naturhistorischen werden dort die topographisch-pittoresken Zeichnungen und beiden zusammen als geographisch-topographischer Dokumentation die zur bloßen Verzierung dienenden gegenübergestellt. Nun ist es durchaus nicht so, daß die malerisch-pittoresken Ansichten die künstlerisch bedeutenderen wären. Ganz im Gegenteil sind sie mehr oder minder konventionelle Veduten, während die künstlerisch bedeutenden meist gerade jene sind, bei denen Escher dem zeichnenden Geognosten malerische Zurückhaltung empfiehlt. Diese Empfehlung,[78] die für das Verständnis des künstlerischen Temperaments Eschers aufschlußreich ist, lautet: «Bei diesen geognostischen Zeichnungen muß aber die Kunst etwas zurückgesetzt werden, diese fordert Luftperspektiv, harmonische Beleuchtung, verwirft Härte der Umrisse und der umständlicheren Unebenheiten; gerade jenes hingegen bedarf der Geognost nicht, und dieses ist ihm hingegen sehr wesentlich. Der geognostische Zeichner soll in entfernteren Gebirgsstöcken, die sich ihm darstellen, wenn sie in seiner Schichtenstreichungslinie liegen, mit dem Fernglase die Linien aufsuchen, welche vielleicht die Schichtenablösungen bezeichnen und ihm einst über die Schichtung von Gebirgsstöcken Auskunft zu geben im Falle sind, die er jetzt noch gar nicht kennt: – der Maler hingegen darf oft ganz nahe und deutlich sich darstellende Schichtenprofile kaum bemerken, weil sie Härte bewirken und schöne Schatten oder Lichtmassen unterbrechen würden. Daher gewähren auch malerische Alpenansichten dem Geognosten nur selten befriedigende Belehrung über die Gebirgsbildung...» Für Escher ist die zu seiner Zeit modische malerisch-pittoreske Konvention Kunst. Wenn wir die Terrainstudien Eschers, die für ihn wissenschaftliche Dokumente waren, auf ihren künstlerischen Gehalt prüfen, stellen wir fest, daß sie emotionell stark geladen sind, ein wesentlich stärkeres ästhetisches Empfinden zum Ausdruck bringen als die «malerischen» Ansichten mit ihrer oft kleinkarierten Auffassung des Pittoresken. Beispielhaft hierfür sind, um nur einige zu nennen, die drei Terrainstudien aus der Umgebung von Grindelwald 112, 113, 114; ebenso die des Hohgant 111, des Creux-du-Van 157, der Felsschichten unterhalb Amdens 22 oder die zuvor abgebildete prachtvolle Studie der Gebirge am rechten Ufer des Walensees – eine lineare, während die farbig reproduzierte vom Gemmipaß (1816) vor allem koloristisch gelöst ist. Je mehr die Gebirgsansichten den Charakter von geognostischen Studien annehmen, desto mehr wachsen sie über die

Die lavierte Tuschezeichnung von Rapperswil am Zürichsee mit der alten hölzernen Seebrücke vor der Kulisse der Alpen, gezeichnet am 24. April 1786, 18 Uhr, gehört zu einer Folge von einheitlich behandelten Blättern Eschers, die noch unter Bullingers Einfluß als Vedutensammlung gedacht waren.

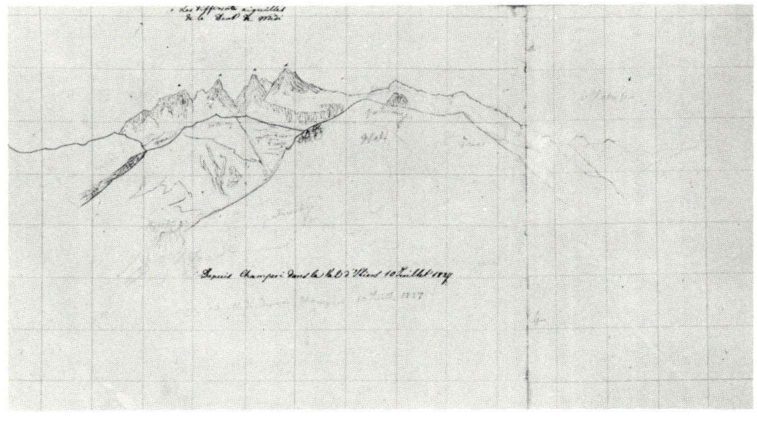

Die Gebirgszeichnungen Arnold Eschers sind rein wissenschaftliche, entpersönlichte und sachliche Vermerke ohne künstlerische Aussage. Arnold kolorierte sie nur selten, und wo dies der Fall ist, stellen die Farben symbolisch die Gesteinsart dar und nicht das Aussehen.

Vedute hinaus. Darum gehören besonders die großen Panoramen Eschers zum künstlerisch Bedeutendsten, was er geschaffen hat. Aus dieser Erkenntnis heraus ist eigentlich zu bedauern, daß dem Bild der Schweiz in diesem Band viele schöne Terrainstudien geopfert werden mußten; andererseits ist eben dieses Bild der Schweiz zwischen 1780 und 1822 heute höchst bedeutsam.

Doch hier sind noch mögliche Zweifel zu beseitigen: Ist die Umwertung der Zeichnungen Eschers gegenüber seiner eigenen Wertung nicht auf unsere subjektive Optik zurückzuführen? Sind die wissenschaftlichen Dokumente der Terrainstudien nicht nur in unseren Augen künstlerische Zeugnisse? Daß dies nicht der Fall ist, zeigt der Vergleich von Eschers Zeichnungen überhaupt und der Terrainstudien im besonderen mit den Gebirgsaufnahmen seines Sohnes Arnold. Diese letzteren erweisen sich als rein wissenschaftliche Vermerke trockenster Art, in denen, wie die hier abgebildete Terrainstudie erkennen läßt, jeder persönliche Ausdruck fehlt. Wer in der Eidgenössischen Technischen Hochschule in Zürich unter den vielen hundert Zeichnungen und Skizzen Arnold Eschers etwas Persönlicheres sucht, wird enttäuscht. Sogar das griechisch-römische Theater in Taormina, eine Idealansicht der Romantik, ist auf dieselbe trockene, strenge und unpersönlich-objektive Weise festgehalten, als ginge es um einen archäologischen Beleg. Wir können also feststellen, daß die eingangs aufgezeigte Scheidung der Landschaftszeichnungen Hans Conrads in Veduten und geognostische Gebirgsdarstellungen für unsere Untersuchung sehr wichtig ist.

Aus dem Grad der zeichnerischen Vollendung ergibt sich eine weitere Gliederung: in Skizzen, die im Terrain, vor der Natur angefertigt wurden, und in fertige Aquarelle, die durch Überarbeitung der Skizzen zu Hause in Zürich oder später während der fünfzehn an der Linth verbrachten Jahre in der Schäniser «Klause» entstanden. Die Skizzen wirken viel unmittelbarer und lassen das feine Naturempfinden erkennen, das Escher der Landschaft entgegenbrachte. Sie sind meist nur andeutungsweise aquarelliert, aber durch die Aussage des Nichtausgeführten, des weißen Papiers, der nur flüchtig hingesetzten Striche so zur Mitarbeit, zum Zuendedenken anregend und daher von so starker Wirkung, daß man begreift, warum Escher sie nicht mehr überarbeitet hat. Eine der besten ist sicher die großformatige mit dem Sernftaleingang bei Schwanden – Bild 65; andere schöne Beispiele sind der Safientalhintergrund 39, der Finstermünzpaß 47, Martina 48, die blauviolette Pyramide des Piz Linard 54, Muotathal mit seinem Kloster 73 der Urnersee 78, die Brücke von Prato-Sornico 100, Lugano 103, Brig mit der Napoleonbrücke 128 und der Lago di Dévero 129, die Aiguilles Verte und du Dru 142. Nicht immer konnte Escher jedoch im Gebirge solche autonome Skizzen anfertigen. Oft hinderte ihn daran die mangelnde Zeit oder das schlechte Wetter. Wenn wir untersuchen, was den fertigen Aquarellen zugrundeliegt, stellen wir fest, daß der Zeichner im Terrain meist nicht mehr zu Papier gebracht hat als ein Minimum an Bleistiftstrichen und -notizen. (Diese Notizen sind hier schon behandelt worden: Escher schrieb mit abgekürzten Worten die Farben und die Geländebeschaffenheit in die Skizze, um einen Anhaltspunkt für die spätere Überarbeitung zu haben. Unter den Aquarellfarben des Endzustands kann man fast immer diese Notizen und die ursprüngliche Ortsangabe mit dem Datum erkennen.) Einige wenige solche Bleistiftskizzen sind erhalten, weil Escher sie nicht überarbeitete, sondern ausnahmsweise – aus welchem Grund immer – neue Aquarelle anfertigte. Auf diesen Skizzen ist fast nichts zu sehen. Wie Escher aus spärlichsten, kaum angedeuteten Strichen und Notizen Gebirgslandschaften und komplizierte Panoramen konstruieren oder vielmehr rekonstruieren konnte, ist nur schwer vorstellbar; er muß über ein außerordentliches Gedächtnis verfügt haben, dem sich das Landschaftsbild mit allen wichtigen Einzelheiten einprägte. Daß dieses Gedächtnis durch ständige Übung geschult und vervollkommnet wurde, geht daraus hervor, daß seit jener ersten Terrainstudie von 1785 (Ville de Gex) die Skizzen immer sparsamer ausgeführt und mit immer spärlicheren Notizen versehen werden. Im Gesamtbereich der Skizzen haben wir es also mit einer weiteren Unterteilung in selbständige und in Hilfsskizzen zu tun.

Die überarbeiteten, aquarellierten Zeichnungen lassen zwar die Unmittelbarkeit des Naturerlebnisses zurück –, eine andere Qualität aber in den Vordergrund treten: die abstrahierende Stilisierung. Der Wunsch, bei der endgültigen Gestaltung die geognostischen Grundzüge, das innere Wesen des Gebirges zum Ausdruck zu bringen, führt Escher oft zu einem emotionsgeladenen Ausdrucksstreben hin. Das schon erwähnte Mont-Blanc-

Laufenburg am Rhein. Die Stiftskizze vom 16. Juli 1820 läßt Hans Conrad Eschers außerordentliches zeichnerisches Temperament erkennen. Der «Laufen», wie die Laufenburger Stromschnellen hießen, ist infolge der Aufstauung des Rheins für Kraftwerkzwecke verschwunden.

Eschers große Panoramen stellen den Höhepunkt seines zeichnerischen Schaffens dar. Ausschnitt aus der «Circular-Aussicht» vom Fieudo am Gotthard, die Escher auf einer Bergwanderung mit Vaucher im Sommer 1792 zeichnete und im Herbst zu Hause vollendete. Das Fieudo-Panorama ist das erste wissenschaftliche (und dabei künstlerisch sehr bedeutende) Vollrund-Gebirgspanorama überhaupt. Es wird im Faksimile – 3½ Meter lang – in der Panoramenkassette farbig reproduziert.

Panorama von 1803 (s. Abb. des Ausschnitts mit den Aiguilles de Chamonix), vor allem aber das große Tödibild von 1807 (Bild und Kommentar 70), eines der Hauptwerke Eschers aus der reifen Zeit, bezeichnet den Beginn einer langen Reihe von expressiv gestalteten Ansichten und Panoramen, deren Ende sich erst mit dem Brenvagletscher von 1820 (Bild 144) abzeichnet.

Worin bestehen nun die Mittel dieser Ausdruckssteigerung? Besser als im Tödibild erkennt man sie in der großangelegten Fernsicht von der «Campolungo-Scheidecke» aus dem Jahre 1804 (Bild 99): Wasserrunsen modellieren die Berghänge zum endlosen und regelmäßigen Wellenschlag, der das große Auf und Ab der Gebirgszüge nochmals belebt; auch der Wechsel von Fels- und Grashang, von Licht und Schatten gestaltet sich zur großen Ordnung. Alles ist ausgewogen: Die liegende Mondsichel aus weißem Dolomit, in ihrer Lage gesichert durch den schweren großen Bergschatten links, umfaßt wie ein Brunnenbecken die im Talgrund der Leventina zusammenströmenden Wasserläufe der Grasregion, so wie die weiße Eisregion darüber hinaus aus den dunklen Nebeln des wolkenverhangenen Himmels gespeist wird. Ein Chaos gibt es nicht, es existiert nur in uns Menschen, im Unvermögen des Betrachters, die Harmonie der Natur zu begreifen. Wie nahe Eschers teleologische Geologie eigentlich noch der Welt Buffons und Delucs steht, verraten solche Zeichnungen beredter als alle Abhandlungen. Tektonik und Erosion, Statik und Dynamik halten einander die Waage. Am besten wird das hier vielleicht in der großen – Komposition ist man versucht zu sagen, obwohl es sich durchaus um eine Zeichnung nach der Natur handelt – der Südansicht der Grandes Jorasses von 1806 (Bild 143) deutlich. Zahlreiche Panoramen weisen diese Struktur der Grashänge auf, am radikalsten ein undatiertes Panorama des Bündner Rheintals vom Falknis und Fläscherberg über den Calanda bis zum Weißtannental,[79] dessen starke Stilisierung zum ablehnenden Urteil eines Rezensenten beigetragen haben mag: «... vorbehaltlich fachmännischer Beurteilung in anderem Sinne erschien uns oft die abstrakt gerippte Oberfläche seiner Berghänge mehr schematisch als individuell aufschlußreich für die Erdgeschichte.»[80] Der sensitive und erfahrene Kritiker hatte sich darauf festgelegt, Eschers künstlerischen Beitrag mit den Veduten zu identifizieren, darum nicht allzu hoch einzuschätzen und die geognostischen Zeichnungen der Wissenschaft zuzuordnen.

Eine Untergruppe der Aquarelle sind die braunlavierten Pinselzeichnungen, die mit der zeitgenössischen Vedutenmode zusammenhängen. Sie gehören zunächst auch dieser Richtung an, erheben sich jedoch später zu beachtlichem Niveau. Eine Zeichnung dieser Art wie die der Schinschlucht von 1806 (Bild 42) mit ihrer geheimnisvoll großartigen Atmosphäre gehört zum Besten, was Escher an Landschaften geschaffen hat; nur die Staffage zeigt noch die Herkunft von der Vedute an. «Au Pont» (1816, Bild 161) stellt mit seiner sicheren Charakteristik der schwermütigen Juralandschaft die Loslösung dieser Untergruppe von der hausbackenen Vedute unter Beweis. Wo nichts «Pittoreskes» festzuhalten ist, wo die reine Landschaft vorherrscht, streift

Ein anderes der großen Panoramen Eschers: Ausschnitt aus der Zirkularaussicht vom Sidelhorn mit Ausblick auf die Berneralpen mit dem Finsteraarhorn, den Schreckhörnern und dem Lauteraargletscher. Gezeichnet am 22. August 1806.

Escher alle Konvention ab.

Der realistischen und der expressiven Haltung stehen drei zeitlich getrennte Stile gegenüber: der lichte, von Bullinger beeinflußte rokokohaft aufgelockerte Frühstil, der allmählich strenger und exakter wird, der sattfarbige, leuchtende reife Stil und der trockener und linearer werdende, die Leuchtkraft der Farben einbüssende Spätstil der letzten Lebensjahre. Der Frühstil ist im vorliegenden Band mit schönen Beispielen vertreten. Er beginnt dort, wo die Jugendzeichnungen der Lehrjahre enden, nämlich in den letzten Tagen des Genfer Aufenthalts, und endet – sicher nicht zufällig – 1798. Als seine Hauptwerke wird man vor allem das Fieudo-Panorama von 1792 (Abb. eines Ausschnitts), den 1794 gezeichneten Lago Bianco am Berninapaß mit dem Cambrenagletscher (Bild 59) und den Brunnigletscher von 1796 (Bild 83) zu betrachten haben. Der reife Stil beginnt – wieder wohl nicht zufällig – mit der Helvetik, während der Escher allerdings weniger zum Wandern und Zeichnen kam, und endet etwa 1819. Seinen Anfang im Sinne des exakten Realismus bezeichnet das Berner Alpenpanorama von 1801 (Bild 110) und der Hohgant von 1803 (Bild 111); 1803 kommt als erste expressive Hochgebirgsdarstellung das schon erwähnte erste Mont-Blanc-Panorama hinzu. Ein weiterer Höhepunkt ist das große Tödibild von 1807, und Höhepunkte sind außer den schon genannten autonomen Skizzen und Aquarellen vor allem die großen Panoramen: Gonzen 1804, Sixmadun und Dronaz 1805, Sidelhorn 1806, Fronalpstock 1807, Rautispitz 1811 bis zum Mont-Blanc 1816 und Scopi 1819. In der späten Phase zeigen nur die autonomen Skizzen (Brig 128, Lago di Dévero 129 und das Tosatal von Domodossola aus – im Panoramenband reproduziert) Eschers vor der Natur unvermindert feines Landschaftsempfinden. Die später bei fortgeschrittener Krankheit zu Hause überarbeiteten Aquarelle zeugen von erlahmender Energie und Lebensfreude. Doch schon in den Ansichten des Fort de Joux von 1820 (Bild 162) und des Lünersees von 1821 (Bild 28) treten die Merkmale des Spätstils, vor allem die drahtigen, mit der Feder gezogenen Tuschekonturen, deutlich zutage, während noch 1819 Tiefencastel (Bild 46) und St. Moritz (55) dem reifen Stil angehören.

Nach der Aufgliederung und Durchleuchtung des zeichnerischen Lebenswerkes drängen sich einige Fragen auf. Unter welchen Einwirkungen haben sich Eschers zeichnerische und aquarellistische Auffassungen geformt? Gibt es andere ähnliche Erscheinungen? Welches ist seine Stellung im Gesamtbild der Kunst seiner Zeit?

Der junge Escher kommt als Schüler Bullingers mit der traditionellen Vedute in Berührung. Die Schweiz als eben erst entdecktes Reiseland ist ja in der zweiten Hälfte des 18. und der ersten des 19. Jahrhunderts klassischer Boden der Vedute, so wie es zuvor Italien war. Die Vedute ist keineswegs identisch mit der topographischen Ansicht. Sie gehörte schon zum Bereich der Kunst, während die topographische Ansicht ähnlich wie der Vogelschauplan und die Karte ein geographisches Hilfsmittel war. Erst durch geistige Interpretation wurde der topographische Prospekt zur Vedute.[81] Die ersten realistischen Darstellungen der menschlichen Umwelt kamen mit der Befreiung des Individuums aus der geistigen und materiellen Abhängigkeit von den Feudalmächten Adel und Kirche, d.h. mit dem Aufkommen und Erstarken des Bürgertums und Städtewesens zustande. Man begann die Wirklichkeit zu sehen und sehen zu wollen. Es ist verständlich, daß man zunächst das Milieu darstellte, das der Bürger sich zu seiner Selbstbefreiung geschaffen hatte: die Stadt. Erst im 16. Jahrhundert beginnt die Landschaftsdarstellung sich aus ihrer dienenden Funktion im Altarbildhintergrund zu befreien. Dürers berühmte Tiroler Landschaftsaquarelle von 1495, für den Eigengebrauch und nicht für die Öffentlichkeit geschaffen, sind ein Sonderfall und eine bahnbrechende Tat zugleich. Die Niederländer Anton van den Wijngaerde (1525–1570) und Georg Hoefnagel (1542–1600) zeichnen in Spanien und Italien erstmals großangelegte Landschaftsveduten. Nach Dürer sind es wiederum Niederländer, die zeichnend in die Alpen vordringen: Pieter Bruegel d.Ä. (1525–1569) und Roelant Savery (1576–1639). 1653 kommt der junge holländische Landschaftsmaler und Topograph Jan Hackaert, vielleicht auf dem Weg nach Italien, erstmals in die Schweiz, durchstreift während weiterer Aufenthalte mit seinem Zürcher Malergenossen Conrad Meyer die Umgebung Zürichs und das Glarnerland, dann allein einen Teil Graubündens und hinterläßt in Zürich Schüler und Zeichnungen, die das schon an sich stärker als anderswo entwickelte Landschaftsverständnis in der Schweiz für lange Zeit beeinflussen.[82]

Bullinger hat seine Lehr- und Wanderjahre in Venedig und in den Niederlanden verbracht. Zurückgekehrt, sammelt er alle Zeichnungen Hackaerts, deren er in Zürich habhaft werden kann, und verwendet ihre Motive vor allem für seine radierte Folge «50 Landschaften» von 1756. Er macht daraus kein Hehl: In der Vorrede zu dieser Sammlung, die er Raffael als dem Erzvater aller Maler zueignet, bittet er diesen, ihm «bey etlichen verstorbenen Mahleren das Wort zureden: Denn wie dörfte ich vor J. Hakaert, Ermels, F. Meyer und andern erscheinen, wenn sie so vieles von ihren schönen Sachen unter meinem Namen, so elend gekrazet, erblicken werden.» Das ein wenig kokette Understatement trifft nicht ganz zu. Bullingers Landschaftsradierungen sind so elend nicht «gekrazet». Vor allem leiten sie Erkenntnisse und Traditionen der venezianischen und der holländischen Vedutistik an die nächste Generation weiter. Aus Hackaerts Skizzenbuch hat nicht nur Bullinger geschöpft, sondern, wie die Abbildungen zeigen, über Bullinger auch Hans Conrad Escher. Allerdings haben die nun hundertdreißigjährigen Motive Hackaerts, seinerzeit als erdachte, aus naturalistischen Einzelheiten komponierte Ideallandschaften virtuose Kunststückchen eines routinierten Zeichners, inzwischen all ihre vielbewunderte Frische eingebüßt. Da noch eine weitere Kopie Eschers nach Bullinger-Hakkaert erhalten ist, darf angenommen werden, daß der Hackaert-Bewunderer Bullinger seinen Schüler nicht nur die eigenen Kopien vermittelt, sondern auch die Vorlagen nicht vorenthalten hat. Die «Meriansche» Baumkulisse (Bild 1, die beiden Aquarelle von Kefikon und andere Jugendzeichnungen), das Repoussoir, die Staffage und den Panorama-Gedanken lernte Escher durch Vermittlung Bullingers von den Niederländern und von den venezianischen Vedutisten.

Die Staffage: Zunächst sind die kleinen Gestalten der figürlichen Belebung in den frühen Landschaftszeichnungen Eschers mit Bullingerischer Sauberkeit und Eleganz ausgeführt (s. die farbige Abb. des Obachs bei Horgen 1782, der Cascade de la Pissevache von 1785). Gäbe es nicht noch andere Beweise dafür, daß Escher Menschen zu zeichnen, ja sogar zu porträtieren verstand, müßten wir daran zweifeln, ob diese Staffagen

Bei Bullinger lernte Escher auch Ideallandschaften zeichnen, die er zunächst nach Bullingers Radierungen kopierte. Bullinger hat sie seinerseits bei dem Niederländer Jan Hackaert entlehnt, der nach der Mitte des 17. Jahrhunderts die Schweiz bereiste und vor allem die Zürcher Landschaftsmalerei und -zeichnung stark beeinflußt hat. Bullinger sammelte Hackaerts in Zürich zurückgelassene Zeichnungen; Escher hat sie zweifellos bei ihm gesehen. Die Radierung Bullingers stammt aus den «50 Landschaften» von 1756, die Nachzeichnung Eschers aus dem Jahr 1782.

wirklich von ihm stammen. Denn diese Fähigkeit geht ihm später vollkommen abhanden. Seine Staffagen werden zu naiven Püppchen, die er mit wenigen Pinselstrichen zusammenbaut und die sich linkisch und oft drollig ausnehmen. Der Kontrast zwischen Eschers Interesse für die Landschaft und seinem Sichhinwegsetzen über das Figürliche ist so kraß, daß man – vor allem bei den «mahlerischen» Ansichten, den Veduten, wo er sich durch die Konvention zur Staffage verpflichtet fühlte – den Eindruck hat, es mit naiver Malerei zu tun zu haben. Dieser Eindruck verschwindet sofort, wenn man zu den Terrainstudien übergeht; auch die in Ermangelung sauberen Papiers auf irgendeine Liste von der Linth gezeichnete (Abb.) zeigt souveräne Beherrschung. Von der Staffage bleibt später nur die Form übrig; der Inhalt wird zur Aussage über Wirkliches. Man findet dann dort nicht nur Escher selbst, sondern unter Umständen die ganze Reisegesellschaft dargestellt. Dieses «wir sind dagewesen» ist nicht seine Erfindung, sondern ebenfalls alte Tradition. Noch im 15. Jahrhundert entstand vielleicht in Italien die Idee der Darstellung des Zeichners oder Malers vor seiner Landschaft. Auch Dürer hat sie in seinem Aquarell «Wassermühle im Gebirge» vermutlich 1495 verwendet. Als Selbstdarstellung des Landschaftszeichners wurde sie im 16. Jahrhundert vor allem von den Niederländern übernommen. Bei Pieter Bruegel d.Ä. findet sich die kleine sitzende oder stehende Gestalt mit dem Zeichenblock ebenso wie bei Hoefnagel und seinen deutschen Topographengenossen Lorichs, Lautensack und anderen, um als eine Art Gütezeichen, Zeugnis des Dagewesenseins oder auch nur der Urheberschaft in der Folgezeit bis ins 19. Jahrhundert immer wiederzukehren, am dichtesten im Rokoko und in der deutschen Romantik. Bei Escher ist die Selbstdarstellung des Zeichners besonders häufig,[83] erstaunlich, wie dieser fortschrittliche Mensch der Tradition verpflichtet ist. Erstmals kommt der Zeichner in der ersten Kefikoner Aquarellzeichnung von 1782 vor. Der 15jährige sitzt hier, dem Betrachter den Rücken zukehrend, als kleiner Schloßherr mit aristokratischen Kniehosen und Schnallenschuhen à la mode angetan und standesgemäß Hut und Zopf tragend, im Vordergrund, in der Hand den Zeichenblock. Und zum letztenmal sehen wir den 53jährigen Escher zeichnend 1820 vor dem Fort de Joux auf einem Stein sitzen (Bild 162). Auch der Einfluß Rousseaus, dessen Neue Heloïse der junge Escher verschlang, um darüber empfindsame Tränen zu vergießen, macht sich in der Vorliebe für das Stille, Zärtliche der Landschaft, für die Gewässer vor allem, den Genfersee, die Flüßchen und Wasserfälle, in den Jugendzeichnungen bemerkbar, weicht aber bald der ganz anderen Sprache des Gebirges. Daß Escher sich diesen Einflüssen früh entzog, erkennt man aus seinen Kopien nach J.L. Aberlis Folge kolorierter Umrißradierungen «Collection de quelques vues dessinées en Suisse d'après nature» von 1782. Es sind insgesamt fünf solche Kopien erhalten, davon eine im Besitz der Zürcher Zentralbibliothek, die hier als farbige Textabbildung reproduziert ist und schon durch ihren ungewohnten violetten Rahmen auffällt («Au Pont près du Lac de Joux»). Zeichnerisch sind diese Kopien sehr genau ausgeführt, aber farblich entsprechen sie den zarten und zärtlichen Vorbildern nicht, sie wirken kräftiger, kontrastreicher, dunkler. (S. auch Kommentar 69).

So ist Escher als Vedutenzeichner von der Vergangenheit geprägt, aber alles zog ihn zum geognostischen Zeichnen hin. Woran konnte er sich dabei halten? Zunächst wissen wir, daß er früh Saussures und Bourrits Alpenreisen las und immer wieder zur Hand nahm. Marc-Théodore Bourrit (1735–1815), ursprünglich Emailmaler für die Genfer Uhrenindustrie, war der aktivste der Illustratoren Saussures, die die Anweisungen des Genfer Gelehrten ausführten.[84] Die radierten Abbildungen in den «Voyages dans les Alpes», von denen viele von Bourrit stammen, waren zu ihrer Zeit etwas völlig neues. Zum erstenmal wurde das Hochgebirge wahrheitsgetreu und aus der Nähe dargestellt: die Gesteinsschichtung, die Gletscher, die Eisstürze. Saussure berichtet in den «Voyages», wie er Bourrit auf den Buet schickte, um die Idee des Horizontalpanoramas, die ihm dort gekommen war, zu verwirklichen.[85] Saussure hat auch das auf die Innenwand eines Zylinders projizierte Vertikalpanorama theoretisch entwickelt, bevor es Escher 1792 auf dem Fieudo erstmals ausführte. Die in den Voyages abgebildeten Hochgebirgs-Teilpanoramen sind sicher auf Saussures Anweisungen zurückzuführen, obwohl Bourrit sie zeichnete, in einem Fall schlechter, im anderen – als Kopist nach Bartolozzi[86] – besser. Dennoch ist Bourrit, an dem Claire-Eliane Engel kein gutes Haar läßt, weil er vor keinem Plagiat zurückschreckte, den Bericht des ersten Mont-Blanc-Bezwingers Dr. Paccard aus Eifersucht unterdrückte und Saussure über die Gebühr schmeichelte, um ihn nach dem Tod zu verleumden und seine Werke zu plündern, als Gebirgszeichner ein unmittelbares Vorbild Eschers gewesen. Die nach seinen Zeichnungen und Gemälden von Angélique Moitte radierten Illustrationen zu seiner «Nouvelle Description des Vallées de Glace et des hautes montagnes qui forment la Chaines des Alpes pénnines et rhétiennes», die 1783 in Genf erschien, als Escher sich in Morges und bald darauf in Genf aufhielt, entsprechen mit dem gestreckten Querformat, dem Rahmen, der Staffage den ersten Gebirgszeichnungen Eschers – mit dem Unterschied, daß manche der Phantasie allzusehr entgegenkommen. Andere hat Escher an Ort und Stelle nachvollzogen und berichtigt, zum Beispiel die «Vue du Vallais et du Rhône» in seiner unvergleichlich besseren Skizze des Rhonetals bei Sion von 1785. Daß Bourrits Illustrationen zu Saussures «Voyages» den Rahmen wissenschaftlicher Verläßlichkeit nie sprengen, ist sicher nicht das Verdienst des Zeichners.

Von diesen neuen Hochgebirgsdarstellungen abgesehen gab es jedoch andere geognostische Ansichten, an die sich Escher halten konnte. Ein mit solchen Abbildungen illustrierter Folioband aus seiner Bibliothek, auf der Titelseite mit dem Namenszug *JC*(ligiert) *Escher* versehen, wie er ihn in der Frühzeit schrieb, sind die «Erfahrungen vom Innern der Gebirge» von F.W.H. von Trebra, herausgegeben 1785 in Leipzig und Dessau. Die von F.H. Spoerer gezeichneten und von Georg Melchior Kraus radierten handkolorierten Illustrationen haben Eschers Gebirgsdarstellung zweifellos beeinflußt. G.M. Kraus war seit 1780 herzoglich weimarischer Rat, zog Goethe durch seine naturwissenchaftlichen Schilderungen nach Weimar, begleitete ihn 1784 auf der Harzreise und stellte seine Arbeit ganz in den Dienst des fremden Interesses, «alle Felsarten nicht mahlerisch, sondern wie sie dem Mineralogen interessant sind», zu zeichnen. Noch dreizehn Jahre später dienten diese Blätter Goethe als naturwissenschaftliches Dokumentationsmaterial, was für eine bei einem Landschaftszeichner dieser Generation ungewöhnliche Sachlichkeit spricht.[88] Auch die geognostischen Zeichnungen in Trebras Werk sind mit Staffagen versehen.

Das hier erwähnte und auch von Escher formulierte Postulat der nichtmalerischen Wiedergabe geognostischer Gegebenheiten kann bis zu seinem französischen Ursprung zurückverfolgt werden. In dem kostbaren Prachtwerk «Tableaux topographiques, pittoresques, physiques, historiques, moreaux, politiques, littéraires de la Suisse», das 1777–1788 auf Veranlassung und mit finanzieller Unterstützung des Musikers J.B. de Laborde in fünf umfangreichen Großfolienbänden in Paris erschien und zum Großteil von dem Schweizer Beat Fidel von Zurlauben aus Zug, pensioniertem Generalleutnant des Königs von Frankreich, geschrieben ist, findet sich eingangs ein «Discours sur l'histoire naturelle de la Suisse» des Geologen Besson, dessen Vorname nicht bekannt ist.[89] «Le Naturaliste a sa façon particulière de voir», schreibt er dort, um sodann zu zeigen, wie der Maler einer- und der Naturforscher andererseits die Landschaft sieht. Der zeichnende Geologe «deviendra nécessairement froid et montone à force d'exactitude...» Er wird jedoch seine Aufgabe lösen, «si le Naturaliste, voulant instruire, a été précis, d'une vérité scrupuleuse, & n'a rien négligé pour faire connoitre son objet tel qu'il l'a vu & tel qu'il existe dans la nature». Das war Escher zweifellos aus der Seele gesprochen, auch wenn er nicht umhin konnte, sich nicht immer daran zu halten. Von welch geringer Bedeutung die im Zurlaubenwerk enthaltenen Ansichten von Pérignon, Brandoin, Le Barbier und anderen französischen Zeichnern für Escher waren, ist hier an einem Beispiel erläutert: dem von Bern aus gezeichneten Panorama der Berneralpen von 1801 (Bild 110). Escher wai weiter, empfand moderner, zeichnete sachlicher und genauer. Anders verhält es sich mit den siebzehn von Besson entworfenen Illustrationen des Zurlaubenwerkes. Sie unterscheiden sich dermaßen von den übrigen gefälligen bis farblosen Abbildungen, daß sie «zu den wichtigsten Dokumenten der eben entstehenden realistischen Gebirgsmalerei» (B. Weber) gehören. Und sie waren zweifellos für den suchenden jungen Escher eine wichtige Quelle.

Es gab also genug Ausgangs- und Anhaltspunkte für Escher als geognostischen Zeichner. Nicht die Erfindung der neuen Sicht ist ihm zugutezuschreiben, sondern ihr Resultat. Weder dem exakten Realismus noch dem Expressionismus Eschers kann Gleichwertiges zur Seite gestellt werden, weil es zu seiner Zeit diese Verbindung von Wissenschaft und Kunst nicht noch einmal gibt. Wie sehr alle menschliche Geistestätigkeit zeit- (gesellschafts-) bedingt ist, zeigt das Werk des einzigen Escher geistesverwandten Künstlers, des Genfers Jean-Antoine Linck (1766–1843).[90] Obwohl Linck kein Naturforscher, sondern Maler war und wie Bourrit von der Emailmalerei herkam, stand er mit seiner Auffassung des Hochgebirges von allen Künstlern Escher am nächsten. Und merkwürdigerweise haben die beiden einander nicht gekannt.

Die vielen und bedeutenden Kunstwerke, die Escher in seinen Wanderjahren sah, sind auf sein zeichnerisches Lebenswerk ohne jede Wirkung geblieben. Was er anstrebte, war so anders, daß er dafür in der Kunstgeschichte kein Beispiel finden konnte. Es ging ihm auch gar nicht um Kunst. Als 1788 ein kunstbegeisterter Deutscher in Rom vorschlug, Zürich solle seine Bedeutung als Kulturstadt dadurch erhöhen, daß es zwölf Zürcher Kunststudenten in Rom unterhalten würde, stellte Escher in seinem Tagebuch die folgende Erwägung an: «... wir dürfen uns nicht durch eine solche überwiegende Cultivierung der Künste einschläfern lassen: bey uns darf der Rechtschaffne noch frey u. mit Zufriedenheit die Menschheit selbst betrachten, u. überhaupt ist ein rechtschaffner Richter doch wichtiger in der bürgerlichen Gesellschaft als die Raphaels; da, wo der Menschenfreund nichts als Unterdrückung, Armuth u. Laster um sich her sieht, ohne ihnen abhelfen zu können, da mag man sich zur Erheiterung der Seele angenehme menschliche Scenen vormahlen lassen! Da, wo der Mann von Kopf vom Einfluß auf den Staat ausgeschlossen ist, da ergebe er sich gänzlich den Künsten, insofern er nicht die Wissenschaften vorziehen will! Aber wir Republikaner, wir haben wichtigere, höhere Beschäftigungen: wir können für das Wohl unsrer Mitbürger arbeiten, u. daher muß uns die Kunst, die doch immer mit einem gewissen Grad von Weichlichkeit u. Schwäche der Sitten verbunden ist, zur Nebensache werden. Wir sehen lieber glückliche Bürger u. reiche Unterthanen auf unsren öffentlichen Plätzen als schöne Statuen! Da, wo jene nicht mehr geachtet werden, mag man sich mit Statuen trösten. Aber wir sind nicht geneigt, unsre öffentlichen Güter, die für die Bedürfnisse der ganzen bürgerlichen Gesellschaft bestimmt sind, zur

Erziehung von ein Dutzend Malern u. Bildhauern zu verschwenden, für deren Producte wir kaum Platz fänden.» Das ist nichts anderes als – mit anderen Worten – sein abschätziger Kommentar zur Altstadt von Annecy besagt (Bild 148): Niederreißen und breite Uferalleen anlegen! War er ein Banause? Er war ein Revolutionär. Am Ende seines einmonatigen Aufenthalts in Neapel stellte er sich die «... Frage, ob ich diesen in dem schönen Neapel durchlebten Monat noch einmal durchleben möchte – nicht einen zweyten, sondern den genußreichen schon durchlebten – aber die Antwort war Nein – ich fühlte, daß das Leben zu einem Ziel führe, das zu erreichen sey, daher also nur das Vorwärtsschreiten, nicht das Aufhalten auf irgendeiner noch so genußreichen Station des Lebens von wahrem Intresse sey».

Wenn Eschers zeichnerische Auffassung des Gebirges noch in derjenigen Lincks eine Parallele findet, bleibt er als Aquarellist allein. Auch das Ausdrucksstreben der beginnenden Romantik ist nicht das seine. Vom Barock, von der «orribile bellezza» des Salvator Rosa herkommend, ist die expressive Gebirgsmalerei Josef Anton Kochs eine Kunst der Ideallandschaft, eines Arkadiens, wo der aus der Enttäuschung über die deutschen Zustände in die «freie Schweiz» oder nach Rom Fliehende (Kochs Schweizerbilder sind in Rom gemalt) Balsam für seine wunde Seele fand. Eschers Expressivität hat jedoch nichts Romantisches, sie ist keine Flucht. Escher ist Aufklärer und Rationalist, und wenn sein Lebenswerk irgendwo Flucht war, so war es die aus den häuslichen und nicht aus den gesellschaftlichen Verhältnissen. Denn er hat sich ja den als überholt und hemmend erkannten gesellschaftlichen Verhältnissen gestellt. Mit der Mediation aus der aktiven Politik ausgeschaltet, geht Escher an die Linth und nicht in ein Arkadien romantischer Entfremdung.

Es bleibt die Wertung. Sein zeichnerisches Lebenswerk ist von sehr unterschiedlicher Qualität. Manches ist darin kleinkariert, aber auch diese unbedeutenden Landschäftlein vermitteln noch das Beglückende seines Schauens und Erlebens. Was er für Kunst hält, ist keine, kaum eine. Können seine geognostisch geprägten Skizzen, Aquarelle und Panoramen Kunst sein, wenn sie Wissenschaft sind? Wenn wir so argumentieren wollten, müßten wir schon die Höhlenmalerei, den Anfang der Kunst überhaupt, aus dieser streichen, weil sie nicht der ästhetischen Erbauung, sondern der Förderung der Jagd durch die Bildmagie, mithin der Förderung des Lebens diente. Dient die Wissenschaft nicht dem Leben? Ist sie nicht der Magie-Ersatz der späten Menschheit, nach der Religion? Es könnte keine Kunst bestehen, wenn ihr eine beschränkte Ästhetik vorgeschrieben würde.

Ist Eschers Kunst naiv? Naiv, aber nicht naivistisch. Naiv wie alle Kunst eines Anfangs.

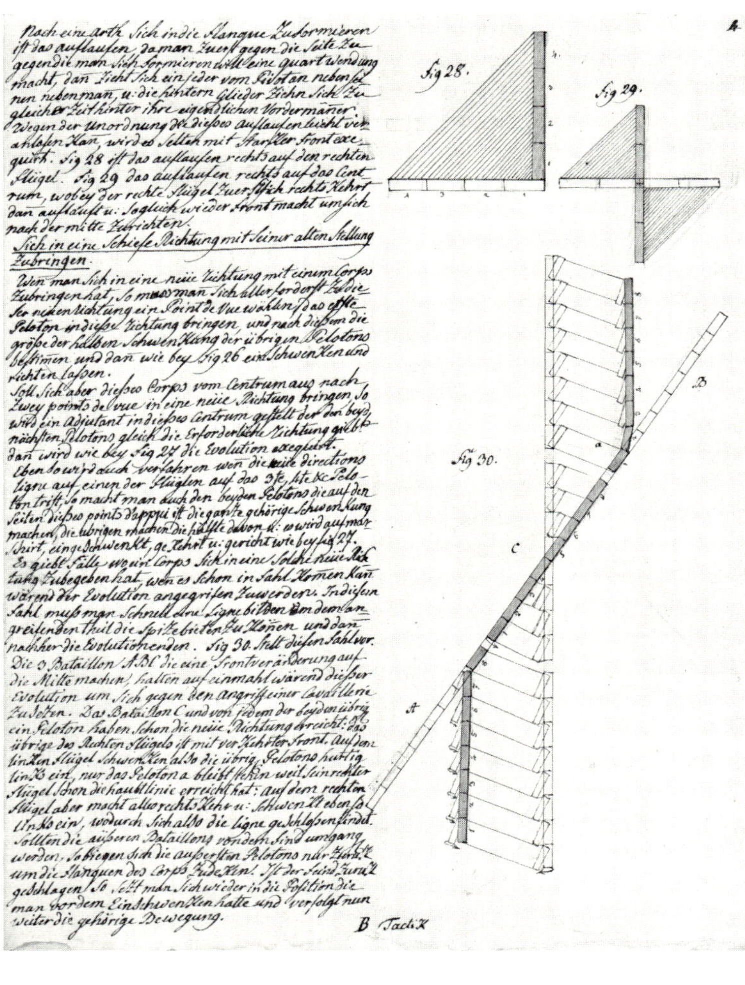

Alles, was Escher geschrieben hat, ist so gut lesbar, als ob es gedruckt wäre. Auszug aus einer Schrift über militärische Taktik, aus der Escher auch die Illustrationen umzeichnete.

Aus Eschers wirtschaftsstatistischen Erhebungen.

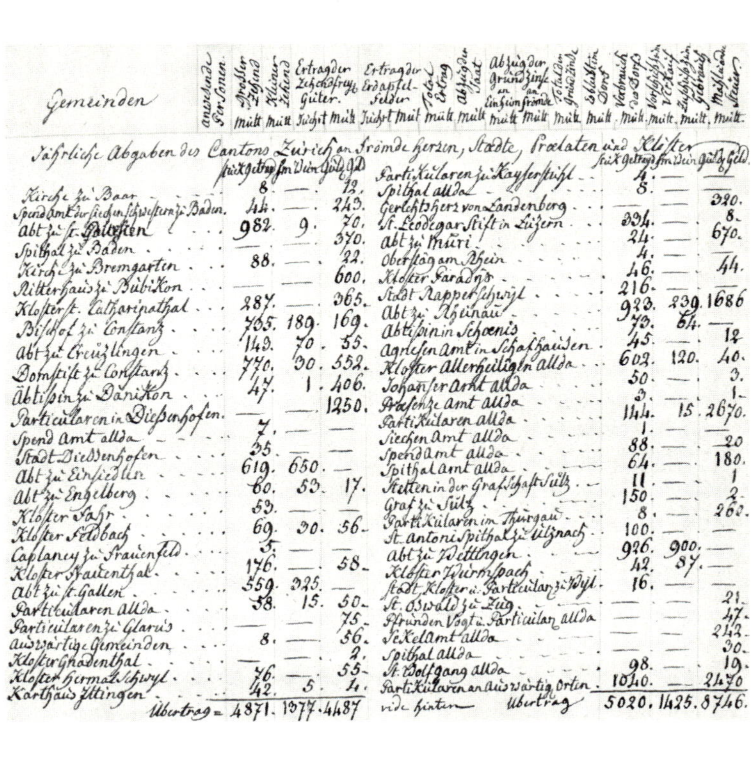

Gemeinden | anwesende Personen | Grosser Zehend | Kleiner Zehend | Ertrag der Zehndfreyen Güter | Ertrag der Erdapfelfelder | Total Ertrag | Abzug der Saat | Abzug der Grundzinse an Einheimische | an Frömde | Total der Grundzinse | Schlachten Dorf | Verbrauch des Dorfs | Vorschießen Verkauf | Zuschießen Gebrauch | Mißlende Steuer

Mütt Mütt Jucht Mütt Jucht Mütt Mütt Mütt Mütt Mütt Mütt Mütt Mütt Mütt Mütt Mütt

Jährliche Abgaben des Cantons Zurich an Frömde Herren, Städte, Prælaten und Klöster

	Stück Getreid	Eim Wein	Guld. Geld		Stück Getreid	Eim Wein	Guld. Geld
Kirche zu Baar	8.	—	12.	Particularen zu Kayserstuhl	4.	—	—
Spend Amt der Siechen Schwestern zu Baden	44.	—	243.	Spithal allda	8.	—	—
Abt zu St. [illegible]	982.	9.	70.	Gerichtsherr von Landenberg	—	—	320.
Spithal zu Baden	—	—	370.	St. Leodegar Stift in Luzern	334.	—	8.
Kirche zu Bremgarten	88.	—	22.	Abt zu Muri	24.	—	670.
Ritterhaus zu Bubikon	—	—	600.	Oberstag am Rhein	4.	—	—
Kloster St. Catharinathal	287.	—	365.	Kloster Paradis	46.	—	44.
Bischof zu Constanz	785.	189.	169.	Stadt Rapperschwyl	216.	—	—
Abt zu Creuzlingen	143.	70.	55.	Abt zu Rheinau	923.	239.	1686
Domstift zu Constanz	770.	30.	552.	Äbtissin in Schoenis	73.	64.	—
Äbtissin zu Dänikon	47.	1.	406.	Agresen Amt in Schafhausen	45.	—	12
Particularen in Dießenhofen	—	—	1250.	Kloster Allerheiligen allda	602.	120.	40.
Spend Amt allda	7.	—	—	Johanser Amt allda	50.	—	3.
Stadt Dießenhofen	35.	—	—	Presenze Amt allda	3.	—	1.
Abt zu Einsiedlen	619.	650.	—	Particularen allda	144.	15.	2670.
Abt zu Engelberg	60.	53.	17.	Siechen Amt allda	1.	—	—
Kloster Fahr	53.	—	—	Spend Amt allda	88.	—	20
Kloster Feldbach	69.	30.	56.	Spithal Amt allda	64.	—	180.
Caplaney zu Frauenfeld	5.	—	—	Stetten in der Grafschaft Sulz	11.	—	1
Kloster Frauenthal	176.	—	58.	Graf zu Sulz	150.	—	2.
Abt zu St. Gallen	559.	325.	—	Particularen im Thurgau	8.	—	260.
Particularen allda	58.	15.	50.	St. Antoni Spithal zu Utznach	100.	—	—
Particularen zu Glarus	—	—	75.	Abt zu Wettingen	926.	900.	—
auswärtige Gemeinden	8.	—	56.	Kloster Wurmspach	42.	87.	—
Kloster Gnadenthal	—	—	2.	Stadt, Kloster u. Particularen zu Wyl	16.	—	—
Kloster Hermatschwyl	76.	—	55.	St. Oswald zu Zug	—	—	21.
Karthaus Ittingen	42.	5.	4.	Pfrunden Vogt u. Particularen allda	—	—	47.
				Seckelamt allda	—	—	242.
				Spithal allda	—	—	30.
				St. Wolfgang allda	98.	—	19.
				Particularen an auswärtigen Orten	1040.	—	2170
Übertrag =	4871.	1377.	4487	vide hinten Übertrag	5020.	1425.	8746.

QUELLEN

Die handschriftlichen Quellen, denen die meisten der hier wiedergegebenen Selbstzeugnisse Eschers entnommen wurden, sind unpubliziert.
Der Lebensbericht für den Sohn, 711 Manuskriptseiten im Quartformat, befindet sich in Zürcher Privatbesitz und umfaßt Eschers Lebensgeschichte bis zum 15. Juni 1798. Escher hat ihn am 24. Februar 1812 mit der Widmung an den damals 5jährigen Arnold begonnen. Da die Kapitel stets am Ende datiert sind, steht das letzte Datum am Ende des vorletzten Kapitels: 15. Dezember 1822. Im letzten Kapitel hat der Tod Escher die Feder aus der Hand genommen. Die Schilderung ist eine fortlaufende und von schonungsloser Offenheit und Wahrhaftigkeit. Da es sich um ein nicht für die Öffentlichkeit bestimmtes Dokument handelt, wurde es nie für die Publikation freigegeben, stand jedoch den Escher-Biographen von Paul Usteri bis Johann Jakob Hottinger zur Verfügung. Im Lebensbericht finden sich 17 lose eingelegte Jugendzeichnungen Eschers, in der Mehrzahl solche von der «Fremdereise», darunter auch einige Repliken und eine Kopie. Während Hans Conrad Escher die benötigten Repliken selbst anfertigte, waren seine Nachkommen auf Kopisten angewiesen.
In seiner Jugend führte Escher zunächst fleißig, dann weniger ausführlich Tagebuch; sein erstes, schon mit Zeichnungen versehenes, verbrannte er aus Scham über die darin enthaltenen «Kindereyen». Als der 28jährige auch die späteren Tagebuchnotizen den geognostischen Studien, seiner öffentlichen Lehrtätigkeit und den Bergwanderungen opfern mußte, entschloß er sich, sie durch Jahresrückblicke zu ersetzen. Diese jeweils auf vier Quartseiten geschriebenen Rückblicke, die sich gleichfalls in Privatbesitz befinden, beginnen mit dem Jahr 1795 und enden mit dem am 1. Januar 1823 «morgens vor 6 Uhr» geschriebenen auf das Jahr 1822. Sie entstanden im Zusammenhang mit der Gewohnheit Eschers, die letzten Stunden des alten Jahres auf dem Üetliberg oder sonst in der freien Natur zu verbringen und über das Getane und Versäumte sich selbst gegenüber Rechenschaft abzulegen.

Die abkürzend als Reisenotizen bezeichneten «Fragmente über die Naturgeschichte Helvetiens» beginnen mit dem Jahr 1791 und enden mitten in der Schilderung der letzten Bergwanderung vom 14. Juli bis 26. August 1822. Sie umfassen etwa 1450 Folioseiten handschriftlichen Textes in 11 Heften, die, zu drei Bänden gebunden, in der Handschriftenabteilung der Bibliothek der Eidgenössischen Technischen Hochschule in Zürich verwahrt werden[91]. Der Inhalt ist aus dem zweiten Teil des Verzeichnisses der Bergwanderungen und Reisen im Anhang dieses Buches ersichtlich. In den Reisenotizen hielt Escher zunächst ausschließlich geognostische Beobachtungen fest, später darüber hinaus Schilderungen der Bergwanderungen und ihrer Umstände. Die Reisenotizen sind auf den Marginalstreifen ab und zu, ziemlich selten, mit schematischen Zeichnungen vor allem der Gesteinsschichtung illustriert.
Zum lebendigen Lebensbericht und den sachlichen Reisenotizen als ergiebigsten Informationsquellen über Eschers zeichnerisches Lebenswerk gesellt sich das drei Tage vor seinem Tod eigenhändig geschriebene Testament vom 6. März 1823. Es befindet sich ebenfalls in privater Hand. Da es erst in der letzten Phase der Arbeit an diesem Buch zur Kenntnis des Herausgebers gelangte, konnte es bisher nicht gebührend berücksichtigt werden. Zunächst erklärt es, warum die topographisch-geognostischen Zeichnungen bei Arnold, die übrigen sodann in den Familien seiner Schwestern blieben: «Endlich gehören noch meinem Sohn zum Voraus ohne irgend eine Zu- oder Abrechnung mein Naturalien Kabinet mit allen dazu gehörigen Nebenabtheilungen, Instrumenten, Zeichnungen, sowohl naturhistorischen als auch bloß topographisch-pittoresken; davon jedoch solche, die als bloße Verzierung dienen, wie die Kupferstiche von Hegi, Geßner und kleine Handzeichnungen von mir, meinen übrigen Kindern als Zierrat oder Andenken... Alles Geographische und Geographisch-Topographische hingegen soll zum Kabinet gehören, sowie die den Söhnen gesetzlich zugehörige Bibliothek.» Teile dieser Bibliothek sind über die Naturforschende

Gesellschaft in die Zentralbibliothek gelangt und mit der Signatur LE – Linthescher – oder NLE (das N für Bibliothek der Naturforschenden Gesellschaft) bezeichnet. Sodann geht aus dem Testament hervor, daß Escher sich des Wertes des Naturalienkabinetts mit den Zeichnungen wohl bewußt war: «Sollte mein Sohn als minderjährig oder ohne Leibeserben absterben..., würde...(es) solange beisammen behalten, bis sich eine schickliche Veräußerung, die in Verbindung mit den dazugehörigen Handzeichnungen wenigstens zehntausend Gulden betragen sollte, darbietet.» Und schließlich ist es ein schönes Dokument von Eschers warmer Menschlichkeit. Sein Anfang lautet: «Die oekonomischen Verhältnisse einer Familie sind zwar in Hinsicht auf das höhere Leben, die Beförderung der Entwicklung unserer Seelenkräfte und unserer Sittlichkeit sehr untergeordnet. Aber man bedarf jener, um diese und ihre Entwicklung mannigfaltig zu erleichtern, und daher sorgt billig jeder Hausvater soviel möglich für die Äufnung seines Wohlstandes und dadurch auch möglichst unmittelbar für den seiner Kinder. Tod und darauffolgende Erbschaften sind ausgezeichnete Zeitpunkte, in welchen meist umfassendere ähnliche Verhältnisse bestimmt werden. – Kommt also herzlich, liebe Kinder, laßt uns ein Stündchen zusammensitzen, um uns noch über mein Vermögen zu beraten und dessen Verteilung zu bestimmen. – Im Grabe, wo ich sein werde, wenn ihr dieses leset, bekümmere ich mich nicht mehr um ähnliche Dinge, aber jetzt ist es Pflicht, alles in erforderliche Ordnung zu bringen, wodurch auch Beruhigung für den Sterbenden entsteht.

Die Hauptsache besteht nach unsern gewiß einstimmigen Gefühlen darin: meiner vortrefflichen Gattin, Euer teuersten, edelsten Mutter, eine oeconomische Lage zu bestimmen, die sie freilich nicht in eine glänzende, aber doch so viel möglich beruhigende oeconomische Lage bis ans Ende ihrer Tage versetze. – Die Teilung zwischen Eltern u. Kindern von Hausrat, Silbergeschirr, Linge, Lebensmitteln, Kleinodien u.s.w. ist für das übrigbleibende der Eltern zuweilen eine etwas drükkende Lage; daher denke ich, liebe Kinder, stimmt ihr mir gerne bei, wenn wir diesem Mißverhältnis sogleich den Faden dadurch abschneiden, daß wir die Bestimmung treffen: daß der lieben Mama zum Voraus, ohne irgend eine andere Abrechnung, als künftiges Eigentum übergeben werde: mein ganzer Hausrat ohne irgend eine Ausnahme, alle meine Mobilien jeder Art, alles und jedes Silbergeschirr, Uhren und Kleinodien...» Wenn man weiß, wie Escher seine Kinder liebte, erkennt man die Wandlung, die im gegenseitigen Verhältnis beider Ehepartner im Laufe der Jahre eingetreten ist.

Nur teilweise zu den sekundären, zum Teil aber zu den primären Quellen gehört ein in Privatbesitz erhaltenes Album im Großfolioformat, das um den Ersten Weltkrieg angelegt wurde und 35 Aquarelle enthält. Einige sind Ansichten und Panoramen Eschers, die Mehrzahl jedoch Kopien[92], die in einigen Fällen in den Reisenotizen erwähnte, aber verlorengegangene Zeichnungen ersetzen. Die Kopien sind meist mit Staffage versehen, auch dort, wo Escher keine angebracht hat, und diese Staffage ist im Vergleich mit derjenigen Eschers viel routinierter, aber kleinlicher und konventioneller gemalt; die Landschaft hingegen bleibt bei den Kopisten Stümperei. Doch wir kennen wenigstens das Aussehen, die Art und den Bildwinkel der verlorenen Zeichnungen. Auch Kopien Eschers nach fremden Vorbildern finden sich in dem Album – er war nie in Sizilien, und dennoch enthält die Sammlung zwei eigenhändige Ansichten der sizilianischen und kalabrischen Küste.

Es gibt noch andere verschollene Primärquellen. Die in Füßlis Künstlerlexikon 1806 erwähnten Reliefs, die Escher angefertigt haben soll, sind nicht auffindbar. Schon 1794 sah Escher in Aarau beim Förderer der schweizerischen Karthographie, dem Fabrikanten Rudolf Meyer, «Vater Meyer» genannt, das damals noch nicht fertiggestellte Relief der Schweiz. Er kannte seinen Erbauer, den Ingenieur Müller aus Engelberg (Kommentare 89, 90, 91) und vielleicht auch das Relief der Innerschweiz von Franz Ludwig Pfyffer von Wyher, Vorbild des Meyerschern, das heute in Luzern ausgestellt ist; die Nachricht Füßlis dürfte also ihre Richtigkeit haben.

Was die publizierten Primärquellen betrifft, seien sie hier kurz genannt, weil die Hottingersche Biographie mit dem Anhang «Escher als Gebirgsforscher», wo Arnold die wissenschaftlichen Publikationen seines Vaters aufzählt und interpretiert, nicht mehr leicht greifbar ist. Zur Kenntnis des zeichnerischen Lebenswerks tragen sie allerdings nur selten, dafür Wichtiges bei, das hier zitiert worden ist. Der Leser findet sie im Literaturverzeichnis unter dem Namen des Verfassers.

Unter den Sekundärquellen verdient vor allem Johann Jakob Hottingers Escher-Biographie von 1852 Aufmerksamkeit. Ihren Mängeln – fehlende Register erschweren das Suchen, die Schilderung wird oft unübersichtlich – stehen Vorzüge gegenüber, die durch den Zeitpunkt der Publikation bedingt sind. Besonders eindrücklich wird die Zeit der Helvetik mit ihrer sehr schweizerischen Art der Auseinandersetzung zwischen den Menschen und Mächten geschildet. Denn in Hottingers Text ist derjenige Paul Usteris und Albrecht Renggers fast unverändert erhalten. Die Kompilation führte natürlich zu einer gewissen Unübersichtlichkeit und Kompliziertheit; doch Hottinger selbst stand nach 1848, nach der Gründung des neuen schweizerischen Bundesstaates, im Bann des eben Geschehenen. Später hätte sein Buch in dieser Form kaum mehr erscheinen können, ohne daß er an seinem fortschrittlichen Inhalt Abstriche vorgenommen hätte. Rücksichten auf die öffentliche Meinung haben ihn auch so dazu geführt, Eschers positives Verhältnis zur Religion möglichst herauszustreichen. Zwar war Escher ein entschiedener Anhänger der reformierten

Lehre. Schon auf seinen Jugendwanderungen nahm er den Unterschied zwischen der wohlhabenden, sauberen und friedlich betriebsamen reformierten Schweiz und den ärmeren katholischen Kantonen, vom armseligen, ja elenden Leben der Menschen im angrenzenden katholischen Ausland gar nicht zu reden, zur Kenntnis. Aber nie ist er bigott, ja auch nur religiös im landläufigen Sinn. Er spricht von Gott nur als der «Urquelle allen Seins», der Vorsehung. Gott ist für ihn das oberste ordnende Prinzip, das Naturgesetz. Wohl hat er sich aktiv am Reformationsfest beteiligt; er hielt den reformierten Glauben für den nützlichsten für sein Volk, denn daß es auf andere Weise glauben mußte als er, war ihm klar. Seine besten Freunde sind reformierte Pfarrer: Vaucher, Rengger, Steinmüller, Gruner. Der Pfarrerberuf bedeutete für die fortschrittliche Intelligenz soziale Sicherung. Er spricht mit ihnen über alles mögliche, nur nicht über Religion. So ist auch Hottingers Escher-Biographie ein Spiegel ihrer Zeit. Weil Eschers Leben seit der Helvetik dort so ausführlich behandelt ist, konnte hier davon abgesehen werden. Es wären auch kaum weitere Tatsachen zum Verständnis des zeichnerischen Lebenswerkes dort auffindbar, als sie in den Reisenotizen schon festgestellt worden sind.

Dem Bekenntnis zur Quelle der großen Ordnung sei Eschers Bekenntnis zum Vaterland gegenübergestellt. Er war ein glühender Patriot, bereit, für die Heimat alles zu geben, und doch wieder vernünftig. Das zeigen auf drollig-ernste Weise seine Reflexionen am Kraterrand des Vesuvs, wohin er 1788 von Neapel aus aufgestiegen war: «Ich erreichte endlich den Rand..., der ganz mit den noch glühenden, rauchenden Lavastücken übersät war – schon in meiner Nähe fielen die am weitesten weggeschleuderten Lavablöcke herab – ich durfte also nicht weiter vorrücken – hier sah ich lange in staunender Bewunderung den sich schnell folgenden heftigen Feuerausbrüchen zu... Meine Führer wollten mich immer warnend wegreißen von diesem über alle Beschreibung erhabnen Schauspiel – bey dem mich am Ende noch ein ächt republikanisch-patriotischer Gedanke etwas aufhielt. Ich stellte mir vor, der Crater sey eine ungeheure östreichische Batterie, welche die Vertheidiger meines Vaterlands zu Boden strecke – würdest du wagen, fragte ich mich selbst, nun mit einigen Entschloßnen diese Batterie zu stürmen u. so dein Vaterland zu retten? – Mit frohem Mut antwortete ich mir: Ja, ohne alle Bedenken, u. ungeachtet ich das Bild der zerstörenden Auswürfe in einem weit übertriebnen Maß vor mir hatte, fühlte ich einen Reiz, das Wagestück zu unternehmen. – Ein ganz nahe bey mir herabpfeifender Stein weckte mich aus meinem Traum, u. ich entfernte mich langsam u. oft zurückblickend von dieser schönsten Naturscene...» Er konnte den Bündnisvertrag mit dem revolutionären Frankreich, den er im Prinzip guthieß, ablehnen, weil er den Menschen, die ihm anvertraut waren, mehr schaden als nützen würde (s. Manuskriptseite seiner Rede vor den Gesetzgebenden Räten). Sein Patriotismus war humanistisch, nicht nationalistisch geprägt.

Sein Bekenntnis zum Menschen wandelte sein Verhältnis zur Revolution. Weil er für Gerechtigkeit und Toleranz war, hatte er die Revolution gegen die ungerechten und intoleranten «alten Oligarchen» bejaht. Weil die Revolution in ihrer zerstörerischen Blindheit nicht nur ihre Feinde, sondern auch ihre Freunde traf, weil sie neue Ungerechtigkeiten beging, weil sie die Freiheit nicht förderte, sondern erstickte, weil sie die alten Machthaber *und* das Volk arm machte, wandte er sich von ihr ab. Eben: er war und blieb Demokrat. Es fiel ihm gar nicht ein, als verlorener Sohn reuevoll in die Arme der «Aristokratie» zurückzukehren. Sie mußte ihn um seinen Dienst bitten.

Quellen sind seine Ansichten und Panoramen schließlich für eine Reihe von Wissenschaften. Die Glaziologen waren die ersten auf dem Plan. Noch während der Ausstellung von 1973 meldeten sie sich mit der Bitte um weitere Einsicht, da die Escher-Zeichnungen Gletscherstände einer Zeit festhielten, die oft hundert und mehr

Appenzell. Die lavierte Tuschezeichnung vom 18. Juli 1786 ist ein Dokument des Zustandes des Dorfes vor fast 200 Jahren.

Ein weiteres Dokument ist die am 23. März 1786 entstandene Zeichnung des «Klösterli», der Reste des Chorherrenstifts St. Martin auf dem Zürichberg, die im 19. Jahrhundert abgebrochen wurden und deren Fundamente man kürzlich ausgegraben (und wieder begraben) hat.

Jahre vor den letzten bisher erfaßten Daten liege. Im Kommentar zum Bild des Brunnigletschers (83) wird eine solche Auswertung geschildert. Im Streit um die Reste des romanischen Kreuzgangs des einstigen Chorherrenstifts St. Martin auf dem Zürichberg, «Klösterli» genannt, wurde Eschers Zeichnung (Abb.) zu Hilfe gerufen; bei der geplanten Restaurierung der alten Dorfkirche in Zürich-Witikon zog man die Zeichnung Eschers zurate. Wie der Lac de Derborence (Bild 160) noch 54 Jahre nach der Katastrophe aussah, kommt der Forstwissenschaft zugute, denn längst hat sich Pionierwald auf dem Schutt angesiedelt. Der Goldauer Bergsturz (Bild 75) und der vom Wasser durchbrochene Eiskegel unter dem Giétrogletscher im Val de Bagnes (Bild 140) sind anschaulich und wissenschaftlich einwandfrei dokumentiert. Die Ortsnamenforschung kann von den alten, nicht mehr verwendeten Namen (z.B. Centovalli ob Campo Blenio, Bild 96), die Ortsbildforschung von einer ganzen Reihe präziser Zeichnungen von Schweizer Dörfern und Städten profitieren. Man lernt bei Escher, wie die Mühlen der Entonnoirs am Lac de Joux funktionierten (Kommentar und Abbildung 161), wie die steinerne Schutzhütte auf dem Scalettapaß zu einer Zeit aussah, als es noch keinen SAC gab (Bild im Panoramenband), und anderes mehr[93].

Wichtige Quellen sind für uns die wenigen erhaltenen Bildnisse Eschers. Der in den Familien seiner Töchter weitergegebenen Überlieferung zufolge war er viel zu bescheiden, um sich porträtieren zu lassen. Das einzige Selbstbildnis ist eine Jugendarbeit, das hier schon besprochene Selbstporträt des 18jährigen aus der Genfer Zeit. Das einzige Bildnis des reifen Mannes in seinen besten Jahren, etwa zur Zeit der Helvetik, ist diesem Buch vorangestellt. Es wird seit langem in der Graphischen Sammlung der Zürcher Zentralbibliothek ver-

Das von Karl J. J. Schultheß entworfene und nicht ausgeführte Denkmal Eschers auf dem Biberlikopf in einer Radierung Martin Esslingers. Aus dem Neujahrsblatt der Zürcher Stadtbibliothek auf das Jahr 1828.

wahrt und war als Arbeit Hans Jakob Oeris bezeichnet, offenbar weil Oeri das letzte Porträt Eschers vom 6. März 1823 gezeichnet hatte (der sterbende Escher mag seinen Lieben auf ihr Drängen nachgegeben haben – wie das Testament vom gleichen Tag zeigt, wußte er um sein baldiges Ende). Dieses Bildnis wurde von Johann Heinrich Lips in Kupfer gestochen und ist hier abgebildet. Hans Jakob Oeri konnte jedoch schwerlich der Zeichner des schönen, durchaus glaubwürdigen Porträts des kühnen jungen Patrioten gewesen sein, weil er sich, 1782 im Dorf Kiburg geboren, seit 1799 in Winterthur in der Lehre befand. 1802 stellte er zwar in Zürich ein Selbstporträt aus – er war nun 20 Jahre alt –, das Martin Usteri lobend erwähnt, ging aber 1803 nach Paris, um erst 1807 zurückzukehren. Das Rätsel löste der Zufall. 1973 erhielt die Zentralbibliothek eine Schenkung von 32 prachtvollen Porträtzeichnungen in schwarzer Kreide und Rötel, die so lebendig wirkten, daß man manche einer hundert Jahre späteren Zeit zugeordnet hätte. Da ich das Geschenk entgegennahm und bearbeitete, konnte ich den Zeichner Diethelm Heinrich Lavater als den Sohn von Johann Caspar Lavaters «mißratenem» jüngstem Bruder Heinrich identifizieren, der wegen seiner vier Frauen – die dritte ließ er mit dem eben geborenen Diethelm Heinrich sitzen, weil inzwischen die vierte von ihm ein Kind erwartete – von seiner Familie so vollkommen verleugnet wurde, daß er auch im Schweizerischen Künstlerlexikon nur als irgendein Heinrich Lavater, Goldschmied, erwähnt ist. Der Vergleich mit den Porträtzeichnungen aus der neuen Schenkung zeigte einwandfrei, daß das Bildnis Eschers von Heinrichs Sohn Diethelm Heinrich Lavater, Stiftsschreiber am Zürcher Großmünster, gezeichnet wurde. Den Befund erhärtet die Tatsache, daß der vom Vater verlassene Diethelm Heinrich Schützling und Patenkind von Johann Caspar Lavaters jüngerem Bruder, dem Arzt Diethelm Lavater war – und Johann Caspars Sohn Heinrich Lavater, später Arzt wie sein Onkel, war Hans Conrad Eschers Freund[94].

Die Denkmäler Eschers sind eine negative Quelle. Die Tafel am Biberlikopf ist das einzige existierende. Zürich hat das geplante Denkmal nie verwirklicht. Im Neujahrsblatt der Zürcher Stadtbibliothek auf das Jahr 1828 erschien mit einer Würdigung Eschers eine Radierung von Martin Eßlinger, die das von Karl J. J. Schultheß entworfene Denkmal Eschers auf dem Biberlikopf bei Ziegelbrücke darstellt. Statt diesem wurde nur die schmucklose Tafel auf dem Felsblock an der Bahnlinie angebracht, und Eßlingers Radierung wurde zur Ironie. Zum 100. Geburtstag Eschers im Jahre 1867 fertigte der Zürcher Gipsermeister Georg Hoerbst nach diesem Entwurf ein Modell in zwei Ausfertigungen an, deren eine sich in der Zentralbibliothek befindet. Auch diesmal wurde das Denkmal nicht verwirklicht.

Die am Neuen Seidenhof angebrachte Gedenktafel – wesentlich kleiner und schmuckloser als die in Ziegelbrücke – zerbrach ein junges Familienmitglied beim Verkauf des Hauses in Stücke, um sie nicht zum Reklameobjekt des Warenhauses werden zu lassen. Zürich hat sich des zweihundertsten Geburtstags seines bedeutenden Bürgers im Jahre 1967 nicht mehr erinnert. Sein einfaches Grab – er hätte es anders nicht gewünscht – befindet sich auf einem kleinen alten Friedhof hoch über dem brausenden Stadtverkehr auf der Hohen Promenade. Da er sich ein Grabmal verbeten hatte, war sein Grab auf dem später aufgelassenen St.-Anna-Friedhof nach wenigen Jahren so von Grün überwuchert, daß seine Tochter Charlotte es nicht mehr finden konnte, als seine Überreste umgebettet werden sollten. Das ist «Eschersch».

Es ehrt ihn, ein ihm gewidmetes Buch nicht mit ihm zu beschließen, sondern mit der Urquelle, aus der auch er seine Kraft schöpfte: mit den Alpen, wie sie in der ältesten schweizerischen Quelle – einer der klarsten und erfrischendsten – geschildert sind. Der Zürcher Universalgelehrte, Arzt und Naturforscher Conrad Geßner (1516–1565) hat als erster moderner Mensch die Alpen bewundert und geliebt. In seiner 1555 erschienenen Descriptio Montis Fracti, der Beschreibung des Berges Frackmunt vulgo Pilatus, preist er das Bergwandern: «Es gibt in der Tat keinen unserer Sinne, der im Gebirge nicht ganz besonders auf seine Rechnung kommt. Was den Tastsinn anbelangt, so wird der ganze Körper, wenn er zufolge der Hitze erschlafft ist, durch die frische Bergluft belebt, mit der wir auch unsere Lungen füllen. Unser Auge weidet sich an der wundervollen Szenerie der Berge, der Grate, der Felsen, der Wälder, der Täler, der Bäche, der Quellen, der Bergweiden, am Farbenreichtum der Pflanzen, an den erstaunlichen Konturen der Bergspitzen, der Felsen, der Krümmungen und anderer Objekte, deren Formen, Größe und Höhe uns in Erstaunen versetzen. Will man den Blick in die Weite schweifen lassen, so fehlt es nicht an Aussichtspunkten, noch an Bergspitzen, auf denen man vermeint, mit dem Kopf fast die Wolken zu berühren. Will man sich an näherliegenden Dingen erfreuen, so gibt es Weiden und grüne Wälder, die dich zum Besuch einladen. In noch engerem Umkreis findest du kühle Mulden, schattige Felsen, dunkle Höhlen. Nirgends ist auf so kleinem Raum eine solche Vielfalt von Dingen anzutreffen. An einem einzigen Tag kannst du alle vier Jahreszeiten, den Sommer, den Herbst, den Frühling und den Winter, sehen und fühlen. Nicht zu vergessen ist auch, daß sich auf den höchsten Gipfeln unsere ganze himmlische Hemisphäre ohne Einschränkung dem Blick darbietet, und man kann den Aufgang und Niedergang der Sterne unbehindert beobachten. Auch steht hier die Sonne früher auf und geht später unter.

Das Ohr erfreut sich bald am frohen Gespräch und an den Späßen der Gefährten, bald am Gesang der Vögel, bald genießt es die Stille der Bergeinsamkeit. Da ist nichts, was das Ohr beleidigt, weit entfernt sind der

Das letzte Bildnis des bald 56jährigen Escher, drei Tage vor seinem Tod gezeichnet von Hans Jakob Oeri und im selben Jahre 1823 von Johann Heinrich Lips gestochen.

Lärm und der Tumult der Städte, die Streitereien unter den Menschen. Hier, auf den hochragenden Kämmen, glaubt man beinahe die Musik der himmlischen Sphären zu vernehmen, wenn es eine solche gibt. Angenehme Düfte umgeben uns, von den Pflanzen, Blüten und Bäumen des Gebirges herrührend; denn sogar die Pflanzen, wenn sie blühen, riechen in der Höhe immer stärker und sind medizinisch wirksamer als in der Niederung. Die Luft ist hier viel reiner, nicht verdorben wie in der Stadt oder von Dunst geschwängert wie im Flachland.

Um den Geschmacksinn zu erwähnen, so bereitet der Genuß frischen Wassers auf halber Höhe des Berges, wo es gut filtriert und noch kühl ist, ein großes Wohlbehagen. Zufolge unserer körperlichen Bewegung zirkuliert es schneller und wird zum großen Teil als Urin und Schweiß ausgeschieden. Auf diese Weise kann es nicht so plötzlich zum Herzen gelangen und dasselbe in gefährlicher Weise abkühlen, zumal dieses infolge der frischen Luft selbst weniger erhitzt ist. Die Milchprodukte, die uns im Gebirge als Nahrung angeboten werden, sind schmackhaft und gesund; auch werden sie wegen der körperlichen Bewegung leichter verdaut.

Zusammenfassend kann gesagt werden, daß jede Bergtour zusammen mit Freunden ein Hochgenuß für alle unsere Sinne ist. Dazu bedeutet sie eine gesunde körperliche Anstrengung, in der alle Nerven und Mukseln

zufolge der Unebenheit des Bodens weit besser geübt werden als beim Marschieren in der Ebene.
Aber hier oben fehlt uns ein Bett, eine Matratze, eine Federdecke, ein Kopfkissen! O du verweichlichter Mensch, siehst du nicht ein, daß das Heu dies alles ersetzt? Es ist weich, köstlich duftend, aus den verschiedensten Kräutern und heilsamsten Pflanzen zusammengesetzt; dein Atmen während des Schlafes wird darob angenehmer und gesünder. Das Heu, unter deinen Kopf gelegt, wird dir zum Kopfkissen, du liegst auf ihm wie auf einer Matratze, über dich gebreitet, dient es dir als Decke.»
Wie Escher war Geßner nicht der Typ des Stubengelehrten. Es ist selten Schöneres über die Berge geschrieben worden als er es in einem Schreiben an seinen Freund Jakob Vogel-Avienus in Glarus getan hat. Der Brief erschien 1541 in Zürich als Anhang des Libellus de lacte, des Büchleins von der Milch.
«Ich habe mir vorgenommen, sehr gelehrter Avienus, solange mir Gott das Leben schenkt, alle Jahre, wenn die Pflanzen blühen, mindestens einen Berg zu besteigen, um zu herbarisieren, meinen Körper zu üben und meinen Geist zu erfrischen. Welch ein Hochgenuß, nicht wahr, die gewaltige Masse der Berge zu bewundern und sein Haupt gewissermaßen bis in die Wolken zu erheben! Wie bedauernswert kommen mir doch die Leute vor, die ihr ganzes Leben zu Hause verbringen, statt mit ihren Augen das Schauspiel der Welt zu genießen, Leute, die wie Haselmäuse im Winter in ihrem Winkel verharren, ohne zu bedenken, daß unser Menschengeschlecht auf die Erde gesetzt wurde, um aus deren Wundern auf die Existenz einer höheren Macht, eines allmächtigen Gottes zu schließen... Diejenigen aber, welche den Durst nach Wissen empfinden, werden fortfahren, mit den Augen des Körpers und des Geistes die Köstlichkeiten dieses irdischen Paradieses zu betrachten. Zu dessen Wundern gehören zweifelsohne die hohen und schroffen Bergriesen, ihre unzugänglichen Schründe, die Wucht ihrer himmelstrebenden Wände, ihre jähen Felsen, ihre dunklen Wälder...»[95]
Das ist Eschers Bekenntnis, zweihundertfünfzig Jahre vor Escher. Es ist das Bekenntnis der einigen hundert Berggänger der Zeit Eschers und der Millionen Alpinisten und Bergwanderer der Gegenwart zur Schweizer Bergwelt.

LEBEN UND LINTHWERK

Herkunft und Jugend

Hans Conrad Escher kam am 24. August 1767 in Zürich als Sohn des Fabrikanten und Regierungsrates Hans Kaspar Escher und seiner zweiten Gattin Anna, Tochter des Bürgermeisters Hans Kaspar Landolt, zur Welt. Die angesehene Familie gehörte dem Stamm der Escher vom Glas an, der im 14. Jahrhundert aus dem Städtchen Kaiserstuhl am Rhein nach Zürich übersiedelte und seither der Limmatstadt eine Reihe hervorragender Männer geschenkt hat.

Vater Escher betrieb gemeinsam mit seinen Brüdern eine Seiden- und Creppflorfabrik, die den Wohlstand des Hauses begründete. In erster Ehe war er mit Elisabeth Escher verheiratet, die ihm vier Söhne gebar. Die zwei jüngeren starben minderjährig. Der zweiten Ehe entsprossen drei Söhne und fünf Töchter. Von diesen Kindern starben der erst- und der drittgeborene Sohn als Kleinkinder. Hans Conrad, der zweite Sohn aus der zweiten Ehe, überlebte das damals der großen Sterblichkeit wegen besonders gefährdete Kindesalter.

Der schüchterne Knabe, der schön schrieb, gerne zeichnete, nicht übel rechnete und die Geographie liebte, schien als Lateinschüler hoffnungslos unbegabt. Darum steckte ihn sein Vater mit 13 Jahren in die Kunstschule, die 1773 gegründete Vorläuferin der späteren Industrieschule (und heutigen Oberrealabteilung der Kantonsschule Zürich). «Man erklärte mich für einen fähigen und fleißigen Knaben, der besonders für angewandte Mathematik viele Anlagen zeige.» Im Winter 1782/83 arbeitete Hans Conrad als Gehilfe im väterlichen Geschäft, um dann im April den für Söhne und Töchter seines Standes üblichen Welschlandaufenthalt anzutreten. Anderthalb Jahre verbrachte der Jüngling in einem pfarrherrlichen Institut in Morges und weitere neun Monate in Genf. Das Leben in der blühenden Handelsstadt, wo Philosophie, Naturwissenschaften und Medizin besonders gepflegt wurden, weckte entscheidende Interessen und Kräfte. Im Sommer 1785, vor seiner Rückkehr nach Zürich, wanderte er mit seinem vier Jahre älteren Privatlehrer und Freund Jean Pierre Etienne Vaucher nach Chamonix, auf den Col de Balme und den Buet (3094 m). Diese erst hochalpine Tour im Bereich der Gletscherwelt des Montblanc mag in dem Achtzehnjährigen die Liebe zu den Bergen geweckt haben, die ihm stets neuen Mut und neue Kräfte schenkten. Ihr Erlebnis war ihm ein vitales Bedürfnis und ein wesentliches Motiv seiner Vaterlandsliebe, die auch in den dunkelsten Stunden Helvetiens, in den wirren Tagen gegenseitigen Hasses und leidenschaftlicher Verfolgung standhielt. Aus dem Welschland nach Hause zurückgekehrt, fand Hans Conrad neben der Mithilfe im Geschäft genügend Zeit zu Studien und Liebhabereien: er zeichnete, malte, ätzte in Kupfer, botanisierte und lernte italienisch. Er wurde in die Zunft zur Konstafel aufgenommen und leistete Dienst bei der Infanterie der Kantonsmiliz.

Lehr- und Wanderjahre

Die «Fremdereise» war bei der Zürcher Oberschicht ebenso üblich wie der Welschlandaufenthalt. Auf einer solchen Reise verbrachte Escher mehr als zwei Jahre. Paris und London lernte der Zwanzigjährige gründlich kennen. Er verzichtete gerne auf die üblichen Vergnügungen und den höfischen Umgang und zog den Kontakt mit dem Volk, mit Künstlern und Gelehrten vor.

In Göttingen blieb Escher im Kreise der Studenten und Professoren an der Landesuniversität Georgia Augusta zwei lehrreiche und fröhliche Semester lang. Er hörte Experimentalphysik, physische Erdkunde, Astronomie, Technologie, Mineralogie, Chemie, kurze Zeit auch Botanik und Psychologie. Mit Privatunterricht holte er das früher verschmähte Latein nach und übte sich im kleinen Kreis allwöchentlich vier Stunden in der deutschen Sprache. Unter den Schweizer Studenten fand er Freunde für sein ganzes Leben, darunter den Zürcher Paul Usteri und die Gebrüder Rengger aus Brugg. Während den Ferien besuchte er Hamburg, Bremen, Berlin, Dresden und Leipzig, wo er zahlreiche weitere Gelehrte und Künstler kennenlernte.

Die große Bildungsreise beschloß Escher im Frühling 1788 mit einer Italienfahrt. Am 21. September kehrte er ins Elternhaus zurück. Sein Tagebuch, das die Fülle seiner Begegnungen, Erlebnisse und Gedanken birgt, schließt mit den Worten: «Und nun auf immer dein, o Vaterland!» Escher hat das schwärmerisch anmutende Versprechen zeitlebens ernst genommen.

Familie und Gesellschaft

Dreiundzwanzigjährig verheiratete sich Hans Conrad Escher mit Regula von Orelli, der Tochter eines angesehenen Mitglieds des Zürcher Rates, die ihm zwei Söhne und sieben Töchter schenkte. Ein Sohn und zwei Töchter starben im frühen Kindesalter. Arnold, der später als Professor für Geologie an der Eidgenössischen Technischen Hochschule in Zürich international bekannt geworden ist, kam 1807 zur Welt, im Jahre des Beginns der Arbeiten an der Linth.

Die kaufmännische Tätigkeit im väterlichen Geschäft beanspruchte Hans Conrad Escher nur wenige Stunden täglich. Er war gewohnt, um fünf Uhr morgens mit der Arbeit zu beginnen. Den Nachmittag widmete er dafür der Familie, dem gepflegten Briefwechsel mit der wachsenden Schar von Freunden und Bekannten, dem Studium der Mathematik, der Philosophie, der Staatswissenschaften und der Geologie, die mehr und mehr sein Lieblingsfach wurde.

Der schüchterne Knabe war längst zu einem weltgewandten, zielstrebigen, klugen und mutigen Mann geworden. Verantwortungsgefühl und Pflichtbewußtsein, Gerechtigkeitssinn und soziales Gewissen, Menschenkenntnis und ein feiner Takt im Umgang mit den Mitmenschen jeglichen Standes, Tatkraft und ein seltener Wille, durchzuhalten, diese und andere Eigenschaften waren die tragenden Pfeiler seiner erstaunlichen Leistungen.

Schon früh nahm Escher wachen und kritischen Sinnes am öffentlichen Geschehen teil. Kurze Zeit amtete er als Mitglied des Stadtgerichtes. Während den kriegerischen Auseinandersetzungen der Revolutionsarmeen Frankreichs mit Österreich und Preussen diente er als Offizier bei der Zürcher Freikompanie, die zum Schutz der Grenzen 1792 nach Basel und 1796 nach Ramsen auszog. Schon früh erkannte er den drohenden politischen Umbruch und diskutierte mit seinen Freunden die Möglichkeiten, diesen «von oben herab» in Ordnung durchzuführen. Während Usteri und Rengger versuchten, eine Zeitschrift zu gründen, kündigte Escher eine Reihe von unentgeltlichen Vorlesungen zu wöchentlich vier Stunden über Politik und Staatswirtschaft an, die er im Dezember 1793 begann und bei wachsendem Zulauf drei Winter lang hielt. Die auf ihre Herrschaft eifersüchtigen Köpfe des oligarchischen Stadtregimes schätzten seine Erwachsenenbildung nicht, ließen den «Idealisten» aber gewähren. Wie die meisten seiner Freunde, begrüßte er die Anfänge der französischen Revolution mit Begeisterung. «Mir erscheint die Wiegenzeit der Republik schön wie die aufgehende Sonne», schrieb er Albert Rengger. Schon lange wußte er um die Mängel der überlieferten erstarrten Staatsform, um die Unzufriedenheit des unterdrückten Landvolkes mit der aristokratischen Herrschaft der Stadt. Die harten Repressalien des uneinsichtigen Regimes gegen die berechtigten Forderungen der Untertanen am Zürichsee (Stäfner Unruhen 1794/95) empörten ihn. Mit Gleichgesinnten versuchte er milde Urteile zu erwirken. Wenige Monate vor dem Zusammenbruch der Alten Eidgenossenschaft, anfangs November 1797 bat er mit vier Freunden den Geheimen Rat um eine rasche und völlige Amnestie und Rehabilitierung aller Beteiligten am Stäfner Handel und um die Wiedergutmachung der materiellen Schäden. Die Bittschrift wurde zurückgewiesen, die Bittsteller einzeln über ihr ungehöriges und gefährliches Handeln belehrt.

Politiker im Sturm des Umbruchs

Die Invasion der Schweiz begann am 13. Dezember 1797. Überall erhoben sich die Untertanen gegen ihre Regierungen. Das Volk tanzte um die Freiheitsbäume. Die Ereignisse überstürzten sich. Mit dem Fall von Bern Anfang März 1798 brach die Eidgenossenschaft auseinander. Die Zürcher Regierung demissionierte bereits am 5. Februar. Sechs Tage vorher, viel zu spät, erfüllte sie die Forderungen der Bittschrift und ließ die Gefangenen von Stäfa frei. Die Landschaft wählte Escher in den Großen Rat der Nationalversammlung, eine der beiden gesetzgebenden Kammern des von Frankreich diktierten Einheitsstaates. Daß er ein halbes Jahr später dessen Präsident wurde, nahmen ihm die Aristokraten besonders übel. Mit Geschick rettete er einen beträchtlichen Teil des Zürcher Staatsschatzes vor dem räuberischen Zugriff der Franzosen. Er setzte sich für die nach Basel verschleppten Geiseln ein und trat dem Ansinnen der extremen Republikaner energisch entgegen, die Vermögen der gestürzten Regenten einzuziehen. Zur Information des Bürgers redigierte Escher zusammen mit Usteri den «Schweizerischen Republikaner». Das anspruchsvolle Wochenblatt, das sowohl von den Aristokraten als auch von ihren erbitterten Gegnern bekämpft wurde, trug viel dazu bei, liberales Gedankengut zu verbreiten.

Escher war ein furchtloser und überlegener Verfechter der Mäßigung und der Gerechtigkeit im Durcheinander der Meinungen und Ansprüche. Er verteidigte die Rechte der Nidwaldner gegenüber General Schauenburg, widersetzte sich den diktatorischen Tendenzen gewisser Direktoren und scheute sich nicht, die schamlose Ausbeutung des Landes durch die Besetzungsmacht zu verurteilen. «Er hat nie nach Macht gestrebt. Er war seinem ganzen Wesen nach zum politischen Fanatismus unfähig, aber ebenso unfähig zu einem schwächlichen Kompromißlertum: durch und durch erscheint der Patriziersohn, der sich unter dem Einfluß Kants dem Ideal der Menschenrechte zugewandt hatte, als ein Mensch des

Faulstok
Glärnis
Vom Rütiberg, hoch ob Schänis gegen das Glarner Land, die Gebirgs Kette des Wiggis u. das untere

Oben: «Auf dem Damm des Molliser Kanals beym Cadino gegen die linke Seite des Auslaufs des Linththals.» Der am 8. Mai 1811 eröffnete Molliserkanal heißt gemäß Tagsatzungsbeschluß seit 1832 Escherkanal. Hier an der «Wallenbergecke» mußte seine Biegung «möglichst sanft gemacht werden». Der Dammfluß besitzt ein doppeltes Profil. Eingeschnitten in das weite Bett zwischen den begehbaren Dämmen, welches die Fluten der Hochwasser aufnimmt, liegt die eigentliche Flußrinne. Als Panorama erblicken wir im Westen die linksseitige Gebirgsflanke des Glarner Unterlandes. Das Oberseetal mit seiner markanten Mündungsstufe liegt wie Amden in einer geologischen Mulde. Es ist das Verdienst von H.C. Escher, auf ihre tektonische Übereinstimmung hingewiesen zu haben. Gezeichnet am 21. Mai 1816. 132:782 mm.

Unten links: Blick vom Biberlikopf bei Ziegelbrücke ostwärts auf die versumpfte obere Linthebene am Ausfluß der Maag und den Walensee. Von Weesen (im Bild links) führt der Weg über die Holzbrücke der alten Sust Biäsche nach Mollis und Näfels. Gezeichnet im ersten Jahr der Arbeiten am Linthwerk.
«Die ganze Gegend vom Biberliberg bis an den Wallenberg (Kerenzer Berg) ist ein drei bis sechs Fuß tiefer Morast (der Schwarze Sumpf), in welchem hier und dort in verschiedenen Richtungen sich Vertiefungen zeigen, die Überreste von alten Seeabflüssen sind. Durch diese ist bey niedrigem Linthstand eine Spur von Wasserabfluß; bey hohem hingegen ist umgekehrt ein Zufluß aus der Linth in den Wallensee hin.» 19. August 1807. 192:237 mm.

Unten Mitte: Dammbruch an der alten Linth bei Schänis. Die Korrektion der Linth war ein steter Kampf gegen die damals häufigen Hochwasser, welche die Bauarbeiten ständig gefährdeten. Anfang Juni 1809 durchbrachen die Hochwasser der «alt Linth» unmittelbar vor ihrer Kreuzung mit dem schon ausgehobenen Kanalabschnitt im Chöllen das «elende künstliche Ufer», einen schmalen und steilen Damm auf einem schlechten Wuhr aus «halbverfaultem Holz und Steinen». Durch die ungefähr zehn Meter weite Lücke stürzte ein Wasserfall so kräftig in die tiefergelegene Ebene, daß, «als endlich der Zuschluß vorgenommen wurde, drey der stärksten Tannenbäume, welche man vor den Einbruch legte, auf einmal zerknickt wurden». Mit Pfählen und steinbeschwerten Faschinen allein gelang das Werk nicht. «Erst als man vermittelst eines vor dem Einbruch versenkten, mit Steinen beladenen alten Schiffes sich ein festes Fundament gebildet hatte, konnte die Zuschließung bald vollständig bewerkstelligt werden.» Die Waldstreifen der Hirzli- Nordflanke markieren die aufsteigenden Nagelfluhschichten. Gezeichnet am 17. Juni 1809. 138:201 mm.

Umseitig: Blick über die untere Linthebene zwischen Ziegelbrücke (links) und Benken (rechts, beide nicht sichtbar) vom Rütiberg oberhalb von Rufi auf den Alpenrand im Südwesten. Die Dörfer Schänis (vorn) und Bilten (zu Füßen der Hirzlikette) liegen erhöht an den sicheren Talflanken. Der heutzutage nur noch spurenweise erkennbare alte Mäanderlauf wird vom gerade geführten Linthkanal durchschnitten, der 1816 vollendet werden konnte. 6. Oktober 1810. 239:642 mm.

Brünelistock
Kupfenstock
Den 6. 8bre 1810. n. d. Nat. gezeicht von Hs. Conrad Escher.

Glärnisch
Rautispitz
Hohe Scheihen
Oberseethal
Auf dem Dam
des Mollisser Kanals beym Cadino
gegen die linke Seite des Auslaufs des Linththals
den 21 May 1816. n. d. Nat. gezchn. v. H. C. Escher

No 70 a.

Wagetenfluh

Colin Canal
alt Linth
Durchbruch

Rautispitz
Glärnisch
Hohe Scheyen
inththal.

Ausgleichs, der Synthese, der Abgewogenheit, mit einem Worte: der Gerechtigkeit» (F.R. Allemann).
Drei Jahre opferte Hans Conrad Escher der hohen Politik, drei unglaublich wirre Jahre, Zeiten der Anarchie, der Intrigen, des Parteienhasses und der Elend und Not verbreitenden Kriege im In- und Ausland. Er zog mit den Behörden von Aarau nach Luzern und schließlich – sogar mit seiner Familie – nach Bern. Im Sommer 1801 quittierte er den aufreibenden Dienst. Zu Beginn des folgenden Jahres ließ er sich dazu bewegen, als Kriegsminister zu amten. Der Sturz dieser Regierung nach drei Monaten bewog ihn, endgültig zurückzutreten. «Wahrlich es ist für unsern Ruf im Ausland gut, wenn das Ganze dieser Geschichte nie in seiner Blöße bekannt wird. All das Spektakel bestärkte mich nur in meinem Vorsatze, nie mehr zu ministern».

Öffentliche Tätigkeit während der Mediation und Restauration
Bei den Wahlen neuer Kantonalbehörden im Jahre 1803 wurde Escher übergangen. So fand er wieder Zeit für seine Familie, für das Geschäft, für Alpenwanderungen, für seine geologischen Interessen, Zeit und Kraft für die Vorbereitung und Durchführung seines größten Werkes, der Linthkorrektion. Den Problemen der Schule und Erziehung schenkte er stets große Beachtung. Mit freundschaftlicher Anteilnahme verfolgte er die Tätigkeit der Pädagogen Heinrich Pestalozzi und Emanuel von Fellenberg. Er verteidigte Pestalozzi, dessen Erziehungsmethoden er zu Hause erprobte, gegen die abschätzigen Urteile der Gegnerschaft. Er nahm regen Anteil an der Gründung der Bürgerschule und ließ sich zunächst wieder als Mitglied des Erziehungsrates und der Aufsichtskommission der Kunstschule verpflichten. Am neugegründeten politischen Institut hielt er Vorlesungen über verschiedene Gebiete der Rechtswissenschaften und Geschichte.
Nach der Auflösung der Mediationsverfassung im Jahre 1814 wurde Escher sowohl in den Großen als auch in den Kleinen Rat und wenig später auch in den Staatsrat gewählt, der als besonderer Ausschuß die äußeren Angelegenheiten des Kantons zu behandeln hatte. Zürich war im erwähnten Jahr Vorort der «restaurierten» Eidgenossenschaft. Escher übernahm die schwierige Aufgabe, als eidgenössischer Kommissar mit den unzufriedenen Sargansern und Uznachern, die Anschluß bei Glarus und Schwyz suchten, zu verhandeln. Es gelang ihm – nicht ohne Beleidigungen und Lebensgefahr – die beiden Bezirke dem Kanton St. Gallen zu erhalten.
Während den Hungerjahren 1817 und 1818 leitete Escher eine wirkungsvolle Aktion zur Linderung der Not, die vor allem die frühindustrialisierte Ostschweiz erfaßt hatte. Er präsidierte zudem eine kantonale Kommission, die der Regierung Vorschläge zur Verbesserung der Existenzgrundlagen der Arbeiterbevölkerung des Zürcher Oberlandes unterbreitete. Eine Frucht dieser Tätigkeit war die Gründung des Bläsihofes bei Winterthur-Töß, einer landwirtschaftlichen Armenschule, die nach dem Vorbild derjenigen von Emanuel von Fellenberg im bernischen Hofwil konzipiert wurde. Eschers letzter Einsatz als Regierungsrat galt noch kurz vor seinem Tode dieser kantonalen Anstalt, die allerdings drei Jahre später aufgelöst werden mußte.

Die Linthkorrektion (1807–1823)
Wer auf der Autobahn N3 von Zürich nach Chur zwischen Lachen und dem Walensee durch die Linthebene fährt, kann es kaum glauben, daß dieser heute so liebliche «Vorhof der Alpen» um 1800 zeitgenössischen Berichten zufolge eine öde Fläche war, weder See noch Land, voll Modergeruch und Froschgeschrei. Weesen und Walenstadt liegen in einem Pfuhl von Wasser und Morast. Wie ein Krebsgeschwür greift die scheußliche Versumpfung um sich. Die Anwohner sehen blaß und kränklich aus. Alljährlich, wenn der Frühling wiederkehrt, sind die Dörfer voll von schlotternden Fieberkranken, die ein Jahrzehnt früher altern und sterben als anderswo. Das kalte Fieber ist ganz einheimisch unter diesen Menschen geworden. Weder Fremde noch Eingeborene bleiben davon verschont.
Die katastrophale Versumpfung der obern Linthebene im Laufe des 18. Jahrhunderts ist die unheilvolle Folge der schrankenlosen Nutzung der Wälder im Glarnerland. Schreckliche Unwetter suchen die Bewohner seiner Talgründe heim. Innert fünfzig Jahren erhöht die Linth ihr Bett an der Ziegelbrücke über drei Meter. Sie staut die Maag und den Walensee. Der Sumpf wächst. Die Malaria fordert auch unter den Schiffsleuten Opfer. Der Wasserweg verliert an Bedeutung.
«Man soll die Linth dem Wallenberg entlang in den See führen! Allein ein solcher Entwurf hat so viele Schwierigkeiten, Bedenklichkeiten und Hindernisse, daß wir ihn für einen Traum ansehen. Wieviel Erdreich zwischen dem Wallenberg und dem Schlößlein Grinau seufzt nach einem besseren Zustand! Was würde das fleißige und reiche Holland tun?» (Ch. Trümpi, Neuere Glarner Chronik, 1774) Die Idee zur Sanierung des unglaublichen Elends ist seit den 70er Jahren des 18. Jahrhunderts lebendig. Ihr Urheber aber bleibt unbekannt. Die Lage verschlimmert sich von Hochwasser zu Hochwasser. Dasjenige vom Oktober 1779 führt dazu, daß sich die eidgenössische Tagsatzung mit der Angelegenheit beschäftigt. Der Berner Ingenieur Andreas Lanz entwirft 1783 vier Projekte. Die Tagsatzung, die über keine Bundesfinanzen verfügt, kann sich auch für das billigste nicht entscheiden. Die Überschwemmungen wiederholen sich 1787 und 1789.
Im Jahre 1792 greift die Helvetische Gesellschaft das Problem auf. Ihr neuer Präsident, Johann Rudolf Meyer von Aarau, Ratsherr und Philanthrop, erläßt einen packenden Aufruf. Im nächsten Jahr besucht das junge Mitglied Hans Conrad Escher das Katastrophengebiet. Der Aristokratensohn will helfen. Jahre vergehen. Die Fluten

der Hochwasser, der Revolution und des zweiten Koalitionskrieges verheeren das Land. 1803 beschließt die Tagsatzung, die Linth zu korrigieren. Escher plant die Finanzierung des nationalen Notstandswerkes durch «Aktien» in Form einer öffentlichen Anleihe. Er ist davon überzeugt, daß die Wertsteigerung der zu gewinnenden Kulturareale sämtliche Kosten decken wird. Er übernimmt den Vorsitz der Expertenkommission. Auf ihren Antrag genehmigt die Tagsatzung am 28. Juli 1804 das Projekt und die 19 Artikel zu seiner Ausführung. Ihr Landammann hat das Recht, den Zeitpunkt des ersten Spatenstiches festzusetzen. 1807 steht Zürich als Vorort an der Spitze der Eidgenossenschaft. Escher schreibt an seinen Freund Steinmüller: «Möge nun der Himmel endlich diese große Unternehmung segnen, welche noch nie von so günstigen Umständen begleitet war wie jetzt. Der Landammann – Bürgermeister Hans von Reinhard – ist eifrig für die Sache, die Direktion nach Wunsch componiert und gewiß auch von Eifer belebt. Und zur technischen Ausführung bekommen wir den badischen Hydrotekten Tulla, der den Plan durchaus billigt und ihn con amore auszuführen verspricht».

Das überschwemmte Städtchen Weesen. Gezeichnet von Hans Konrad Escher, radiert von Joh. Heinr. Meyer. Neujahrsblatt der Zürcher Hülfsgesellschaft 1809.
«Ungeachtet die Straßen dieses Städtchens schon oft erhöhet wurden, um sie trocken zu legen, so seht Ihr sie doch hier unter zwei Fuß Wasser verborgen; daher die unglücklichen Einwohner längs den Häusern Gerüste errichten, und so vermittelst der Bretter, die darauf gelegt werden, einige Verbindungen unter sich möglich machen. In allen Häusern, die nicht ganz neu sind und nicht schon zum Teil auf diesen hohen Wasserstand berechnet wurden, kann der gewohnte Eingang nicht mehr gebraucht werden; daher müssen viele Einwohner durch das Fenster in ihre Häuser eindringen. An jenem großen laufenden Brunnen zu Wesen, der schon dreimal gehoben und auf höhere Unterlagen gesetzt werden mußte, stieg doch das Wasser des Sees schon einige Male so hoch an die Röhre hinauf, daß man Mühe hatte, noch mit einem Gefäß frisches Wasser davon zu holen.» Noch heute ist die im Vergleich zu den Erdgeschossen der alten Wohnhäuser erhöhte Straße im Städtchen auffällig. Die Treppe links im Bild führt zur Kirche des Frauenklosters Maria Zuflucht.

Die Mitarbeiter

Im Juli 1807 beginnen Ingenieurhauptmann Johann Gottfried Tulla und sein Gehilfe Ingenieur Johann Christian Obrecht das Werk, das Escher bis zu seinem Tode in Anspruch nehmen wird. Mit Hilfe von Meßband und Latte, Uhr und Geschwindigkeitsmesser berechnen sie die Profile der Kanäle und schaffen in erstaunlich kurzer Zeit die Pläne. Escher folgt ihrem Tun mit wachsendem Interesse. Tulla und Obrecht können ihm nur wenige Monate helfen. Dann hat er alle Aufgaben zusammen mit dem Ratsherrn Konrad Schindler aus Mollis zu meistern. Der Zürcher Schanzenherr, Ingenieur und Astronom Johannes Feer besorgt ein genaues Nivellement. Die Schatzungskommission, präsidiert vom Ratsherrn und Obersten Hans Georg Stehlin aus Basel, ist auch schon unterwegs. Am 29. August bittet Hans von Reinhard die Aktionäre um die Einzahlung des ersten Viertels des Aktienbetrages von 200 Franken und gibt bekannt, daß das Werk kostspieliger werde und daß er darum die Überzeichnung der beschlossenen Aktien um 403 auf 2003 Stück nicht zurückgewiesen habe. Bis zum Rechnungsabschluß im Jahr 1827 wird sich ihre Zahl sogar auf 4070 Stück erhöhen.
An Arbeitern fehlt es nicht. Zeitweise mögen es mehr als 1000 gewesen sein. Auf Eschers Vorschlag bilden sich Akkordgruppen von zehn bis zwölf Mann, die einen Obmann wählen. Diesen versteigert er die Grabarbeiten abschnittsweise. Mit den Obmännern schließt er Verträge ab. Die gleichberechtigte Stellung von Arbeitgeber und Arbeitnehmer stärkt gegenseitig das Vertrauen. Die «Arbeiterkompanien» werden nach ihren Leistungen bewertet und die besten für die schweren und besser bezahlten Arbeiten eingesetzt. In der zweiten Hälfte des Augusts 1807 beginnt man mit den schwierigen Grabungen unter der Ziegelbrücke. Das neue Linthbett, teilweise im alten Lauf gelegen, muß um fast sechs Meter tiefer gelegt werden. Am 1. September wird der Molliser Kanal in Angriff genommen. Mitte Oktober unterbricht und schädigt ein Hochwasser die Grabarbeiten zum ersten Mal. Escher erkennt, daß das beschlossene Projekt abzuändern ist. Die Erfahrung hat bereits bewiesen, daß der Aushub neuer Kanäle weit billiger zu stehen kommt als die Verbesserung der alten Flußrinnen. Die Tagsatzung heißt das Vorhaben gut, auch den Abfluß der Linth aus dem Walensee bis in den Zürichsee hinein zu kanalisieren.

Eschers Einsatz und Führungsstil

Ohne besondere Voraussetzungen ist Escher alles in einer Person, Kopf und Seele des einzigartigen Unternehmens: Ingenieur, Geometer, Bauzeichner, Bauleiter, Rechnungsführer, Fürsorger und Erzieher seiner Arbeiter. Er besorgt allein, was heute von einem großen Stab geschulter Fachleute geleitet und unter Einsatz teurer Maschinen entstehen würde. Unzählige Schwierigkeiten und Unannehmlichkeiten hat er zu überwinden; fünfzehn Jahre dauert der ermüdende Kampf gegen die Launen und Tücken der Natur und die anfänglichen Widerstände der Menschen, denen er helfen will. Unfall, Krankheit und Familienfeste vermögen ihn nie lange von seinem Werkplatz fernzuhalten, wohin kein schnelles, bequemes Auto führt. Wochen und Monate verzichtet er auf das «schönere» Leben im Kreise seiner Familie in Zürich. Nächtelang erhellt die Kerze seine Kammer im Damenstift zu Schänis. «Hier lebe ich als wahrer Kartäuser. Wenn ich den Tag hindurch bei allen Arbeitern Chor und Mette sang, so bin ich am Abend in meiner einsamen Zelle verschlossen, wo ich anstatt des Ave Maria die geschriebenen und zu schreibenden Briefe zähle und etwa zum Trost an den fernen blauen Albis hinunterblicke und denke: Dort lebt die mir liebe Welt, die ich verlassen habe.»

Escher schont sich nie. Als ihn einmal ein Arbeiter bei schlechtem Wetter fragt, warum er draußen bleibe, wenn er ein Herr wäre wie er, so ließe er es sich daheim wohl sein, antwortet er: «Darum hat Euch wohl der Herrgott kein Geld gegeben, weil Ihr, wenn Ihr reich wäret, nicht arbeiten würdet». Escher legt selber mit Hand an, steigt in den Sumpf und in Gräben hinunter, wenn der Mut der Arbeiter sinken will. «Schon bisweilen kam mir der Gedanke, wegzulaufen; wenn ich dann aber wieder über die Biäsche spaziere und nach Weesen hineinsehe, dann fasse ich beim Anblick dieser Sümpfe allen Mut zusammen und sage mir selbst: sie müssen doch weg!» Von Schänis aus durchwandert er vom frühen Morgen bis zum Einbruch der Nacht die Ebene und besucht die Werkplätze. Wenn Arbeiter klagen, tritt er an ihre Stelle. Er teilt mit ihnen das Essen, ermuntert die Schwachen, straft – jedoch mit Milde – die Nachläßigen, sorgt für die Gesundheit der Männer und unterstützt, häufig aus seiner eigenen Tasche, die Bedürftigen und Erkrankten. Er erwirbt sich «durch eine seltene Gabe der Popularität, mit Würde ohne Anmaßung und Charakterfestigkeit ohne Härte, durch alle jene Vorzüge, die den Führer

An der «Wallenbergecke» des Molliserkanales, der 1807 bis 1811 gegraben wurde. Zu Füssen der Bergkulisse von Amden (mit dem Leistkamm in der Bildmitte) liegt das zukünftige Klärbecken der geschiebereichen Linth, der Walensee.
Bereits Mitte September 1807 versteigerte Escher die 100 Fuß langen Werklose des ersten Kanalbaus als «Fundament der ganzen Unternehmung». «Den Übernehmern wurde zur Pflicht gemacht, erst den Dammplatz und dann das Flußbett selbst vom Rasen sorgfältig zu befreien. – Für die Steinwuhre oder Uferbekleidungen, die beidseits längs diesem ganzen Kanal verlaufen sollen, werden nun schon an mehreren Stellen Steine am Abhang des Wallenbergs gesprengt und jeder Wintertag wird benutzt, an welchem der Boden fest genug gefroren ist, um die allgemein großen Steine schon auf die schicklichsten Uferplätze zum künftigen Wuhrbau zu verführen.»
Der besondere Wert der Skizze liegt in ihrer Bedeutung als seltene Werkreportage. Technische Hinweise bieten die ausgesteckten Profile der aufzuschüttenden Dämme, der Transport des Aushubes mit Stoßkarren, die Deponien der Rasenziegel, die Pfählung im Bereich des Prallhanges und die Werkhütte für die Arbeiter und die Werkzeuge.

einer großen Unternehmung bezeichnen, die allgemeine Liebe und Achtung in solchem Grade, daß jeder bisweilen Außergewöhnliches leistet, was er auf bloßen Befehl oder für Bezahlung nicht unternommen hätte» (Kommissionsbericht im Offiziellen Notizenblatt).

Finanzielle und technische Leistungen

Die Gesamtausgaben für die Linthkorrektion betragen bis zum Rechnungsabschluß Ende 1827 rund 985 500 Franken alter Währung. Auf die Löhne entfallen mehr als drei Viertel aller Ausgaben. Verwaltung, Rechnungswesen und Bauleitung beanspruchen nur 2,5%. Hans Conrad Escher und Ratsherr Schindler stellen keine Ansprüche auf Entlöhnung. Die Honorare und Spesen der Ingenieure und Geometer machen 1,35% der Kosten aus. Auf Landkäufe entfallen 8,2%, auf Faschinenmaterialien 9,9% und auf «Schiff und Geschirr» 1,7%. Billigeres Schiff und Geschirr als Hacke, Pickel, Schaufel, Spaten, Tragbahre und Schubkarren kann es nicht geben. Es dröhnen keine geländegängigen Arbeitsmaschinen auf den Werkplätzen, keine Bagger, Bulldozer, Mammutlastwagen und wer weiß was für Spezialfahrzeuge. Nicht einmal Feldschienen mit Loren stehen zur Verfügung. Pferdefuhren schleppen Steine und Holz herbei. Von verankerten Schiffen aus vertieft man mit besonderen Bohrrudern das Flußbett im Bereich tonigen Untergrundes. Die neue Linth ist wahrlich das Werk der Hände, Hand- und Maßwerk einer Zeit, da Arbeitslosigkeit und Hunger wie heutzutage in Entwicklungsländern herrschen.

Der Linthkanal bei der Ziegelbrücke kurz nach seiner Fertigstellung, gezeichnet von Joh. Jakob Meyer und in Kupfer geätzt von Joh. Martin Eßlinger. Neujahrsblatt der Zürcherischen Hülfsgesellschaft 1824.
Blick kanalaufwärts. Im Hintergrund die Glarnerberge Fronalpstock (rechts) und Mürtschenstock (links). Oberhalb der Brücke vereinigen sich bis zur Eröffnung des Escherkanals am 8. Mai 1811 Linth und Maag. An dieser Schlüsselstelle wurde mit dem Bau des Linthkanals begonnen. Das Werk der Ingenieure Tulla und Obrecht und ihrer «besten Faschinenleger Greß und Hermann aus den Großherzoglich Baadischen Diensten» gelang. Mit «flußaufwärtsstehenden Faschinenwuhren oder sogenannten Sporren», den damals neuesten Errungenschaften der Wasserbautechnik, lenkten sie die alte Linth (vor ihrer Ableitung in den Walensee) derart durch den Leitgraben, daß sie nicht nur den größten Teil des Kanalbettes selber ausschwemmte, sondern auch die alten Flußschlingen auffüllte. Seither hat sich der Fluß so tief eingegraben, daß sich die das Bett querende Nagelfluhrippe als Stromschnelle bemerkbar macht.
Der Kanal bildet die Grenze zwischen den Kantonen St. Gallen und Glarus. Auf der gegenüberliegenden Uferseite erkennen wir die 1819 von der «Glarner Hülfsgesellschaft» eröffnete Knaben-Erziehungsanstalt Linthkolonie. Noch fehlen bei der Brückensiedlung die zahlreichen Gebäude der Textilfabrik, die 1835 gegründet worden ist. Auf dem Dammweg des schmalen sanktgallischen Ufers «reckten» einst Pferde die Lastschiffe stromaufwärts. Seit 1859 machen sich hier am Fuß des Schäniser Berges die Anlagen des Bahnknotens Ziegelbrücke breit. Seither ist die Schiffahrt zwischen Walen- und Zürichsee erloschen.

Der Bau des Linthbettes bei der Ziegelbrücke, das teilweise im alten Lauf gelegen, um fast sechs Meter tiefer gelegt werden muß, «ist zugleich wichtig für die Fortschritte der Wasserbaukunst selbst» (Escher, Offizielles Notizenblatt). Mit widerstandsfähigen, elastischen Faschinenwuhren und «flußaufwärtsstehenden Faschinensporren, welche wohl noch nirgends in solcher Ausdehnung in Anwendung gebracht wurden», zwingen Tulla und Obrecht dem Fluß ihren Willen auf. Hier muß die Linth selber zuerst den alten gewundenen Lauf mit Geschiebe ausfüllen und nachher ihr neues, nur wenig ausgehobenes Bett tiefer graben. Die unterhalb der Ziegelbrücke als Stromschnelle in Erscheinung tretende Nagelfluhrippe kann nur beim niedrigsten Wasserstand mehrerer Winter umständlich und langsam durch ein allmählich entwickeltes Sprengverfahren abgebaut werden. Am schlimmsten gestalten sich die Grabarbeiten durch die Maagsümpfe zwischen Weesen und Ziegelbrücke. Im Winter klirrt der Frost, im Sommer droht das Fieber. Der hartnäckige Filz der Sumpfpflanzen kann nur mit scharfgeschliffenen Stichschaufeln durchstoßen werden. Tonschichten und Grundwasser zwingen die Arbeiter, sich einzeln in viereckigen Gruben einzugraben, die sich weniger rasch mit Wasser füllen, als wenn sie eine offene Rinne ausheben würden. Im Sommer 1812 wird der neue Lauf geöffnet; seither gibt es die Maag nicht mehr. Von verankerten Schiffen aus durchsticht man mit den scharfkantigen Wasserschaufeln die zähen Wände der Gruben und damit vertieft man auch das Flußbett überall im Bereich der zähen Tone mit quirligen Drehungen.

Sternstunden

Vier Jahre nach Beginn der Korrektion, am 8. Mai 1811, läßt Escher den Molliserkanal in den Walensee öffnen. Gemäß Tagsatzungsbeschluß von 1832 heißt er Escherkanal. Ohne offizielle Ankündigung und Programme, ohne Glockengeläute und Einweihungszeremonien – weder Landesbehörde noch Gemeinden haben Festlichkeiten vorbereitet – wird der Tag zur ergreifenden Feier. Tausende von Zuschauern säumen die Dämme. Tausende fiebern stundenlang dem spannenden Augenblick entgegen. Um fünf Uhr nachmittags gibt Escher das

Zeichen, den trennenden Wall abzugraben. Zwei Stunden später ist es so weit. «Ein Freudenruf, und siehe da, die Linth folgt ihrem Meister und Führer, wie er will! Erst ein Bächlein, das die neue Bahn sucht, dann breiter, tiefer und voller, Welle auf Welle, Strom auf Strom. Die Zuschauer weichen, die Sandufer stürzen ein; wogend und schäumend, ähnlich so manchem verheerenden Durchbruch, wenn sie in ihrem Zorn die Ufer überströmte, stürzt sie hinein und ist gefangen im schönen, geregelten Bette. In aller Herzen, auf aller Zungen war: Liebe, Hochachtung, Dank gegen diese Menschenretter.» So berichtet der Chronist Johann Melchior Schuler, der nach dem Durchstich mit neun Begleitern in einem Schiff auf der neuen Linth nach dem Walensee fuhr.

Am 17. April 1816 nimmt die Linth auch den letzten Abschnitt des Werkes, den Benkner Kanal, in Besitz. Kurz nachher fährt Vater Escher mit Arnold, seinem kleinen Sohn, im Boot vom Gießen bei Benken nach Grinau. Escher könnte stolz sein. Doch liebt er die Feste nicht. Er weiß, daß der gefesselte Ausbrecher noch viele Jahre zu tun gibt. Aber er erinnert sich wohl an die Worte, die er am Abend nach der Eröffnung des Molliser Kanales voll Freude über das Gelingen geschrieben hat. «Fließe nun also, bezähmter Bergstrom, ruhig deiner neuen Bestimmung entgegen! Auf Jahrtausende hinaus wirst du ein schönes Beispiel dessen sein, was brüderlicher Gemeinsinn eines kleinen Volkes auch in drückenden Zeitverhältnissen vermag. Möge es, so wie deine Richtung nun, neue Linth, bis in die fernste Zukunft hinaus ruhig am Fuß der schönen Alpenkette fortdauern und immerhin ein Beispiel eines genügsamen, glücklichen, zweckmäßig organisierten Volkes sein, welches seiner Fortdauer würdig, von seinen Nachbarn geachtet, immer die Pflanzschule und Freistätte reiner Humanität bleibe.»

Schon zu Lebzeiten darf Escher verdientes Lob und würdige Ehrungen erfahren. Die Berichte der Kommissionen, die im Auftrag der Tagsatzung die Lintharbeiten überprüfen, gleichen mehr «einer Lobrede» über die Erfolge des führenden Teams – Escher, Schindler und Stehlin – als einer «Prüfung der hydrotechnischen Anstalten». Freunde von nah und fern, zumeist bedeutende Zeitgenossen, verbreiten Eschers Ruf. Wie freut ihn der Besuch der Genfer Marc August Pictet, Jean Pierre Etienne Vaucher und Jean Louis Duby, die ihn auf dem Weg zur Jahresversammlung der Naturforschenden Gesellschaft in St. Gallen im Sommer 1819 in der Linthebene aufsuchen. Ihre Berichte machen Escher in der Westschweiz und in Frankreich bekannt. Im Herbst 1814 begegnet er den Kaisern von Österreich und Russland. Alexander I. – der seinem Zeitgenossen und Freund Heinrich Pestalozzi den Wladimir-Orden verliehen hat – läßt ihm dann aus Wien zusammen mit einer goldenen und edelsteinbesetzten Dose ein Schreiben zukommen, worin er seiner Bewunderung und Hochachtung für das Linthwerk Ausdruck gibt. Und nach den verdienstlosen Mißjahren von 1816 bis 1818 läßt ihm der Zar eine Spende von 100 000 Rubel zur Verteilung an die Hungernden und Notleidenden in der Ostschweiz überreichen. Davon erhält die 1819 eröffnete Linthkolonie bei der Ziegelbrücke, eine Erziehungsanstalt für verwahrloste Knaben mit landwirtschaftlichem Gutsbetrieb, einen willkommenen Beitrag. 1816 ernennt die kleine Gemeinde Bilten Escher zu ihrem Ehrenbürger.

«Plan» der Linthebene und Linthkorrektion 1:50 000 von H.C. Escher, um 1815.
Das ursprüngliche, von der Tagsatzung 1804 beschlossene Projekt Eschers sah zusätzlich zur Ableitung der Linth in den Walensee, die bereits 1783 vom Berner Ingenieur Andreas Lanz vorgeschlagen und in einem vortrefflichen Plan dargestellt wurde, eine teilweise Verwendung der alten Flußrinnen vom Walen- bis in den Zürichsee vor. Im Unterlauf z.B. sollte der Arm der Spett-Linth benützt werden. Nach dem Hochwasser im Oktober 1807 erkannte Escher die Vorteile ungleich besser, die der Bau eines durchgehend neuen Kanales versprach. 1808 sanktionierte die Tagsatzung seine Eingabe und 1811 beschloß sie zudem, auch den Deltalauf unterhalb der Grinau kanalisieren zu lassen.

Abschied

Die durch Napoleons Sturz verursachte Auflösung der Mediationsverfassung, das Ringen um einen neuen Staatenbund überschattet die kleinen, aber mühsamen Pflichten der Fertigstellung der Linthkorrektion. Sie kosten viel Geld und Zeit, vermögen aber kein Aufsehen mehr zu erregen. 1818 verliert Escher sein «Hauptquartier» im Damenstift zu Schänis, das verkauft, ja, verschachert wird. Die «ökonomische Liquidation» seiner Nationalunternehmung berührt ihn aber weit mehr. «Die Selbstsucht, die sich hier äußert, soll mir zur Warnung dienen. Sie soll mich lehren, gegen eigenen Egoismus auf der Hut zu sein.» Hartnäckig sträuben sich Liegenschaftsbesitzer, den durch die Korrektion erzielten Mehrwert zu entrichten, womit das Aktienkapital zinslos zurückzuzahlen ist. Tendenziöse Bemerkungen über die zweifelhafte Sicherheit der Kanäle treffen ihn empfindlich. Er drängt schließlich die Tagsatzung zur Bildung der vorgesehenen Wasserbau-Polizeikommission, für die er noch Instruktionen ausarbeitet. Diese wird erst 1823 nach seinem Tod die Oberaufsicht über das Linthwerk übernehmen.

Im Frühling 1822 wird Escher erstmals, wie er meint, von «Hämorrhoidal- Beschwerden» geplagt, die rasch zunehmen. Ein kurzer Aufenthalt in Baden bleibt ohne Wirkung. Hausarzt und Freund Usteri empfehlen ihm die Bäder von Leuk. Er schreibt zunächst noch seinen letzten Bericht vom Linthwerk, den einundzwanzigsten. Dann wandert er mit Arnold und seinem treuen Diener Alder über den Brünig nach Kandersteg ins Gasterntal, über den Lötschenpaß ins Lötschental und schließlich nach Leukerbad. Vaucher lädt ihn ein, sich von Genfer Ärzten behandeln zu lassen. Stehlin möchte ihn nach Basel holen. Vier Wochen Kur bringen nicht einmal Linderung. Die anschließende Reise zu Fuß und im Wagen, die letzte seiner vielen Gebirgswanderungen, über den Simplon nach Mailand und über den Splügen zurück nach Zürich, übersteht er noch ohne besondere Mühen. Im Oktober begibt er sich bewußt zum letztenmal an die Linth, wo er «mit Aufbieten aller noch vorhandenen Kräfte für die Vollendung der Arbeit tätig war», um für immer von seinem nahezu vollendeten Werk Abschied zu nehmen. Am 1. Januar 1823 schreibt er seinen letzten Jahresüberblick. Er schließt mit den Worten: «Einen Blick vorwärts in die nähere oder entferntere Zukunft wage ich nicht zu tun. Ich erwarte alles, was kommen mag, mit ruhiger Ergebung und Vertrauen in die Wege der Vorsehung. Lange genoß ich die schönsten und glücklichsten Tage. Jetzt sind die beschwerlichen eingetreten; aber auch diesen wünsche ich erst dann ein Ende, wenn ich unbrauchbar mir und andern zur Last leben müßte. Daß es dahin nicht komme, dieses bleibt meine Hoffnung.» Sein Wunsch geht bald in Erfüllung. Die Krämpfe im Unterleib werden schmerzhafter und häufiger. Am 1. März nimmt er noch einmal an einer Ratssitzung teil. Dann verläßt der Krebskranke sein Haus nicht mehr. Am 9. März 1823, an einem Sonntag in der Mittagsstunde, ist sein Leben zuende.

«Ich hoffe, meine Pflicht gegen das Vaterland und die Menschheit während meines Aufenthaltes auf dieser Erde erfüllt zu haben.» «Will einer etwas Großes für die Allgemeinheit leisten, dann darf er nicht nur von andern fordern. Weder Verfassungen noch Gesetze, noch Verordnungen, noch neue Regierungen erneuern ein Volk. Erneuert wird es nur durch die uneigennützige Arbeit eines jeden einzelnen» (Escher). – «Männer, wie Escher von der Linth, so viele ausgezeichnete Talente und Eigenschaften mit solcher Tatkraft in sich vereinigend, sind seltene Geschenke des Himmels.» (Offizielles Notizenblatt)

In Baumkronen hängt an einem Nagelfluhsporn an der Linth bei der Ziegelbrücke die schmucklose Gedenktafel:

DEM WOHLTÄTER DIESER GEGEND
IOH. CONRAD ESCHER VON DER LINTH
GEB. DEN 24. AUGUST 1767 GEST. DEN 9. MÄRZ 1823
DIE EIDGENÖSSISCHE TAGSATZUNG

IHM DANKEN DIE BEWOHNER GESUNDHEIT
DER BODEN DIE FRÜCHTE
DER FLUSS DEN GEORDNETEN LAUF
NATUR UND VATERLAND HOBEN SEIN GEMÜT

EIDGENOSSEN
EUCH SEY ER VORBILD

Anmerkung:
Für die biographische Skizze wurden in erster Linie die im Literaturverzeichnis aufgeführten Arbeiten von H.C. Escher (Offizielles Notizenblatt), J.J. Hottinger (Biographie), R. Wolf (Biographie), J. Dierauer (Briefwechsel) und J. Hösli (Linthkorrektion) benützt.

ZÜRICH
UND ZÜRICHSEE

1 

2 

1
Zürich im Jahre 1783, vom Burghölzli gezeichnet. Noch hat die Stadt ihr mittelalterliches Gesicht bewahrt. Datiert 21. Januar 1783 – Escher ist 16 Jahre alt. 115 : 184 mm.

2
Die Stadt Zürich um 1800, gesehen vom heutigen Stadtteil Wiedikon. Gezeichnet am 15. Juli 1804. 120 : 197 mm.

3

3
Herrliberg am rechten Zürichseeufer, vom 19jährigen Escher gezeichnet am 21. Mai 1786. 187 : 263 mm.

4 

5 

4
Blick von der Schipf am rechten Zürichseeufer auf Erlenbach und gegen Zürich. Die Gegend, die heute völlig überbaut ist, präsentierte sich als ländliches Paradies mit Rebhängen und wenigen Landhäusern. Gezeichnet im Herbst 1795. 111 : 225 mm.

5
Die Höfe von Unterleimbach im Sihltal mit der inzwischen verschwundenen gedeckten Holzbrücke. Gezeichnet am 12. April 1794. 91 : 194 mm.

6

6
Blick von der Kirche Thalwil gegen den oberen Zürichsee und die Alpen. Gezeichnet am 13. Januar 1786. 135 : 249 mm.

7 

8 

7
Der steile Abbruch der Leimbacher Fallätsche im östlichen Albishang; für den Geognosten Escher der interessanteste Ort in der Umgebung Zürichs. Gezeichnet am 28. August 1794. 114 : 220 mm.

8
Vom 1209 m hohen bewaldeten Höhenzug der Hohen Rone an der Grenze zwischen Zürich, Schwyz und Zug gegen die Stadt Zürich. Links neben dem See die Albiskette. Gezeichnet am 27. Juni 1819. 114 : 183 mm.

9

10

9
Altendorf und Lachen (links) am oberen Zürichsee mit den Wägitaler Bergen im Hintergrund. Eschers Reisenotizen zufolge gezeichnet am 4. Juli 1803. 136 : 230 mm.

10
Schloß Grinau an der alten Linth. Heute fließt die Linth seitlich am Schloß vorbei durch das von Escher gebaute neue Flußbett. Gezeichnet am 25. April 1786. 128 : 243 mm.

11

12

11
Blick auf Wollerau und die Roßweid. Dazwischen fließt dem Hang entlang in einer Schlucht die Sihl. Gezeichnet am 3. Mai 1806. 77 : 193 mm.

12
Die Zürichseebrücke von Rapperswil nach Hurden. Links die Inseln Ufenau und Lützelau. Gezeichnet am 3. Mai 1806. 77 : 193 mm.

13

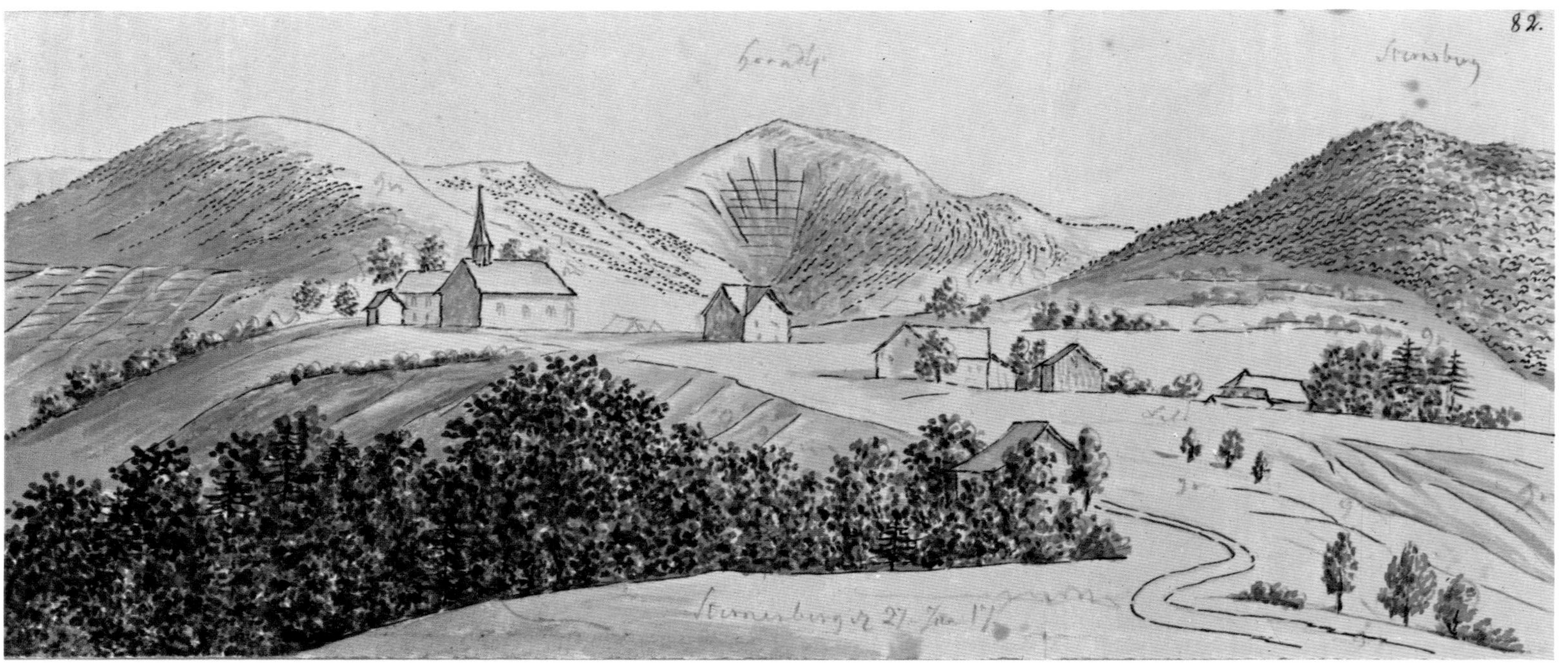

14

13
Das Städtchen Elgg mit dem dank einer Bestimmung aus dem Jahre 1715 unberührt erhaltenen Werdmüllerschloß. Gezeichnet am 27. Juli 1803. 115 : 189 mm.

14
Sternenberg, die höchstgelegene Gemeinde des Kantons Zürich (Kirche auf 927 m). Gezeichnet am 27. Juni 1817. 118 : 283 mm.

NORD- UND OSTSCHWEIZ

15

15
Blick auf die Ebene des Mittellandes zwischen Jura (links) und Alpen. Standort: Rombach bei Aarau. Gezeichnet am 23. Juni 1805. 117 : 575 mm.

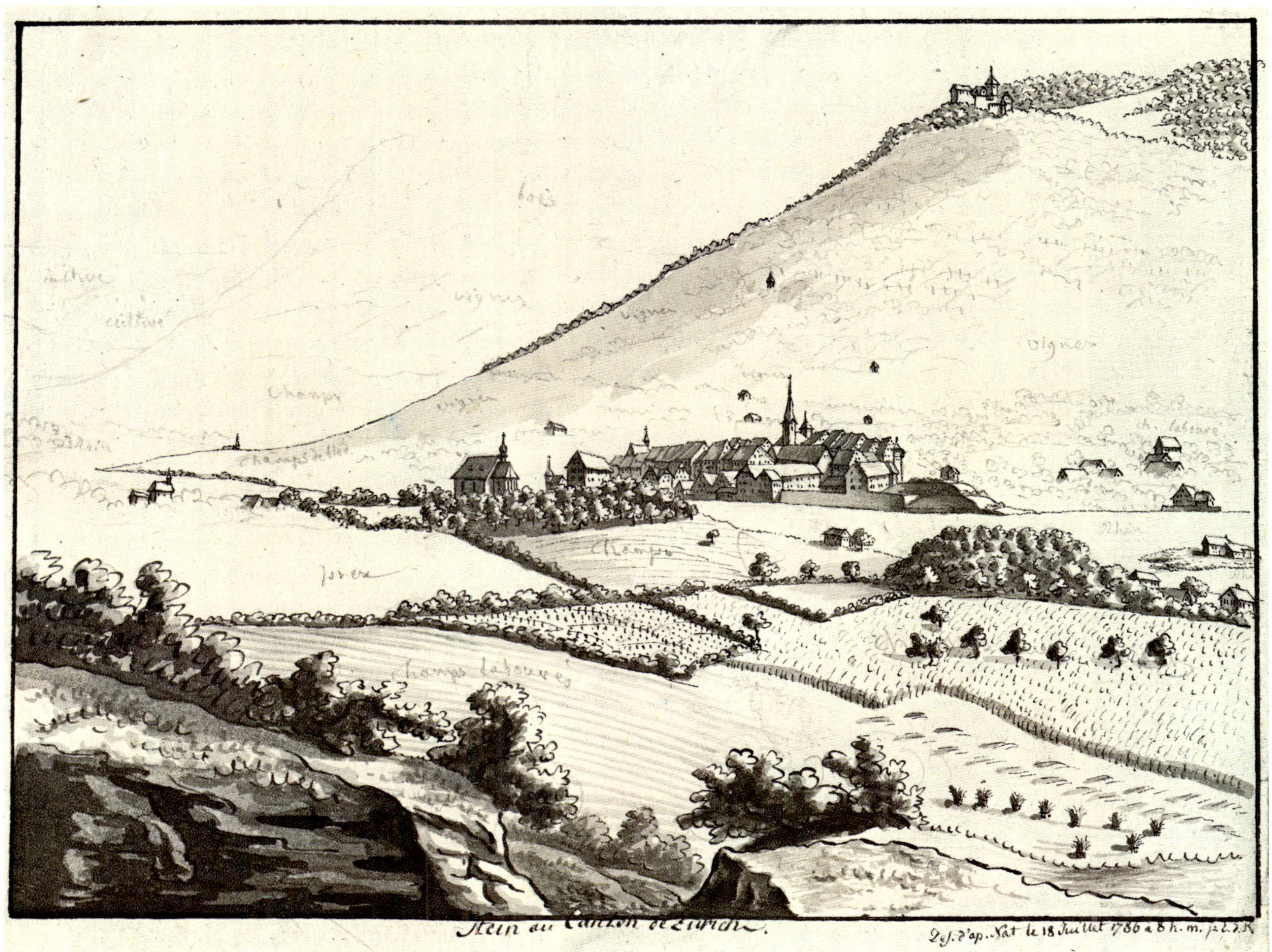

16

16
Stein am Rhein, einst freie Reichsstadt, die von 1484 bis 1798 Zürich unterstand. Gezeichnet am 18. Juni (und nicht, wie irrtümlich angegeben, Juli) 1786. 131 : 182 mm.

17

17
Pinselskizze der Insel Mainau. Undatiert, gezeichnet vom 19jährigen Escher zwischen dem 22. und 24. Juni 1786. 116 : 189 mm.

18
St. Gallen, gezeichnet vom jungen Escher am 10. Juni 1786. 127 : 186 mm.

19
Das Städtchen Lichtensteig im Toggenburg. Gezeichnet am 13. April 1803. 156 : 232 mm.

Sant Gallen.
nach d. Nat. g. den 20 Jun. 1786. Morgens v. H. C. Escher
18

Lichtensteg im Tokenburg, rechts der Thur
19

20

20
Die Säntiskette vom Kamor (1751 m) aus gesehen. Geognostische Terrainstudie. Gezeichnet im September 1792. 213 : 925 mm.

23

23
Terrainskizze der im Sumpf versinkenden Ortschaft Walenstadt.
Undatiert, um 1808. 187 : 224 mm.

21
Schloß und Kirche Sargans. Gezeichnet am 7. Oktober 1814.
207 : 339 mm.

appenzell

Sargans

22

22
Geognostische Studie der Gegend von Amden. Gezeichnet am 7. Juli 1808. 185 : 254 mm.

24

24
Die Landschaft des Kerenzerbergs am Walensee. Gezeichnet am 18. September 1797. 190 : 231 mm.

25

25
Blick vom Pfarrhaus auf dem Kerenzerberg auf die nordöstliche Seite des Walensees. Im Zentrum die Streusiedlung von Amden. Gezeichnet im September 1797, überarbeitet am 4. August 1807. Ausschnitt. Ganzes Format 240 : 1833 mm.

26
Die Taminaschlucht bei Pfäfers. Vom Schluchteingang führte ein Holzsteg der Felswand entlang zu den heißen Quellen. Gezeichnet am 23. August 1819. 291 : 184 mm.

Pfad zur Pfeferzer Bad Quelle im Tobel der Tamin.
1819

GRAUBÜNDEN

27

28

27
Die Landquart, ein wildbachartiger Gebirgsfluß, verläßt das Prätigau vor der Einmündung in den Rhein durch eine enge Schlucht, die Klus. Gezeichnet am 13. Februar 1818. 113 : 182 mm.

28
Das Schweizertor (2139 m) in Rätikon. Gezeichnet am 27. August 1821. 125 : 313 mm.

29

29
Das von Chur nach Arosa führende Schanfigg, vom Strelapaß aus gesehen. Gezeichnet am 5. August 1813. 125 : 313 mm.

30
Der in 1970 m Höhe gelegene Lünersee im vorarlbergischen Brandnertal nahe der Schweizer Grenze. Gezeichnet am 26. August 1821. 140 : 208 mm.

484.
Von der Strela Scheidecke
durch das Schalfickthal hinaus.
den 5 augst. 1813. n. d. Nat. gez. v. h. C. Escher

Lunersee am Rhätikon, Montafunerseite vom Lunerjoch zuoberst im Thal von Schiers im Prätigau gezeichnet n. d. Nat
den 26. Augst. 1821. v. H. C. Escher.

31

32
Das kleine Dorf Davos im Jahre 1813. Gezeichnet am 3. August 1813. 102 : 202 mm.

31
Blick von Klosters gegen den Talhintergrund. Gezeichnet am 14. Juni 1804. 180 : 220 mm.

33
Glaris bei Davos im Jahre 1806. Gezeichnet am 26. Juni 1806 (richtige Datierung nach den Reisenotizen). 170 : 232 mm.

419
Davos mit dem Schlappiner Gebirge im Hintergrund.
Den 5 Augst. 1813. n.d. Nat. gzehnt. v. Hs. Cnr. Escher.

32

427.
Glaris in Davosthal
26 Jul 6.

33

34

34
Berggasthof Dürrboden auf 2000 m Höhe im hinteren Dischmatal. Vom Dürrboden aus führt der Weg über den Scalettapaß (2609 m) ins Engadin. Gezeichnet am 28. Juni 1806. 170 : 387 mm.

s Scaletapasses in Bünden. Den 28 Jun 1806 n. der Natur gezcht. v. h. Conrad Escher

438.

36

35
Skizze der Felswände über dem Dorf Sils im Domleschg. Gezeichnet am 10. Juli 1808. 236 : 190 mm.

36
Das Städtchen Ilanz am Vorderrhein. Gezeichnet am 14. Juli 1811. 155 : 242 mm.

Maar Kopf
Lombrein
Calanda

37

Petnauer Berg?
Kette zwischen Vanescha-Alp & St. Peterthal
P. Regina?

38

Petersthal
164.
Von Vrin durch das Lugnetzerthal herab
den 24. Jull. 1812 n. d. Nat. gezeicht v. h. Cd. Escher

162
Ansicht der Gebirge, by Buzasch
im recht Seitigen Hintergrund des Lugnetzer_
thals, im ansteigen von Vrin gegen die Scheidecke
der Diesruteralp; nach der Nat. gezeicht v. h. Cd. Escher
den 25 Jull 1812.
VIII. p. 103

39

37
Panorama, wie es sich von Vrin (1454 m) oben im Lugnez talwärts gegen Ilanz präsentierte. Gezeichnet am 24. Juli 1812. 127 : 416 mm.

38
Aussicht vom Weiler Puzzatsch (1668 m) ob Vrin talaufwärts gegen den Piz Terri (3152 m) und den Disrutpaß (2431 m). Gezeichnet am 24. Juli 1812. 130 : 424 mm.

39
Skizze des tief eingeschnittenen Safientals. In der Bildmitte Safien-Platz, im Hintergrund der Piz Beverin (3000 m). Gezeichnet am 19. Juli 1811. 142 : 202 mm.

40

41

40
Überschwemmung bei Somvix. Die Ziegen des Dorfes werden über die durch Stege verlängerte Rheinbrücke gerettet. Gezeichnet am 23. Juli 1817. 117 : 230 mm.

41
Das Dorf Brigels (Breil, 1289 m) im Vorderrheintal. Gezeichnet am 26. August 1817. 135 : 229 mm.

Von der Höhe der Straße des Scheins, am ober Valserberg, rechts der Albula gegen Alvaschein, Stürvis u. Solis

..ten
den 7. Jullii 1806. n. d. Nat. gezchl v. h. Conr:d Escher

43

42
Die Schinschlucht der Albula zwischen Thusis und Tiefencastel. Bis 1868 war der Verkehrsweg durch sie ein hoch im rechten Talhang (auf dem Bild links) verlaufender Saumpfad, den die damals abgebrochene gedeckte Holzbrücke über die Schlucht mit den Dörfern der linken Talseite verband. Gezeichnet am 7. Juni 1806. 238 : 363 mm.

43
Das Albulatal mit dem See und dem ehemaligen Wirtshaus Weißenstein (2030 m, westlich der Paßhöhe). Gezeichnet am 6. Juli 1806. 192 : 239 mm.

44
Das Avers, ein einsames Hochtal, mit dem Hauptort Cresta (im Bild links) und der alten Walserkirche St. Theodul (1949 m). Gezeichnet am 18. Juli 1811. 121 : 177 mm.

45
Das Hinterrheintal senkt sich in drei Stufen zum Zusammenfluß mit dem Vorderrhein. Das Bild zeigt den obersten Talgrund, Rheinwald genannt, bei Medels. Gezeichnet am 18. Juli 1811. 120 : 250 mm.

259.
Oberster Theil des Averserthals in Bündten. v Pass nach dem Septimer. Den 18 Jull. 1811. n. d. Nat. gezeichnet v. h. Cd. Escher.

44

237.
Bey Medels im Hinter Rhein, gegen den Thalhintergrund.
Den 18. Jul. 1811. n. d. Nat. Gezeichnet v. h. C. Escher.

45

46

46
Landschaft bei Tiefencastel. Auf der Zeichnung verdeckt der Hang links den unter der Kirche im Albulatal liegenden Ort. Gezeichnet am 25. August 1819. 210 : 415 mm.

47
Finstermünz mit der alten österreichischen Festung Sigmundseck am rechten Ufer des Inns. Gezeichnet am 1. Juli 1806. 237 : 190 mm.

48
Blick von der Straße nach Nauders auf Martina (Martinsbruck). Gezeichnet am 2. Juli 1806. 191 : 236 mm.

49
Das österreichische Dorf Nauders mit Schloß Naudersberg und der Aussicht gegen Finstermünz. Gezeichnet am 2. Juli 1806. 190 : 238 mm.

48

49

50

51

650.
Aussicht im Thal del Forno, unter dem Wirthshaus desselben
gegen die Gebirge links unter der Vereinigung des Livinerthals
mit jenem Thal. nach der Nat. gezcht. d. 4 Jull. 1806. v. hs. Conrd. Escher.

706.
Ansicht des Münsterthals in Bündten, von Taufers an gegen den Pass über St.
Giacomo. nach der Nat. gezcht. v. h. Cd. Escher, d. 3 Jull. 1806.

52

53

50
Blick von der Ofenpaßstraße nördlich der Paßhöhe (2155 m) ins Spöltal im heutigen Nationalparkgebiet und zur Grenze gegen Livigno. Die Wälder des Nationalparks gehören zu den ausgedehntesten der Schweiz. Gezeichnet am 4. Juli 1806. 139 : 414 mm.

51
Das Münstertal mit Blick gegen den Dössradondpaß (2240 m), der nach dem italienischen S. Giacomo di Fraele führt. Gezeichnet am 3. Juli 1806. Abbildung oben und unten leicht beschnitten. Ganzes Format 135 : 494 mm.

52
Blick vom alten Saumweg über den Umbrailpaß auf Valchava (1454 m) im Münstertal. Gezeichnet am 3. Juli 1806. 191 : 330 mm.

53
Aussicht vom Ofenpaß nach Westen gegen Piz Vadret (3229 m) und Piz Grialetsch (3131 m). Gezeichnet am 4. Juli 1806. 100 : 324 mm.

54

54
Skizze mit dem Eingang ins Unterengadin bei Zernez und der Felspyramide des Piz Linard (3414 m). Gezeichnet am 29. Juni 1806. 153 : 233 mm.

Beym Sauerbrunen in St. Morizen im Obern Engadin.

Den 27 Augst. 1819. n. d. Nat. gzcht v. H. Conrd Escher

56

55
St. Moritz im Oberengadin. Gezeichnet am 27. August 1819. 208 : 311 mm.

56
Piz Palü von der Berninapaßstraße oberhalb Morteratsch. Gezeichnet am 14. August 1793. 109 : 177 mm.

57

58

57
Die Hochebene des Oberengadins mit Blick auf Bever (Bevers), Samedan (Samaden) und Schlarigna (Celerina). Gezeichnet vermutlich am 5. Juli 1806. 121 : 290 mm.

58
Blick vom See von Poschiavo über Kirche und Dorf Le Prese gegen die Bernina. Gezeichnet am 15. August 1793. 106 : 184 mm.

Sudseite des Veltlins.

623.
g o
auf Bernina, an der Sudseite
der Scheidek. augst 93.

60

59
Berninapaßhöhe (2326 m) mit Lago Bianco und dem heute weit zurückgewichenen Cambrenagletscher. Gezeichnet am 14. August 1793. 226 : 378 mm.

60
Das Dorf Bondo im Bergell vor dem Hintergrund der Sciora- und Bondascagruppe (rechts Pizzo Cengalo, 3370 m). Gezeichnet am 17. Juli 1811. 242 : 278 mm.

GLARNERLAND

61

61
Ansicht des Glärnisch (2914 m) vom Schweinalppaß (1571 m) zwischen Wägi- und Klöntal. Gezeichnet wahrscheinlich am 11. Mai 1794. (Die Datierung auf der Zeichnung ist unrichtig.) 224 : 378 mm.

62

62
Obersee mit Rautispitz (2286 m). Gezeichnet am 14. August 1809.
238 : 531 mm.

63

63
Der Einstieg ins Klöntal bei Riedern mit dem Glärnisch im Hintergrund. Gezeichnet am 5. Juli 1803. 157 : 233 mm.

gegen Schwanden u. den Glärnisch.

66

65
Terrainskizze mit dem Eingang ins Sernftal bei Schwanden. Undatierte Zeichnung, vermutlich 1807 oder 1808. 235:385 mm. 65

66
Die Tschingelhörner (2850 m) mit dem Martinsloch, einer Verwitterungsöffnung, durch die zweimal im Jahr die Sonne auf die Kirche von Elm scheint. Durch diese Region führt der Segnespaß (2625 m) von Elm nach Flims. Gezeichnet am 22. Juli 1812. 193 : 267 mm.

64
Panoramatische Ansicht von Schwanden an der Vereinigung von Sernftal und Linthtal. Im Hintergrund die Glärnischkette. Gezeichnet am 2. August 1807. 214:653 mm.

le 8. May. 8.
à Schwand

Gulder Stock
No 22
246
Linth

67

67
Matt, das mittlere der drei Dörfer des Sernftals. Deutlich sichtbar sind die schon seit alters abgebauten Schieferwände. Gezeichnet am 13. Juli 1811. 130 : 253 mm.

68

68
Blick von Linthal gegen den Hintergrund des Tales. Gezeichnet am
9. August 1809. 194 : 238 mm.

69

69
Eschers erste Ansicht des Tödi (3614 m). Nach einem Grisaille-Aquarell seines einstigen Zeichenlehrers J. B. Bullinger. Kopiert und koloriert im Jahre 1804. 232 : 366 mm.

70

70
Großes Tödibild mit den Felsmassen der Nordflanke, eines der Hauptwerke Eschers als Gebirgszeichner. 8. August 1807. 234 : 723 mm.

den 8. Augst 1807. n. d. Nat gezchl. v. h. C. Escher.

Nord Östliche Seite des Dœdibergs u: des Biferten Gletschers

71
Nordostansicht des Tödi mit den Felsabstürzen zur Rötialp und zum Bifertengletscher, gesehen von dessen östlicher Seitenmoräne. Gezeichnet am 8. August 1807. 239 : 385 mm.

INNERSCHWEIZ

72

72
Die Wahrzeichen von Schwyz, der Kleine (1815 m) und der Große Mythen (1903 m) mit der Hagenegg im Vordergrund. Gezeichnet am 9. Juni 1805. 227 : 501 mm.

Schlossberg
Frohnalp.
Blankenstock.
Rothstock.
IV Waldstättersee
67.

73

73
Blick vom Pragelpaßweg ins Muotatal. Terrainstudie, gezeichnet am 13. August 1817. 195 : 314 mm.

74
Aussicht vom Etzelpaß auf die Hochebene von Einsiedeln mit dem Kloster und den beiden Mythen im Hintergrund. Gezeichnet am 27. August 1795. 98 : 188 mm.

75
Ausschnitt aus einer panoramatischen Ansicht des Bergsturzgebietes von Goldau, die von der Höhe des Roßbergs den verschütteten Talgrund zeigt. Noch ist der Schuttkegel mit dem Trümmersee – 8 Jahre nach der Katastrophe – sichtbar. Gezeichnet am 29. Mai 1814. 226 : 679 mm.

Vom Ezel gegen Einsidlen.
n. d. Nat. gez. v. J. C. Escher d. 27 Augst. 1793.
I. pag 113.

74

75

Flühberig
7,45
8.20
19.
10,00

76

In der Nähe von Schwyz gegen den Rigi u. den Vierwaldstättersee, den 20 Augst 1815 n. d. Nat. gezcht v. H. C. Escher

77

78

76
Das Dörfchen Euthal, heute an dem 1937 aufgestauten Sihlsee gelegen, mit den Wägitaler Bergen im Hintergrund. Gezeichnet am 13. August 1814. 133 : 549 mm.

77
Blick vom Talkessel von Schwyz gegen Rigi und Vierwaldstättersee. Rechts im Bild der «Hauptflecken» Schwyz. Gezeichnet am 23. August 1815. 122 : 670 mm.

Roggenstok 24
140
61,50
52,40

Rigi
Schwyz
37

Vom Authal gegen den Hintergrund der Sihlthäler
d 13. Augst. 1814. n. d. Nat. gezchnt v. H. C. Escher
Thiersedem
25.30
28.00
26.20

79

78
Terrainskizze mit Blick von Brunnen über den Urnersee gegen Flüelen und Seedorf. Im Winkel zwischen den Bergketten erscheint der Gipfel des Bristen (3072 m). Gezeichnet am 17. Juli 1797. 118 : 193 mm.

79
Sörenberg im Entlebuch, im Hintergrund die Giswilerstöck. Gezeichnet am 17. Juli 1813. 133 : 209 mm.

80

80
Terrainstudie des Pilatus (2121 m), während einer Wanderung auf die Rengg entstanden. Gezeichnet am 28. April 1799. 176 : 244 mm.

See auf Seelisberg am Fuß des Vordern Bauen

Den 29 May 1813 n. d. N. gzchⁿ. v. H. C. Escher

82

81
Das Seelisberger Seeli auf der Felsterrasse über dem Vierwaldstättersee. Gezeichnet am 29. Mai 1813. 225:394 mm.

82
Der enge Eingang ins Maderanertal bei Amsteg. Schmale gefährliche Fußpfade führten den abschüssigen Bergflanken entlang ins Tal hinein. Gezeichnet am 14. Juni 1796. 235 : 193 mm.

83

83
Der Brunnigletscher im hinteren Maderanertal, der sich seither weit zurückgezogen hat. (Vgl. Aufnahme des heutigen Zustands, Kommentar 83.) Gezeichnet am 9. August 1796. 197 : 250 mm.

84

84
Blick vom Meggenhorn gegen den Rigi. Eschers Zeichnung zeigt links im Vordergrund die Insel Altstaad mit dem von Abbé G.T.F. Raynal gestifteten und bald darauf durch Blitzschlag zerstörten Denkmal. Gezeichnet am 1. Oktober 1793. 110 : 370 mm.

85 

85
Terrainstudie des Brisens (2413 m). Gezeichnet am 24. März 1799.
122 : 284 mm.

86

87
Blick ins Melchtal. Gezeichnet am 10. August 1806. 192 : 238 mm.

88
Der Ranft: eine Lichtung im tiefeingeschnittenen Tobel der Melchaa, zwei spätgotische Kapellen, die ältere mit angebauter, aus Holzbalken gezimmerter Klause, in der Niklaus von Flüe als Einsiedler lebte. Gezeichnet am 7. Juli 1803. 154 : 233 mm.

86
Bürgenstock (1128 m) und Mattgrat am Vierwaldstättersee. Gezeichnet am 19. Mai 1799. 197 : 241 mm.

87

88

89

89
Engelberg im Jahre 1794: Alpenpanorama mit dem beherrschenden Titlis (3242 m) und dem Kloster im Talgrund. Gezeichnet am 13. August 1794. 210 : 888 mm.

91

92

91
Blick auf den Titlis vom Jochpaß. Gezeichnet am 14. August 1794. 159 : 230 mm.

92
Der Lungernsee mit den Bergen des Berner Oberlandes im Hintergrund. Gezeichnet am 19. September 1812. 126 : 270 mm.

Laubersgrat.
Ochsen Kopf.

90

90
Terrainstudie des Titlis. Gezeichnet am 8. August 1796. 144 : 312 mm.

TESSIN

Airolo im Livinerthal am Fuss des Gothards
Den 6. Augst. 1811. n. d. Nat. gezeichnet v. H. Cd Escher

93

Poleggio im Livinerthal.
des. d'ap. Nat. le 7 Juin 1795. p. J. C. Escher

94

95

93
Airolo im Jahre 1811, vor der zweimaligen Zerstörung durch den furchtbaren Dorfbrand von 1877 und den Bergsturz von 1898. Gezeichnet am 6. August 1811. 163 : 238 mm.

94
Polleggio von Biasca her, mit der Brücke über den Brenno im Vordergrund. Gezeichnet am 7. Juni 1795. 125 : 191 mm.

95
Der Piorasee oder Lago Ritom (1850 m) oberhalb Piotta in der Leventina. Als Staffage im Vordergrund Escher und sein Schwiegersohn Hirzel bei der barometrischen Höhenmessung. Gezeichnet am 30. August 1817. 213 : 502 mm.

Vom Fuss der Cento Valli Gebirgs Kette ob Girone durch das Blegnothal herab. Den 25 Jull. 1812. n. d. Nat. gezeichnet v. H. Cd. Escher

96

Beym Bad Aqua rossa im Blegnothal, gegen den Thalhintergrund
Den 26. Jul. 1812 n. d. Nat. gezeichnet v. H. C. Escher

97

98

96
Blick aus dem Val Camadra oberhalb Campo Blenio nach Süden. Der Name Centovalli für das Gebirge im Norden und Westen vom Standort des Zeichners kommt heute nicht mehr vor. Als Staffage Escher mit seinem Gefährten J. H. Schinz. Gezeichnet am 25. Juli 1812. 153 : 240 mm.

97
Acquarossa im mittleren Bleniotal. Im Hintergrund aufragend die Pyramide des Sosto (2220 m) bei Olivone. Gezeichnet am 26. Juli 1812. 184 : 250 mm.

98
Olivone, der Hauptort des oberen Bleniotals, unter dem drohend aufgereckten Sosto. Gezeichnet am 28. Juli 1812. 208 : 248 mm.

Außicht von der Scheideckе von Campo Longo zwischen dem Liviner u: dem Maynthal über die Alp Campo Lo

Vogelberg od. Rheinwaldhorn
us gegen die linke Seite des Livinerthals. (Weiße Dolomit u. Tremolitlager auf Campo Longo) den 30 Augst 1804 n. d. Nat. gez. v. H. C. Escher.

100

99
Aussicht vom Campolungopaß (2318 m) über die linksseitige Leventina zum Rheinwaldhorn – mit der düster umwölkten Stimmung und der ausdrucksstarken Physiognomik des Gebirges eines der Hauptwerke Eschers. Im Vordergrund er selbst bei der Höhenmessung und sein Diener Caspar Leisi, mit dem Gesteinshammer hantierend. Gezeichnet am 30. August 1804. 237 : 384 mm.

101

100
Die alte Brücke von Prato-Sornico im Val Lavizzara mit der gleichfalls abgebrochenen Brückenkapelle S. Maria del Ponte. Gezeichnet am 30. Juli 1812. 207 : 261 mm.

101
Brione im Val Verzasca. Gezeichnet am 28. Juli 1812. 209 : 261 mm.

102
Lugano 1795, als in Castagnola noch Kühe weideten und Paradiso noch ein ländliches Paradies war. Gegenüber der Monte San Salvatore. Trotz Verstädterung und Bauspekulation ist Lugano dank seiner Lage immer noch eine der schönsten Städte der Welt. Gezeichnet zwischen dem 9. und 11. Juni 1795. 170 : 466 mm.

103
Lugano von Paradiso aus gezeichnet zwischen dem 9. und 11. Juni 1795. Oben und unten etwas beschnitten, ganzes Format 186 : 382 mm.

102

103

des. d'ap. Nat. le Juin 1795. par J. C. Escher.

104

105
Blick auf Porlezza und den Luganersee vom Weg nach Menaggio. Gezeichnet am 12. Juni 1795. 141 : 177 mm.

104
Das in prachtvoller Südlage über dem Lago Maggiore hängende Winzerdorf Ronco sopra Ascona und die beiden Isole di Brissago. Gezeichnet am 26. Juni 1795. 190 : 233 mm.

106
Die Borromäischen Inseln im Lago Maggiore von Pallanza aus gesehen. Links die Isola Bella mit Schloß und Architekturgarten, rechts die Isola Madre. Gezeichnet am 15. Juni 1795. 90 : 163 mm.

23.
Zwischen Porlezzo u. Menasio gegen den Lago di Lugano u. den Lagetto di Fiano
den 12 Jun. 1795. nach der Nat. gez. v. H. Cd. Escher

105

Les Isles Baromees depuis Palanza
des dep. Nat le 15 Juin. 95. p. H. Escher

106

107

107
Die Insel San Giovanni im Ortasee (Mitte) und die Wallfahrtskirche in Orta (rechts). Gezeichnet am 1. Juli 1795. 117 : 321 mm.

108
Locarno unter Rebenterrassen anstatt unter Betonmauern. Rechts am Rand im Hang Kloster und Kirche Madonna del Sasso. Gezeichnet am 28. Juni 1795. 91 : 200 mm.

109
Der alte Saumweg über den Splügenpaß in der Felswand des Kardinells bei Pianazzo südlich der Paßhöhe. Gezeichnet am 16. Juli 1811. 312 : 231 mm.

Den 1 Jul. 1795. n. d. Nat. gezcht. v. H. Cd Escher –

Locarno, am Ausfluss der Maggia –
den 28 Jun. 1795. n. d. N. gz. v. J. C. Escher.

An der Südlichen Seite des Splügenpasses in den Cardinellen
Den Juli 1811. n. d. Nat.

BERN

110

111

110
Das Alpenpanorama von Bern aus gesehen. Datum der Skizze unbekannt, Überarbeitung am 6. Februar 1801; Escher wohnte zu dieser Zeit als Mitglied der Helvetischen Gesetzgebenden Räte in Bern. Im Vordergrund Escher selbst, im laubgedeckten hölzernen Pavillon sitzend und skizzierend. 137 : 470 mm.

111
Der Hohgant (2197 m) von der Pfaffenmoosalp, eine der schönsten Terrainstudien Eschers. Gezeichnet am 10. Juli 1803. 136 : 327 mm.

den 6 Febr. 1801. n. d. Nat. gez. v. J. C. Escher

112

113

112
Blick von der Großen Scheidegg auf den Mettenberg (3401 m), Mönch (4099 m) und Eiger (3970 m). Terrainstudie, gezeichnet am 20. Juli 1797. 200 : 385 mm.

113
Der Untere Grindelwaldgletscher. Terrainstudie, skizziert am 21. August 1794 und am 20. Juli 1797. 190 : 335 mm.

114 

114
Die Reckholterfluh bei Grindelwald. Terrainstudie, gezeichnet am 19. Juli 1813. 163 : 208 mm. Alle drei Terrainstudien auf dieser Doppelseite sind zugleich Lösungen zeichnerischer Form- und Ausdrucksprobleme.

115

115
Die Berner Alpen vom Furkapaß (2431 m). Unter dem alles überragenden Finsteraarhorn (4274 m) der Einschnitt des Grimselpasses (2165 m). Teilweise (wegen Nebels) gezeichnet am 16. August 1794, vollendet am 29. August 1805. 126 : 353 mm.

SchreckHörner
Brünberg
Nach d. Nat Gezeicht. d. 17 Augst 1794 u. 7 Augst 1805. v. h. Cd. Escher.

116

116
H. C. Escher (zeichnend) mit seiner Schwester Döde, seinen Töchtern Döde und Julie und einem Träger am Oberen Grindelwaldgletscher. Gezeichnet am 12. August 1810. 230 : 237 mm.

117

117
Jungfrau (4158 m) mit Silberhorn und Staubbachfall (rechts) aus dem Lauterbrunnental. Gezeichnet am 17. Juli 1805. 233 : 595 mm.

Den 19 Julli 1805 n. d. Nat. gezeich. v. H. Cd Escher

119

118
Von Matten im Simmental gegen Wildstrubel (3243 m) und Rezli-gletscher. Gezeichnet am 19. Juli 1805. 235 : 550 mm.

119
Diemtigen in einem rechtsseitigen Nebental des unteren Simmentals. Gezeichnet am 18. Juli 1805. 138 : 401 mm.

Am Lauwinen See im Saanenland gegen die Gebirge des Geltengletschers.

den 8. 7br. 1803. n. d. Nat. gezcht. v. h. Cd. Escher.

121

120
Der Lauenensee (1380 m) im südwestlichen Teil des Berner Oberlands (Saanenland). Gezeichnet am 8. September 1803. 241 : 377 mm.

121
Von der Kirche in Thun gegen den Thunersee. Inspiriert von J. L. Aberli (s. Kommentar) und vom 18jährigen Escher gezeichnet am 25. August 1785, 10 Uhr. 152 : 206 mm.

122
In der Gegend des Handeggfalls der Aare an der Nordrampe des Grimselpasses. Gezeichnet am 15. August 1794. 124 : 200 mm.

123
Eiswand und Gletschertor des Lauteraargletschers mit der aus ihm hervorströmenden Aare. Gezeichnet am 19. August 1794. 141 : 250 mm.

In der Handegg, am Grimsel.
den 15. Augst 1794. n. d. Nat. gz. v. J. C. Escher.
I. p. 75. § 187.
122

Lauteraargletscher am Grimsel
123

124

124
Grimselhospiz und Grimselsee (1909 m). Gezeichnet am 2. und 3. August 1811. 190 : 436 mm.

Den 2u. 3 Augst 1811 n. d. Nat. gezcht v. h. C. E.

125

125
Von Kandersteg gegen den Stock (1837 m, heute mit einer Seilbahn erreichbar) und den Gemmipaß. Gezeichnet am 3. Juli 1801 und am 17. Juli 1822. 174 : 273 mm.

WALLIS
UND MT. BLANC

126

126
Zermatt und das Matterhorn (4478 m). Die «Zwickelmatt» oder Winkelmatten und Blatten sind zwei der elf Weiler, aus denen sich das heutige Zermatt zusammensetzt. Gezeichnet am 14. August 1806. 224 : 242 mm.

127

127
Vom Theodulpaß (3317 m) gegen das Breithorn (nicht den Monte Rosa). Rechts als Staffage Eschers Träger, Artillerieleutnant Frey von Knonau und der naturwissenschaftlich interessierte Dr. Kronig aus Zermatt. Gezeichnet am 15. August 1806. 129 : 358 mm.

120.
Von der Nordseite der Matterhorn Scheidecke
gegen den Mont. Rosa zwischen Wallis u: Piemont
den 15 Augst. 1806. n. d. Nat. gezchnt v. H. C. Escher.
(NB. vielleicht passen die beyden Stüke der Zeichnung nicht
(so aneinander.

Brucke am Simplon oberhalb Brig. No 48

128

65.
See
im Antigoriothal

129

130

128
Die Napoleonbrücke an der 1805 eröffneten neuen Simplonstraße oberhalb Brig. Gezeichnet am 11. August 1822. 167 : 259 mm.

129
Lago di Dévero (1854 m) jenseits des Albrunpasses aus dem Binnatal ins Val Antigorio. Scherwandune = Pizzo Cervandone (3210 m). Gezeichnet am 13. August 1822. 209 : 292 mm.

130
Das Binnatal gegen den Albrunpaß (2409 m). Im Vordergrund die Kirche in Binn. Das linksseitige Seitental des Goms ist auch heute noch eines der am wenigsten besuchten Walliser Täler. Gezeichnet am 12. August 1822. 168 : 258 mm.

Aussicht von der Nördl
No 43.

131

Auf der Höhe der Simplonstrasse. Maderhorn. Kaltwassergletscher.

132

(Aletschgletscher)
(Neue Simplonstraße)
ite der Simplon Scheidecke gegen die Alpenkette Zwischen Wallis u. Bern. n. d. Nat. gez. den 26. Augst. 1805. v. h. C. Escher

n.
den 26 Augst. 1805. n. d. Nat. gezch. v. h. Cd Escher.

133

131
Vom Simplonpaß gegen die Berner Alpen. Rechts unten die eben vollendete neue Simplonstraße, darüber ein Stück des Aletschgletschers. Gezeichnet am 26. August 1805. 102 : 353 mm.

132
Die neue Simplonstraße unter dem Kaltwassergletscher. Gezeichnet am 26. August 1805. 129 : 354 mm.

133
Leukerbad vor der Felswand der Gemmi. Jenseits der Dala (hinter dem neuen Dorfkern) die zum Teil (und zum Glück) heute noch erhaltenen Häuser und Ställe des alten. Gezeichnet am 24. Juli 1797. 114 : 191 mm.

134
Der in den Felsen gehauene Saumweg auf den Gemmipaß (2316 m) war wegen seiner kühnen Anlage weit berühmt. Er ist unverändert erhalten. Gezeichnet am 23. Juli 1797. 184 : 111 mm.

Des. d'ap. Nat. le 23 Juillet 1797 p. J. C. Escher
Descente de la Gemi aux Bains du Vallais.

Das Lætscherthal in der Nördlichen Gebirgs Kette des Ober Wallis, vom untersten Dorfe Ferden aus, nach der Nat.

net von Hs Conrad Escher, den 18. Juli 1822.

136

135
Das Lötschental von Ferden zur Lötschenlücke (3184 m). Gezeichnet am 18. Juli 1822. 268 : 410 mm.

136
Saas-Grund mit Mittaghorn (3143 m) und Egginer (3366 m). Gezeichnet in farbenfroher Stimmung am 26. Juli 1797. Im Vordergrund Escher mit seinem Gefährten. 156 : 242 mm.

137

137
Die Südseite des Matterhorns (Cervino), von der einstigen Alp und heutigen Hotelstadt Breuil aus gezeichnet am 16. August 1806. 222 : 213 mm.

Thon u. Mergel Pyramiden in der Vereinigung des Eringer Thals mit seinen Nebenthäl

…n gegenüber im Wallis –
Den 24 Augst. 1805 n. d. Nat. gezchl. v. Hs. Conrd. Escher

139

138
Die Erdpyramiden bei Useigne im Val d'Hérens, eine der bekanntesten Natursehenswürdigkeiten des Wallis. Gezeichnet am 24. August 1805. 227 : 335 mm.

139
Die Alp Chanrion war zu Eschers Zeiten völlig von Gletschern umflutet. Oberhalb des Lac de Mauvoisin (1961 m) im hinteren Val de Bagnes liegend, ist sie (Hütte SAC 2462 m) heute leichter erreichbar – die Gletscher haben sie freigegeben. Gezeichnet am 7. August 1820. 203 : 257 mm.

140

140
Ein aus abgebrochenen Eisstücken des Giétrogletschers (oben über die Felskante hängend) im Val de Bagnes aufgetürmter riesiger Eiskegel staute einen See auf, dessen Durchbruch das ganze Tal verwüstete. Gezeichnet am 23. Juli 1818. 259 : 266 mm.

Pont de Lancet am Dyanngletscher, unten an Champrion im Hintergrund des Bagnethals

227
ter Wallis.
Den 7. Augst. 1820. n. d. Nat. gezcht. v. H. C. Escher

142

141
Die Zunge der unterhalb der Alp Chanrion vereinigten Gletscher von Otemma, Mt. Durand und Brenay erreichte fast den Pont du Lancet, die oberste Brücke im Val de Bagnes. Sie besteht noch, die Gletscher haben sich zurückgezogen. Gezeichnet am 7. August 1820. 211 : 396 mm.

142
Die Aiguilles Verte (4122 m) und du Dru (3754 m) über dem Mer de Glace bei Chamonix. Hochgebirgsdarstellungen von solchem Realismus wird es noch Generationen nach Escher nicht geben. Gezeichnet am 8. August 1816. 197 : 241 mm.

143

143
Grandes Jorasses (4208 m) und Aiguille du Géant (4013 m) von Süden. Gezeichnet oberhalb Pré St-Didier am heutigen Aufstieg zum Kleinen St. Bernhard, das Doiretal aufwärts über Courmayeur hinweg, am 17. August 1806. 237 : 606 mm.

Den 2 Augst. 1820. n. d. Nat. gezeichnet von H. Conrd. Escher

145

144
Der Brenvagletscher bei Entrèves an der Südseite des Mt. Blanc, ein Erlebnisbericht von stärkster Expressivität aus Eschers letzten Lebensjahren. Gezeichnet am 2. August 1820. 207 : 516 mm.

145
St-Gervais-les-Bains: das Bad im Jahre 1820. Gezeichnet am 31. Juli 1820. 210 : 256 mm.

146

147

146
Der Glacier d'Argentière bei Chamonix in schönster Beleuchtung. Gezeichnet am 8. August 1816. 137 : 489 mm.

147
Mégève (1104 m), das klassische Wintersportzentrum Hochsavoyens, in seiner einstigen Unberührtheit. Gezeichnet am 6. August 1816. 132 : 307 mm.

Glacier d'argentiere au pied de l'Aiguille de Triant ✓ et le col de
✓ Balme d'. la Vallée de Chamounix, audessous argentiere; des d'apr. Nat le 8 Aoust
1816. p. J. C. Escher

idecke zwischen den Thälern des Arli u. der Arve in Savoyen, Von Megeve aus n. d. Nat. gezchnt den 6 Augst. 1816. v. H. C. v. Escher

148

149

148
Der See von Annecy gegen Süden. Gezeichnet am 4. August 1816. 88 : 215 mm.

149
Chamonix mit dem Bossonsgletscher. Die niedrige Wolkendecke verdeckt die Aiguille du Midi. Skizze des 18jährigen Escher, gezeichnet am 5. August 1785, 15 Uhr. 152 : 206 mm.

WESTSCHWEIZ UND JURA

Westliche Ansicht von Gruyeres im Ct. Freyburg. den 13. Augst 1805. n. d. Nat. gezcht. v. h. C. Escher

150

Der Schwarze See oder Lac Domdine, an den Quellen der Warmen Sense, im Canton Freyburg

151

Den 10. 7br. 1803. nach der Natur gezeichnet von Hans Conrad Escher.

152

150
Gruyères (Greyerz) in den Freiburger Alpen, eines der malerischsten Städtchen der Welschschweiz. Links oben das Schloß. Gezeichnet am 13. August 1805. 136 : 576 mm.

151
Der Schwarzsee im Senseland, Kanton Freiburg. Gezeichnet am 10. September 1803. 204 : 454 mm.

152
Das Schloß in Burg, Basel-Land. Das Leimental verläuft teilweise im Elsaß, der landschaftlich reizvolle Hintergrund mit Burg reicht in die Schweiz. Gezeichnet am 17. Juli 1816. 126 : 241 mm.

153
Schloß Birseck, Basel-Land, bei Arlesheim. Ein Jahr nachdem Escher es gezeichnet hatte, brannte es aus, wurde jedoch später wiederhergestellt und ausgebaut. Gezeichnet am 5. Oktober 1792. 91 : 160 mm.

154
Die Ruine Schauenburg (rechts) unter der Schauenburgflue (663 m) in der Landschaft Basel. Gezeichnet am 8. November 1792. 96 : 172 mm.

d. 5. 8br. 1792. n. d. N. g. d. J. C. Escher
Birseck im Bistum Basel.

153

J. C. Escher des. d'ap. Nat. le 8. 9br 1792
à Schauenburg, au Canton de Bâle.

154

Von Valorbe gegen den Hintergrund des Orbethals u: die Dent de Vaulion, im Jura in der W

Den 25 Juli 1816. n. d. Nat. gzcht v. H. Conrd. Escher

156

157

155
Vallorbe im waadtländischen Jura mit dem Dent de Vaulion (links, 1483 m). Gezeichnet am 25. Juli 1816. 230 : 373 mm.

156
St. Ursanne, ein noch heute fast unverändert erhaltenes altes Städtchen am Doubs. Gezeichnet am 19. Juli 1816. 118 : 284 mm.

157
Der Felsabbruch des Creux du Van (1463 m) an der Grenze zwischen dem Neuenburger und dem waadtländischen Jura. Gezeichnet am 23. Juli 1816. 96 : 250 mm.

den 23 Augst. 1803. n. d. Nat. gez. v. J. C. Escher

160

160
Bex im waadtländischen Rhonetal. Rechts Dent du Midi (3257 m), Mitte Hintergrund die Gebirge der Mt.-Blanc-Kette. Gezeichnet am 16. August 1805. 231 : 881 mm.

161

162

161
Le Pont am Lac de Joux (1004 m) im waadtländischen Jura. Gezeichnet am 26. Juli 1816. 97 : 257 mm.

162
Das Fort de Joux bei Pontarlier, eine französische Grenzfestung. Im Vordergrund Escher zeichnend und sein Gefährte am Fernrohr. Gezeichnet am 22. Juli 1820. 168 : 270 mm.

163

163
Vom Col de la Faucille gegen das in der weiten Genferseelandschaft noch isolierte Genf. Gezeichnet am 27. Juli 1816. 127 : 500 mm.

164
Vevey, vom 18jährigen Escher gezeichnet am 11. August 1785, 6 Uhr morgens, in Anlehnung an eine kolorierte Radierung J. L. Aberlis. 151 : 206 mm.

Petit Saleve
Geneve
Grand Saleve

Vignes.
Ville de Vevey depuis Plattet.
des. da. N. le 11. 8. 1785. à 6.h. du matin.

165

165
Das Fort d'Ecluse, französische Grenzfestung im Rhonetal vor Genf.
Gezeichnet am 2. August 1816. 168 : 213 mm.

KOMMENTARE ZUM BILDTEIL

ZÜRICH UND ZÜRICHSEE

1

Hans Conrad Eschers Zürich hatte noch sein mittelalterliches Gesicht. Von der Seeseite her muß es einzigartig gewesen sein. Die quer durch den Seeausfluß aufgerichteten Palisaden schützten die Stadt gegen vom See her angreifende Boote, die alten Bauwerke hingen über der Limmat oder standen mitten drin, wie die Wasserkirche, das Grendel genannte Wassertor Zürichs oder der Wellenberg, das alte Staatsgefängnis (Bildmitte, Turm mit spitzem Helm). Der Einbruch der neuen Zeit erfolgte spät, aber um so gewaltsamer. – Eschers Verläßlichkeit kommt schon bei dem noch nicht 16jährigen zum Ausdruck: Das einfache, fast noch kindliche Bildchen ist der lavierten Federzeichnung seines Zeichenlehrers J.B. Bullinger «Die Stadt Zürich, von dem Burg Hölzli Gezeichnet» (Kunsthaus Zürich, s. Abb.) nachgeschaffen, die ebenso 1783 datiert ist wie die Ansicht Eschers. Diese zeigt jedoch richtig den 1783 vollendeten Helm des Karlsturms am Großmünster in seiner neuen Form des heutigen hölzernen Kuppelaufbaus, während man bei Bullinger die beiden Türme noch mit dem nach dem Brand von 1763 errichteten flachdachigen Provisorium sieht. Bullinger hat seine Zeichnung offenbar als Vorlage für seine Schüler nach einer älteren eigenen Skizze angefertigt. Daß Escher nachschuf, aber nicht kopierte, geht aus dem Lebensbericht hervor: Als sein Welschlandaufenthalt näher rückte, «fühlte ich eine lebhafte Anhänglichkeit an meine liebe Vaterstadt und ihre schönen Umgebungen; so wie sich die Abreise näherte, besuchte ich noch die merkwürdigsten Gegenden derselben, zeichnete mir Zürich vom Burghölzchen zum bleibenden Andenken ab u. war nun ... bereit ...» Das undeutlich geschriebene und ausgebesserte Datum – 21. 1. oder J. 83 dürfte verstümmelt sein – Escher verreiste am 19. April 1783. In der Signatur gibt sich Escher stolz als künftiger Schloßherr zu erkennen (d. K. = de Kefikon); auf den ehemaligen Lateinschüler läßt die mißglückte Formel nicht gerade schließen, aber Escher war ja ein mißglückter Lateinschüler.

2

Die Stadt Zürich hatte um 1800 etwa 10000 Einwohner. Am 15. Juli 1804 sah Escher vom heutigen Stadtteil Wiedikon aus nur die Kirchtürme und das Waisenhaus (Bildmitte), umgeben von Wiesen und Feldern. Beide Großmünstertürme haben bereits ihre heutige Form. Auf dem Zürichberg gibt es erst wenige Landhäuser und einige Gehöfte. Heute ist das ganze sichtbare Gelände Stadt.

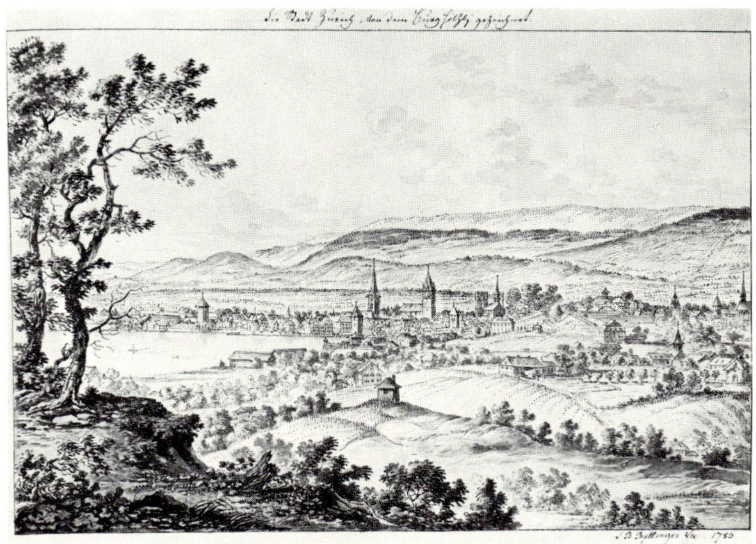

J. B. Bullinger, «Die Stadt Zürich, von dem Burg Hölzli gezeichnet», 1783. Kunsthaus Zürich

3

Eine bukolische Landschaft mit rosa Abendwolken über blau verdämmerndem Hochgebirge, ist diese Ansicht von Herrliberg am rechten Zürichseeufer mit dem typischen hohen Querformat, das Escher später nicht mehr verwenden wird, der rokokohaft zarten Behandlung der Landschaft und dem lichten Kolorit noch ganz dem Lehrer J.B. Bullinger und dem Vorbild Salomon Geßner verpflichtet; die präzise Landschaftssicht kennzeichnet jedoch bereits den Topographen. Die Zeichnung fällt in die Zeit zwischen der Rückkehr Eschers vom zweijährigen Aufenthalt in der Welschschweiz am 31. August 1785 und seiner am 15. August des folgenden Jahres angetretenen «Fremdereise»; von Zürich aus durchstreifte der 19jährige teils zu Fuß, teils zu Pferd die schöne Umgebung der Stadt.

4

Das sonnige, aber nicht nur aus diesem Grund «Goldküste» genannte rechte Zürichseeufer ist heute stark verstädtert. Zu Eschers Zeiten und bis ins 20. Jahrhundert hinein war es mit seinen Rebhängen und den alten Landhäusern wohlhabender Zürcher Bürger – Bauernhäusern außen, Palästen innen – ein ländliches Paradies. Die Stimmung der Bevölkerung war im Herbst 1795, als die Zeichnung entstand, allerdings keineswegs paradiesisch. In den sog. Stäfnerunruhen von

1794 und 1795 hatte das Landvolk der Zürcher Seegemeinden unter dem Einfluß der französischen Revolution Gleichberechtigung mit der Stadt gefordert, der gegenüber sich die Landschaft im Untertanenverhältnis befand, und sich dabei auf den kürzlich wiedergefundenen Freiheitsbrief des Bürgermeisters Hans Waldmann aus dem 15. Jahrhundert berufen. Es wurden – völlig rechtmäßig – Unterschriften für eine Petition gesammelt, was der Obervogt von Stäfa als Rebellion bestrafen zu müssen glaubte. Die Rädelsführer wurden eingekerkert und zum Tode verurteilt, schließlich aber begnadigt. Obwohl zu einer der regierenden Familien gehörig, stand Escher zu den Forderungen des Landvolks. Am 21. Juli 1795 schrieb er den Eltern nach Kefikon: «Nach langem Zaudern entschloß ich mich endlich letzten Sonntag, nach Stäfa zu gehen, besonders auch, um dort die neue Erklärung über die Brief u. Siegel verlesen zu hören, u. zu sehen, welchen Eindruck alles dieses auf das Volk mache. Daß die Ablösung selbst eben nicht sehr befriedigend sey ist einleuchtend, besonders da sie nicht gut verfaßt ist u. offenbar Widersprüche enthält: nur einer z.B. – es wird gesagt, daß der Waldmannische Spruch von 1489 von einer unrechtmäßigen Gewalt (Waldmann wurde später hingerichtet, Anm. d. Hrg.) errichtet worden sey: – aber war dann die Obrigkeit Ao. 1525, welche dem Volk des Sees obrigkeitlich vidimirte Copien des gleichen Briefs zustellte, wohl auch unrechtmäßig? (denn das war bereits die reformierte Obrigkeit, Anm. d. Hrg.) Just diese vidimirten Copien sind offenbarer Beweis für die Rechtmäßigkeit dieser Documente! – Die Gemeinde Stäfa fand ich ganz in der Stimmung, wie ich mirs vorstellte: ohne Waffen von 1600 Mann umgeben, im Angesicht einer bey der Kirche etablirten Baterie, die ihnen jeden Augenblick ihre Häuser zusammenrumpeln kann, bleibt ihnen nichts übrig, als ihren Groll in sich zu verschließen. Hierzu kommt noch, daß man sich Sachen gegen sie erlaubt, die höchstens angehen, wann die Östreicher in die Türkey einfallen. Selbst Officiere gehen hier u. da zum Abendtrunk ohne zu bezahlen... Die Stäfner müssen täglich alle Victualien, Brod ausgenommen, liefern. Die Auftreibung dieser Lieferungen überläßt man gänzlich ihren Vorgesetzten, die also damit nach Willkür handeln, u. wie leicht zu erachten, schreyende Ungerechtigkeiten, besonders gegen die Bessern, die nicht so eifrig zu ihnen gestanden waren, ausüben. Daß dieses Benehmen in den Herzen der Stäfner gewiß nicht wieder Zutrauen gegen eine Gnädige Obrigkeit einflöße, sondern innern Groll zu einer gewiß gefährlichen Rachgier nähren müsse, ist mir wenigstens einleuchtend: und wann noch gar dazu kommen sollte, was allgemein gesagt wird, daß es blutige Executionen gebe, dann müssen wir uns nicht wundern, wann einst, in vielleicht allgemeiner ausbrechenden Unruhen, Pariser Auftritte nachgeahmt werden. – Übrigens ist dies nur mein Gesichtspunkt, unter dem ich die Sache ansehe – vielleicht sehe ich falsch: aber die ganze Geschichte der Menschheit scheint mir zu beweisen, daß Härte u. Ungerechtigkeit den Menschen nie bessert, sondern verschlimmert u. grausam macht.» (LB). Es ist, als hätte Escher mit dieser Zeichnung aufgeatmet, daß es nicht zum Schlimmsten gekommen war.

5

Nachdem Escher den Winter 1793/94 über neben der normalen Geschäftstätigkeit seine öffentlichen politischen Vorlesungen gehalten und wegen seiner fortschrittlichen Ansichten Verdacht auf sich gelenkt hatte, wandte er sich im Vorfrühling wieder mehr seinen naturwissenschaftlichen Interessen zu und unternahm zahlreiche mineralogische Spaziergänge, vor allem ins Sihltal. Dabei kam er immer wieder nach Leimbach. Die heute am Albishang emporkletternde moderne Zürcher Wohnsiedlung hat von den einstigen drei Höfen Unterleimbachs kaum etwas übriggelassen. Auch die gedeckte Holzbrücke ist verschwunden und von den vielen ähnlichen im Sihltal nur noch eine einzige vorhanden.

6

Vom Kirchhof in Thalwil am linken Zürichseeufer ist die Aussicht vielleicht am schönsten, der langgestreckte See am breitesten. Als erstes Blatt einer Folge (rechts oben: Nr. 1), die noch von den Ansichten J.B. Bullingers inspiriert ist, zeigt die Zeichnung des 19jährigen Escher das feine Landschaftsempfinden und vor allem die präzise Wiedergabe der Gebirgsmassen (von links nach rechts: Speer 1950 m, Mürtschenstock 2441 m und Glärnisch 2914 m), die ihm sein Lehrer nicht mehr vermitteln konnte. Auch die auf die Stunde genaue Datierung stellt Eschers Verläßlichkeit unter Beweis: J.C. Escher de Kefikon des. d'ap. Nat. le 13 Janvier 1786 à 4 h. du soir.

7

Die Umstände, unter denen diese Zeichnung der Falletsche oberhalb Leimbach entstand, machen Eschers außerordentliche Wanderleistungen deutlich: Von einer größeren Wanderung zurückkehrend, gelangte er am 27. August 1794 nach Luzern. Anderntags «kehrte ich durch die gewöhnliche Landstraße über Knonau auf Zürich zurück, wo ich so frühe anlangte, daß ich, um nicht mit meinem Bergmannsaufzug bey hellem Tage einziehen zu müssen, mich noch von Wollishofen gegen Leimbach hinüberzog u. die Leimbacher Faletschge da abzeichnete.» Das sind – über Knonau – fünfzig Kilometer, wobei Escher noch zu früh ankam. – In nähere Berührung mit der Falletsche kam Escher erstmals im gleichen Jahr durch einen Freund, der ihn am 25. Februar gebeten hatte, «bey diesem schönen Frühlingswetter einen interessanten geognostischen Spaziergang vorzuschlagen. Der interessanteste Fleck in Zürichs Gegend, in dieser Hinsicht, ist die s.g. Leimbacher Faletschge, sagte ich ihm – also wanderten wir auf Leimbach u. stiegen nun längs dessen Bach in die Faletschge hinauf. Wir waren beide über dieses lehrreiche Profil unsrer ganzen Gebirgsformation hoch erfreut, u. kletterten an diesem steilen Gebirgsabriß hinauf, u. kletterten so lange u. so muthvoll, aber freylich nicht ohne Gefahr, daß wir endlich die ganze Faletschge erkletterten u. oben auf dem Gebirgsrücken des Albis bey Einbruch der Nacht anlangten... Von diesem Besuch an machte ich die Leimbacher Faletschge zum Gegenstand meiner umständlichsten Untersuchung, viele Jahre hindurch.» Ob diese Erfahrung Escher zu sicher machte – kurz darauf erfuhr er, daß es auch anders kommen konnte: «Der wiederkehrende Frühling lockte mich sobald möglich ins Freye: erst suchte ich mir, wie einst in Göttingen, besonders den Samstag nach Mittag freyzumachen, um unsre Hügel als Gebirgsforscher zu durchstreifen. Bald nahm ich auch etwan den ganzen Sonntag zu solchen Wanderungen. So zog ich den 30. Merz 1794 durchs ganze Sihltal hinauf bis zur Sihlbrücke, ungeachtet sich der erst helle Himmel bald verfinsterte u. es gleich nachher ununterbrochen zu regnen anfieng. An der rechten Seite der Sihl, unterhalb Geßners Sihlwaldlandhaus, sah ich einen schönen Bergabriß, die aufgedeckte Schichtenfolge am Tage; ich kletterte mühsam hinauf, sie umständlich zu untersuchen; als ich am obersten Sandsteinlager hämmerte, wich der erweichte Mergel unter mir, u. ich rutschte sitzend über den aus abwechselnden Sandstein- u. Mergellagern bestehenden Gebirgsabhang bis zum unmittelbaren Sihlufer hinab, ohne irgendeine Beschädigung, ungeachtet der abwechselnden schroffen Felsenabsätze, die der Sandstein bildete, unter denen ich aber dann in die weichern verwitterten Mergellager einsank, die den Fall schwächten – aber ich war so durch

u. durch von Kopf bis zu den Füßen beschmutzt, daß ich mich glücklich schätzte, in diesem Aufzug den einsamen Sihlwald durchwandern zu können.» (Alle Zitate LB).

8

Der 1209 m hohe waldige Höhenzug der Hohen Rone (auch Höhronen) an der Grenze zwischen den Kantonen Zürich, Schwyz und Zug (Dreiländerstein) ist heute noch so unberührt wie zu Eschers Zeiten. Am 27. Juni 1819 stand der 52jährige mit seinen «Kindern Hr. Hirzel Lotte u. Arnold» am Anfang einer dreitägigen Wanderung vom 26. bis 28. Juni, die zum Baldegger- und Hallwilersee führte, hier oben. «Die Aussicht war zwar beschränkt, doch waren die Voralpen u. das schöne Wasserbecken des Zürichsees enthüllt u. lieferten uns durch ihre Ansicht lange angenehme Unterhaltung» – und den Nachfahren die Zeichnung.

9

Fein modellierte Landschaft: Altendorf und (links) Lachen am oberen Zürichsee mit den Wägitaler Bergen im Hintergrund. Escher befand sich am 4. Juli 1803 am Anfang einer großen Wanderung in die Innerschweiz und ins bernische Napfgebiet. Er schreibt in den Reisenotizen: «... mahlerisch ist diese ganze Gegend, in der weniger Cultur (d.h. Landwirtschaft, Anm. d. Hrg.) u. daher eine natürlichere Vegetation statt hat als am untern Zürichsee; besonders aber in der Nähe von Altendorf grouppiren sich die Gebirge des Eingangs des Wäggithals u. des entferntern Linththals zu einem schönen Hintergrund für die nähere anmuthige u. belebte Gegend...»

10

Der Zwanzigjährige konnte am 25. April 1786 um 16 Uhr, als er das Schloß Grinau zeichnete, nicht ahnen, daß es etwa 25 Jahre später durch ihn selbst seine Brückenkopfbedeutung verlieren würde. Die Linth fließt heute nicht mehr vorn, sondern seitlich am Schloß vorbei durch Eschers neues Flußbett, und anstelle des hölzernen Pfahlbaus sieht man hier Garten- und Wiesland. Das Schloß selbst hat sich in einen schönen Landgasthof verwandelt. Nur der wuchtige mittelalterliche Turmbau steht noch unverändert und vom Schloß isoliert unter den Wirtschaftsgebäuden des angrenzenden Gehöftes. Am 22. April 1786 befand sich Escher bei seinem ersten Nachhilfelehrer Salomon Hirzel, nunmehr Pfarrer in Grüningen, zu Besuch, und die beiden unternahmen täglich Spaziergänge in die nähere und fernere Umgebung des altertümlichen Landstädtchens. «Den 25. Aprill morgens wanderten wir auf die Hochwache des Schwesterrains, dessen schöne Aussicht ich mit freudiger Wonne bewunderte. Dann stiegen wir in das finstere u. damals noch sehr öde Rapperschwyl herab, gingen über dessen schlechte lange Seebrücke nach Hurden hinüber, wo ich die artige Insel Ufnau abzeichnete. Über Altendorf giengen wir nach Lachen zum schlechten (= schlichten) Mittagessen. Nachmittag wanderten wir nach dem kleinen Dörfchen Nuhlen links am Obersee, u. verfolgten von da ohne allen Pfad dessen unmittelbares Ufer aufwärts; mit viel Mühe zogen wir uns an den steil in den See eingesenkten Sandsteinschichten hin u. mußten mehrere Male durchs Wasser gehen, um uns durchdrängen zu können. Am obern Seeende hofften wir, nach 2stündigem mühsamem Marsche eine Brücke über die einfließende Linth zu finden; aber vergebens, wir mußten uns noch eine halbe Stunde weit durch dickes Gesträuch mühsam durchwinden, bis wir endlich das Schloß Grynau erreichten u. dort zu abend essen konnten. Bey allmählig sich einstellendem Regen zeichnete ich noch das Schloß u. die Linthbrücke ab: dann eilten wir bei starkem Regen neben Utznach vorbey über Schmerikon, Bollingen u. Jonen nach Rapperschwyl – es war zwar schon dunkel Nacht u. anhaltend starker Regen, doch eilten wir noch auf Grüningen zurück, wo wir ganz naß um 10 Uhr anlangten.» (LB). Die Leistung, später oft wiederholt, war schon eine Eschersche.

11

«Den 2. May (1806) Abends gieng ich von Zürich weg, um meinen jährlichen Besuch der Bergwerke u. Steinbrüche am Zürichsee zu unternehmen...» Anderntags, «den 3. May morgens früh verließ ich Richtenschwyl u. stieg auf Wolrau herauf... Ganz seltsam zeigt sich hier der sehr schmale Hügel, der die Sihl dichte an die Roßweid andrängt u. sie gegen das Hinstürzen in den nahen Zürichsee schützt; er hat beynahe das Ansehen eines künstlichen Damms, den man zum Schutz gegen jenen Bergstrom aufgeführt hätte, besteht aber doch aus anstehenden Felsen, die durch eine ursprüngliche Kluft vom Hohen Rohnen getrennt worden seyn müssen, ehe sich die Sihl ein so tiefes u. enges Bett in denselben einschneiden konnte...» (RN). Für den vom Zürichsee her gegen Schindellegi oder Hütten aufsteigenden Wanderer scheint die Sihl in dieser Gegend etwas ganz absonderliches zu tun: anstatt, wie es Escher sagt, von Schindellegi in den Zürichsee zu stürzen, dreht sie vor einer wenige Meter hohen Bodenschwelle ab und fließt dann hoch oben im Hang in einem schluchtartigen Bett parallel zum Zürichsee, um sich immer tiefer einzugraben. Es ist höchst interessant, festzustellen, wie dieses Verhalten des wilden Gewässers für Escher geologisch rätselhaft bleiben mußte, weil damals die Eiszeit noch nicht erkannt war, und wie er eine «Kluft» brauchte, um es zu erklären. In Wirklichkeit wurde das ursprüngliche Sihl- und heutige Zürichseetal von den vordringenden Eismassen des Linthgletschers so ausgefüllt, daß die aus den Schwyzerbergen hervorbrechende Sihl, vereinigt mit den seitlichen Schmelzwassern des Linthgletschers, sich ein neues Bett suchen mußte und sich nicht nur nur durch die Seitenmoräne hindurchfräste, sondern auch noch in den «anstehenden», d.h. festen Felsuntergrund einschnitt. Als der Gletscher sich schließlich zurückzog, konnte die Linth aus ihrer «Kluft» nicht mehr ausbrechen. Das wildromantische «Tal im Hang» bleibt vom Zürichsee her fast unsichtbar; um so überraschender ist die ganz alpin wirkende, mit Felsblöcken gefüllte Waldschlucht von oben und von innen. In ihrem obersten Abschnitt zwischen Hütten und Schindellegi hat der Fluß zahlreiche Wassermühlen in den Sandstein gebohrt, topfartige Vertiefungen mit glattgeschliffenen Wänden, in denen ähnlich wie bei Gletschertöpfen noch das Schleifmaterial liegt. Auf Eschers Zeichnung erkennt man den «Damm», der das Sihl- vom Zürichseetal trennt, unter dem als Roßweid bezeichneten Rücken.

12

Die Brücke von Rapperswil zur Halbinsel Hurden teilt den Zürichsee in den Unter- und den Obersee. Heute ein stark befahrener gerader Damm für Bahn und Straße mit einem kurzen Brückenstück, war sie zu Eschers Zeiten noch der mittelalterliche, die Untiefen sich entlangschlängelnde, immer wieder erneuerte Holzsteg (Mitte rechts). Links die Inseln Ufenau (mit Kirche und Ulrich von Huttens Grab) und Lützelau vor der malerischen Kulisse des Zürcher Oberlandes. Die Zeichnung entstand am gleichen Tag wie diejenige des Schlosses Grinau (10) und ist auch in Eschers dort zitiertem Bericht erwähnt.

13

Das Städtchen Elgg hat sich mit seinem Werdmüllerschloß (rechts) in der Nähe der Industrieballung Winterthur ziemlich unversehrt erhalten, nicht viel anders als es Escher sah. Die wie verwunschene Atmosphäre des Schlosses, das im 17. Jahrhundert in einen Dornröschenschlaf versunken zu sein scheint, hat man allerdings der denkmalpflegerisch höchst bedeutsamen Bestimmung des Generalmajors Hans Felix Werdmüller von 1715 zu danken, daß die Inneneinrichtung nicht verändert werden darf. So sind Interieurs von einzigartiger Geschlossenheit und Lebendigkeit erhalten geblieben.

14
Den Sternen näher, ist Sternenberg die höchstgelegene Gemeinde des Kantons Zürich (Kirche auf 927 m). Vom Hörnli (1136 m, oben Mitte) hat man einen der schönsten Rundblicke im Zürcher Oberland, das ein richtiges kleines Mittelgebirge und beliebtes Wochenendziel der Zürcher ist, auf die Allgäuer, Vorarlberger und Glarner Alpen, die Gipfel der Innerschweiz und des Berner Oberlands, auf Jura, Schwarzwald und Schwäbische Alb bis zum Bodensee. (Ein Faksimile dieser von Escher im Jahre 1812 gezeichneten Rundsicht ist im Panoramenband vorgesehen.) Unten etwas beschnitten, wodurch die Beschriftung Eschers wegfiel: «Sternenberg d. 27. Jun. 17.»

NORD- UND OSTSCHWEIZ

15
Die Ebene des Mittellandes zwischen Jura (links) und Alpen ist die am dichtesten besiedelte Gegend des Landes. Heute übersät mit Industrie- und städtischen Ballungen in einem Netz von Verkehrsanlagen und Stromleitungen, war sie bis ins 20. Jahrhundert hinein die weite, in sich ruhende Landschaft, die Escher hier festgehalten hat. Am oberen Rand die topographischen Bezeichnungen der Jurahöhen.

16
Stein am Rhein, eines der schönsten alten Städtchen der Schweiz, ist zwar ganz erhalten, aber von neueren Vierteln umgeben, so daß seine altertümliche Schönheit nur von der Rheinbrücke und vom Kern her zur Geltung kommt. Heute gehört die einstige freie Reichsstadt zum Kanton Schaffhausen; von 1484 bis 1798 unterstand sie Zürich. Daher der Bildtext «Stein au Canton de Zurich».

17
In der gleichsam hingehauchten Pinselskizze der im flimmernden Mittagsdunst schwebenden Bodenseeinsel Mainau hat Eschers feines Landschaftsempfinden noch die rokokohaft zarte, fast spielerische Ausdrucksform der Frühzeit. Die ungewohnte deutsche Schrift rechts oben ist seine eigene, nur in der Jugend verwendete (vgl. Schrift der Kupferstichanleitung von 1782, Abb. im Textteil) und seit seinem 18. Lebensjahr kaum mehr vorkommende. Man erkennt sie auch in der (bei den beiden Büschen im Vordergrund beginnenden, mit Rötel geschriebenen und noch im Terrain auf der Skizze angebrachten) vorläufigen Bezeichnung «Meinau am Bodensee». Dem Lebensbericht zufolge sah Escher die Insel Mainau erstmals auf einem Spaziergang von Konstanz aus, wo er auf der mit seinem Genfer Freund und Lehrer Vaucher unternommenen Bergwanderung von 1786 drei Tage – vom 22. bis 24. Juni – bei Genfer Emigranten weilte. Die auf der gleichen Wanderung entstandenen Ansichten von Stein am Rhein (16) und St. Gallen (18) zeigen Eschers saubere Lateinschrift. Vielleicht hat der 19jährige hier das für ihn noch ungewohnte Ausländische (damals noch Österreichische) seines Standorts hervorheben wollen.

18
1786 hatte die nordostschweizerische Kapitale St. Gallen noch keine Sorgen mit der Trassierung der Autobahn durch ihr Stadtgebiet. Der 19jährige zeichnete diese Ansicht auf der schon erwähnten Wanderung mit seinem Genfer Lehrer und Freund Vaucher, die beide über Glarus und Appenzell an den Bodensee und über Schaffhausen nach Kefikon führte. Die Darstellungen von Schloß Grinau (10) und Stein am Rhein (16) entstanden während der gleichen Wanderung.

19
«...zeigt sich das Städtchen Lichtensteig mit der tief unter ihm stehenden Thurbrücke, einem Wasserfall... und einer in der Nähe gut angebrachten Mühle unter einem ziemlich mahlerischen Gesichtspunkt; der waldige Bergstock, auf dem die Ruinen der alten Tokkenburg stehen, bildet dieser Landschaft den Hintergrund», schreibt Escher. (RN.)

20
Das Alpsteingebirge mit dem Säntis (2504 m), Wahrzeichen der Nordostschweiz, ist heute vom Hohen Kasten (a), auf den eine moderne Großraumseilbahn führt, am besten übersehbar, es liegt sozusagen aufgeblättert da, ein geologisches Lehrbuch in natürlicher Größe. Auf dem Hohen Kasten beginnt auch ein überaus instruktiver geologischer Lehrpfad. Es ist kein Zufall, daß Escher für sein geognostisches Panorama denselben Standort wählte, wenn auch von dem benachbarten Kamor, der bei gleicher Aussicht leichter zugänglich war. Die typische Terrainstudie ist dennoch ohne jede wissenschaftliche Trockenheit und von einer wahrhaft monumentalen Wirkung. Sie gewährt Einblick in Eschers Arbeitsweise: Seinen Reisenotizen zufolge dauerte die Wanderung vom 25. bis 31. August 1792, das Panorama trägt den Vermerk: Gezeichnet im September 1792. Das bedeutet, daß Escher es im Terrain nur skizziert und dann zu Hause ausgearbeitet hat. Die auf den Tag genauen Daten sind jedoch in der Regel Entstehungsdaten der Skizze. Escher entfaltet sich in diesem Jahr ungeheuer schnell: Am 14. Juli hat er auf dem Poncione di Fieud über dem Gotthardhospiz das erste Gebirgsrundpanorama der Welt skizziert und – wahrscheinlich ebenfalls im Herbst – zu Hause zu einem wahren Meisterwerk gestaltet (Faksimile im Panoramenband).

Die Aussicht vom Hohen Kasten zum Säntis

21
Die Umstände, unter denen die Ansicht von Schloß und Kirche Sargans am 7. Oktober 1814 zustandekam, sieht man der Zeichnung nicht an. An diesem Tag, schreibt Escher in seinen Reisenotizen, wurde er mit einem Fuhrwerk und kantonal St. Gallischer Militäreskorte als eidgenössischer Bevollmächtigter nach dem sezessionistischen Sargans entsandt, wo der Gemeindeammann Gallati, ein ehrgeiziger Mann, Unruhen angestiftet hatte, die die Abtrennung der ehemaligen Herrschaften Sargans und Uznach vom Kanton St. Gallen zum Ziel hatten. Es ging «rasch über Werdenberg auf Sargans, wo aber unsre Bemühungen die Unruhe friedlich beyzulegen so fruchtlos waren, daß wir den 17.8br mit Heeresmacht einrücken u. 3 Wochen mit derselben hier bleiben mußten.» Die Skizze entstand während einer letzten Rast vor dem zu erwartenden schlechten Empfang in Sargans.

22
Die prachtvolle geognostische Studie von Amden entstand auf keiner Bergwanderung, sondern während Eschers Tätigkeit an der nahen Glarner Linth, deren Kanalisierung er als ersten Schritt 1807 in Angriff genommen hatte. Amden ist infolge der Bergsturzgefahr von 1973/74 oft erwähnt worden; die unterbrochene Verbindung mit dem Ort konnte nur mit Hubschraubern wiederhergestellt werden. Der heute vielbesuchte Luftkurort in sonniger Höhenlage über dem Walensee bestand zu Eschers Zeit nur aus der Kirche und zerstreut liegenden Bergbauernhäusern. Die Zeichnung ist typisch für Eschers Streben, die seiner Überzeugung nach überall in der Natur waltende große Harmonie zum Ausdruck zu bringen. Sie muß daher ebensosehr als Kunstwerk wie als wissenschaftliches Dokument gelten.

23
Ein Dokument ist auch diese Terrainskizze des im Sumpf versinkenden Walenstadt. Die Bleistiftvermerke «Sumpf», «Sauerwiesen», «ausgetrocknetes Wasser» usw. müßten gar nicht da stehen, um vor Augen zu führen, daß die mit dem steigenden Seespiegel unaufhaltsam fortschreitende Versumpfung Walenstadt erreicht hat. Escher konnte sie auf seinen wiederholten Wanderungen in diesem Gebiet selbst beobachten; «Bey Walenstadt gieng ich über die Setz (= Seez) und dann quer durchs versumpfte Thal, wo ich auf dem sonst ehemals trocken gewesenen Pfad bis über die Knie ins Wasser sank», schreibt er am 10. Juli 1806 (RN). Die undatierte Skizze muß um 1808 entstanden sein.

24, 25
Die lachende Landschaft des Kerenzerbergs lernte Escher im September 1797 kennen; in seinem Lebensbericht schreibt er darüber: «Schon seit geraumer Zeit war ich in naturhistorischem Briefwechsel mit Hrrn. Pfarrer Steinmüller in Kirenzen; um ihm die Anleitung für Mineralien-Kenntnis zu erleichtern, die er besonders von mir verlangte, lud ich ihn einst zu mir – als er kam, fand ich statt eines alten steifen Pfarrers einen muntern kräftigen jungen Mann in ihm, mit welchem bald fidele Freundschaft angesponnen war. Nun lud er mich dringend zum Gegenbesuche auf sein Kirenzen ein, u. mir war gerade jene mir noch wenig bekannte Berggegend u. die nähere Einsicht der Wallenseeverhältnisse sehr erwünscht, daher nahm ich die Einladung gerne an u. benützte die erste schickliche Zeit zu diesem Ausflug. Den 15. Herbstmonat nachmittags fuhr ich über See nach Richtenschwyl u. gieng morgens darauf über Lachen die schöne fruchtbare Ebene der March hinauf nach Bilten u. an die Ziegelbrücke, wo ich ein Schiff benutzte, um durch die scheußlichen Sümpfe der Maag nach Wesen zu fahren, wo ich zu Mittag aß, u. dann in einem Marktschiff nach Mühlithal hinüberfuhr. Eine kräftige blühende Glarnerin, die sich mit einschiffte, war mir beym ersten Blick durch ihre Ähnlichkeit mit meinem Freund Steinmüller aufgefallen: sie war die Schwester desselben, u. wollte wie ich ihren Bruder besuchen. Wir stiegen also miteinander durch das steile Tobel des Mühlithals hinauf nach Kirenzen, wo ich sehr freundschaftlich aufgenommen wurde u. in dem wohlgelegenen Pfarrhaus die prächtige Gebirgskette der rechten Seite des Wallensees von Wesen bis über Wallenstadt hinauf vor mir und das tiefe Seebecken selbst unter mir überblickte. Mit Sorgfalt zeichnete ich während meines Hierseyns diese prächtige Gebirgsansicht ab. Meine Zeit war übrigens zwischen kleinern Spaziergängen in der angenehmen Umgegend u. der Durchsehung u. Berichtigung der Mineraliensammlung meines muntern u. lebhaften Freundes getheilt, u. unsere Unterhaltung betraf neben naturhistorischen u. politischen Verhältnissen vorzüglich auch die so dringende Rettung der Thäler des Wallensees u. der Linth vor gänzlicher Versumpfung.» Aus dem Panorama «Ansicht der Nordöstlichen Seite des Wallenstadter Sees vom Pfarrhaus auf Kerenzen gezeichnet» ist nur der mit 22 vergleichbare Ausschnitt wiedergegeben.

Der Kerenzerberg heute

26
Die heißen Quellen von Pfäfers, im Jahre 1031 oder nach einer anderen Nachricht 1242 entdeckt, dienten seit dem 14. Jahrhundert in einem in der Taminaschlucht errichteten Badhaus Heilzwecken. Zunächst vom oberen Rand der Schlucht über Holztreppen erreichbar, wurde das immer weiter ausgebaute Bad im 18. Jahrhundert auch vom Schluchteingang her durch an der Felswand entlanggeführte Holzstege zugänglich gemacht. Escher besuchte die berühmte Schlucht mehrmals. Die Zeichnung, die schon seinen sachlicher und trockener werdenden Spätstil aufweist, entstand am Anfang einer vom 20. August bis 7. Oktober 1819 dauernden großen Bergwanderung mit seinem Schwiegersohn Hirzel, dem Sohn seines Genfer Freundes Vaucher und dem Träger Alder. «Von Valenz stiegen wir ins Pfeferzbad herab, wo wir sogleich uns ins erquickende Bad setzten und mannigfaltige Versuche über die Fortsetzung des Schalls im Wasser, von diesem in die Luft u. umgekehrt machten. Nachmittag zogen wir uns in die prächtige Felsenkluft der Tamin hinein, zur Quelle des Pfeferzbads, welche nach u. nach immer tiefer sinkt, so daß man Mühe hatte, sie dieses Jahr hoch hinauf zu treiben, um ihrer Wasserleitung noch Fall genug zu geben und sie bis in die Trinklaube des Badhauses fließen zu machen.» (RN).

GRAUBÜNDEN

27
Die Landquart, ein Gebirgsfluß mit Wildbachcharakter, verläßt das Prätigau vor der Einmündung in den Rhein durch die Klus, eine enge Durchbruchsschlucht. Bei Hochwasser verwüstete sie das ganze Tal und lagerte das Geschiebe nach dem Austritt aus der Klus in der Rheinebene ab, die sie erhöhte und überschwemmte. Das Problem machte Escher wegen der niedrigen Wasserscheide zwischen dem Rhein und der Seez bei Sargans Sorgen – wenn sich das Rheinbett erhöhte, konnte der Fluß eines Tages bei Hochwasser zum

Walen- und Zürichsee durchbrechen. Im Februar 1818 sandte der St. Galler Regierungsrat Mesmer Escher einen Hilferuf, der mit den Worten endete: «... allein der Mut zur nötigen Kraftanstrengung liegt dermalen darnieder. Möge Ihr Erscheinen am Rhein diese Lethargie zerstören und seine Uferbewohner mit der Hoffnung möglicher Abhülfe neu beleben! Gebe der Himmel, daß der Retter des Linththales auch der Schutzgeist des Rheingeländes werde!» Escher besuchte noch im Febraur das Rheintal, um im Frühjahr mit einer Kommission der Eidgenössischen Tagsatzung wiederzukehren und mehrere Wochen lang die notwendigen Messungen vorzunehmen. In seinem Bericht an die Tagsatzung warnte er eindringlich vor der Gefahr, aber vergebens – die Katastrophe im Val de Bagnes (s. 140) im Juni desselben Jahres nahm den Willen und die Mittel der Eidgenossenschaft zu sehr in Anspruch.

28
Vom 13. August bis 2. September 1821 unternahm Escher noch bei voller Gesundheit mit seinem 14jährigen Sohn Arnold seine vorletzte große Bergwanderung in den Rätikon, der von den beiden «von der Landquart ins Praetigau hinein bis Grüsch, dann auf Seewis hinauf u. durch den Stutz beym Ganybad vorbey auf den Tschingel, auf die große u. kleine Gamperthoner Furka in die Valsalp, über die Goldrose Scheidecke auf die Lunerseescheidecke u. an das Schweizerthor hinüber, von diesem über das Evajoch in die Sparzenalp u. durch das Gauerthal herab auf Tschagguns im Montafun» begangen wurde – eine beachtliche Tour. Dabei hatten sie zuvor schon die Pässe und Joche aus dem Flumser- ins Weißtannental und nach Ragaz überschritten und kehrten von Bludenz – immer zu Fuß – über das Rheintal, den Bodensee und Kefikon nach Zürich zurück.

29
Wer von Chur nach Arosa fährt, muß durch das Schanfigg, ein Tal, das anders ist, als es heißt: scana bedeutete spätlateinisch Wald, vicus Dorf. Die Dörfer in ihrer prachtvollen Hanglage hoch über der in ihrer Schlucht rauschenden Plessur sind da, der Wald ist früh abgeholzt worden. Das Schanfigg hat sich aus einem Waldtal in ein Sonnental verwandelt. Die nach der Rodung stark einsetzende Erosion schnitt tiefe Querfurchen in die Talhänge, die von der Straße nach Arosa immer wieder überquert und durchkurvt werden müssen. Bevor es sie gab, lebten die Dörfer isoliert und den alten Sitten treu; das Geographische Lexikon der Schweiz weiß von der Schanfigger Kiltgang-Variante 1908 zu berichten: «Ein alter Brauch, dessen moralische Seiten hier nicht zu beleuchten sind, ist das ‹z'Hengert gehen›, und zwar mit einer Zinnkanne voll Wein, soweit man's wenigstens mit Aussicht auf Erfolg betreiben will.» Escher durchwanderte das Schanfigg am 4. und 5. August 1813, um über den 2377 m hohen Strelapaß nach Davos abzusteigen. Die Bergwerksverwaltung «des Silberbergs in Davos, der ich vor sieben Jahren einige allgemeine Vorschläge über den Betrieb ihres Bergbaus gemacht hatte, die anfänglich sorgfältig befolgt worden waren, hatte sich durch die erste gute Aussicht ihrer Unternehmung wider meine bestimmtesten Anträge verleiten lassen, so viele Taggebäude zu errichten, daß sie sich bald in die größte Verlegenheit dadurch gesetzt sah, indem die spätere Erzausbeute keineswegs den überspannten Hoffnungen entsprach; sie hatte mich aufs neue dringendst einladen lassen, den Zustand der ganzen Unternehmung zu untersuchen u. ihr einen neuen Operationsplan vorzuzeichnen. Dieser Einladung entsprach ich unter der Bedingung, daß Hr. Bergrath Tscharner von Bern... zugezogen würde», schreibt Escher (RN), und mit Tscharner und dem Bergbauexperten Schinz aus Zürich rastete er an jenem 5. August 1813 am frühen Nachmittag auf dem Strelapaß, wo das schöne Panorama des Schanfiggs entstand. Kaum je ist der Charakter des Tales mit seinem der Sonne zugewandten Hang so eindrücklich dargestellt worden.

30
Der 1970 m hoch gelegene Lünersee im vorarlbergischen Brandnertal nahe der Schweizer Grenze ist heute mit einer Seilbahn leicht erreichbar. Escher besuchte ihn mit seinem Sohn Arnold auf der Rätikon-Wanderung von 1821 (s. 28). Noch spürt er nichts von der Krankheit, der er anderthalb Jahre später zum Opfer fallen wird, aber seine Zeichnungen zeigen nicht mehr die frühere Lust und Freude am Schauen, sie werden schematischer, farbloser, linearer.

31
Escher sah die Armut des unteren Prätigaues, dessen Bewohner ihm «überhaubt von großem Wuchse, die Weiber verhältnismäßig noch größer als die Männer, aber die Physiognomien... rauh und etwas finster» schienen, und wo «die Armuth u. träge Ruhe des großen Theils der Einwohner u. die Leichtigkeit, womit sie sich in den neuesten Zeiten in großen Scharen zur Auswanderung in die entferntesten russischen Besitzungen verleiten ließen...» ihm mißfiel, zumal «jährlich ganze Scharen von Taglöhnern aus dem Montafunerthal hinüber kommen, um hier Nahrung u. guten Lohn zu verdienen, während die eingebohrnen Armen in Trägheit schmachten...» (RN). Demgegenüber konnte Escher an jenem 14. Juni 1804, als er in Klosters übernachtete und diese Zeichnung skizzierte, feststellen, daß es sich um ein großes Dorf mit weitläufig zerstreuten Wohnungen von ziemlich gutem Aussehen handelte.

32
Am gleichen 5. August 1813, da Escher vom Strelapaß aus das Schanfigg zeichnete (29), entstand auch diese Davoser Idylle, die dem explosiv wachsenden Ort (zu Eschers Zeiten einige hundert, 1850 1600, heute schon über 12000 Einwohner) einen kritischen Spiegel vorhält.

Davos heute

33
Glaris bei Davos zeichnete Escher 1806, als er sein erstes Gutachten über die Erzvorkommen des Silberbergs bei Davos abgab (s. 29), aber das Blatt ist nachträglich (mit Stift) und unrichtig datiert. Seinen Reisenotizen zufolge entstand es am 26. Juni. «Anmuthig u. mahlerisch ist der erste Anblick von Glaris in einer kleinen flachen Ecke der rechten Thalseite mit schönen Wiesen am Fuß finstrer waldiger Gebirgsabhänge, zwischen denen sich der Thalstrom des Landwassers in vielen Biegungen durchwindet u. dadurch die untersten meist noch bewohnten Absätze des Gebirges coulissenartig hintereinander vorschiebt.» (RN).

34
Zwei Tage darauf, am 28. Juni 1806, wanderte Escher mit seinen beiden Weggenossen, dem 7 Jahre älteren Naturforscher Karl Ulysses von Salis-Marschlins und dem Magister Rösch aus dem württembergischen Kirchheim, durch das einsame und hochgelegene Dischmatal zum Berggasthof Dürrboden (über 2000 m), um dann den Scalettapaß (2606 m) ins Engadin zu überschreiten. Der Paßübergang wurde in früheren Zeiten, als es noch keine Flüelastraße gab, stark begangen, was die geräumigen Stallungen für die Saumtiere auf Dürrboden und die ehemalige steinerne Schutzhütte auf der Paßhöhe beweisen, die Escher auf dem einen seiner beiden Scaletta-Panoramen (s. Panoramenband) festgehalten hat. In der Staffage Escher (schreibend) mit einem Gefährten beim barometrischen Messen der Höhe.

35
Das zwischen den Burgen Ehrenfels, Baldenstein und Campi schön gelegene Dorf Sils bei Thusis im Domleschg zog Eschers Aufmerksamkeit auf sich, weil der vom Geschiebe des Wildbachs Nolla oft aufgestaute Hinterrhein die Felder des Dorfes immer wieder – zuletzt 1807 – wegspülte. Die Skizze der steilen Felswände über dem Dorf zeugt vom Interesse des Geologen und zugleich des Zeichners, der den Ausschnitt, die Vertikalen und Diagonalen sowie die Staffage in wohlausgewogene Beziehung zueinander gebracht hat.

36
Ilanz, ein schon 766 erwähntes Städtchen am Vorderrhein, bewacht den Ausgang eines V-förmigen Doppeltales, dessen breiter und lichter Westzweig die rätoromanische Lumnezia (Lugnez) umfaßt, während der östliche, das deutschsprachige Valsertal, schmal und waldreich ist. Escher wanderte am 14. Juli 1811 von Elm über den Panixerpaß nach Ilanz und fand noch soviel Zeit, es zu zeichnen (wer diese Tour heute hinter sich gebracht hat, dürfte dazu kaum in der Lage sein). Er vermerkt die Bauwerke und den Waldbestand sehr genau, so daß die Zeichnung dokumentarischen Charakter gewinnt.

37, 38
Die Lumnezia, das romanische Lugnez, ist bis in unsere Zeit weitgehend ursprünglich geblieben. Es gehört mit seinen Kunstdenkmälern und dem Totenkult seiner Beinhäuser (außen eingemauerte Schädel) zu den interessantesten Wandergebieten der Schweiz. Escher war 1811 von Ilanz aus durch das Valsertal und über den Valserberg nach Hinterrhein gewandert und hatte sich zweifellos vorgenommen, des Lugnez wegen so bald wie möglich wiederzukommen. Schon im folgenden Jahr war er wieder da. Vom Hauptort des Tales, Vrin (1454 m), einem heute noch weitgehend aus oft bemalten und geschnitzten Holzbauwerken bestehenden Bergdorf, zeichnete er das Panorama talwärts gegen Ilanz mit den auf weitem goldgrünen Sonnenhang verstreuten Siedlungen, und vom nächsthöheren ehemaligen Weiler Puzzatsch (1668 m) talaufwärts die Aussicht gegen den Piz Terri (3149 m) und den Diesrutpaß (2428 m) zum Somvix. Beide Blätter machen die für Escher so kennzeichnende Verbindung von objektiver Erfassung und subjektivem Erleben deutlich.

39
Auch das Safiental gehört zu den nicht mehr sehr zahlreichen ursprünglich gebliebenen Gegenden der Schweiz. Anders als die zuvor erwähnten Nachbartäler ist es tief eingeschnitten, schmal und kaum verzweigt. Es beginnt mit einer unzugänglichen Schlucht, über der hoch im Hang ein Sträßlein mit Ausweichstellen in das hauptsächlich von deutschsprachigen Walsern besiedelte Hochtal führt. Die Skizze Eschers, diesmal nicht zu Hause (d.h. in seiner Schäniser Klause) überarbeitet, verrät um so mehr seine sensitive Empfänglichkeit für die Gebirgslandschaft. Sein Standort befand sich oberhalb von Neukirch (1253 m), man sieht Safien-Platz, links den Einschnitt des nach Thusis im Domleschg hinüberführenden Glaspasses (1846 m), darüber die ragende Felspyramide des Piz Beverin (3000 m), und im Hintergrund rechts die Gegend des früher öfter begangenen Safierbergs (2490 m).

40
Als Escher im August 1817 mit seinem Schwiegersohn Kaspar Hirzel und Johann Kaspar Horner, dem hervorragenden Physiker und Astronomen, vorderrheinaufwärts zur Greina wandern wollte, hatte ein schweres Unwetter alle Rheinbrücken bis auf die von Somvix weggerissen. Die Ziegen des Dorfes waren jedoch durch den über die Ufer getretenen Rhein abgeschnitten worden, weshalb man die Stege verlängerte und die Herde rettete. Die Wanderer mußten warten, und so entstand die ergötzliche Zeichnung.

41
«... genießt man einer lieblich mahlerischen Ansicht des Dorfs Brigels, welches, nicht übel gebaut, seine artige Kirche umgibt u. in einer schönen Wiesenebene liegt...» schreibt Escher in den Reisenotizen. Brigels (Breil) ist heute Wintersport- und Luftkurort (1289 m), und die Autoren des Vermerks im Geographischen Lexikon der Schweiz von 1902, die von «Fremdenindustrie – zwei Gasthöfe» schrieben, würden sich wundern, was man heute unter Fremdenindustrie versteht.

42
Die Schinschlucht der Albula zwischen Thusis und Tiefencastel verbindet die Splügen- und Bernhardinstraße mit der Julier-, Albula- und Landwasserroute. Bis 1869 war dieser wichtige Verkehrsweg ein hoch im rechten Talhang (auf dem Bild links) verlaufender Saumpfad, den die 1868 abgebrochene berühmte Holzbrücke über die Schlucht mit Solis, Stierva und den übrigen Dörfern der linken Talseite verband. Heute, da die seitdem gebaute Schinstraße mit der Solisbrücke durchgehend erneuert wird, stellt der alte, vermutlich seit dem Ausbau der Via mala 1473 bestehende Pfad einen der großartigsten Wanderwege Graubündens dar. Die Zeichnung Eschers ist nicht nur von hohem dokumentarischem Wert, sondern sie gehört auch in künstlerischer Hinsicht zu seinen besten Arbeiten.

43
Oberhalb von Preda, noch vor der Albulapaßhöhe (2312 m), «...bildet das Albulathal eine weite horizontale... etwas moorige, zum Theil von einem See eingenommene Ebene, an deren NWlichem Ende das Wirthshaus Zum Weißenstein liegt, welches die Aussicht von diesem erhöhten Thalabfall auf der Höhe der Gypsfelsen angenehm belebt; hohe Gebirgsstöcke beschränken zwar diese Aussicht (talabwärts auf den Piz Ela, 3180 m, Anm. d. Hrg.) ziemlich enge, aber auch sie verschönern die ganze Landschaft mit ihren breiten, hier u. da noch beschneiten Pyramidalformen...» berichtet Escher in den Reisenotizen nach einer ausführlichen geologischen Beschreibung der Gegend, um hinzuzufügen: «... u. gelangt dann in die horizontale Ebene, in der der See u. das Wirthshaus Weißenstein liegt, in welch letzterm man vortreffliche Fische des erstern genießt...» Genoß, denn wie der See um 1860, so verschwand nach dem Bau der 300 m tiefer trassierten Albulabahn (1903) auch der rege Paßverkehr, und besagtes Wirtshaus mußte aufgegeben werden. Die Gebäude dienen heute dem Institut für Tierzucht, ETH Zürich.

44
In großartiger Einsamkeit ist das hochgelegene Avers eines der merkwürdigsten Täler der Schweiz. Seine Hauptsiedlung

Cresta (im Bild links) mit seiner alten Walserkirche St. Theodul liegt 1949 m hoch, noch höher der Weiler Juf (2126 m), die höchste Dauersiedlung der Schweiz, dazwischen das stattliche «Podestathus», ein Engadiner Renaissancebau des 17. Jahrhunderts. In solcher Höhe gibt es kaum noch Baumwuchs. Escher fand diese abgeschlossene Welt erst nach längerem Suchen. «... die Einwohner scheinen nicht arm, aber genügsam zu seyn u. haben der Entfernung wegen wenig Umgang mit anderen Menschen. Kein Paß führt durch dieses Thal, keine Herberge ist zu finden; mit großer Mühe u. manch fehlgeschlagenem Versuch konnte ich endlich eine starke Stunde hinter dem ersten Dörfchen nach Einbruch der Nacht einen gastfreundlichen Averser finden, der mich in einer guten Stube mit Alpspeisen u. Brod versorgte u. mir das Nachtlager auf seinem schönen Heustock gestattete.» (RN).

Die alte Walserkirche St. Theodul in Cresta/Avers

45
Das Tal des Hinterrheins senkt sich in drei Stufen – Rheinwald, Schams und Domleschg – zum Zusammenfluß mit dem Vorderrhein. Berühmte und früher gefürchtete Schluchten trennen die drei Talstufen: die Rofla und die Via mala. Das Rheinwald hat trotz der prachtvoll trassierten Hochgebirgsautobahn N 13 nichts von seiner einsamen Schönheit eingebüßt, weil man es dort verstanden hat, eine Zersiedelung zu vermeiden. Die Fahrt in den Süden über diese Via Raetica gehört zu den stärksten Eindrücken, die unberührte Landschaft und moderne Technik in harmonischer gegenseitiger Ergänzung vermitteln können. Escher hatte vom Valserberg aus den Gletscherzirkus des Rheinwaldhorns (3398 m) bewundert («... so ganz vergletschert, wie ich sonst noch nirgends in den Alpen vergletscherte Gebirge sah...») und wanderte dann über Medels nach Splügen und Italien. Die Gletscher haben sich seither allerdings weitgehend zurückgezogen.
46
Begleitet von seinem Schwiegersohn Kaspar Hirzel, dem jungen Vaucher und dem Träger Alder, hatte der 52jährige Escher an diesem 25. August 1819 frühmorgens Chur verlassen. «Gemächlich wandernd», erreichten die vier gegen abend «Schweiningen», wo sie «nicht sehr bequem» übernachteten; heute würden sie bequemer, aber teurer logieren – «Schweiningen» ist der bekannte (leider schon stark überbaute) Ski- und Ferienort Savognin, 38 km von Chur. Auf der Zeichnung verdeckt der Hang links das links unter der Kirche malerisch im Talgrund der Albula liegende Tiefencastel, das seinen Namen zu Recht trägt: Wer ins Engadin will, muß von der Lenzerheide tief hinunter und dann wieder hoch hinauf zum Julierpaß.
47
Der Finstermünzpaß kann als Symbol für die Abgeschlossenheit der Schweiz gelten: er bezeichnet keinen Gebirgsübergang, sondern eine tiefe und enge Schlucht des Inns. Die Rhätische Bahn endet in Scuol, die letzte Siedlung ist Martina (Martinsbruck), und von da an stößt eine beklemmend eingeengte lawinengefährdete Straße in die finstere gewundene Schlucht vor, als wäre auch sie bald zu Ende.
Erzherzog Sigmund erbaute 1471 auf der österreichischen Seite die Grenzfestung Sigmundseck. Escher war von Martina, wo er seine beiden Gefährten zurückgelassen hatte, am Morgen des 1. Juli 1806 allein hierher vorgestoßen. Er muß die düstere Größe dieses Endes der – seiner – Welt ebenfalls empfunden haben; in den Reisenotizen erwähnt er oft «diese wilde enge Felsenschlucht». Zur alten Festung bemerkt er: «Noch etwas über dem Auslauf des Samnaunthals in die linke Seite des Innthals steht das Tyrolische kleine Fort Finstermünz an der rechten Seite des Inns, an einer Stelle, wo eine Brücke über den Strom führt u. wo das rechtseitige Gebirge sich fast vertical... herabsenkt, so daß der kleine Felsenabsatz noch künstlich erweitert zu seyn scheint, auf welchem das thurmähnliche alte Fort steht. Links dem Inn geht also der Schweizerboden, den meisten Landkarten entgegen, noch einige hundert Schritte unter das jenseitige Tyrolische Fort herab, so daß durch das Samnaunthal der Eingang ins Tyrolische Innthal möglich ist, ohne Finstermünz zu berühren...» An den Landesgrenzen regte sich sogleich Eschers Sorge um die militärische Verteidigung. Zur Zeichnung selbst heißt es (RN): «Gleich ob Finstermünz genießt man rückwärts einer interessanten Ansicht der engen Felsenkluft des Inns in der Nähe dieses Forts, über welches hinaus sich der höhere Theil des Samnaunthals zeigt; die schroffen Felsenwände, welche zum Theil das unmittelbare Ufer des Inns bilden, mit den höhern, sanfter abhängigen Gebirgsabsätzen, die mit Tannen zum Theil bewachsen sind, bilden mit obigen Hauptgegenständen eine ziemlich mahlerische Landschaft...»
48
Martina (Martinsbruck) zeichnete Escher am nächsten Tag von der Straße nach Nauders, auf die der Verkehr zwischen der Schweiz und Österreich heute bei Lawinengefahr ausweicht. Von Nauders führt eine kühn trassierte österreichische Straße nach Pfunds hinunter, die schon Escher bewunderte (RN): «Diese Heerstraße ist überall prächtig gebaut u. gut unterhalten; an einigen Stellen ist eine Brustmauer auf den äußersten Rand der vertical gegen den Inn abgeschnittenen Felsenwand hoch aufgesetzt... Eine alte Fortification, die sich noch größtentheils vorfindet, verschloß einst den Eingang durch dieses kluftähnliche Thal in das Tyrolische Innthal.»
49
«Dieses Thälchen... erweitert sich... bey ziemlich steilem Ansteigen allmählig gegen die Nauderser Ebene... in ihr steht das große u. gutgebaute fleckenähnliche Dorf Nauders.» Die Zeichnung zeigt, was H. Gsteu (in der «Länderkunde Österreichs», Innsbruck 1971) über Nauders sagt: «...ein breiter Wiesenplan öffnet sich: Nauders. ein Bergdorf, wie in die Landschaft gemalt, blumenreiche Wiesen, Schloß Naudersberg, ein himmelstrebender Kirchturm, ...der Piz Lat (2804 m) als Bergwächter... eine Aussicht ins Engadin weit hinauf und im Winter ein prächtiges Skigebiet – das ist der Reichtum des «Obersten Gerichtshofes», wie man Nauders als alten Gerichtsort wergen seiner Höhe von 1364 m einst... nannte.»

50

Nördlich der Ofenpaßhöhe (2155 m) in Richtung Zernez und Engadin liegt mitten im Nationalparkgebiet der Berggasthof Il Fuorn, ein vielbesuchtes Zentrum für Wanderungen durch den Park. Der rätoromanische Name bedeutet Ofen und kommt von den Schmelzöfen der einstigen Eisen- und Bleierzgruben auf der nahen Alp Buffalora, die dem Ofenpaß früher ihren Namen – Buffalorapaß – lieh. Eschers Standort befand sich unterhalb von Il Fuorn bei Ova Spin, wo die heutige Ofenpaßstraße ins Nationalparkgebiet eintritt und von wo man das Spöltal überblicken kann. Es wendet sich auf dem Bild nach rechts in die schmale Kluft, die man übersehen könnte, wenn man nicht auf sie aufmerksam gemacht wird. Dort führte der alte Saumweg spölaufwärts ins Tal von Livigno hinein; heute fährt man bequem durch den Tunnel der Spölkraftwerke bis zur Staumauer des verzweigten Sees, der den unteren Teil des Livignotals ausfüllt. «Nach einem langweiligen, mehr als eine Stunde langen Marsch (langweilig für Escher, weil der dichte Waldbestand ihm keine geognostischen Beobachtungen gestattete, Anm. d. Hrg.) trifft man endlich ein einsames Wirthshaus. Zum Ofen genahnt, welches diesem Thälchen den Namen giebt... Wir aßen hier freylich etwas ärmlich zu Mittag...» (RN). Die Zeiten ändern sich – in dem modernen Haus wird es anders gehalten. Die aus Fichten und aufrechten Bergföhren bestehenden Wälder des Nationalparks, die oberhalb von 1900 m in Lärchen- und Arvenwälder übergehen, gehören zu den ausgedehntesten der Schweiz und verleihen der Gegend einen eigenartig ernsten Charakter, den die gewaltigen Dolomitformationen der Berge noch verstärken. Da im Schweizerischen Nationalpark nicht gejagt werden darf, kann man allabendlich auf den Lichtungen das Hochwild beobachten; dessen Vermehrung hat jedoch ein solches Ausmaß erreicht, daß es zu einer Plage geworden ist und der Bestand nunmehr reduziert werden muß.

Il Fuorn heute

51

Die in der Abbildung etwas beschnittene Beschriftung lautet: «Ansicht des Münsterthals in Bündten, von Taufers an gegen den Paß über S. Giacomo, nach der Nat. gezcht. v. H. Cd. Escher d. 3. Jull. 1806.» Unter dem Paß von S. Giacomo verstand Escher den Dössradondpaß (2240 m) zwischen dem Val Vau und dem Val Mora, der nach dem italienischen S. Giacomo di Fraele und weiter ins Veltlin führt. Vor dem Bau der Stilfserjochstraße häufiger begangen, führt dieser Weg heute durch eine weite, fast baumlose Hochgebirgslandschaft von großartiger Einsamkeit, wo man eher reiten als wandern könnte. Das weitberühmte Kloster Müstair mit seiner freskengeschmückten karolingischen Dreiapsidenkirche trug noch zu Eschers Zeiten den Namen Kloster Taufers – es hieß ursprünglich Tuberis und war ein Doppelkloster für Männer und Frauen. Heute liegt der (spätere) Ort dieses Namens jenseits der Grenze. «Nach ungefähr 1½ Stunden Wegs von Mals aus», schreibt Escher (RN), «tritt man in eine merklich erweiterte Thalebene ein, an deren n.w.licher Ecke das große ausgedehnte Dorf Taufers liegt; über ihm stehen auf einzelnen Gebirgsabsätzen am hier etwas steilern und ödern Gebirgsabhang Ruinen von alten Schlössern, welche der Gegend ein romantisches Ansehen geben... Taufers ist der letzte Tyrolische Ort, u. sobald man hinter demselben den breiten Schuttkegel eines kleinen Bergstroms überschritten hat, ... betritt man wieder den Eydgenössischen Boden, u. nicht lange nachher das erste schweizerische Dorf Münster, welches diesem Thal den Namen giebt: es ist groß, städtisch zusammengebaut u. hat zwey Klöster. Das Münsterthal ist besonders in dieser Gegend u. von hier an thalaufwärts sehr fruchtbar u. in seiner ganzen beträchtlichen Breite größtentheils mit reichen Kornfeldern bekleidet, die aber dennoch ziemlich nachlässig gebaut sind; das Thal hat Überfluß an Getreide u. führt fast alle Jahre davon aus; allein meist sind es nicht die eingebohrnen Bündner, die die Feldarbeiten verrichten, sondern Tyrolische Taglöhner, welche für die zu gemächlichen eingebohrnen Eigenthümer arbeiten...»

52

«Den 4. Julli Morgens frühe verließen wir St. Maria, u. zogen uns nun aus dem eigentlichen Münsterthal in dessen obern Theil, das Tschirfserthal (heute Cierv, Anm. d. Hrg.), hinein; nicht hoch über der Thalbiegung, durch welche diese beyden Thalabtheilungen zusammenhängen, liegt das gut gebaute Dorf Valcava, hinter welchem sich das Thal merklich erweitert u. bald darauf einen sehr flachen begrasten, später hin selbst etwas moorartigen Thalgrund erhält, so daß nicht unwahrscheinlich ist, daß dieses breite Thal einst Seegrund war, u. daß also einst bey Valcava die Gebirgsketten höher hinauf untereinander verbunden waren.» (RN). Bemerkenswert gegenüber dem heutigen Zustand ist, wie spärlich bewaldet das Tal damals war. Valchava, wo sich das neue Heimatmuseum des Münstertales befindet, liegt 1454 m hoch. Gezeichnet vom alten Saumweg auf den Umbrailpaß (Wormserjoch, 2501 m) oberhalb Sta. Maria im Münstertal.

53

Vom Ofenpaß nach Westen gegen Piz Vadret (3229 m) und Piz Grialetsch (3131 m). «Die nördliche Seite der Ofen Scheidecke ist nicht steil abhängig u. senkt sich in ein ziemlich ebenes, enges u. ödes Thal herab, welches gegen N.W. dem Engadin zulauft; zwar ist im schmalen Thalgrund selbst u. an den beydseitigen nahen Gebirgsabhängen fast allgemeine Vegetation, die nicht selten aus Waldung besteht, aber nirgends zeigen sich menschliche Wohnungen, auch nicht einmal Alphütten; das ganze scheint erstorben zu seyn, u. man wundert sich nicht, daß hier viele Bären hausen; eher wundert man sich bey der allgemeinen Todtenstille dieser

Gegend, wo sie die Schaafe aufzufinden wußten, die sie vor wenig Tagen verzehrt haben sollen.» (RN).

54
Eingang ins Unterengadin bei Zernez: Die undatierte, aber aus den Reisenotizen datierbare Zeichnung führt wieder zu den Anfängen der bisher verfolgten Bergwanderung vom Juni und Juli 1806 zurück, als Escher mit seinen beiden Gefährten, vom Scalettapaß kommend, das Engadin bis Finstermünz hinabwanderte. Am 29. Juni in Zernez angekommen, zeichnete Escher die ungeheure Felspyramide des über dem Tal aufragenden Piz Linard (3414 m), des freistehenden höchsten Silvrettagipfels. Im Terrain entstanden und nicht mehr überarbeitet, vermittelt die Skizze den durch das blauviolette Kolorit verstärkten Eindruck unnahbarer Majestät, den der damals noch unbezwungene und gefürchtete Felsriese auf Escher machte.

55
Escher war dreimal in St. Moritz: 1793, 1806 und 1819. Die beim letzten Besuch entstandene, nostalgische Gefühle wekkende Ansicht erwähnt er in den Reisenotizen nur kurz; am 5. Juli 1806 hatte er weit mehr Worte der Bewunderung gefunden: «Auf der Höhe des Hügels... genießt man einer überraschend schönen Ansicht der Gegend des St. Morizer Sauerbrunnens, die ....ziemlich umnebelt war, die ich mir aber leicht aus dem vor 13 Jahren davon genoßnen Anblick durch die Einbildungskraft ergänzen konnte: gleich vor sich hat man das gutgebaute Dorf St. Morizen, neben ihm ziemlich vertieft seinen anmuthigen See, von Wiesen und waldigen Gebirgsabhängen umgeben: über dem See im ziemlich weiten, flachen Thal am Fuß der rechtseitigen Gebirgskette das kleine Gebäude des Sauerbrunnens u. zu beyden Seiten des Thals erheben sich prächtige Felsengebirgsstöcke bis in die Gletscherregion empor; auch der Hintergrund dieser mahlerisch schönen Landschaft ist noch von beschneiten Hochgebirgen umschlossen.» (RN). Dieses Bekenntnis steht für die durch den Nebel verhinderte Zeichnung, aber das schöne Erinnerungsbild existiert auch als eine dem eindrücklichen Erlebnis entsprechend großformatige panoramatische Ansicht (vom 13. August 1793, sie mißt 225:602 mm), die das Gesagte bestätigt.

«Engadin bey St. Morizen zwischen dem Bernina und Jullier. d. 13. Augst. 1793. H. C. Escher.»

St. Moritz heute

56
Das seltsame Motiv des donquijotesken Reiters vor dem Piz Palü auf dieser frühen Aquarellzeichnung Eschers wird nirgendwo erwähnt; das Datum ihrer Entstehung ergab sich erst, als in der Folge der Escher-Ausstellung von 1973 eine leider durch Lichteinwirkung ausgebleichte großformatige Entsprechung, datiert 14. August 1793, aus Brasilien zurückgebracht und der ZBZ als Geschenk überreicht wurde (s. Abb.). Der Standort ist dort höher an der Berninastraße, so daß der Morteratschgletscher im Bild erscheint. Escher schildert die Umstände in seinem Lebensbericht: «Den 14. August morgens frühe vor Tagesanbruch machten wir uns auf den Weg, stiegen erst thalabwärts u. dann in das rechtseitige Nebenthal von Pontresina hinein – nun vergoldete die aufgehende Sonne prächtig die vergletscherten Gebirge des nahen Bernina – ich wollte vorwärts eilen, mein Begleiter aber erklärte, daß er erst frühstücken müsse – über eine Stunde versäumten wir in einem Schenkhause, um nur Brod zu bekommen. Doch fanden wir den Munteraskagletscher am Fuße des Bernina noch prächtig von der Morgensonne beleuchtet: ich zeichnete ihn ab, u. im nicht steilen Ansteigen auf einer guten Straße blickte ich oft auf die nahen prächtigen Gletscher hinüber.» Der eigenwillige Gefährte war «Berghauptmann» Gruner, über den der Leser etliches im Kapitel über die Bergwanderungen erfährt.
Die beiden wanderten zu Fuß; der Reiter stellt offenbar einen Alpknecht dar.

«Munteratschgletscher an der nördlichen Seite des Bernina hinter Pontressina im Obern Engadin in Bündten. Den 14. August 1973 Morgens nach der Natur gez. v. Hs. Conr. Escher.» 222:473 mm. 1973 aus Brasilien als Geschenk an die ZBZ gelangt

57
Die sonnige Weite des Oberengadins, bevor Landschaftsschutz aktuell wurde: Escher muß dieses feinfühlig empfundene Porträt des Hochtals, das er genau zu datieren vergaß, den Reisenotizen zufolge am 5. Juli 1806 gezeichnet haben, als er seine beiden Gefährten nach der Ofenpaßüberschreitung in Cinuos-chel ausruhen ließ und sich allein aufmachte, um seinen Stiefbruder in St. Moritz zu besuchen. Die auch im Kolorit geglückte und in der Wirkung beglückende panoramatische Ansicht mußte hier um etwa ein Drittel verkleinert werden.

58
Während die Ansicht des Oberengadins (57) von 1806, aus dem Beginn der reifen Zeit des Zeichners, die ihm eigene Behandlung zeigt, ist diejenige des Sees von Poschiavo mit Kirche und Dorf Le Prese gegen die Bernina in der noch von Bullinger beeinflußten lichten und aufgelockerten Manier dieser Frühzeit ausgeführt. «Den 15. August», schreibt Escher im Lebensbericht, «waren wir wieder vor Tagesanbruch auf dem Wege und fuhren über den ziemlich großen Purschlaver See in einem viereckigten Schiffe mit vertikalstehnden Seitenwänden, ganz einer Kiste ähnlich. Der Rück-

blick durchs Thal nach dem Bernina hinauf ist schön, ich zeichnete ihn ab...»

59

«Auf Bernina, an der Südseite der Scheideck» hat Escher diese meisterhafte Terrainstudie vom 14. August 1793 bezeichnet, die den damaligen Maximalstand des heute weit zurückgewichenen Cambrenagletschers über der weißen Fläche des Lago Bianco auf der Berninapaßhöhe dokumentarisch exakt festhält. Etwas derartiges ist vor Escher nicht möglich gewesen und auch nicht versucht worden. Ungeachtet der wissenschaftlichen Sachlichkeit und Präzision schwingt in dieser Terrainstudie ein Landschaftserlebnis von stärkster Intensität und Ästhetik mit. Der Betrachter versteht, daß auch das Geographische Lexikon der Schweiz von einem «prachtvollen Eismantel mit großartigem Faltenwurf, dessen gleißende Abstürze sich im Lago Bianco widerspiegeln» spricht. Zeichnung und Standort werden weder im Lebensbericht noch in den Reisenotizen erwähnt.

60

Auf der Landstraße unterhalb von Promontogno im Bergell. Blick auf das Dorf Bondo mit der Kirche San Martino. Im Hintergrund die Sciora-, rechts die Bondascagruppe mit dem Pizzo Cengalo (3370 m) über dem Val Bondasca. La Porta heißt das Tor der mittelalterlichen, auf römischer Anlage oberhalb von Promontogno auf einem Gneisriegel errichteten Sperrmauer, die die historischen Talabschnitte Sopra Porta und Sotto Porta voneinander trennt. Am 17. Juli 1811 durchwanderte Escher auf einem seiner längsten, aber in bloßen 10 Tagen bewältigten Alleingänge von Chivaenna kommend das Bergell, erstieg den Septimerpaß und die noch verschneite Forcellina (2673 m), um erst im Avers, «eine starke Stunde vom ersten Dörfchen» Juf, in der Gegend von Cresta das lange vergeblich gesuchte Nachtlager zu finden (s. 44). 47 Kilometer bei 3000 m Höhendifferenz, davon 2300 m Aufstieg – das war eine normale Tagesleistung Eschers. In den Reisenotizen beschreibt er seine Eindrücke beim Grenzübertritt ins Bergell: «Gerne hätte ich die Stelle besucht, wo einst Plurs stand, u. das diesen Flecken verschüttende Gebirge untersucht, aber die Straße war öde, nirgends konnt ich mich darnach befragen, u. diese Stelle ist nicht auffallend u. wahrscheinlich mit Vegetation bedeckt. «(Der große und reiche Flecken Plurs-Piuro wurde im Jahre 1618 durch Bergsturz zerstört, Anm. d. Hrg.) Überhaupt auch haben die Einwohner ein trauriges, gedrücktes Ansehen, u. es scheint allgemeine Unzufriedenheit über ihre Italianisierung zu herrschen (Das Veltlin wurde 1797 durch Eingreifen Bonapartes von Graubünden abgetrennt und der Cisalpinischen Republik angegliedert, Anm. d. Hrg.)... So wie man nach ungefehr 2 Stunden von Clefen aus ins Bündtnersche Schweizergebiet tritt, zeigen die Einwohner heiteren Sinn, muntere Lebhaftigkeit u. weit mehr Wohlstand als im untern Theil dieses Thals: Immer aber scheint die Frucht der Castanienbäume ein Hauptzweig der Production u. der Nahrung zu seyn.»

GLARNERLAND

61

Die Ansicht des Glärnisch (2914 m) vom Schweinalppaß (1571 m) zwischen Wägi- und Klöntal kam unter recht ergötzlichen Umständen zustande. «Je mehr ich die Natur in geognostischer Hinsicht beobachtete», schreibt Escher in seinem Lebensbericht, «je höheres Interesse gewannen diese Beobachtungen für mich. Schon den 12. May unternahm ich wieder eine Wanderung mit meinem jüngern Schwager, einem 14jährigen kräftigen Knaben, dem ich einigen Unterricht gab u. der auch meine politischen Vorlesungen besucht hatte. Nachmittags spazierten wir auf Meilen, schifften uns da ein, besuchten die Insel Ufnau u. fuhren ins Nachtquartier nach Lachen. Tags darauf machten wir uns nüchtern bey hellem Himmel schon um 4 Uhr auf den Weg, zogen auf Galgenen u. stiegen von da ins Wägithal hinauf. Auf dem Meyerschen Relief in Aarau (angefertigt 1785–1797, heute in Berlin; umfaßt die ganze Schweiz. Anm. d. Hrg.) hatte ich mir dieses Thal bemerkt u. die Vermuthung erhalten, daß man aus demselben mit Leichtigkeit ins Clönthal hinüber kommen könne. Diesen Versuch wollte ich jetzt machen... In einer Alphütte nahe am Hintergrund des Thals erhielten wir etwas Alpenkost zum Frühstück, u. einige unbestimmte Angaben über den zu nehmenden, sehr selten gebrauchten Pfad ins Clönthal hinüber. Wir unternahmen, da wir keinen Wegweiser bekommen konnten, etwas unvorsichtig das Wagestück, uns allein auszufinden, u. glücklich kamen wir zwischen dem schroffen Fluhberig u. dem Rädertenstock, doch etwas über Schnee, an die linke Seite des obern Theils des Clönthals hinüber. Wir zogen uns am begrasten Abhang gegen den Thalhintergrund hin, bis wir eine ganz prächtige Ansicht des Glärnisch u. des an seinem ungeheuer schroffen Fuß liegenden lieblichen Clönthalersees hatten – ich zeichnete diese Bergansicht. Einige Ziegen waren in der Nähe, wir hatten Hunger – mein kleiner Schwager verstand das Melken etwas – der Hut sollte als Melkgefäß dienen – aber die Ziegen wollten nicht standhalten – eine davon wurde mit einem Strumpfband angebunden – aber vergebens, sie vertheidigte sich gegen den unbefugten Melker u. wir mußten mit dem wäßrig gewordenen Mund vorlieb nehmen...» Beide genannten Daten, im Text und auf der Zeichnung, sind unrichtig – den Reisenotizen und den Datierungen der übrigen Zeichnungen dieser Wanderung zufolge fand das Geschilderte am 11. Mai 1794 statt, weshalb auch das Datum der Zeichnung zu berichtigen ist.

62

«Obersee beym Rautispitz d. 14. Augst 9». Nicht nur Männer begleiteten Escher auf seinen Bergwanderungen. Vom 6. bis 15. August 1809 unternahm er «mit meiner Schwester Döde (Dorothea, Anm. d. Hrg.) u. meinen Töchtern Döde u. Julie» eine Bergreise über Zug und Brunnen ins Schächental und über den Klausenpaß ins Glarnerland. Im Klöntal wanderte die kleine Gesellschaft in die Richisau und dann «an dem nördlichen oder linksseitigen Gebirgsabhang ziemlich steil, doch allgemein über Wiesen u. Weiden zwischen schönen Ahornbäumen durch in die Höhe. Ein allmählig sich zusammenziehendes Ungewitter u. die vorgerückte Tageszeit machten uns so sehr eilen, als es die Ungeübtheit unsrer Reisegefährtinnen zuließ; immer fanden wir einen ziemlich bestimmten Pfad, der über Weide u. herabgerollte Felsenstücke hinauf führte, u. glücklich kamen wir mit Einbruch der Nacht u. im Augenblick des ausbrechenden Ungewitters in der Alphütte von Oberlängeneck an, wo wir eben nicht sehr bequem die Nacht über liegen blieben. Tags darauf, den 14. August, war die Witterung meist regnerisch, u. wir entschlossen uns also hier liegen zu bleiben...» Nicht so Escher. Er stieg allein über die «Scheyenscheidecke» zum Obersee ab, um ungestört seine Beobachtungen zu machen und die Damen am nächsten Tag sicher hinüberführen zu können. Dabei entstand die hier abgebildete Zeichnung mit dem schönen See, dem Rautispitz und dem dessen Nachbarn Wiggis und Scheye überragenden Glärnisch. «Von hier aus kehrte ich wieder zu meiner muntern Gesellschaft in die Alphütte zurück, auf deren Dach, als der einzig trocknen Stelle in und um die Hütte, wir zu Mittag aßen, aber bald wieder durch zuweilige Regenschauer unter Dach zurückgetrieben wurden.» (Die umseitige Skizze dieses Dachdiners s. Abb.)

Dachdiner auf der Alp Oberlängenegg, 14. August 1809. Bleistiftskizze H.C. Eschers

63
«Den 5. Jull. (1803, Anm. d. Hrg.) Morgens früh verließen wir Glaris, um gegen Westen hin in das Clönthal hinaufzusteigen: über fruchtbare Schutthalden steigt man zum mahlerischen Dörfchen Riederen herauf, wo man südlich neben sich die ungeheure Felsenmasse des Glärnisch mit verticalen Felswänden stehen hat...» (RN). Am Vortag war die schöne Zeichnung von Altendorf (s. 9) entstanden. Die Frische des klaren Morgens kommt im lichten und doch kräftigen Kolorit zum Ausdruck. Auf dem Stückchen Glärnischfirn am oberen Rand des Glärnisch steht mit Stift geschrieben: Glace.

64
Noch bevor Escher seinen fast ständigen Wohnsitz an der Linth nahm, machte er sich 1807, im Jahr des Beginns der Arbeiten, auf zahlreichen Exkursionen in die Linthtäler mit ihrer Beschaffenheit bekannt. Diejenige, auf der die panoramatische Ansicht von Schwanden entstand, ist in seinen Reisenotizen gar nicht verzeichnet. Das an der Vereinigung des Sernftales mit dem Linthtal in die weichen grünen Hänge eingebettete Dorf ruht unbekümmert unter der bedrückenden Felsmasse des Glärnisch. Acht Jahre früher, am 5. Oktober 1799, hatte hier ein Gefecht zwischen den Franzosen und den Russen unter Suworow stattgefunden, bevor sich das russische Heer über den äußerst beschwerlichen 2407 m hohen Panixerpaß ins Vorderrheintal zurückzog.

65
Auch diese fast vom gleichen Standort aus, nur in entgegengesetzter Richtung aufgenommene Terrainskizze wird in den Reisenotizen nicht erwähnt, ebensowenig eine Wanderung mit dem Datum 8. Mai 1808. Schwanden war so nah, daß Escher es von der Baustelle des Molliserkanals in zwei Stunden erreichen konnte. Die Zeichnung zeigt den Anfang des Sernftals und ist die im Terrain ausgeführte Skizze, die diesmal nicht mehr überarbeitet wurde. Um so mehr verrät sie, mit welch sicherem Gespür für die Landschaft und koloristischem Feingefühl Escher zuwege ging.

66
Die Tschingelhörner (2849 m), ein scharf gezackter Felsgrat an der Grenze zwischen den Kantonen Glarus und Graubünden, werden in der Nähe des Segnespasses (2627 m, von Elm nach Flims) von einer Verwitterungsöffnung, dem Martinsloch, durchbrochen. An jedem 12. März und 1. Oktober beleuchtet die hindurchscheinende Sonne die Kirche von Elm, dem letzten Dorf im Sernftal. Die Gegend ist geologisch sehr interessant, weil auf Eozänschiefern eine Steilwand aus älterem Jurakalk und auf diesem der wiederum ältere Verrucano in verkehrter Schichtenlagerung aufliegt. In den Glarner Alpen haben ungeheure Kräfte Decken und Schuppen der Erdkruste übereinandergeschoben. Escher hatte die merkwürdige Erscheinung schon 1807 beschrieben und 1809 publiziert, aber nicht zu erklären versucht, weil er vorerst mehr Erkenntnisse und Material sammeln wollte (s. Text, Abschnitt über den Geognosten). Die entstandene Zeichnung dokumentiert Eschers Beobachtungen (aber auch seine Begeisterung). Es ist, als hätte er mit der Überschreitung des Segnespasses den vorjährigen Fehler, den er seinem deutschen Kollegen und Kritiker L. v. Buch zu verdanken hatte, wiedergutmachen wollen: Escher hatte 1811 von Elm aus den Panixerpaß überschritten, ihn aber als Segnespaß bezeichnet, weil der Geologiepapst v. Buch ihn in seinem Reisebericht so genannt hatte.

67
Die gleicherweise als Ansicht wie als Terrainstudie zu betrachtende Darstellung von Matt, dem mittleren der drei Dörfer des Sernftals, entstand am ersten Tag der Wanderung Eschers über den vermeintlichen Segnes- und tatsächlichen Panixerpaß (s. 66). Sie zeigt die aus dem Jahr 1497 stammende Kirche und die vielleicht schon zu Römerzeiten abgebauten Schieferwände, die bemerkenswerte Fossilien enthalten. Escher bemerkt in den Reisenotizen zum 13. Juli 1811: «...ehe man Matt erreicht, zeigt sich der schwarze Thonschiefer in dieser Gebirgskette, der wegen seinen glatten Ablösungsflächen von vielfältigem Gebrauch (z.B. für die bekannten Glarner Schiefertische, Anm. d. Hrg.) u. sowohl in dieser Beziehung als auch wegen seiner Fisch- u. Schildkrötenabdrücke berühmt ist...»

68
«Den 9. August (1809, RN, Anm. d. Hrg.) war die Aussicht von Linthal nach dem Hintergrund des Thales hin in der reinen Morgenbeleuchtung besonders schön: die Felsenpyramide des Selbsanft bildete den östlichen kahlen Gränzstock, welchem der Kammerstock mit bekleidetem Fuß gegenüberstand; dieser senkt sich sanfter ins wiesenreiche Thal hinab, u. daher wechseln in ihm Waldung u. Weiden mit kahlen Felswänden: hinter ihm erhebt sich die vergletscherte Kuppe des Dödibergs (Tödi, 3614 m, Anm. d. Hrg.), der mit dem Bifertengletscher den Thalhintergrund schließt...» Escher war mit seiner Schwester Döde und den beiden Töchtern Döde und Julie vom Klausenpaß nach Linthal abgestiegen; auf derselben Wanderung entstand später die Ansicht des Obersees (62). Linthal, dessen Aufschwung 1839 mit der Einführung der Spinnerei begann, hat heute einen starken Touristenverkehr zum und vom Klausenpaß zu bewältigen. Auch beginnt hier die Schienenseilbahn auf die autofreie Sonnenterrasse Braunwald.

69, 70
Als Escher im Jahre 1804 seine erste Ansicht des Tödi (3614 m) nach einem fast in Grisaille gemalten, rokokohaft idyllischen Aquarell seines einstigen Zeichenlehrers J.B. Bullinger kopierte (es befindet sich heute im Malerbuch der Zürcher Künstlergesellschaft im Zürcher Kunsthaus), tat er es mit einem eigenen Beitrag: er kolorierte die Kopie auf eine Weise, die längst nicht mehr dem Stil Bullingers entsprach. Er mag das Zwiespältige der bukolischen Alpszene Bullingers im Gewand realistisch-kräftiger Farben, die er dennoch dämpfen mußte, empfunden haben, denn als er nur drei Jahre später den Glarner Eisriesen aus eigener Anschauung zeichnete, fand er eine ganz neue, eigene Sprache. Sein Tödibild von 1807 ist keine Ansicht mehr, sondern ein Bergporträt von monumentaler Größe und einer Ausdrucksgewalt, die wir erst bei Ferdinand Hodler wiederfinden. Jede Furche und Runse im urweltlichen Gesicht des Berges ist zur Aussage über das geognostische Innenleben gesteigert, so wie ein tief-

schürfendes Porträt das innere Wesen eines Menschen wiedergibt. Escher befand sich am 8. August 1807, als das große Tödibild entstand, mit einigen Mitarbeitern am Linthwerk auf einer dreitägigen Wanderung, deren Zweck die Umgehung des Berges auf seiner Nordseite von Osten nach Westen war. Nachdem der Bifertengletscher überquert war, wurde in der Alphütte am Oberen Sand genächtigt. Vorher stieg Escher allein den darüberliegenden Hang hoch, bis er die beste Sicht auf «die sehr große, isolierte Felsenmasse mit überall steilen Wänden aus einem ganzen Gletschermeer heraus» vor sich hatte. Er zeichnete sie, nicht ahnend, in welcher Lebensgefahr er sich am nächsten Tag befinden würde (s. den Abschnitt über den Bergwanderer). Die Stelle, wo das geschah, liegt unterhalb des am oberen Rand rechts als Födischeidecke bezeichneten Sandalppasses (2781 m). Als weit ringsum höchster Gipfel (der nächsthöhere ist der 44 km entfernte Dammastock, 3633 m) gewährt der Tödi eine der großartigsten Rundsichten in den östlichen Schweizer Alpen: nördlich bis nach Süddeutschland hinein, östlich zum Ortler und den Tirolerbergen, südlich auf die ganze Bündner Bergwelt und westlich bis zum Mt. Blanc.

71

Am gleichen 8. August 1807 wie die vorige Zeichnung entstand gegen Mittag von der östlichen Seitenmoräne des Bifertengletschers aus die Nordostansicht des Tödi mit seinen Felsabstürzen zur Röti und zum Bifertengletscher. Auch dieses Aquarell zeigt Eschers neue Hochgebirgssicht, ist jedoch schon vom Format her bei weitem nicht so monumental wie das vorgenannte. Dem entspricht die traditionelle Staffage, hier in Gestalt der lustig springenden Gemsen. Das Tödigebiet ist auch heute noch schwer erreichbar. Vom letzten Parkplatz und der Endstation des öffentlichen Verkehrs in Tierfehd sind 6–7 Stunden Anmarsch bis zur Fridolinshütte SAC, 8 Stunden zur Grünhornhütte, der ältesten des SAC, und 10–11 Stunden bis zu dem 2947 m hoch inmitten ausgedehnter Gletscher liegenden Planurahaus SAC zu bewältigen. Keine Autostraße, keine Seilbahnen «erschließen» diese urtümliche und schützenswerte Hochgebirgslandschaft.

INNERSCHWEIZ

72

Die beiden ragenden Wahrzeichen von Schwyz trugen nicht immer ihren an sagenhafte Vorzeit anklingenden Namen. Der viel prosaischere alte – Schwyzer Hogge, d.i. Haken – kommt dennoch in Eschers Beschriftung vor («Wirthshaus des Passes über den Schwytzer Haken», die heutige Haggenegg). Sie entspricht übrigens nicht ganz den Tatsachen, weil auch der Große Mythen hinter dem Kleinen erscheint. Der Name Mythen soll auf ebenso prosaische Weise aus der Alpweide in der «Mitten» zwischen den beiden Felsklötzen (heute Zwüschetmythen) entstanden sein (s. GLS). Die beiden Ungetüme ragen schroff aus weich gerundetem Voralpenland und verleihen Schwyz, dem «Hauptflecken» des gleichnamigen Kantons, einen eigenartigen Reiz. Sie sind geologisch insofern interessant, als sie aus Trias- und Juraschichten bestehen, die als Reste einer ehemaligen, nunmehr abgetragenen Deckscholle wurzellos auf jüngeren Eozänschichten «schwimmen», wobei sich noch der Große Mythen (1899 m) auf den Kleinen (1811 m) teilweise aufgeschoben hat. Escher zeichnete die schon seinen reifen Stil ankündigende monumentale Ansicht auf einer «Reise über Einsiedlen, den Schwytzerhaken, Schwytz und Lowerz auf den Rigi... vom 8. bis 12. Junii 1805, mit meinen L. Schwestern Jgfrn. Bäbe u. Döde, meinen Lieben Kindern Nette u. Döde u. ihrer Freundin Jgf. Döde v. Orelli, u. zum Theil mit meinem L. Bruder Hr. Joh. Escher.» Der Weg von Einsiedeln durch das Alptal gewährte der kleinen Gesellschaft «öftere interessante Ansichten der schauerlich schroffen, nun sehr nahen, beynahe ganz kahlen Felsenpyramiden der Mythen, welche sich als 4000 Fuß hohe Obelisken aus der sanft von nicht sehr hohen Gebirgen druchschnittnen Gegend erheben.» (RN). Auf der Haggenegg (1414 m) sodann, deren schön gelegener Alpengasthof auch heute viel besucht wird, hatten Escher und seine Begleiterinnen die hier abgebildete Aussicht vor Augen, bevor sie nach Schwyz abstiegen.

73

Am 13. August 1817 stieg Escher in Begleitung seines Berner Freundes Gruner und seiner Kinder Lotte und Arnold, vom Pragelpaß kommend, ins Muotatal ab. Hier entstand die energisch und bestimmt, dennoch aber äußerst feinfühlig gezeichnete Pinselskizze. Sie zeigt, wie sorgfältig Escher seinen Standort wählte, um ein ausgewogenes Spiel der Diagonalen vor der Horizontalbarriere des Gebirgszuges im Hintergrund zu erhalten. Der Halbschatten des Vordergrundes wiegt den schwärzeren der rechten Talseite auf, und genau in der Leere vor den Alpweiden links stehen die beiden Solitärfichten.

74

Die Mythen vom Einsiedler Alptal her, wie sie Escher 1805 beschrieben hatte (72), erscheinen auch auf dieser zehn Jahre früheren, noch von seinem Frühstil geprägten Aquarellzeichnung zusammen mit dem in seinem Hochtal noch fast einsamen Kloster Einsiedeln. Der 28jährige Escher hatte in den späten Abendstunden des 26. August 1795 von Zürich aus Richterswil erreicht und wanderte am nächsten Tag über Etzel und Höhronen nach Richterswil zurück, um noch am gleichen Abend – vermutlich mit dem «Marktschiff» – wieder in Zürich zu sein. «Schön ist die Aussicht von der Ezel Scheideck! Auf der S.W. Seite hat man das Alpthal mit Einsidlen unter sich: im Hintergrund desselben die schönen Schweizer Haken, hinter denen das Unterwaldner Hochgebirge hervorglänzt. Auf der N. Seite hingegen prangen die schönen Ufer des Zürichsees mit dem glänzenden Schimmer der Producte der Industrie...» (RN). Der Fortschrittsgläubige konnte nicht ahnen, was aus dem glänzenden Schimmer werden würde.

75

Am 2. September 1806 hatte sich die größte Bergsturzkatastrophe ereignet, die die Schweiz in historischer Zeit heimgesucht hat: der Goldauer Bergsturz. Mit dem Abhang des Roßberges (Wildspitz, 1580 m) parallellaufende schräge Nagelfluhschichten, die mit Mergelschichten abwechselten, hatten keinen anderen Halt als den Wald, der sich seit dem letzten der wiederholten Bergrutsche dort wieder gebildet hatte. Darum dachte niemand an Gefahr, als das vom Regen durchweichte Gelände plötzlich aufzureißen begann und sich die Katastrophe durch das von den zerreißenden Baumwurzeln verursachte laute Knallen ankündigte. Gegen 16 Uhr öffnete sich 1000 Meter über Goldau eine Querspalte, die immer breiter und tiefer wurde. Eine 4 km lange Sturz- oder vielmehr Gleitbahn durcheilend, verschüttete eine riesige Trümmermasse 111 Wohnhäuser, 220 Ställe und Scheunen und zwei Kirchen. 457 Menschen kamen ums Leben. Escher besuchte die Abbruchstelle am 29. Mai 1814 «mit meinem Tochtermann Hrrn. Major Bürkli, Hrrn. Hofrath Horner u. Hrrn. H. Meyer in Stadelhofen». Er schreibt (RN): «Auf einmal, am Ausgang der waldigen Stelle der Gebirgskante, fanden wir uns auf der... Höhe des gräßlichen Schuttkegels, der sich von der obersten Kante des Spitzenbühls herab über das ehedem so blühende Thal von Goldau verbreitet hatte; der Anblick dieser gräßlichen ausgedehnten Zerstörung von dieser Höhe herab ist schauervoll...» Im weiteren beschreibt er ausführlich die Ursache, die er richtig erkannt hatte. Der hier wiedergegebene zentrale Ausschnitt aus seiner panoramatischen Zeichnung zeigt noch den Trümmersee, der sich nach der Katastrophe im Ablagerungsgebiet gebildet hatte und später versickerte. – Die Beschriftung lautet: «Aussicht von der Höhe des Bergsturzes am Spitzenbühl auf der Kante des Russiberges an der Gränze zwischen den Kantonen Schwytz u. Zug, den 29. May 1814 n. d. Nat. gezcht. v. H.C. Escher.»

76
Am 13. und 14. August 1814 wanderte Escher mit seinem Freund Horner über Einsiedeln und die Wägitalerberge nach Schänis an die Linth. Die beiden frühstückten in Meilen (14 km), aßen bei St. Meinrad am Etzel zu Mittag (30 km) und widmeten sich dann in der Gegend des heutigen Sihlsees geognostischen Beobachtungen, wobei Escher das Dörfchen Euthal (40 km) mit den dahinterliegenden Bergen zeichnete, über die beide Geognosten am nächsten Tag, das Wägi- und das Trepsental querend, die Linthebene erreichen wollten. Solche heute schwer zu wiederholende Leistungen, bei denen Escher noch Zeit zum Steinesammeln und Zeichnen fand, waren auch für den bald Fünfzigjährigen noch «gemächliche» Wanderungen. Euthal liegt heute an dem 1937 vollendeten großen Stausee, der in 889 m Seehöhe als Sihlsee den Pilgerort Einsiedeln zu einem Wassersport- und Ferienzentrum umgewandelt hat.

77
Ein Jahr später begann Escher in Begleitung Horners eine sechstägige Wanderung mit einem Besuch des Rigi, um im Beisein des Architekten Escher, seines Neffen, die Lage des neuen Kulmgasthofs zu bestimmen. Die Umstände können im Abschnitt über den Bergwanderer nachgelesen werden. Auf dem Weg vom Rigi ins Bisistal wurde in Schwyz Halt gemacht: «Wir benützten noch eine Stunde etwas hellern Wetters zwischen vorhergehndem u. nachfolgendem Regen, um eine artige Ansicht von Schwyz zu zeichnen, in welcher wir die große Kirche des schönen Fleckens in die Mitte des Lowerzerseethals brachten, so daß sich ihr zur einen Seite der Rigi, zur andern der Russiberg erhob, wodurch die Landschaft sehr mahlerisch wurde.» (RN). Sollte sich Horner am Zeichnen beteiligt haben? Das schließt Eschers Signatur aus. Vielleicht hat es eine ähnliche Zeichnung Horners gegeben. Malerisch ist vor allem die absichts- und wirkungsvoll verwendete Vordergrundkulisse des Steinwalls mit dem Vierwaldstättersee bei Brunnen im Hintergrund und der gewichtigen Masse des Rigi in der Bildmitte. Eschers Bericht bestätigt, daß er seine Standorte sehr sorgfältig nach «mahlerischen» Gesichtspunkten wählte.

78
«Mit meinem Freund Pfarrer Faesi von Utikon hatte ich für diesen Sommer eine ausgedehnte Alpenreise verabredet, die wir in Begleitung von dessen Schwager Hrrn. Schmoll den 17. Juli 1797 antraten. Wir zogen den gewohnten Weg über das Albis nach Zug, fuhren über See nach Art, zogen durch das freundliche Goldau (9 Jahre vor der Bergsturzkatastrophe, s. 75, Anm. d. Hrg.), machten der romantischen Insel Schwanau Besuch u. eilten nach Brunnen, wo uns ein Sturm abhielt, noch über See zu fahren», berichtet Escher im Lebensbericht. Aus den Reisenotizen erfahren wir mehr: «...aber es erhob sich ein scheußlicher Sturm, die Föhne heulte fürchterlich zwischen den nahen Gebirgen, ein Blitz entrann kaum dem andern und unmittelbar folgte ein schreckliches Krachen, welches schauderlich durch die Thäler wiederhalte: wir fanden uns also sehr zufrieden in der guten Herberge, daß uns das Ungewitter noch bey guter Zeit von der Seereise abgehalten hatte.» So konnte die Urnerseeskizze entstehen. Wie alle im Terrain gezeichneten Skizzen Eschers ist sie unmittelbarer und feiner als die zu Hause überarbeiteten.

79
In Sörenberg im südlichsten Zipfel des Kantons Luzern blieb Escher auf dem Weg ins Berner Oberland am 17. Juli 1813 wegen schlechten Wetters sitzen. Das einstige Dörfchen ist heute als Ferienort und Wintersportzentrum beliebt (Seilbahn auf das Brienzer Rothorn, 2350 m, mit prachtvoller Aussicht auf die Berner Alpen).

80
Seiner charakterfesten Haltung wegen in steigendem Ansehen, wurde Escher 1798 zum Präsidenten des Helvetischen Großen Rates gewählt und übersiedelte vorübergehend nach Luzern, wohin die helvetische Regierung, die sich in Aarau konstituiert hatte, umgezogen war. Luzern gefiel Escher außerordentlich; in seinem Jahresrückblick auf 1799 schreibt er: «...nie werde ich meine liebliche Wohnung, meine heimelige Lebensart, meine öftern befriedigenden Wanderungen nach Zürich u. im Frühjahr meine lieblichen Excursionen nach Hergiswyl, auf die Renck, nach Oberstaad, nach Stanz, nach Geßlers Schloß Küsnach u.s.w. vergessen...» Zum Zeichnen kam der Vielbeschäftigte hier seltener. Die Terrainstudie des Pilatus entstand während der erwähnten Wanderung auf die Rengg. Für den Luzerner mag heute die Beschreibung des Anmarsches interessant sein: «...sobald dieses Vorgebirg des Pilatus von Schnee entblößt war, so wahlfartete ich... mit einigen meiner Freunde nach demselben. Zu diesem Ende hin geht man von Luzern aus, erst der Krienz nach zwischen den lieblichen Hügeln durch... dann zieht man sich in die moorige Ebene, die sich gegen Winkel hinaus erstreckt, u. wo leicht Torf gegraben werden könnte: anmuthig ist die Landschaft, welche man zur Linken liegen läßt u. die das Dorf Horb u. die kleinen Schifferhütten am Winkel des Sees bilden; man geht an die westliche Seite dieses Seebusens in das Dörfchen Ennerhorb herüber. Von hier an zieht man sich in den finstern Tannwald hinein, der hier das Seeufer bildet u. der wegen seiner zum Theil hölzernen Straße ganz alpenartig aussieht...» (RN).

81
Das Seelisberger Seeli auf hoher Felsterrasse über dem großen See der vier Waldstätten hat unterirdische Quellen und Abflüsse. Escher war mit seinen Töchtern Charlotte und Julie auf einer Wanderung vom 26. bis 31. Mai 1813 über Rigi und Gersau hierhergekommen, um den Vierwaldstättersee am Südufer bis nach Luzern zu umwandern. Die heitere Ruhe der Landschaft beeindruckte ihn ebensosehr wie das hydrologische Geheimnis, das sie barg. Fünf Zeichnungen entstanden an diesem Tag, da Escher den beiden Mädchen seine gewohnten Leistungen nicht zumuten mochte.

82
Das Maderanertal, eines der schönsten und am wenigsten bekannten Täler der Innerschweiz, ist auch in unserem motorisierten Zeitalter schwer erreichbar: die schmale, steile Straße mit ihren Haarnadeltunneln endet schon im ersten Dorf, Bristen, von wo ein prachtvoll ursprüngliches Wandergebiet bis in den vergletscherten Talhintergrund reicht. Zu Eschers Zeiten war der Zugang noch beschwerlicher: «Beyde Gebirgsfüße vereinigen sich ganz unmittelbar im Bette des Kerstelenbachs, so daß durchaus kein Thalgrund vorhanden ist. Die schmalen Fußpfade ziehn sich zu beyden Seiten des Thals oft mit großer Gefahr über die äußerst steilen Gebirgsabhänge hin, und nur der geübtere Berggänger wagt es, auch nur ¼ St. weit den Fuß der Windgelle zu verfolgen.»

83
Nicht ganz zwei Monate später war Escher wieder im

Maderanertal, diesmal um ein für seine Zeit schwieriges Vorhaben zu verwirklichen: den Erstübergang über den Brunnigletscher in der Gegend der heutigen Cavardirashütte SAC (2649 m) ins Bündner Vorderrheintal. «Den 9. August» (1796), schreibt Escher in seinem Lebensbericht, «drang ich bey dem prächtigsten Wetter in das hohe wilde Maderanerthal hinauf, welches 3 Pässe nach dem Bündnerland hinüber liefert. Ich gieng den nähern bekanntern über das Kreuzli vorbey, u. drang bis in den tiefsten Hintergrund des Thales hinein. Hier sah ich am Fuß des Scherhorns den Haufigletscher, welcher mit den Quellen der Linth zusammenhängt; dann gieng ich am Fuß der auch in Zürich noch sichtbaren Felsenpyramide des Dispeltausches durch u. kam in die obere Rubletenalp, die jetzt bewohnt war u. mir gute Alpenspeise darbot. Hier sah ich erst die Schwierigkeiten des Durchpasses über den Brunnigletscher nach Bünden, indem man über den großen ziemlich abhängigen u. daher zerspaltnen Gletscher einzig an der Stelle hinaufklettern mußte, wo derselbe mit dem nördlichen Gebirge zusammenhängt u. jetzt noch mit Schnee bedeckt war. Ich nahm zu meinem wenig kundigen Wegweiser noch einen Sennen aus der Alphütte mit mir, u. mit viel Vorsicht u. Anstrengung erreichten wir glücklich die vergletscherte Scheidecke... Von hier an wusste auch der Rubletenälpler keinen weitern Bescheid u. verließ uns. Noch hieng ein langer Gletscher in das Scavrinthal herab, der noch stark mit Schnee bedeckt war. Sorgsam wichen wir den schwachen Spuren von Gletscherspalten aus, suchten die noch beschneiten Gebirgsabhänge so bald möglich zu gewinnen, über welche wir fröhlich u. rasch herunterritten, u. so erreichten wir glücklich den wilden öden Thalgrund, in welchem wir nur einen jungen romanschen Schafhirten antrafen, mit dem wir uns durchaus nicht verständigen konnten...» Das prachtvolle Geltscherbild zog als erstes das Interesse der Glaziologen auf sich; M. Aellen von der ETH Zürich nahm noch 1973 den Brunnigletscher von derselben Stelle auf, wo Escher ihn gezeichnet hatte: er hat sich heute so weit zurückgezogen, daß man die Gegend nur am felsigen Terrain erkennt (s. Abb.) Die Zeichnung «zeigt den Gletscher am Ende des 18. Jahrhunderts, als er noch die Weiden der Alp Brunni (2061 m ü.M.) erreichte. Dieser Stand ist auf der Vergleichsaufnahme mit der heutigen Situation durch die gestrichelte Linie angedeutet. Von der ehemals 2 Kilometer langen und im mittleren Teil gut 300 Meter breiten Zunge ist nur der kümmerliche, links von der Bildmitte sichtbare Rest geblieben. Das Gletschertor liegt heute in rund 2330 Meter Seehöhe, ungefähr 270 Meter höher als zu Eschers Zeiten. Besonders eindrücklich ist das Ausmaß des Schwundes am Rand der Gletscherterrasse, die sich zwischen Piz Acletta (links im Hintergrund) und Schwarzstöckli (Bildmitte) zum rechts oben gerade noch sichtbaren vergletscherten Osthang des Oberalpstocks hinzieht. Die frühere Ausdehnung der von dort herunterfließenden Gletscherzunge und der Firnfelder am Schwarzstöckli ist an der helleren Farbe der vom Gletscher im Laufe der letzten 100 Jahre freigegebenen Felsen heute noch gut zu erkennen. Die dunklen Flächen dagegen dürften nach den letzten späteiszeitlichen Gletschervorstößen vor rund 10 Jahrtausenden nicht mehr vergletschert gewesen sein. Demzufolge ist in diesem Bereich die Felsoberfläche stärker angewittert und trägt einen viel dichteren Flechtenbewuchs als in den hellen Zonen.» («Die Gletscher der Schweizer Alpen im Jahr 1971/72», Auszug aus dem 93. Bericht der Gletscherkommission der Schweizerischen Naturforschenden Gesellschaft, von P. Kasser und M. Aellen, Versuchsanstalt für Wasserbau, Hydrologie und Glaziologie an der ETH Zürich. In: Die Alpen, Zeitschrift des SAC, 1973/IV.)

Eschers Ansicht des Brunnigletschers und der vom Glaziologen M. Aellen vom gleichen Standort aus aufgenommene heutige Zustand mit der gestrichelt eingezeichneten Linie des Gletscherstands zu Eschers Zeit

84
Eschers Zeichnung «Von Altstaad gegen den Rigi» vom 1. Oktober 1793 ist ein historisches Dokument. Im Jahre 1783 hatte der französische politische Schriftsteller Abbé G.T.F. Raynal den ursprünglich für das Rütli bestimmten Obelisk zu Ehren der drei legendären Gründer der Eidgenossenschaft hier errichten lassen, nachdem die Urner sein Ersuchen abgelehnt hatten. Das Denkmal auf der kleinen Insel vor dem Meggenhorn, der Landzunge zwischen Luzern und Küßnacht, stand nur 13 Jahre. Es wurde 1796 vom Blitz zerschlagen. Die Reste befinden sich in Luzern.

85
Die Terrainstudie des Hoh Brisen (2413 m) entstand auf derselben Wanderung wie diejenige des Pilatus (80); das Bergmassiv erhebt sich zwischen dem Engelberger- und dem Isletental. Die zu Hause kolorierte Skizze zeigt, wie die zweimalige Bearbeitung das Hervorheben der Geländemerkmale begünstigte (vgl. 84).

86
«Um die wilden nördlichen Escarpementer (Steilhänge, Anm. d. Hrg.) des Bürgen, die man von Luzern u. besonders vom Meggenhorn aus so schön übersieht, näher zu untersuchen, nahm ich d. 19. May mit Br. Ludwig Escher v. Zürich ein Schiff u. wir fuhren an die östliche Seite der Schuttkegel von Kirsiten, die sich am Fuß dieser verticalen, scheußlich finstern Felswände angelegt haben, um den unmittelbar in

den See sich hineinsenkenden Fuß der Escarpementer zu finden...» Escher hatte 1799 seinen Wohnsitz in Luzern (s. 80). Der Bürgenstock erhebt sich gegenüber dem Rigi 1128 m hoch und die Rundsicht von oben ist beinahe derjenigen vom Rigi vergleichbar. Bei dem weißen Haus auf Eschers Ansicht beginnt heute die Luftseilbahn auf den Mattgrat. Der Bürgenstock mit seinen seinerzeit für die englischen Gäste gebauten altertümlichen Hotels war im 19. Jahrhundert ein weltbekanntes Fremdenzentrum, insbesondere als 1889 eine «electrische Seilbahn» von Kehrsiten hinauf eröffnet wurde, die schon damals an 50000 Personen im Jahr beförderte.

Der Bürgenstock vom Pilatusgipfel

87
Die vierwöchige Bergwanderung in die Berner, Walliser Alpen und nach Savoyen vom 9. August bis 7. September 1806 unternahm Escher «mit Artillerie Lieutenant Frey von Knonau als Träger», offenbar einem kräftigen Mann. So kamen die beiden denn am ersten Tag bis Sachseln; die Zeichnung entstand anderntags beim Frühstück in Melchtal. Von da stiegen sie nach Melchsee-Frutt auf, «allein ich wünschte die Eisenerzlager aufzufinden, welche einst im Melchthal abgebaut wurden u. für welche zwischen dem See u. dem Dorf ein s. g. Erzhaus und unter dem Dorf Melchthal eine Schmelzhütte gewesen seyn sollen, wovon man noch einige Ruinen erblickt...» (RN). Ein für Escher typisches Interesse.

88
Der Ranft: eine Lichtung im tiefeingeschnittenen Tobel der Melchaa, zwei spätgotische Kapellen, die ältere mit angebauter, aus Holzbalken gezimmerter Klause, wo Bruder Niklaus von der Flüe, erst 1947 heiliggesprochen, von 1467 bis 1487 als Einsiedler lebte – der Ranft ist ein Ort von seltener Eindrücklichkeit, eng mit Natur und Landschaft verbunden wie das Rütli, wie Sempach und all die anderen Orte, wo sich das Werden der Schweiz vollzog. Dazu die erstaunliche Geschichte, daß ein angesehener und wohlhabender Mann, angewidert von der Politik, deren höchste Stufe er eben erreichen soll, sich zurückzieht – und als Einsiedler eine ungleich größere politische Rolle spielt, als er sie sonst je gespielt hätte. Auch für Escher war der 1669 Seliggesprochene der Nationalheilige, obwohl Escher überzeugter Anhänger des reformierten Glaubens, Klaus von Flüe Katholik war: «Unser nachmittägiger Spaziergang war eigentlich eine Wallfart nach des *Hlg.* Bruders Niclaus von der Flühe Einsiedeley: wir giengen daher bey dessen ehemaligem Wohnhause vorbey u. stiegen von da in den Ranf herab, wo jene Einsiedeley noch in dem gleichen Zustand zu sehen ist, wie er sie einst bewohnt hatte...» (RN. 7. Juli 1803). Auch der erwähnte väterliche Gutshof am heutigen Flüeli oberhalb des Ranfts, ein Holzhaus wohl noch vom Ende des 14. Jahrhunderts, ist erhalten, so wie das aus dem 15. Jahrhundert stammende hölzerne Geburtshaus Ulrich Zwinglis im toggenburgischen Wildhaus.

89
Engelberg 1794: Escher kommt am 12. August bei strömendem Regen an – ein «scheußlich trauriger Anblick... erst ganz nahe sah ich durch den finstern Nebel das Klostergebäude. Mit einer bloß mündlichen Empfehlung von der Familie Usteri gieng ich sogleich ins Kloster, wurde von dem ehrwürdigen Abt Salzmann sehr gastfreundlich aufgenommen u. fand schon beym Nachtessen an mehreren Klostergeistlichen, doch vorzugsweise am Abt sehr gebildete Männer. Den folgenden noch ganz neblichten Morgen besuchte ich den Sekelmeister Müller, Verfertiger des Alpenreliefs in Arau, der mir jede erwünschte Auskunft über die geographischen Verhältnisse des Engelbergerthales gab u. mit dem ich eine gemeinschaftliche Alpenwanderung auf den folgenden Tag verabredete. Ein gefähliger junger Pater zeigte mir noch die Bibliothek, u. als um 10 Uhr der Nebel sich theilte, ward ich ganz entzückt über den majestätischen Anblick des Titlis u. der übrigen das Engelbergerthal umschließenden Alpen. Ich eilte nun an jene Hügelkette zurück, welche den Eingang in diesen weiten, flachen, prächtigen Thalgrund bildet, und zeichnete da die schöne Aussicht; im Kloster hatte man sogar die Gefähligkeit, mit dem Mittagessen auf mich zu warten u. nach mir auszuschicken...» schreibt Escher (LB), und etwas später noch über Leodegar Salzmann: «Nach dem sehr frühen Nachtessen sah ich noch lange mit dem würdigen Fürstabt aus dem Fenster über das schöne Thal hin, u. wir unterhielten uns über die strengen Unterthanenverhältnisse der Thalbewohner gegen das Kloster, über die von diesem eingeführte Seidenkämlerey, den damit abgestellten Bättel u. den mit diesem Geldverdienst im Thal entstandnen Luxus – ich freute mich innig der menschenfreundlichen philosophischen Ansichten dieses edlen Greisen.»

Engelberg heute

90
Noch einmal begegnete Escher – zwei Jahre später – dem Engelberger Abt Salzmann. Mit seinem Bruder, der ihn nach Engelberg begleitete, und einem «Wegweiser» oder auch Träger traf er «noch beym Glanz der Abendsonne in dieser magisch prächtigen Alpengegend» ein. «Ich schrieb ein Billet dem ehrwürdigen Abt Salzmann, der uns nicht nur sogleich zur Abendtafel einlud, sondern auch noch den wackern Ingenieur u. Reliefverfertiger Müller mit zur Gesellschaft bath. Er behandelte mich mit auffallender Auszeichnung u. Gewogenheit, so daß er mich darüber einigemahle in Hinsicht auf meinen Bruder in Verlegenheit setzte. Müller gab mir verschiedne intressante Anzeigen zur Fortsetzung meiner Reise, u. nach Tische unterhielt sich der sehr gebildete Abt noch lange mit mir über die Vaterländischen Verhältnisse in diesen bedenklichen Zeiten u. mit ebenso großem Interesse über den Stand der Wissenschaften u. der Philosophie; endlich verabschiedete er mich mit herzergreifendem Wohlwollen – dies war das letztemal, daß ich diesen edlen Mann sah, dessen Andenken mir aber immer ehrwürdig bleibt. Den 8. August zog ich frühe aus dem gastfreundlichen Kloster; mein Bruder begleitete mich noch bis zum schönen Wasserfall, dann trennten wir uns: er kehrte zurück u. ich zog mit meinem Wegweiser dem Thalhintergrund zu. In der schönen Klosterhütte frühstückte ich, aus besondrem Auftrag des Abts, u. erstieg dann bey schönem Wetter die Surenenalp. Besonders schön zeigte sich hier das Profil des Titlis...» (LB). Anderntags wird Escher über den Brunnigletscher nach Graubünden gehen (83).

91
Der vorgenannten schönen Terrainstudie des Titlis (3239 m) ein echtes Erlebnisbild gegenüberstellen heißt wieder auf den Engelberger Aufenthalt von 1794 zurückgreifen, und da der 14. August auf den unter 89 beschriebenen folgte, kann Eschers Bericht (LB) fortgesetzt werden: «Den 14. August beym hellsten Wetter morgens frühe verreiste ich mit Hrrn. Müller von Engelberg, mit einem gutmüthigen Träger Custor; wir stiegen durch den steilen waldigen Gebirgsabhang in die Gerstenalp u. von da auf die Scheidecke des Jochs, mit manchem Rückblick auf das schöne Thal u. die majestätischen ihns umgebenden Gebirge. Vom Joch stiegen wir hoch an den westlichen steilen Quärtlistock an, wo Hr. Müller noch einige Winkel mit einer kleinen Zollmannischen Scheibe maß u. wo ich mir die schönen Felsengräte des Horizonts mit ihren Namen aufzeichnete.» In den Reisenotizen spricht Escher begeistert vom prächtigen Titlisgletscher. Der Besucher des Jochpasses kann heute dieses Erlebnis bequemer nachvollziehen und sogar ebenso bequem auf den Titlis selbst gelangen, indem er die moderne Seilbahn benützt; ob er es schöner, mit größerem Gewinn erlebt, bleibt fraglich.

92
«Von der Regierung von Unterwalden ob dem Wald war ich zur Untersuchung des Entwurfs der Tieferlegung des Lungernsees eingeladen worden, wozu ich mir noch Hrrn. Bergrath Tscharner von Bern als Gehülfe ausbat, u. von der Regierung von Unterwalden nid dem Wald wurde ich zur Untersuchung der Bergschlipfe in den Steinibachtoblern aufgefordert. Um diesen beydseitigen Wünschen zu entsprechen, verreiste ich den 16. 7br (1812) morgens von Zürich...» – natürlich zu Fuß wie immer. Der Lungernsee reichte damals wie heute bis zur Kapelle in Obsee bei Lungern. Um Land zu gewinnen und Überschwemmungen zu vermeiden, wurde schon 1790–1799 an einem Entwässerungsstollen gebaut; danach fehlten die nötigen Mittel, und erst 1836 konnte das Werk von einer auf Anregung Melchiors von Deschwanden gegründeten Aktiengesellschaft – man sieht Eschers Einfluß – vollendet werden. Der Wasserspiegel wurde dadurch um 35 Meter gesenkt, aber 1921 wieder auf das ursprüngliche Niveau erhöht, da Wasserkraft wertvoller zu sein begann als Bodennutzung. Das Originalmanuskript des Escherschen Gutachtens befindet sich seit kurzem in der ZBZ. Zur Zeichnung heißt es in den RN: «Mit dem Lungernsee, den wir an vielen Stellen sondirten..., genießt man gegen Süd. hin einer schönen Aussicht nach einem Teil des Bernerhochgebirges. Die Gebirgsmasse zwischen Grindelwald u. dem Brienzersee zeigt sich hier besonders gut, u. in der westlichern Ecke heben sich die blendend weißen Wetterhörner über diese ganze Masse kahler Felsenfirsten empor: die grünen Gebirgsabhänge, welche diesen einsam anmuthigen See umzingeln, bilden mit demselben der Aussicht einen schönen Vorgrund.»

TESSIN

93
«Um meiner Tochter Döde u. ihrem würdigen Gatten auf ihrer Rückkehr von der Hochzeitsreise entgegenzugehen, ward diese Reise veranstaltet», nämlich von Zürich über Einsiedeln und die Haggenegg zum Vierwaldstättersee und über Brünig, Grimsel- und Griespaß ins Val Formazza, über den Passo di S. Giacomo sodann ins Bedretto und nach Airolo, wo die Begegnung stattfinden und die gemeinsame Rückkehr angetreten werden sollte. Eine beachtliche Bergwanderung also, wenn in Betracht gezogen wird, daß sie «vom 29. Jully bis 8. August 1811 mit meinen Töchtern Julie u. Lotte, mit Jgfr. Bürkli u. Jkr. Dav. Wyss» unternommen wurde. Am 5. August «nachmittag reisten wir von Airolo aus im Livinerthal etwan eine Stunde weit thalabwärts in der Hoffnung, bald unsre lieben aus Italien zurückkommenden Hochzeitreisenden ankommen zu sehen – aber diesmal noch vergebens...» Darum wanderte die kleine Gesellschaft anderntags nochmals talabwärts bis zu einem kleinen Hügel bei Piotta, von wo man das Tal überblicken konnte. «Auf diesem kleinen Hügel erwarteten wir sehnsuchtsvoll unsre Reisenden, u. da ihre Ankunft lange dauerte, so gieng ich über Ambri hinab ihnen entgegen; sobald ich aber Spuren ihrer baldigen Ankunft hatte, eilte ich zu meiner übrigen Reisegesellschaft zurück, um auch ihr die Freude der Überraschung zu verschaffen. Endlich entdeckten wir vom kleinen Hügel die lange Erwartheten u. eilten ihnen entgegen – dann kehrten wir mit der innigsten Freude gemeinsam auf Airolo zurück...» Eschers Airolo mit seinen stattlichen Häusern des Urner Typs, wie sie die Zeichnung zeigt, ist seither zweimal zerstört worden: 1877 ganz durch einen furchtbaren Dorfbrand und 1898 teilweise durch eine Bergsturzkatastrophe.

94
Im Juni 1795 kam Escher zum erstenmal ins Tessin. Er wanderte allein, nachdem sein Begleiter, ein Sohn des Generals Steiner, den er in der Mathematisch-militärischen Gesellschaft kennengelernt hatte, ihm bis auf den Gotthard gefolgt und dann nach Zürich zurückgekehrt war. Eschers Überlegungen bei der Wanderung durch die Leventina sind für den zum verantwortungsbewußten staatsmännischen Handeln Herangereiften überaus charakteristisch und im Kapitel über den Menschen Escher nachzulesen. Die Entstehung der Zeichnung erwähnt der Lebensbericht: Escher wanderte die Leventina abwärts bis Biasca, wo er «in einem kleinen Wirthshause jenseits des Auslaufs des Blegnostroms stillehielt» und in Erwartung des Mittagessens die sich vor ihm öffnende Gebirgsaussicht mit der Bleniobrücke im Vordergrund zeichnete. Es handelt sich also nicht um Pollegio, sondern um den Pasquerio genannten Teil des heutigen Biasca auf dem rechten Ufer des Brenno.

95
In einer dem Oberengadin vergleichbaren Höhen- und Südlage, einer Gebirgslandschaft voll Licht und offener Weite, ist der Lago Ritom oder Piorasee auf 1850 m Höhe der größte der etwa zwanzig Seen im Bereich des noch ursprünglichen Val Piora, das man mit der steilsten Schienenseilbahn der Welt, einem wahren Himmelsaufzug, (aber glücklicherweise nicht mit dem Auto) vom Kraftwerk Piotta unterhalb Airolo erreicht. Oben gibt es wenig Wald, dafür endlose blumendurchwirkte Alpweiden und prachtvolle Bergformen, glücklicherweise aber keine Dörfer, die sich zu internationalen Hotelstädten hätten entwickeln können, sondern nur *ein* Hotel. Zu Eschers Zeiten lag die heute aufgestaute Seefläche 21 Meter niedriger. Vom Lukmanierpaß kommend, wanderte Escher mit seinem Schwiegersohn Hirzel im August 1817 durch dieses Hochtal nach Airolo: «...zeigt sich bald der weit größere See Lago di Rotam... Eine kleine Capelle, dem St. Carlo geweiht, steht an der rechten Seite hoch über dem Anfang des Sees: in ihrer Nähe genießt man einer angenehmen Aussicht auf den See u. die ihn einschließenden Gebirge...» (RN), welche Formel erfahrungsgemäß eine Zeichnung signalisiert. Als Staffage Escher und Hirzel bei der barometrischen Höhenmessung.

96
Die Bezeichnung Centovalli für das Bergland im obersten Bleniotal nördlich des Val di Campo und Val Luzzone ist heute auch auf der Landeskarte 1 : 25 000 nicht zufinden. Das Centovalli liegt für uns bei Locarno zwischen Intragna und Camedo. Escher erklärt den Namen bei der Beschreibung jener Wanderung, die ihn im Juli 1812 am Martinsloch vorbei und durch das Lugnez auf die Greina führte: «Sowie sich dieses (von der Greina kommende, Anm. d. Hrg.) bisherige Längenthälchen zum Querthal des Blegnothals herumwindet, geht man an die rechte Thalseite hinüber, wo sich eine schroffe Felsenkette, mit starken Gletschern beladen, erhebt u. häufige Bäche dem noch jungen Blegnostrom zuliefert. Da diese Bäche in mehr u. minder eingeschnittnen Rinnen herabstürzen, so gab wahrscheinlich dieser Umstand der Gebirgskette, die sich auch in jenes Längenthälchen heraufbiegt, den Namen Centovalligebirge.» Es handelt sich also um die nach Osten sich senkenden Abhänge der von Piz Medel (3210 m), der Cima di Camadra (3172 m) und der Cima di Garina (2780 m) gekrönten Gebirgskette, die heute von dieser Seite her fast nicht mehr vergletschert ist. Die Blickrichtung der Zeichnung, die übrigens Escher mit seinem Weggefährten J.H. Schinz als Staffage zeigt, führt aus dem Val Camadra nach Süden ins Bleniotal.

97
Tags darauf kamen die beiden Wanderer durch Olivone (98) und Acquarossa: «... ein Bad, Aquarossa genannt, dichte an den Gebirgsfuß angelehnt, in einer angenehmen Lage: es ist ziemlich gut gebaut und fand sich stark von den Honoratiores des Kantons besetzt. Das Wasser scheint schwefel- und eisenhaltig zu seyn. Die Aussicht thalaufwärts ist merkwürdig: die beydseitigen Gebirgsketten heben sich sehr sanft, mit schöner Kastanien- u. anderer Waldung bekleidet u. von Dörfern besetzt, in die Hochgebirgsregion an. In der Mitte des Thals zeigt sich ein hoher, regelmäßig pyramidaler Gebirgsstock, nicht unwahrscheinlich der nämliche, den ich zwischen Ghirone u. Olivone links im Thal schon beobachtet hatte (der Sosto, s. 98. Anm. d. Hrg.)... im Thalhintergrund zog sich die vergletscherte Centovalli Gebirgskette in glänzender Morgenbeleuchtung durch...» Das Bleniotal hat dank seiner geringeren Verkehrsbelastung seinen ursprünglichen Reiz in hohem Grad behalten. Die freskengeschmückten romanischen Kirchen, die riesigen, auf die Fassaden gemalten Christophorus-Gestalten, die alten Bergdörfer in prachtvoller Höhenlage und vor allem die noch kaum vom Touristenstrom beachteten malerisch-ernsten Seitentäler mit den noch – wie lange? – stehenden Himmelsleitern der Kornhisten und den immer weniger bewohnten schwarzen Steindörfern verdienen mehr Schutz. Die Lawine der Ferienhausüberbauungen und Skiliftanlagen droht auch im Bleniotal vieles zu verschütten.

98
Olivone, der Hauptort des oberen Bleniotals unter den hier beginnenden Kehren der neuen Lukmanier-Paßstraße, ist immer noch eines der schönsten und interessantesten Alpendörfer des Tessins, wie es im GLS von 1905 steht, schon durch seine Lage unter dem dramatisch aufragenden Granitkoloß des Sosto (2220 m). In Olivone steht das Heimatmuseum des Bleniotals, und von hier sind nicht wenige im Tessiner und schweizerischen öffentlichen und Kulturleben wichtige Persönlichkeiten ausgegangen. Hier öffnet sich der Zugang zum Luzzone-Stausee, nach Campo Blenio und in die unberührte Einsamkeit der Greina.

99
«Allein mit meinem Bedienten Caspar Leysi von Irgenhausen» unternahm Escher vom 25. August bis 3. September 1804 eine ausgedehnte Bergwanderung, in deren Verlauf er am 29. August, vom Lukmanierpaß kommend, in die Leventina abstieg und in «der guten Herberge von Dazio Grande» am Nordausgang der Schlucht übernachtete. Der folgende Tag war dazu bestimmt, über den Lago Tremorgio (1830 m) den ins Val Lavizzara hinüberführenden Campolungopaß (2318 m) zu erreichen, die Gegend geognostisch zu erfassen und am Abend wieder zum Dazio Grande zurückzukehren. Die weißen Dolomit- und Tremolitschichten erregten Eschers besonderes Interesse; er widmet den Beobachtungen auf dem Campolungo sieben engbeschriebene Folioseiten seiner Reisenotizen. Die Landschaft erwähnt er nicht, und doch ist die Zeichnung der Aussicht nach Osten über die Leventina hinweg zum vergletscherten Rheinwaldhorn (3402 m) eine seiner schönsten. Vom weißen und farbigen Halbkreis der Dolomitfelsen gerahmt, ist der linksseitige Leventinahang mit dem Pizzo Molare und der Bassa di Nara, dem Übergang ins Bleniotal, von einem Ebenmaß und einer Expressivität, für die es zu Eschers Zeiten und noch lange danach nichts Vergleichbares gibt. Links im Vordergrund das bekannte «wir sind hier gewesen» der Staffage: Leisi mit dem Gesteinshammer und Escher bei der Barometer-Höhenmessung in seinem «Bergmannsaufzug», dem blauen Jackett mit langen Schößen. Die Zeichnung gehört zu den 12 aus ursprünglichem ZBZ-Besitz, die vermutlich von der Jubiläumsausstellung des SAC 1871 stammen (s. Kapitel «Die 900 Zeichnungen»).

100
«Nach einer kleinen halben Stunde öffnet sich das Val Peccia in der rechten Seite des Lavizzarathals; in diesem Nebenthale ist es hauptsächlich, wo der Lavezstein gebrochen und vorzüglich zu Kochkesseln verarbeitet wird. (Die dekorativen grauen Steingefäße, laveggi genannt, werden heute wieder angefertigt, allerdings nur als Souvenirs; man schneidet sie wie einst auf der Drehscheibe aus dem weichen Stein. Anm. d. Hrg.) Unmittelbar unter dieser Thalvereinigung ist beym Dörfchen Prato eine schöne gewölbte steinerne Brücke über den Thalstrom gebaut, die mit dem wild zwischen losgerißnen Felsenstücken sich schäumend durchdrängenden Strom, den von Baumgruppen umgebenen Häusern des kleinen Dorfs u. mit dem Gebirgsstock im Hintergrund, der sich zwischen diesen beyden zusammenfließenden Thälern befindet, einen mahlerischen Anblick gewährt...» (RN). Die schönge-

wölbte Brücke gewährt diesen malerischen Anblick allerdings nicht mehr: Mit ihrer Kapelle S. Maria del Ponte (der niedrige kleine Bau über dem rechten Hauptpfeiler der Brücke) hat man sie dem durch eine neue Brücke verkörperten Straßenverkehr geopfert. Bei dem rechts sichtbaren Dorf handelt es sich um den Dorfteil Prato der heutigen Gemeinde Prato-Sornico unterhalb Peccia im Val Lavizzara, was auch aus der nur schlecht sichtbaren Beschriftung mit Stift hervorgeht; sie lautet: «Prato-Sornico im Val Maggia d. 30. Jull. 12» und ist durch die Bezeichnungen «Pechia» und «grüne Wiesen» ergänzt. Die Genauigkeit und Verläßlichkeit der an Ort und Stelle angefertigten, nicht mehr überarbeiteten Skizze besticht ebenso wie die treffende Charakteristik der Maggia-Landschaft. Die Zeichnung ist heute ein Dokument.

101

Während Eschers Zeitgenossen nur die Haupt- und Glanzpunkte des Tessins kannten, durchwanderte Escher systematisch alle Tessiner Täler und hielt sich dabei durchaus nicht an die gewöhnlich begangenen Wege. Sein Übergang aus der Leventina ins Verzascatal, eines der großartigsten der ohnehin an Kontrasten reichen Täler des Tessins, sei darum mit seinen Worten wiedergegeben. «Den 27. Juli (1812, Anm. d. Hrg.) machten wir (Escher und J.H. Schinz, Anm. d. Hrg.) eine Alpwanderung, die noch von keinem Reisenden unternommen wurde u. welche überhaupt so selten statt hat, daß wir mit Mühe einen Wegweiser auffanden, der vor vielen Jahren einmal diesen Weg gemacht hatte u. daher noch einige Kunde davon besaß. Die rechtseitige Gebirgskette des untern Theils des Livinerthals erhebt sich im allgemeinen bis in die Gletscherregion hinauf, u. ungeachtet sich von ihr bis in diesen Thalgrund herab ziemlich tiefe, aber meist enge eingeschnittne Bergschrunden herabsenken, so ist doch die Gebirgskante ohne bedeutende Einschnitte, daher auch keine Pässe über dieselbe nach dem westlich an ihr liegenden, ebenfalls nach Süd auslaufenden Verzaskathal sich hinüberziehen. Da der Hintergrund dieses sehr wenig bekannten, doch bewohnten Thals sich ungefähr am Fuß derjenigen Gebirgskette befindet, an deren östlichem Fuß Giornico liegt, so unternahmen wir es, diese hohe Gebirgskette von hier aus zu übersteigen... Die Bergschlucht, durch die man bisher so steil... anstieg, heißt die Cramosinakluft. Hoch über derselben, an einem immerfort höchst steilen Gebirgsabhang, in einer weniger durch herausragende Gebirgsecken zusammengedrängten Gegend liegt die Alp Incariago, deren Alphütte auf einer äußerst schroffen Gebirgsecke... sehr pittoresk liegt... Bey höherem Ansteigen wird der... Gebirgsabhang... immer wilder; die Vegetation verliert sich fast gänzlich, ungeheure Gneusfelsenschutthalden senken sich überall vom höhern, noch schroffern Gebirgsgrat herab... Doch findet man in dieser schauerlich wilden Gegend auf einem flachen, schroff herausragenden Felsenabsatz die Alphütten Militomi, wo wir uns noch mit einigen Alpspeisen erquickten... Man steigt nun beynahe ununterbrochen über herabgestürzte Gneusfelsenstücke... Die ganze Gegend hat das Ansehen, von einem Bergfall ganz kürzlich überschüttet zu seyn, denn die herabgestürzten Gneusstücke sind ohne Verwitterung, von ganz frischem Aussehen...» Nach sechsstündigem Aufstieg von Giornico und einiger Kletterei standen die drei Berggänger auf dem schmalen und schroffen Felsrükken des Schafgrats, auf dem noch Schnee lag. Aus einer Höhe von etwa 2600 Metern mußten sie bei Nebel noch viel steiler und gefährlicher absteigen: «Ebensowenig als man an der östlichen Seite... eine Spur von einem Pfad fand, ebensowenig zeigt er sich an der westlichen Seite... man ist im Fall, sich selbst so gut möglich herunterzuziehen, wobey man oft an verticale Felsenwände kommt, über welche herab man sehr mühsam sich durch Felsenrisse herabzieht, ohne eben sicher zu seyn, auch tiefer wieder gefahrlose Stellen zu finden, welche zu Fortsetzung der mühsamen Wanderung dienen können. Wir waren oft lange damit beschäftigt, uns durch diesen schauerlich steilen, öden u. grausen Gebirgsabhang herabzuziehen: doch endlich gelang es uns, die erste Alphütte, schon tief unter der obersten Gebirgskante des Schaafgrats, zu finden..., wo wir einige Erquickung genossen... Wir verloren oft den unbestimmten Pfad; die Tageshelle verschwand allmählig, der ganz überzogne Himmel beförderte die Dunkelheit. Wir fanden uns an schroffen Abhängen, in deren Tiefe herabstürzende Gewässer tobten. Einige Hütten, die wir noch antrafen, waren unbewohnt u. boten keine Art von Bequemlichkeit für ein Nachtquartier an; wir hofften, noch die obersten Häuser des Thals zu erreichen, aber vergebens: jede Spur von Abenddämmerung verschwand in der dunklen Nacht. Der Abhang, an dem wir uns mühsam mit Hilfe der Hände herunterließen, ward immer steiler, u. das Tosen des Stroms in anscheinend senkrechter Tiefe unter uns tönte uns immer fürchterlicher entgegen; wir sahen einander nicht mehr, nur durch Rufen konnten wir uns einander kenntlich machen. Über eine Stunde lang krochen wir so mühsam und ängstlich den gähen Abhang herab, bis nahe an den wild schäumenden Thalstrom: hier fand sich auf einer kleinen begrasten Stelle etwas Holz aufgemacht. Keine Spur von Pfad war vor uns sichtbar; nichts kündigte die Nähe von menschlichen Wohnungen an. Wir entschlossen uns also zu einem Bivouac, zündeten ein Feuer an, lagerten uns munter darum her; der nahe Bach lieferte Wasser, das wir mit Kirschengeist stärkten; etwas Chokolate u. Brod half uns aus; die Erde war unser Bett, einige Steine die Polster, u. jeder schlief in der Nähe des Kohlenfeuers so gut möglich. Nach Mitternacht leuchtete der halbe Mond zwischen getheilten Wolken hindurch. So blieben wir bis zur Ankunft des Morgens.» Als es hell wurde, stellten sie fest, daß sie sich in einem Seitentälchen des Verzascatals nahe seiner obersten Ortschaft Sonogno befanden. Sie stiegen ins Dorf ab. «Dieser Thalhintergrund, der sich hier in zwey Arme trennt, ist nicht sehr enge, aber von hohen, steilen, finstern, meist kahlen Felsengebirgen umgeben; die ganze Natur sieht furchtbar wild aus, nur die nächsten Umgebungen des kleinen, etwas zerstreuten Dörfchens waren anmuthiger. Wir wollten beym Dorfpfarrer frühstücken, aber es war keine Möglichkeit, ihn aus dem tiefen Morgenschlaf zu wecken; niemand im Dorf war sichtbar. Wir setzten also ruhig unsre Wanderung thalabwärts fort.» So kamen sie nach Brione: «Unterhalb dem Dorf giebt der Rückblick eine merkwürdige Ansicht des hohen, schroffen Zwischengebirges am Zusammenfluß dieser (beiden) Thäler; am unmittelbaren Fuß der äußersten Ecke dieses Gebirges liegt das Dorf mahlerisch, zum Theil zwischen schönen Castanien- u. Nußbäumen versteckt...» Auf der Zeichnung erkennt man hinter der ersten Häuserreihe zwei der vier Ecktürme des kastellartigen kleinen Schlosses. Das Blatt gehört zu den 12 des ZBZ-Altbesitzes.

102, 103

Lugano 1795: Castagnola ist noch Weideland. Auf Bild 103 sieht man östlich der Stadt (rechts) Haine und Wiesen – sie sind wenigstens in Gestalt des heutigen Stadtparks der Natur erhalten geblieben; verschwunden sind die Boote mit dem halbrunden Sonnendach, die so sehr zur Landschaft paßten, bis auf ein einziges, das, als Exotikum für die Fremden nachgebaut, wohlverankert vor Morcote schaukelt. 1795 kam Escher erstmals nach Lauis, wie die Eidgenossen ihre Landvogteistadt nannten. Nach der etwas unheimlichen Wanderung über den von Schädeln hingerichteter Straßenräuber gesäumten Monte Ceneri (s. Kapitel über den Bergwanderer) «rückte ich gegen Lauis herab, dessen erster Anblick mich sehr einnahm. Die Stadt hat ganz italiänisches Aussehen: die flachen Dächer, die vielen hohen Kirchthürme, die prächtige Lage am Busen ihres schönen Sees... ich fand einige Ähnlichkeit... mit Neapel, indem die schöne hohe Pyramide des am westlichen Ende der Bucht liegenden Monte Salvatore mich an den Vesuv erinnerte. Auch das Innere der Stadt fiel mir angenehm auf durch die ziemlich breiten Straßen u. die Arkaden längs derselben, unter denen die lebhaften Einwohner einen großen Theil des Tages gesellschaftlich bey ihren verschiedenen Arbeiten zubringen... Die Pyramide des Mte. Salvatore gewährt einen so schönen Anblick, von Lauis aus betrachtet, daß ich sie sobald möglich, der Nachsuchung ihrer geognostischen Verhältnisse wegen, recht eigentlich erkletterte – ich kam endlich bey der Capelle auf ihrer Spitze an, gieng um eine Ecke herum u. fand in einer Vorhalle ein dutzend bärtige Männer sitzend – ich war soeben den Schlangen glücklich entronnen – u. bey der Einsamkeit dieses Berggipfels hatte ich eben an die Räuber gedacht – ich schauderte daher zurück, indem ich mich in eine Räuberhöhle versetzt glaubte – doch beym zweyten Hinblick mußte ich über meinen Schrecken herzlich lachen, denn die 12 bärtigen Männer waren bemahlte, sehr schmutzige Bildsäulen in Lebensgröße von den 12 Aposteln, die zur Erbauung der gläubigen Christen schon lange ruhig hier saßen. Die prächtige Kreisaussicht..., in der sich der Mte. Rosa besonders gut ausnahm, hielt mich hier sehr lange auf, indem ich sie vollständig abzeichnete, doch trieb mich ein aus dem Veltlin herkommendes Gewitter schnell wieder nach Lauis zurück. – Einen andern Tag besuchte ich den gegenüber stehnden östlich von Lauis liegenden Monte di Bré, der mir ebenfalls eine sehr schöne Aussicht über die merkwürdige Gegend gewährte u. interessante geognostische Angaben lieferte...» Die beiden so steil über Stadt und See hängenden Hausberge Luganos hatten es Escher ebenso angetan wie allen Besuchern bis heute. Auf dem Salvatore muß Escher, nach dem von ihm erwähnten Rundpanorama zu schließen, bei außerordentlich klarer Sicht gezeichnet haben, wie sie nur im Frühling und Herbst vorzukommen pflegt. Und er hat sich am Salvatore offenbar nicht sattsehen können und ihn noch einmal gezeichnet, diesmal aus der Gegend um Massagno, mit der Stadt im Vordergrund. Eschers Besuch in Lugano hatte noch einen anderen, praktischen Zweck; seiner Charakteristik der Menschen und lächelnden Ablehnung der ihm erwiesenen Ehrenbezeigungen wegen sei die Stelle zitiert: «Nachmittag (am 9. Juni 1795, Anm. d. Hrg.) machte ich unsrem schon seit vielen Jahren bewährten Geschäftsmann Hrrn. Maghetti meinen Besuch. Ich fand ihn in einer einsamen Straße am östlichen Ende der Stadt: ein magerer, ruhiger, höflicher Mann mit dem unverkennbaren Gepräge der Rechtschaffenheit u. Religiosität in seinem Gesicht. Sein Vater, ein ziemlich abgelebter, doch noch muntrer Mann, der sich sehr freute, wieder einen edlen Sprößling aus der casa respectabilissima der Herren Heinrich Escher Jünger u. Gebrüder kennenzulernen. Die Gattin, eine fette, sehr lebhafte, ansonst zuvorkommende Italiänerin, die sich über meine Fußgängerey, meinen Hammer u. gesammelte Steine nicht genug verwundern konnte. Eine junge Schwester des Hrrn. Maghetti, ein gefälliges, stilles, äußerst eingezognes Mädchen von etwan 20 Jahren, welches von der lebhaften Fr. Schwester sehr thätig geleitet wurde; ein junges 12jähriges, bis zur Wildheit lebhaftes Töchterchen voll Gutmüthigkeit u. Wundergäbigkeit. Diese Personen bildeten die glückliche, eingezogne Haushaltung, in die ich nun sogleich auf die zuvorkommendste Art aufgenommen wurde.» Mit seinen Gastgebern fuhr Escher auch nach Caprino hinüber: «Nach allgemeiner Lauiser Übung machte die Familie Maghetti mit mir u. einigen andern Freunden eine Seefahrt in die natürlichen Felsenkeller hinüber, welche am Fuß des Monte Caprino, Lauis gegenüber, in großen Grotten des Kalksteingebirges angebracht sind: Ihr Eingang ist mit einem kleinen Gebäude versehen, in welchem eine Vorhalle u. auf dem obern Stock ein Zimmer sich befindet: diese Kellergebäude bilden ein kleines unbewohntes Dörfchen, das man nur zu Benutzung der vortrefflichen Keller zu muntern Trinkgelagen besucht – auch jetzt mußte soviel gegessen u. getrunken werden, daß ich keine Zeit fand zu einem kleinen Nebenspaziergange.» (Alles LB).

Lugano vom Monte Brè

104

Ronco sopra Ascona, wie das in herrlicher Südlage über dem Lago Maggiore hängende einstige Winzerdorf heute heißt, hat seinen alten Dorfkern bis heute erhalten können. Obwohl die mit Kastanienwald bewachsenen Steilhänge seiner Umgebung mit modernen Landhäusern besät sind, verschwinden diese in der üppigen Vegetation ihrer terrassierten Gärten – die einzigartige Lage des Ortes ist unzerstörbar. Unten am Seeufer in Porto Ronco wird man der bautechnischen Errungenschaften unserer Zeit weniger froh – bald wird es kein Stückchen Felswand mehr geben, die nicht mit Beton verkleidet wäre. Eschers Bericht über das Aussehen dieses Seeufers im Jahre 1795 ist deshalb lesenswert: «Da mein Schwiegervater mit seiner Familie von Locarno abstammt u. er mit den dortigen Gliedern der Familie, besonders mit einer Donna Anna d'Orelli immer noch Verbindung unterhält, so wurde ich immer dringend eingeladen, doch auch diesen Ort u. die dortige Familie d'Orelli zu besuchen: ich schiffte zu diesem Ende hin den 26. Junj Morgens über den Langensee an sein rechtes Ufer nach dem Piemôntesischen Städtchen Canobio hinüber, wo ich den Weg nach Locarno nachfragte, aber man sagte mir bedenklich «Cativa strada, non è cavalcabile»; da ich nicht ritt, sondern zu Fuß gieng, so fand ich nichts bedenkliches in dieser Anzeige u. verfolgte also einen rauhen Fußpfad längs dem Seeufer in östlicher Richtung aufwärts: bald aber ward das Gebirge so steil gegen den See abhängig, daß ich mich etwas in die Höhe ziehen mußte u. oft Mühe hatte, ohne Gefahr durchzudringen. Besonders beschwerlich war es, über die Felsenschlucht zu kommen, welche das Piemont von der Schweiz trennt; ich freute mich übrigens dieses beschwerlichen Eingangs in die Schweiz, welche nun bald ein freundlicheres Ansehen erhielt, indem sich wieder Land am Fuß des Gebirges als Seeufer zeigte, wo ich das erste freundliche schweizerische Dorf Brisago vorfand. Von da stieg die Straße zu dem höher liegenden Dorf Ronco hinauf, wo ich einer prächtigen Aussicht auf den Langensee genoß, der in der Nähe durch einige kleine, aber bebaute Inseln belebt war...» (LB). Die Zeichnung hält eine Tatsache fest, die mangels anderer genauer Nachrichten bisher unbekannt war: Nicht nur die größere der beiden Inseln von Brissago, nach der einst hier stehenden Kirche S. Pancrazio genannt, sondern auch die kleinere Kanincheninsel, wo einst ein Kloster stand und die später verödete, war 1795 überbaut, und eines der Gebäude ist deutlich als Landhaus zu erkennen.

105
In Lugano (102, 103) wollte Escher die Seidenspinnerei kennenlernen, von der die väterliche Seidenfabrik in Zürich die Garne bezog. «Da sich die Seidenspinnerey noch einige Zeit zu verzögern schien, so gieng ich durch einen Umweg zu unsrer zweyten Filanda ins Mayländische hinüber. Zu diesem Ende hin fuhr ich den 12. Juni Morgens zu Schiffe durch den langen Seebusen in östlicher Richtung nach Porlezzo hinüber. Der See ist hier von hohen u. steilen Gebirgen eingeschlossen u. seine Ufer wenig bewohnt. In Porlezzo wurde ich von Östreichischen Mautbedienten überfallen, die aber vermittelst eines kleinen Trinkgelds mich ruhig weiterwandern ließen. In dem sich weiter östlich ziehenden Thale fand ich einen kleinen einsamen See, über welchen ich einen artigen Rückblick nach dem Lauisersee hatte, den ich mir abzeichnete.» (LB).

106
Escher wanderte von Lugano über Menaggio nach Como, das ihn durch seine Bauwerke begeisterte, während die Armut der Bevölkerung ihn abstieß; von da sodann über Varese in die Valcuvia, wo «ich bald das Dorf Brenta fand u. mich zu unsrem alten Freunde Zoppi begab, der während allen Sommern seines Lebens für unsre Fabrik Seiden gezogen hatte. Ich wurde mit achtungsvoller Freundschaft in dem schönen villaähnlichen Hause aufgenommen, fand an dem alten Zoppi einen sehr frohsinnigen Mann, der gerne beym Glas Wein von alten Zeiten erzählte u. erzählen hörte… ich machte mich sogleich mit den Angelegenheiten der Seidenspinnerey umständlich bekannt. Da diese noch nicht in lebhaftem Gang war u. ich die Anfrage machte, daß ich die Borromeischen Inseln noch nicht gesehen habe, so anerbot sich sogleich ein anwesender Hr. Tochtermann…, mich den folgenden Tag hinzuführen.» Am 15. brach man zum Langensee auf; «er zieht sich zwischen die Hochgebirge hinein, aber italiänische Vegetation u. Architektur u. eine warme Atmosphere geben ihm einen von unsren Bergseen verschiednen, reichern Charakter. Wir schifften uns ein… Die Isola Bella zeigte sich zuerst, u. durch nähere Entwicklung erhielt sie immer mehr das Ansehen einer Feeninsel: Sie erhebt sich als eine flache Pyramide terrassenartig aus den Wogen des Sees; ihre Terrassen, mit Gärten bekleidet, ruhen auf künstlich aufgeführten Gewölbern. Die oberste flache Höhe der ungeheuren Pyramide genießt einer weiten Umsicht; den übrigen Theil der Insel bildet ein prächtiger Palast mit flachem Dach – ich erstaunte bey näherer Übersicht immer mehr über die große kostliche, prachtvolle Anlage, aber das Gefühl wurde im gleichen Verhältnis erkältet: keine Natur zeigt sich hier, alles ist nur Kunst, aber keine befriedigende Kunst, denn nie können Gärten, die auf fortlaufenden künstlichen Gewölbern ruhen, ein anziehendes Ansehen haben. Wir landeten, irrten auf diesen Terrassen herum, bewunderten die Pomeranzen u. Limonenbäume, die aber doch im Winter eines ängstlichen Schutzes bedürfen – die Vegetation ist dem Clima fremd, wie die künstlich gebaute Insel der grossen, hehren Natur des Sees fremd ist. Der Palast ist zum Theil neu ausstaffirt, ganz mit fürstlicher Pracht – gerne sah ich aus seinen Fenstern nach den übrigen kleinern Inseln hin, die in diesem großen Seebecken zertreut liegen: Die Schifferinsel, ganz mit kleinen bürgerlichen Gebäuden übersetzt, hat lebhaftes Aussehen – die Isola Madre ist durch ihr beschattetes natürliches Wesen anziehend – gerne verließ ich die hingezauberte Feeninsel, um der natürlichen Isola Madre zuzuschiffen – hier stiegen wir in einem lieblichen Hain der prächtigsten Bäume aus u. lustwandelten entzückt auf begrastem natürlichem Boden. Die Limonen- u. Pomeranzenbäume schienen hier der Insel anzugehören, u. das schöne Lusthaus der Insel ist zu einem sorgenlosen Landleben einladend – alles steht in schönster Harmonie…» (LB). Eschers bürgerliche Ästhetik kündigt Kommendes an, das dem folgenden Jahrhundert vorbehalten sein wird.

107
«Der treffliche Landschaftsmahler Heß (Ludwig Heß, 1760–1800, Anm. d. Hrg.) in Zürich, den ich näher zu kennen das Glück hatte, hatte mir von einem sehr romantischen See erzählt, dem Lago d'Orta…, den er zwar nie besucht, aber einige nähern Angaben darüber u. womöglich eine Zeichnung davon zu erhalten wünschte. Sobald ich in Brenta unsre Filanda in gehörigem Gang sah, machte ich mich den 1. Julj Morgens frühe bey schönem Wetter… auf den Weg…» Über Arona erreichte Escher Orta: «Mitten im See hebt sich eine Insel, die mit einem sehr kleinen Städtchen ganz überbaut ist, u. daher ein sehr romantisches Ansehen hat. Der Insel gegenüber am rechten Seeufer liegt das Städtchen Orta. An dem unmittelbar über dem Städtchen sich erhebenden Berge ist ein Weg für Wallfarter zu einer erhöheten romantischen alten Kirche angebracht… Ich durchstreifte lange die Umgegend, bis ich einen günstigen Punkt zur Abzeichnung vorfand. In Orta, das jetzt eines Marktes wegen sehr lebhaft war, aß ich zu Mittag. Mein etwas sonderbares Aussehen u. Herumstreifen mit dem Hammer weckte die Aufmerksamkeit der Polizey; ich wurde vorbeschieden, lange inquirirt, aber mein italiänisch geschriebener Paß, der mich als Naturforscher bezeichnete, half mir endlich nach langer Deliberation durch…» (LB).

108
Über Eschers Wanderung nach Locarno und ihren Zweck ist bereits berichtet worden (s. 104). Von Ronco «giengs über die Ausmündung der Maggia hinüber, welche einen ungeheuer ausgedehnten flachen Schuttkegel in den See hinausschiebt, der theilweise bewachsen, aber dann auch oft morastig ist. Jenseits dieses ungeregelten, oft noch verheerenden Stroms liegt Locarno längs dem Seeufer u. an den Gebirgsfuß angelehnt: dieser große Flecken ist gut gebaut, hat schöne Plätze, einige palastähnliche Gebäude, viele prächtige Kirchen u. einige Klöster, welche auf Vorsprüngen des steil sich erhebenden Gebirges zwischen üppigem Rebgelände liegen u. der Umgegend… ein reiches Aussehen geben.» Escher besuchte hier die katholischen Verwandten seines Schwiegervaters Salomon Orelli, «welche noch das Familienhaus, den Palazzo d'Orelli, bewohnten. Ich präsentirte mich, wie gewohnt mit einiger Schüchternheit, dieser Donna Anna, einer kleinen, nicht mehr jungen u. nicht sehr reizvollen Frau, die aber sehr lebhaft war, sich bald auf einen vertraulichen Fuß mit mir setzte, mich in ihr Logis einlud u. mir in dem großen, aber vernachlässigten Palazzo ein schönes großes Zimmer einräumte. Ein rothseidenes Prachtbett, das mir angewiesen wurde, schien schon den Voreltern meiner Gattin lange vor der Reformation gedient zu haben: die einst prachtvolle Tappete löste sich allmählig in Lumpen auf, u. alle Mobilien hatten das Gepräge einstiger Kostbarkeit, aber sehr langer Vernachlässigung. Die lebhafte, weiß, aber zimlich unreinlich gekleidete Gebieterin machte mich bald mit ihren Familienverhältnissen bekannt: gelegentlich präsentirte sie mich ihrem gutmüthigen, gegen mich überaus gefälligen Gemahl, dessen Kleidung auch aus fernen günstigen Zeiten herzustammen schien. Die Donna Anna hatte keine

Kinder, aber eine artige bescheidene Nichte, die mir auch präsentirt wurde. Bald erfuhr ich das Geheimnis, daß diese Nichte solle zur Familienerbin eingesetzt werden u. daß man sie mit einem Hrrn. Marcacci (nachherigem helvetischen Repräsentant u. schweizerischem Geschäftsträger in Mayland) zu vermählen wünschte; ich erhielt den Wink, diesen Herren, den ich werde zu sehen bekommen, doch so im Vorbeyweg auf diese Erbeinsetzung aufmerksam zu machen – aber ungeachtet der Winke unterblieb die Bewerbung. Innert wenigen Stunden war ich mit dieser u. andern Familienangelegenheiten bekannt, u. da die Donna Anna auch das Ausfragen gut verstand, so kannte sie auch bald die jetzigen Familienverhältnisse des Sigr. Salomone (meines Schwiegervaters) u. von allen Personen unsrer gemeinsamen Bekanntschaft...» (LB).

109

Das Kardinell oder Val del Cardenello an der Südrampe des Splügenpasses war schon vor dem Bau der «Kunststraße» (1818–1823) wegen der kühnen Trassierung des alten Saumwegs in der linksseitigen Felswand zwischen Pianazzo und Campodolcino berühmt. Der Name ist vom Monte Carden östlich des heutigen Stausees abgeleitet. Escher wanderte an jenem 16. Juli 1811 allein über den Splügen nach Chiavenna und durch das Bergell ins Avers und Safiental; es war dies jene schon erwähnte Wanderung, die ihn aus dem Sernftal über den falschen Segnes- und wirklichen Panixerpaß geführt hatte. Die das Kubisch-Plastische der Gebirgsformen kraftvoll hervorhebende Zeichnung gehört zu den 12 repräsentativen Blättern aus altem ZBZ-Besitz, die vermutlich von der SAC-Ausstellung 1871 stammen.

Sigmund Gottlieb Studer, «Chaîne d'Alpes vue depuis les environs de Berne», 1788, und das Vorbild, die von N. Pérignon gezeichnete und von F. D. Née 1777 radierte Ansicht von Bern mit der Alpenkette aus Beat Fidel Zurlaubens Prachtwerk «Tableaux topographiques de la Suisse», Paris 1780–1786. Die letztere zeigt die Alpen in malerischer Verklärung ungenau und in der Atmosphäre verschwimmend, während Studers Ansicht von 1788 sie zwar linear, aber klar und exakt wiedergibt.

110

Das von Bern aus sichtbare Alpenpanorama war erstmals von Sigmund Gottlieb Studer, einem Berner Notar und Naturfreund, im Jahre 1788 exakt wiedergegeben und als «Chaine d'Alpes vue depuis les environs de Berne» von B.A. Duncker in Kupfer geätzt worden. Es mag Escher, der 1801 als Mitglied der Gesetzgebenden Räte in Bern wohnte, zu dem seinen inspiriert haben. Während das Blatt Studers und Dunckers jedoch noch der Vedute des 18. Jahrhunderts verpflichtet ist, hat Escher in seinem Berner Alpenpanorama die Akkuratesse und Sauberkeit seiner allem Aristokratismus fernen Anschauung weit vorangetrieben, als ob er Kompromisse mit dem alten Zauber ein für allemal bannen wollte. Natur ist Schönheit – man muß sie nicht noch verschönern, sagt seine sachliche, bis zur Härte klare, unbestechlich ehrliche und dabei für die Schönheit des Wahren so empfängliche Darstellung. Der Standort Eschers, der sich in der Staffage selbst beim Zeichnen darstellt, ist durch das Münster (am linken Bildrand), die Heiliggeistkirche am heutigen Bahnhof und den 1865 abgebrochenen Christoffelturm hinter dem Burgerspital bestimmt. Wie man sieht, entstand im Terrain eine Skizze; das Datum 6. Februar 1801 bezieht sich offenbar – da die Szene eine sommerliche ist – auf die endgültige Fassung, oder ist diese eine sommerliche Variante der im Winter entstandenen Skizze (vgl. Abbildungen links).

111

Der Hohgant (2197 m) im Emmentaler Bergland ist eine fast 9 km lange, von schönen Alpweiden gesäumte Felsbastion des bernischen Voralpenlandes. Escher besuchte die Pfaffenmoosalp am 10. Juli 1803 von Schangnau aus im Laufe einer 12tägigen Wanderung mit seinen Freunden, den Pfarrern Bullinger, Steinmüller und Pfarrhelfer Gruner sowie dem Genfer Roux. «...die Weidplätze dieses Abhangs sind oft, besonders in den tiefern Stellen, mit kleinen Partheyen von Tannwaldung unterbrochen, u. in der Nähe der nicht seltnen Alphütten dieser Gegend, die meist auf den kleinen Erhöhungen stehen, sind Gruppen schöner Laubbäume, wodurch dem Ganzen dieses Geländes ein sehr pittoresker Anblick verschafft wird...» (RN). Was – bezeichnenderweise – um 1800 bei Escher zum Durchbruch kommt, erreicht bald höchste Qualität: die Terrainstudie des Hohgant gehört zum Besten, was Escher gezeichnet hat. Bei noch klarerer Sicht, als sie das Berner Alpenpanorama (110) zeigte, spenden die kargen Requisiten eine Wärme, die die Entwicklung vom objektiven Erfassen zum persönlichen Bekenntnis nachweist. Der Kontrast zwischen dem zerfurchten Gesicht des Berges und dem sanften der Alpweiden, dem weiten freien Raum und dem schützend Umgrenzten der Alphütten findet seinen Ausgleich in vollendeter Harmonie. Das rein wissenschaftliche Dokument ist von stärkerer künstlerischer Wirkung als viele künstlerische Ansprüche erhebende Arbeiten. Von da führt ein gerader Weg zum Tödibild von 1807.

112

Auf der Großen Scheidegg (1961 m), wo er die Ansicht oder vielmehr Gebirgsstudie des Mettenbergs (3401 m), Mönchs (4099 m) und Eigers (3970 m) zeichnete, befand sich Escher noch am Anfang einer großen Wanderung mit seinen beiden Gefährten Fäsi und Schmoll, von der hier bereits eine Skizze des Urnersees (78) besprochen wurde. Escher begegnete hier ein Mißgeschick: «Auf diesem Wege wurde durch einen meiner Begleiter mein Reisebarometer zerbrochen, so daß ich nun zu meinem großen Bedauern keine weitern Höhenbeobachtungen machen konnte. Auf der Höhe der Scheidecke war die Aussicht auf die nahen Eiger sehr hell, so daß ich sie zeichnen konnte.» (LB).

113

Die Datierung der Studie des Unteren Grindelwaldgletschers läßt die Arbeitsweise Eschers erkennen: «Gezeichnet im August 1794 und 1797.» Das Aquarell ist somit durch Bearbeitung mindestens zweier im Terrain angefertigter Skizzen entstanden, die jedoch in Eschers Notizen nicht nachweisbar sind. Die Umstände der Entstehung derjenigen von 1794 hält jedoch der Lebensbericht fest. Escher hatte seine Gattin nach der Geburt der dritten Tochter Juliane bis zur Wiederherstellung umsorgt; «dann aber trieb mich eine innere kräftige Sehnsucht nach meinen lieben Alpen.» Über Engelberg (91), Grimsel, Furka und Gotthard ins Bedretto und über den Nufenen wieder zur Grimsel wandernd, hatte Escher Meiringen erreicht, wo ihn sein vorausgeschickter Rucksack erwartete. «Als ich in Meyringen in die Wirthsstube trat, saß ein Mann vor dem Fenster, wodurch mir seine Physiognomie undeutlich wurde; aber bald erhob er sich und kam auf mich zu – es war mein verehrter Freund Vaucher, wir umarmten uns mit der größten Innigkeit – er war durch die blutigen revolutionairen Auftritte, die in Genf vorgefallen waren, sehr niedergeschlagen u. machte zur Erholung eine Alpenwanderung. Sein Wunsch war, über die Scheidecke nach Grindelwald u. Lauterbrunnen zu gehen, ich hatte im Sinne gehabt, auf Brienz herabzugehen, entschloß mich aber sogleich, meinen vortrefflichen Freund zu begleiten. Mein mit einem Hammer versehener Rucksack, der vor mir angekommen in der Wirthsstube lag, hatte Hrrn. Vaucher schon etwas stutzig gemacht, u. er war auf die Ankunft des Reisenden aufmerksam, dem er gehören möge – mir aber war dieses glückliche Zusammentreffen durchaus unerwartet.» (LB.) Nach Grindelwald kamen die beiden Freunde am 21. August 1794. Mit Fäsi und Schmoll stieg Escher 1797 am 20. Juli auf demselben Weg nach Grindelwald ab.

114

Die Zusammenstellung der beiden zuvor erwähnten Terrainstudien mit derjenigen der Reckholterfluh bei Grindelwald ist nicht nur zufällig durch die Zugehörigkeit zur Umgebung des Gletscherdorfes zustandegekommen. Keine erhebt Anspruch, mehr zu sein als ein wissenschaftlicher Beleg. Dennoch sind alle drei Aquarelle von Eschers ausgeprägt ästhetischem Gestaltungswillen bestimmt, und zwar jedesmal anders, dem Charakter des geognostischen Phänomens entsprechend: Im Bild 112 liegt der Nachdruck auf dem Kubisch-Monumentalen der Felsformen; bei 113 auf der spannunggeladenen Zickzack- und Kreuzlineatur, die durch den Farbkontrast von Eis und Berg zu starkem Ausdruck gesteigert wird; bei 114 im Gegenteil auf der eindrücklichen Harmonie der weichen, vom Grasmantel sanft umhüllten Rundformen.

115

Auch die Darstellung der Berner Alpen von der Furkapaßhöhe trägt zwei Daten: August 1794 und August 1805. Mit seinem Träger Custor kam Escher am 16. August 1794 hier herauf. «Auf dieser hohen Scheidecke sahen wir vorteilhaft an das doch zum Theil umnebelte Berner Hochgebirge hinüber – ich zeichnete dasselbe ab. Während meiner Arbeit entwickelte sich schnell das verborgen gewesene Finsteraarhorn, welches als eine ungeheure Pyramide über alle seine vergletscherten Nachbarn emporstieg u. mich durch seinen unerwartheten Anblick in Entzücken setzte.» (LB). In den Reisenotizen wird dieser Eindruck eingehender geschildert: «Die Schreckhörner zeichnen sich in dieser ungeheuren Kette besonders aus: Leichte Nebel strichen an diesen hohen Felsenfirsten herum u. ließen sie mir nur theilweise sichtbar; auch zeigten die schnellen Übergänge dieser Nebel zuweilen noch hinter diesen himmelansteigenden Schneefirsten, daß noch höhere Felsenwände hinter ihnen verborgen seyn müßten. Ein gefälliger Südwind trieb auf einmal alle diese Nebel in die nördlicher liegenden Eisthäler hinein, u. nun lag hoch über den ungeheuren Firsten des Oberaarhorns u. der Schreckhörner das majestätische Finsteraarhorn vor uns: dieser pyramidale Gebirgsstock, dessen Wände so steil sind, daß nur wenig Schnee an ihnen streifenweise hängt, ließ nun alle seine unübersteigbar geglaubten Nachbarn so weit hinter sich zurück, daß alles übrige nur die Fundamente dieses schrecklichen Colosses zu seyn schienen. Unersättlich war ich im Anblick dieser obersten Gebirgsmasse, bis neidische Nebel sie wieder ganz umhüllten.» 1805 hatte Escher am 29. August von Obergesteln aus die Furka erstiegen: «Der noch viele vorhandene Schnee machte den Weg oft ziemlich mühsam, doch endlich erreichte ich die Höhe..., die... mir die erhabnen Aussichten ... bey voller Pracht zeigte, so daß ich die vor 11 Jahren davon angefangne Zeichnung, die damahls von Wolken unterbrochen wurde, nun vollenden konnte. Die westliche Aussicht ist wegen der Profilansicht des nahen Bernerisch-Walliser Hochgebirges weitaus die vorzüglichste u. eine der schönsten der Alpen: man sieht auf die etwas unter der Höhe dieses Standpunkts liegende Grimselscheidecke herab, hinter der sich das Sidlerhorn als eine nicht sehr scharfe Pyramide erhebt u. einen Hintergrund von Gletschern hat, aus dem sich erst noch das Finsteraarhorn als eine ungeheure schroffe Pyramide bis zu einer Erstaunen erregenden Höhe erhebt; links von diesem prächtigen, sich besonders auszeichnenden Gebirgsstock zeigt sich die weit kleinere schroffe Felsenpyramide des Oberaarhorns, u. noch weiter hinter stark vergletscherten niederern Gebirgsstöcken das blendend weiße Groß Viescherhorn; rechts dem Finsteraarhorn zieht sich die stark vergletscherte Kette des Berner Viescherhorns gegen die Eiger hinaus, und noch mehr rechts erhebt sich über die scheußlich schroffen nackten höchsten Felsenspitzen der Grimsel die schroffe Felsenkette der Schreckhörner bis zu einer dem Finsteraarhorn nahekommenden Höhe; das Ganze dieser höchsten Hochgebirgskette der Schweizer Alpen gruppirt sich sehr mahlerisch über den grünen Vorgrund des westlichen Abhangs der Furka...»

116

Mit seiner Schwester Döde und seinen Töchtern Döde und Julie stand Escher während einer Bergwanderung vom 7. bis 18. August 1810 an der Stelle, wo er seine kleine Gesellschaft, den Träger und sich selbst dargestellt hat. In den Reisenotizen vermerkt er: «Der Obere Grindelwaldgletscher, der sich zwischen dem Wetterhorn u. dem Mettenberg über einen steilen Abhang hervordrängt, gewährt einen besonders schönen Anblick, wenn man ihn aus der steilen waldigen Gegend betrachtet, die an seiner Nordseite liegt: dunkle Tannen bilden den Vorgrund der blendend weißen, scheußlich ausgezackten Gletschermasse, die überall von schroffen Felsenwänden umzingelt ist.»

117

Die Aussicht aus dem Lauterbrunnental auf die Jungfrau und den Staubbachfall läßt Eschers Art, das Hochgebirge zu zeichnen, besonders deutlich erkennen. Die für den geognostischen Zweck unerläßliche panoramatische Weitwinkelsicht zeigt hier ausgeprägter als anderswo jenen Teleobjektiveffekt, der Entferntes heranholt: Aus dem Lauterbrunnental könnten der Staubbach und vor allem der über dem Abgrund hängende Baum einer- und die Jungfrau andererseits sonst kaum so groß erscheinen. Durch das Entlebuch war Escher (Wanderung 12.–22. Juli 1805) ins Berner Oberland gekommen, um gemeinsam mit anderen hierher berufenen Fachleuten die Lage des Erzbergwerks in Trachsellauenen oberhalb Stechelberg zu begutachten. «Den 17. Jullii verließen wir in verschiedenen Abtheilungen das Pfarrhaus Lauterbrunn, nachdem wir vorher unsre Mineralien eingepackt u. ein gutes Frühstück eingenommen hatten. Das helle Wetter zog mich etwas von der Straße ab, in die Höhe am steilen begrasten Abhang der linken Seite des Lauterbrunnerthals, wo sich mir das Haupt der vergletscherten Jungfrau in der prächtigen Morgenbeleuchtung zeigte... Ihr gegenüber bildete der Staubbach bey dieser Morgenbeleuchtung ein ebenfalls sehr schönes Schauspiel, u. im Hintergrund des Thals zeigten sich die ungeheuren Gletscher des Mittag- u. Breithorns zum Contrast mit ihren blendenden Gipfeln noch im Schatten; das Ganze bildete eine erhabne Naturscene, die eines großen Mahlers würdig wäre...» (RN). Es ist bezeichnend, daß Escher den seit A. v. Hallers Gedicht «Die Alpen» (1729) weitberühmten Staubbach nicht zum Hauptgegenstand seines malerischen Interesses gemacht hat – seit 1800 war es ihm mehr um das Typische als um das Besondere zu tun. Anders der junge Escher. Am 24. August 1785, auf der Heimreise von seinem Genfer Aufenthalt, «fanden wir uns nahe bey dem Dorf Lauterbrunnen, u. auf einmal erblickten wir hinter einer Felsenwand hervor den prächtigen Sturz des Staubbachs: dieser Bach wirft sich über eine ungefähr 1000 Fuß hohe, vollkommen perpendiculare Felsenwand hinaus u. hält sich meistens in seinem Falle in der Luft auf; die hinter ihm stehende Felsenmasse, deren Oberfläche dunkel ist, giebt diesen schneeweißen fallenden Wasserdünsten den erwünschtesten Hintergrund, u. hinter dieser verlieren sich ähnliche Felsenwände in ein ganz enges Thal. Bewunderungsvoll näherte ich mich dieser außerordentlichen Naturscene bis zu dem ihr nahe gegenüberstehnden Sandhügel, auf welchem ich von dem aufgelösten Dunstregen ganz benetzt wurde; allein wie majestätisch war dagegen der Anblick: ein stark gefärbter Regenbogen glänzte in diesen Dünsten, die ohne vieles Geräusch auf die Erde fielen u. eine kleine Bewegung in dem daliegenden Sand hervorbrachten; einige wenige Grade von meinem Zenith entfernt sahe ich den Wasserstrom gegen mich herabstürzen u. sich nach u. nach in Dünste verwandeln. Beynahe eine Stunde brachte ich mit der Betrachtung dieses Gegenstandes u. der übrigen ihm entsprechenden Gegend zu...» (LB).

118

Zwei Tage später stand Escher bei dem «Dörfchen An der Matten zwischen St. Stephan u. An der Lenk» im oberen Simmental still: «...das zerstreute... Dorf... bildete im schönen Wiesengrund, mit häufigen Bäumen untermengt, einen angenehm mahlerischen Vorgrund für diese große Landschaft, deren nicht sehr ferner Hintergrund aus einer ununterbrochnen, scheußlich vergletscherten Hochgebirgskette bestand, in deren Mitte der Rätzliberggletscher sich durch seine beträchtliche Ausdehnung als Haubtgegenstand auszeichnete... Die ziemlich sanften, mit Wiesen u. Waldung bekleideten beydseitigen Gebirgsabhänge... bilden den Mittelgund dieser schönen Landschaft u. contrastieren einerseits durch ihre Einsamkeit mit dem lebhaften Vorgrund u. anderseits durch ihr schönes Grün mit dem blendenden Weiß des Hintergrunds.» (RN).

119

Tags zuvor war Escher mit seinem Gefährten, dem Chemie-, Physik- und Mathematikprofessor Struve aus Lausanne, auf den Spuren «kraterförmiger Vertiefungen» ins Diemtigtal, ein rechtsseitiges Nebental des unteren Simmentals, eingestiegen. «Die schönste, größte u. auffallendste kraterförmige Vertiefung... findet sich an der linken Seite des Diemtigerthals beym Dorf Diemtigen, welches auf den westlichen Rand dieses Kraters... gebaut ist... Das schöne Dorf auf dem flachen Rand des Kraters, in halbmondförmiger Biegung an demselben am Fuß eines waldigen Bergstocks gebaut, macht den Krater selbst nur noch auffallender...» (RN).

120
Auf einer ausgedehnten vierwöchigen Bergwanderung «allein mit meinem Bedienten Caspar Leisi von Irgenhausen» im August und September 1803 kamen die beiden, nachdem sie von Gsteig aus den Krinnenpaß überschritten hatten, zum anmutigen Lauenensee: «Wir fanden erst einen ganz kleinen teichartigen u. ziemlich sumpfigen See am unmittelbaren Fuß des Chrinnen... Von hier gegen S.O. hin findet man in der Mitte des Thalhintergrundes den größeren Lauwinensee, der ½ Stunde im Umfang haben kann u. an dessen S.O. Seite noch ein dritter teichartiger, sumpfiger, ganz kleiner See sich zeigt. Ein kleiner Thalhügel liegt am nördlichen Ufer des Haubtsees, der mit Wiesen bekleidet u. einer Wohnung u. einer Scheune besetzt ist: die Wohnung war leer, u. auf der Gallerie derselben fand ich die schönste Übersicht der Gegend, die ich mir wünschen konnte u. die ich zu zeichnen mich hinsetzte. Vor mir senkte sich der Hügelabhang mit seiner grasreichen Bekleidung u. jener artigen Scheune bis zum unmittelbaren Seeufer herab, der See selbst nahm den größten Theil der Thalebene ein, doch so, daß er überall noch mit ebnem Wiesengrunde eingefaßt ist, in welchem einige zerstreute Baum-, besonders Tannengruppen die Einförmigkeit dieser Ufer angenehm unterbrechen; noch tiefer im Thalhintergrund zeigte sich noch jener kleine See mit seinem hellen Wasserspiegel im Wiesengrund, der dort noch von einigen Wohnungen zwischen schönen Baumgruppen... belebt wird; ...hinter diesem überaus anmuthigen Mittelgrund des Gemähldes erheben sich auf einmal die steilen Felsengebirge, zwischen denen der Geltengletscher mit seinem ewigen Eis verborgen liegt... über steile Felswände stürzen Wasserfälle herab (Geltenschuß und Dungelschuß, Anm. d. Hrg.)... Die Morgensonne beleuchtete bey dem reinsten Himmel diese prächtige Gebirgsgegend ungemein vortheilhaft u. verschaffte meiner Einbildungskraft eines der angenehmsten Bilder, welche ich von meinen Alpenwanderungen mir einsammelte...» (RN).

121
«Vom Kirchhoff zeichnete ich die bekannte schöne Aussicht», lautet die Eintragung im Lebensbericht zu der auf der Heimreise aus Genf entstandenen Skizze von See und Aare in Thun – der 18jährige Escher hat sie also im Terrain gezeichnet. Seine Kopien nach J.L.Aberlis kolorierten Umrißradierungen (s. Kapitel «Der Zeichner und Maler») zeigen, daß er Aberli schätzte und seine Arbeiten gut kannte, vermutlich auch das Blatt gleichen Inhalts, das ihm als Erinnerungsbild vorgeschwebt haben mag, als er seine Version der Aussicht vom Kirchhof in Thun zeichnete. Es ist lehrreich, die beiden Ansichten – diejenige Aberlis und die Eschers – zu vergleichen: Aberlis «Vue prise du Château de Thoun» (s. Abbildung) hat eine Weite und Ferne, die das schroffe Hochgebirge besänftigt und die Gegensätze mildert. Der Vordergrund mit Turm und Ankerplatz, Gehöft und Fuhrwerk und der Frau an der Wasserbutte ist Übergang aus der Welt der kurzlebigen Betriebsamkeit und Unrast in die dauernde, beseligend friedvolle, ideale der reinen Landschaft. Man erinnert sich an J.J. Rousseaus beglückend zeitloses (und doch so kurzes) Schauen und Träumen auf der Petersinsel im Bielersee. Anders schon der erst 18jährige Escher. Er holt das Gebirge wie mit dem Teleobjektiv heran, hebt durch kräftige Schatten die Vordergrundwirkung des Turms und der Vegetation längs dem Fluß hervor, um die Gipfel noch höher hinauf ins Blau rücken zu lassen; er steigert den Konstrast zwischen Seeufer und Bergflanke, wo Aberli ihn in zarte Ferne hüllt und mit Atmosphäre überbrückt, und er hat für das Treiben im Vordergrund so wenig übrig, daß er die belebte Gegend links weg- und rechts unausgearbeitet läßt. Man fühlt, wie er auf die panoramatische Sicht zusteuert, wie ihm der Vordergrund mangels anderer Funktion nur Vordergrundkulisse vor dem See- und Gebirgspanorama ist. Eschers neue Landschaftssicht kommt irgendwo noch vom barocken Kontrastprinzip her, das ihn über Bullinger erreicht hat, aber er verwendet es zur Überwindung der Schwärmerei des fin de l'époque. Seine realistische Sicht ist konsequenter als alle vorhergehenden Anläufe. Er weiß noch nicht, daß er Geognost wird, und schon hat seine Zeichnung die Merkmale der Terrainstudie. Mit Escher bricht – vor der Zeit – die Neuzeit der Hochgebirgszeichnung an.

VUE PRISE DU CHATEAU DE THOUN.

122
Die Zeichnung der Handegg, einer Alp sechs Kilometer oberhalb Guttannen an der Nordrampe des Grimselpasses, entstand in der Folge der mit J.E. Müller, dem Verfertiger des «Meyerschen» Alpenreliefs in Aarau, im August 1794 unternommenen Bergwanderung (s. 91): «Den 15. August stiegen wir durch das wilde Aarthal an den Grimsel hinauf. Bey Guttannen wurde wieder gemessen u. gezeichnet. Bey Ersteigung des Grimsels erinnerte ich mich lebhaft meiner ersten 9 Jahr früher gemachten Grimselreise – ich freute mich der zurückgelegten Zeit, mit festem Vorsatz, immer mit kräftigerer Thätigkeit in ihr fortzuschreiten. Auf Handegg wurde wieder gezeichnet u. der schöne Wasserfall der Aare durch einen etwas schwierigen Pfad mit Sorgfalt besucht.» (LB). Näheres über den Handeggfall berichten die Reisenotizen: «Von der linken Seite her hört man ein dumpfes Getöse im Hintergrund; ein Fußweg führt an dem Rand eines Felsens von der Straß ab gegen diesen Ton hin; würden nicht die nahen Bäume den Abgrund zur Seite decken, nur mit Schaudern könnte man diesem Fußsteig folgen; doch bald verliert er sich an der ganz vertikalen Felswand, u. mit dem erblickt man in der tiefen Kluft... einen der schönsten Wasserfälle der Alpen: die ganze Aare stürzt hier über eine Felsenwand von etwan 100 Fuß Höhe vertikal herab u. beleuchtet mit ihren glänzenden schäumenden Fluthen diese dunkle schaudervolle Kluft, die so enge ist, daß die Wasserwogen an ihren Wänden anstoßen, von da zurückprallen u. so äußerst mannigfaltige Erscheinungen hervorbringen, die an weniger verborgenen Wasserfällen nicht beobachtet werden können: nackte, durch die Friction des Wassers glatt abgespühlte perpendiculare Felswände machen das übrige dieser außerordentlichen Gegend aus.»

123
Am 19. August 1794, also vier Tage später, hatte Escher, der seinen Gefährten am Morgen in Obergesteln (Oberwallis)

zurückgelassen hatte, abermals den Grimselpaß erstiegen und von der Grimselnolle aus geognostische und erdgeschichtliche Betrachtungen angestellt (s. 124). «... nach dem Mittagessen gieng ich der noch jungen Aare nach ins Lauteraarthal bis zu ihrer Quelle an den Lauteraargletscher hinein, dessen erster Anblick mich in Erstaunen setzte: der Gletscher stand wie eine senkrechte Eismauer da, die das Thal ganz schloß, u. diese Eismasse zeigte fast gar keine Spalten, nur sprudelte die Aare als ein starker wilder Bach aus einem kleinen Eisgewölbe heraus; über dem Eis lag eine ungeheure Überschüttung von Felstrümmern u. Sand, u. den nahen Hintergrund über dem Gletscher bildete die gräßlich schroffe, nur schwach vergletscherte Felsenkette der Schreckhörner. Ich wollte auf einer der Thalseiten auf den ungeheuren Gletscher hinaufsteigen, sah aber finstre Wolken aus allen Gletscherthälern sich zusammendrängen, stieg also wieder ins Thal herab u. zeichnete noch eilig diese merkwürdige Ansicht des Lauteraargletschers ab – dann eilte ich möglichst schnell wieder durchs öde Thal hinaus, aber das Ungewitter eilte noch schneller, ich wurde in finstre Wolken verhüllt, u. ein gewaltiger Platzregen überfiel mich – doch die gute Herberge erquickte mich bald wieder, u. ich blieb im Spithal übernacht.» Wie schnell sich ein Gletscher verändert, zeigt die Eintragung Eschers in den Reisenotizen von 1811: «Den 3. August war das Wetter wieder ganz helle, u. ich besuchte mit meiner frohen Gesellschaft (s. 93, Anm. d. Hrg.) den Lauteraargletscher. Die sonst zuweilen so schöne Gletscherwand war nun allgemein mit einer ungeheuren Geschieblast bekleidet, über die wir emporstiegen, ohne das darunter verborgene Eis zu erblicken, u. auch auf dem Gletscher selbst mußten wir ½ Stunde weit vordringen, ehe das nackte Eis sich uns zeigte.» (RN).

124

Es war eben jene Bergwanderung in froher Gesellschaft, auf der Escher die großartige Charakteristik der Grimsellandschaft zeichnete; den bleibenden Eindruck hatte er jedoch schon 1785 erhalten und 1794 geschildert: «... u. stieg dann in den Grimselspithal herab, wo ich noch vor Mittag die Nolle, den kleinen abgerundeten Felsenkopf, erkletterte, der sich nördöstlich von dem Spithal erhebt u. der ganz isolirt in diesem von scheußlich kahlen Felsenpyramiden umzingelten u. zum Theil von einem See eingenommenen ziemlich ausgedehnten Thalgrund steht. Es war mir hier, als sähe ich da die ganz ursprüngliche Oberfläche der Erde, wie sie war, ehe sie durch Verwitterung, Urbarmachung u. Ansiedlung der Pflanzen- u. Thierwelt verändert wurde – aber bey näherm Blick auf die colossalen Gebirge, die mich umgaben, sah ich bald ihre übereinstimmende Structur in beyden Thalseiten – sie bilden ursprünglich zusammenhängende Ketten, welche durch große Naturereignisse zerrissen wurden, u. diese Risse wurden erst späther durch Gewässer u. Verwitterung erweitert u. allmählig in zusammenhängende Thäler umgeschaffen u. nach u. nach für Pflanzen, Tiere u. den Menschen wohnbar gemacht. Mit ruhigem, hellem Geist dachte ich lange auf diesem einsamen Standpunkt dem Gang der Entwicklung unsrer Erde nach – blickte an die helle Sonne hinauf, die eine so große Einwirkung auf unsre Erde äußert – dachte an das Heer der Sterne, die alle in der regelmäßigsten Wechselwirkung untereinander stehen – u. wurde dann mit anbetenden Gefühlen zur Urquelle alles Daseyns erhoben. Ich freute mich, noch einige Tage in diesen für die Entwicklungsgeschichte unsrer Erdoberfläche so intressanten Hochgebirgen zubringen zu können, um dann wieder, gestärkt durch diese höhern Einsichten, in die Bahn der Thätigkeit u. der menschlichen Verhältnisse zurückzutreten, welche mir die Vorsehung auf dieser merkwürdigen Erde zuwies.» (LB).

125

Die Darstellung des Kandergrunds mit dem Eingang zur Gemmi-Nordrampe entstand aus zwei 21 Jahre auseinanderliegenden Skizzen von 1801 und 1822, dem letzten Lebensjahr Eschers. Mit seinem 15jährigen Sohn Arnold und dem Bedienten Alder wanderte Escher – das ließ sich der Kranke nicht nehmen – nach Leukerbad, um dort – vergebens – Heilung zu suchen. Sonst war Escher frohgemut in aller Morgenfrühe losgezogen; diesmal, «den 14. Juli nachmittags begleiteten uns meine Gattin u. unsre Tochter Döde in einem Wagen ans Unteralbis...» – sie fühlten das Schicksalhafte dieser letzten Bergwanderung des 55jährigen. Die Zeichnung ist noch die farbenfroheste der Folge, die Escher von hier und aus dem Gasterntal mitbrachte. Die übrigen wirken grau, schematisch, freudlos. Auch der kranke Escher war jedoch noch zu sehr Geognost, zu sehr Bergwanderer, um den oft begangenen Weg nach Leukerbad über die Gemmi zu gehen. Durch das Gasterntal und über den Lötschenpaß (2690 m), auf einem neuen Weg also, wurde Leukerbad erreicht.

WALLIS UND MT. BLANC

126

Der gewaltige Eindruck, den das Matterhorn über Zermatt auf Escher machte, hat sich auch in den Reisenotizen niedergeschlagen: «Ehe man jenen engen, gebognen u. wilden Theil des St. Niklaus-Thals verläßt, um in die Zermatter Ebene zu treten, erhält man auf einmahl hinter der linken Thalseite hervor den Anblick des Matterhorns, der über alle Beschreibung groß u. auffallend ist: Noch sah ich in der ganzen Alpenkette keine solche schroffe u. so hohe Felsenpyramide...» Zermatt, «dieses artige, zerstreut liegende Dorf in der weiten Thalebene... bildet eine überaus pittoreske Landschaft, die vielleicht einzig in ihrer Art ist...» Escher hatte auf seiner ausgedehnten Bergwanderung vom 9. August bis 7. September 1806, begleitet von «Artillerie Lieutenant Frey von Knonau als Träger», in bloß fünf Tagen Zermatt erreicht, wobei er noch durch das Melchtal über Erzeck ins Genteltal (s. 87) und zum Panoramazeichnen auf das Sidelhorn an der Grimsel gestiegen war. In Zermatt hielt ihn das schlechte Wetter und die Suche nach einem «Wegweiser»

Zermatt heute

über das Theoduljoch ins Piemont auf. Er fand einen solchen in «Dr. Kronich von Zermatten, der sich mit Sammeln u. Versenden von Naturalien aller Arth abgiebt» (die Kronig sind eine alte Zermatter Familie), und dieser begleitete ihn auch auf einem geognostischen Spaziergang; endlich kam es zu der ersehnten Wetterbesserung. Die beiden wurden allerdings nicht mehr verdächtigt, Spione und Viehdiebe zu sein, wie dreißig Jahre früher der botanisierende Waadtländer Förster Pierre Thomas mit seinem Sohn Abram, dem nachmaligen Botaniker und Mitarbeiter Albrecht v. Hallers. Die aus dem Jahre 1607 stammende Kapelle von Winkelmatten, einem der elf Weiler, aus denen Zermatt noch 1798 bestand, befindet sich etwa 1 km südlich des Dorfzentrums. Die Zeichnung gehört zu den zwölf seit langem in der ZBZ verwahrten und vielleicht aus der SAC-Jubiläumsausstellung von 1871 übernommenen Blättern.

127

Tags darauf «gegen Mittag zog sich sehr schnell ein starkes Ungewitter zusammen, so daß ich alle Hoffnung aufgab, noch ins Piemont hinüber zu kommen, u. da noch mehrere Festtage aufeinander folgten, die mich hinderten, einen Führer zu finden, der schon des Morgens frühe die Reise mit mir anträte, so war mir dieser Aufschub sehr unangenehm – allein ein starker Wind erheiterte den Himmel noch weit schneller, als er verfinstert worden war, u. da Hr. Dr. Kronich sich erbot, mich zu begleiten, so reisten wir mit einem Führer gleich nach Mittag bey prächtigem Wetter ab, um noch diesen höchsten u. am meisten vergletscherten Alpenpaß ...zu übersteigen.» Das Matterjoch, im 18. Jahrhundert zu Ehren des ersten Bischofs und späteren Schutzpatrons des Wallis Theodulpaß benannt, war trotz seiner Höhe und starken Vergletscherung ein seit alters begangener Handelsweg; davon zeugen die 56 Münzen aus der Zeit zwischen 200 vor und 400 nach Chr., die 1895 von der Köchin der Theodulherberge unter einem Stein gefunden wurden und zum Teil im Alpinen Museum in Bern verwahrt werden. Sebastian Münster erwähnt den Pass 1543 als Augstalberg, Saussure blieb 1792 sieben Tage zu Studienzwecken oben und fand dort Reste einer Befestigung vor, die 1688 errichtet und mit 70 Piemonteser Soldaten besetzt worden war, um die in die Schweiz geflohenen piemontesischen Waldenser an einer Rückkehr zu hindern. Eschers Gletscherwanderung gestaltete sich ziemlich beschwerlich: «Nach etwan anderthalbstündigem Ansteigen am Fuß der Centralkette... fängt die Vegetation an, sich zu verlieren, u. der Gebirgsabhang wird steiler u. besteht bald aus kahlen Felsen. Immer wäre die Aussicht intressanter geworden, allein die Gebirge hüllten sich bald wieder in finstre Wolken ein... Nur zuweilen öffnete ein scharfer kalter Wind diese Nebelhülle, u. dann sah ich über die Gebirge des St.-Niklaus-Thals hinaus bis an die jenseitige nördliche Walliser Gebirgskette hinüber, die sich in majestätischer Größe ungeachtet ihrer Entfernung zeigte. Noch öftrer war mir durch die zuweiligen Nebelöffnungen der Anblick des Mont Rosa mit seinen... ungeheuren Gletschern gewährt; freylich mag der unterbrochne u. schnell vorübergehende Anblick dieser Hochgebirgsmasse viel dazu beygetragen haben, den Begriff von gigantischer Größe u. Schauerlichkeit noch zu heben... Als wir auf der Höhe der nördlichen Felsenwand des Matterhorns anlangten, war der Himmel durchaus verfinstert, u. es fieng zu schneien an, so daß der nun vor uns liegende, fast 4 Stunden breite Gletscherpaß uns keine befriedigende Erwartung versprach; aber auch die Rückkehr über den fast 3 Stunden langen Felsenabhang... wäre bey dieser Witterung nicht angenehm gewesen, u. so entschloß ich mich meiner zwey sichern Führer wegen zur Fortsetzung der Wanderung... Nach einer kleinen halben Stunde ...betraten wir endlich den Gletscher..., der schon ziemlich stark überschneit war u. noch von altem Schnee bedeckt zu seyn schien. Glücklicher Weise war vor einigen Tagen ein Walliser über den Gletscher gereist u. hatte aus Vorsicht für eine zweyte Reise den gefahrlosesten Weg mit Reisern bezeichnet, u. diese Zeichen waren noch nicht ganz unter dem Schnee vergraben, so daß sie uns in diesem dicken Nebel u. absoluter Gleichförmigkeit der nur sanft ansteigenden Schneefläche oft sehr willkommen waren... Nur selten öffnete ein heftiger kalter Wind auf wenige Augenblicke den uns einhüllenden Nebel, u. dann sahen wir ganz nahe neben uns an der Ostseite des Passes die ungeheur vergletscherten Kuppen des Mont Rosa...» So entstand aus flüchtigen Skizzen und aus der Erinnerung das hier besprochene Gletscherpanorama mit der irrtümlichen Bezeichnung des Breithorns. «Zwey volle Stunden hatten wir auf dem beschneiten Gletscher nur sanft ansteigend fortzuwandern, ehe wir die Matterhornscheidecke erreichten... Die empfindliche Kälte u. der durchschneidendste Wind machten ein längeres Bleiben auf dieser hohen merkwürdigen Stelle der Alpen ebenso unmöglich als der lange und gefährliche Weg, den wir noch vor uns hatten, um ein Nachtquartier zu finden... Nur wenige Schritte unter der Scheidecke war auch der südliche Abhang derselben durchaus ganz vergletschert, u. der Gletscher... auch häufiger verschrundet u. also weit gefährlicher als der nördliche... Schmale, schwache, fast unmerkliche Vertiefungen, die sich auch im frisch gefallnen Schnee noch häufig zeigten, ließen uns die Gefahr ahnen, in der wir uns befanden, u. diese leisen Spuren der unter dem trügerischen Schnee verborgnen Gletscherschründe erschienen bey steiler werdendem tieferm Abhang bald so häufig u. nach so verschiednen Richtungen, daß wir uns kaum der Gefahr entzogen hätten, wenn nicht auch hier noch die von dem letzten Reisenden gesteckten Reiser uns wohlthätig geleitet hätten; dieser war im Fall gewesen, um sein Maulthier, das er hinübergeführt hatte, über eine unausweichliche Gletscherspalte zu bringen, wieder ins Val Tournanche hinabzusteigen und ein Brett zu holen; den Anfang u. das Ende dieses Bretts hatte er sorgfältig zur Wahrnehmung künftiger Reisender mit Reisern bezeichnet u. uns davon benachrichtigt; jetzt war die Spalte so mit Schnee bedeckt, daß wir sie nicht erkannten, aber die leitenden Reiser fanden wir u. zogen uns sorgfältig u. glücklich zwischen ihnen über das uns unsichtbare, über den ebenso unsichtbaren Abgrund gelegte Brett hinüber und hatten endlich nach anderthalbstündigem, etwas beängstigendem Herabsteigen... die Freude, noch vor Einbruch der Nacht das feste Land von Italien zu betreten, wo wir uns, ungeachtet wir noch einen langen u. mühsamen Weg in dieser caotischen, ganz öden Felsennatur vor uns hatten, doch so beruhigt fanden, wie wenn wir uns schon in einer guten Herberge befunden hätten.» (RN).

128

Die auf Befehl Bonapartes, Ersten Konsuls der Französischen Republik, erbaute Simplonstraße (s. 131) begann in Glis westlich Brig und überquerte die Schlucht der Saltine über eine 27 Meter lange gedeckte Holzbrücke, den Pont Napoléon. Als dieses erste Straßenstück durch den Bau des neuen Anschlusses von Brig her seine Bedeutung verlor und zu einem bloßen Feldweg wurde, zerfiel allmählich auch die Brücke, so daß sie 1886 durch eine Eisenkonstruktion ersetzt wurde. Escher kam mit seinem Sohn Arnold und dem Bedienten Alder auf dem Rückweg von Leukerbad, wo er vergeblich Heilung gesucht hatte, nach Brig. Seine Reisenotizen brechen am 23. Juli 1822 ab, aber der Kranke hat im Verzeichnis der Berwanderungen noch die Hauptpunkte dieser letzten festgehalten (s. 129). Man sieht daraus, daß er keineswegs gewillt war, sich zu schonen. – Links im Bild Brig, dahinter Naters. Die im Terrain gezeichnete und nicht mehr überarbeitete Skizze zeigt noch die abgekürzten Farb- und Geländebezeichnungen. Sie hat – ebenso wie die folgende – trotz der summarischeren Behandlung der Einzelheiten und der mehr auf die großen Formen ausgerichteten Schau, die Eschers späte Arbeiten kennzeichnet, noch die unmittelbare Frische des Erlebnisses. Vielleicht hat Escher sich die überarbeiteten Zeichnungen später vorgenommen, als er schon sehr litt – dort fehlt die Erlebnisfreude, die ihn sein Leben lang begleitet hat.

129

Von Leukerbad wanderte der kranke Escher 1822 mit seinem Sohn Arnold und dem Bedienten Alder «durchs Wallis hinauf bis Mörell, ins Binnenthal hinein, über die Ambrun Scheidecke ins Antigoriothal, durch dieses herab ins Tosathal u. durch dieses herab bis an den Langensee; auf die Borromäischen Inseln u. längs der rechten Seite des Langensees bis Sesto, auf Mailand. Von da an den Comersee u. durch diesen herauf auf Riva u. Clefen: durchs St. Jacobsthal über den Splügen im Rheinwald, durchs Schamserthal, die Viamala u. das verlohrne Loch auf Thusis, durchs Domletschgerthal auf Reichenau u. Chur, über Ragaz an den Schollberg u. über Sargans, Wallenstadt, Wesen u. Grynau auf Zürich zurück.» Als ob er die siebenmonatige Frist, die ihm der Tod noch gewährte, zurückwiese. Der Lago di Dèvero drüben über dem italienischen Val Antigorio fehlte noch auf der Karte der von ihm im Lauf der Jahre geognostisch erschlossenen Gebiete in der unmittelbaren Nachbarschaft der Schweiz; die Borromäischen Inseln wollte er zweifellos wiedersehen und sie seinem Sohn zeigen. Auch die Zeichnung des Lago di Dèvero ist Skizze geblieben. Nach ihr sind nur noch drei Zeichnungen Eschers – aus Domodossola und vom Comersee – faßbar.

130

Escher hatte schon 1805 geplant, das abgelegene, durch seinen Reichtum an Kristallen und anderen Mineralien außerordentlich interessante Binnatal zu durchwandern (s. Dierauer 1889, S. 263). Er wählte jedoch schließlich den Weg über den Griespaß und durch das Aeginental. In Eschers systematischer Bestandsaufnahme der Schweizer Bergwelt fehlte daher das Binnatal. Escher mußte es sehen, gerade weil er sich nicht mehr gesund fühlte. – Den mineralogischen Reichtum dieses linksseitigen Nebentals des Oberwallis (Goms) schildert das GLS (Stichwort «Binnenthal»). Escher ist nicht mehr dazu gekommen, über die dort gewonnenen geognostischen Erkenntnisse zu berichten.

131, 132

Diese Zeichnung entstand während der eben erwähnten Bergwanderung vom August und September 1805. Die neue Simplonstraße sollte demnächst eröffnet werden. Schon am 14. Mai 1797 hatte der General Bonaparte in einem Schreiben an das Direktorium in Paris seine Absicht bekanntgegeben, eine Militärstraße über den Simplon – mit 2005 m den nächstniedrigsten Paß nach dem strategisch weniger günstig gelegenen Lukmanier (1916 m) – zu bauen. Als Erster Konsul Frankreichs ließ er diese Straße 1801–1805 errichten. Mit 601 m Brücke und 525 m in den Fels gesprengten Galerien war die 7,2–8,4 Meter breite Heerstraße zu ihrer Zeit ein bautechnisches Wunderwerk. Um frei darüber zu verfügen, ließ der Kaiser am 12. Oktober 1810 das Wallis zum französischen Département du Simplon ausrufen. Heute führt, zum Teil neu trassiert, ein zum schweizerischen Nationalstraßennetz gehörender Schnellverkehrsweg über den Paß. – Am 26. August 1805, als Escher mit einem Träger namens Fischer von Brig aus die Paßhöhe erstieg, war das Werk praktisch vollendet. Es fand in Escher sogleich einen Kritiker: «Hier sieht man auch die neue Simplonstraße eine sehr große Strecke weit sich als eine gerade Linie mit ihrem beständig gleichförmigen schwachen Ansteigen längst dem N.W. Abhang des Maederhorns erheben, sich sehr nahe unter dem Kaltwassergletscher durch an den nördlichen Abhang des Hipshorns hinüberziehen und von da aus die Simplonscheidecke gewinnen. Allerdings ist diese Anlage der Straße zur Erreichung des Zwecks, einen vollkommen gleichförmigen sanften Abhang derselben zu verschaffen u. so dieselbe auch für schwere Lasten ohne beträchtlichen Vorspann gebrauchen zu lassen, sehr erwünscht u. macht in Rücksicht ihrer Anlage sowohl als Ausführung ihren Executoren Ehre; auch ist sie mit wahrhaft königlichem Aufwand ihrer ganzen Länge nach gegen den tiefern Abhang von einer prächtigen Mauer unterstützt... auch läuft längst der Gebirgsseite der Straße ein ausgemaurter Wassergraben, der streckenweise u. haubtsächlich bey allen natürlichen Wasserrunsen... vermittelst Gewölbern unter der Straße durchgeführt ist u. so nicht seltene Ausleerungen erhält: Allein aller dieser mit ungeheurem Aufwand ausgeführten Sicherungsmaßregeln ungeachtet ist diese neue Straße... keineswegs dauerhaft noch eine sichere Heerstraße; in Rücksicht auf Sicherheit ist sie den Schneelauwinen beynahe ihrer ganzen Länge nach ausgesetzt, indem fast überall gleichförmige, ziemlich steile Abhänge sich über ihr bis zu den Felsenkanten der Gebirge erheben, auf welchen die Schneelauwinen besonders häufig sind; in Rücksicht der Dauerhaftigkeit aber hat die Straße mehrere Feinde, deren Wirksamkeit den Straßeningenieuren nicht hinlänglich bekannt gewesen zu seyn scheint: Das gefährlichste Verhältnis dieser Straße rührt daher, daß sie größtentheils auf steilen Schutthalden angelegt ist, welche ungeachtet ihrer ziemlich allgemeinen etwelchen Vegetationsbekleidung noch viel zu steil abhängig sind, um einen bleibenden Bestand wahrscheinlich zu machen. Die Unterstützung der Straße durch eine ununterbrochne feste Mauer längst dem tiefern Gebirgsabhang gewährt gegen die Beweglichkeit der ganzen Masse solcher Schutthalden keinen Schutz, denn einerseits sind diese Mauerfundamente nur selten auf das unter der Schuttmasse vergrabne anstehnde Gebirge aufgestellt u. rutschen also... bey gegebenen Anlässen in die Tiefe herab, u. wo sie auch hier u. da auf dem anstehnden Gebirge aufsitzen mögen, sind die über der Straße anstehnden Schutthalden so hoch u. so steil, daß diese Straßenmauren ganz unbedeutende Hindernisse gegen das Herabrutschen der ungeheuren Schuttmassen bilden. Schon die so kurze Erfahrung beweist die Wichtigkeit dieser Gefahr, indem schon mehrere Strecken dieser prächtigen Straße mit den Schutthalden eingesunken sind u. mit noch tiefer in die Schutthalden eindringenden Mauern festgestellt werden mußten. Eine zweyte dieser Straße drohende Zerstörungsart sind die Wasserschwemmungen, gegen welche die Sicherheitsanstalten beyweitem nicht hinlänglich ausgedehnt wurden: Bey starken Regengüssen ist die an so ausgedehnten Gebirgsabhängen... herabströmende Wassermasse weit größer als die nicht 2 Fuß breiten ausgemaurten Gräbchen... zu fassen u. die viel zu engen u. zu seltnen Wassergewölber unter der Straße durch abzuziehen vermögen; unfehlbar werden also bey starken Regengüssen Wasseranschwellungen entstehen, die die zu engen Abzugsgewölber aufreißen u. die Straße... wegschwemmen oder doch sehr beschädigen werden. Eine nicht zu verachtende Gefahr für diese kostbare Straße ist selbst der Kaltwassergletscher, unter dessen Gletscherwällen sie durchgeführt ist; die Gletscher sind öftern Vergrößerungen unterworfen, durch die sie oft weit tiefer in die Thäler herabsteigen als gewöhnlich u. ihre Gletscherwälle... weit hervordrängen. Nun ist die Straße aber so nahe unter dem Abfluß dieses Gletschers, daß bey einer merklichen Ausdehnung desselben wenigstens die Gletscherwälle in die Straße herabgetrieben, vielleicht gar die Eismasse selbst auf sie herabrutschen u. sie ...unbrauchbar machen wird. Allen diesen Gefahren ist die alte Simplonstraße, welche sich selten hoch über den Grund des Saltinethals erhebt, entweder garnicht oder doch weit weniger ausgesetzt als die neue Straße, welche wahrscheinlich zweckmäßiger der alten Straße nach hätte ausgeführt werden können.» Die Entwicklung hat Escher nur teilweise recht gegeben. Die Gefahren, die der neuen Straße drohten, zwangen zur Errichtung immer neuer Galerien und Schutzbauten, bis das Ziel der Sicherung erreicht, die Technik des Gebirgsstraßenbaus aber qualitativ verändert war.

133
Fünfundzwanzig Jahre liegen zwischen Eschers letztem erfolglosem Kuraufenthalt in Leukerbad und seinem zweiten Besuch der heißen Quellen im Juli 1797. Wie hier damals der Badebetrieb aussah und wem Escher unerwartet begegnete, schildert er im Lebensbericht: «In Leuckerbad, wo wir einen Ruhetag hielten, fand ich angenehme Bekanntschaft von Zürich. Gleich nach meiner Ankunft fragte ich der Fr. Rathsherrin Schultheß nach – Sie ist dort, im Bad werdet Ihr sie finden, war die Antwort. So bekannt war ich nicht, um diese elegante Dame im Bad besuchen zu dürfen – bald sah ich aber einige Bauren in das mir angezeigte Badhaus hineingehen – schüchtern folgte ich nach u. fand nun die ganze zahlreiche Gesellschaft im gemeinschaftlichen Bade den Augen jedes Schaulustigen preisgegeben – ungeachtet der anständigen Bekleidung der ganzen Badegesellschaft blieb ich doch nur mit drückender Schüchternheit bey derselben u. konnte mich nicht entschließen, auch ein badendes Mitglied derselben zu werden. Auch die Tochter von Fr. Schultheß, Fr. Werdmüller, war hier u. erneuerte in mir das Andenken an die ersten Eindrücke von Liebe, welche sie in mir als Mädchen geweckt hatte; als verheirathete Dame hatte sie eine ungewöhnliche, selbst wissenschaftliche Ausbildung erhalten, u. jenes Ansehen von Mattigkeit, das mich während meines Aufenthalts in Genf abgekühlt hatte, war nun verschwunden. Selbst die doppelte Scheidewand, die nun zwischen uns war, schien einen Reiz mehr den gefälligen Unterhaltungen zu geben, die ich hier den Anlaß hatte, mit meiner ersten Inklination zu haben, u. ich fühlte einigermaßen die Richtigkeit des Spruchwörtchens «alte Liebe rostet nicht». Mit Hrrn. Statthalter Hirzel hatte ich den Anlaß, lange Unterredungen, selbst in einem abgesonderten Bade, zu halten, das wir gemeinschaftlich nahmen, u. ungeachtet sehr verschiedner politischer Grundsätze wurde ich doch durch die Kenntnisse, den vaterländischen Eifer, die Gewandtheit u. Leutseligkeit dieses Mannes sehr für ihn eingenommen.» Es handelte sich um den Arzt und Naturforscher Hans Caspar Hirzel (1725–1803), den ersten Präsidenten der Helvetischen Gesellschaft und Präsidenten der zürcherischen Naturforschenden Gesellschaft, einen großen Menschenfreund, der durch seine Beziehungen zu den deutschen Dichtern Gleim, Kleist, Klopstock u.a. bekannt ist. Jgfr. Judith Schultheß, verh. Werdmüller, war die erste aus schüchterner Ferne angebetete Liebe des 12–16jährigen Escher. Mit den ergiebigen, 39–51 °C heißen Quellen war Leukerbad schon in römischer Zeit und seit dem Mittelalter wieder ein bedeutender Kurort, der heute durch ein rheumatologisches Institut und modernste Installationen zu Weltrang aufgerückt ist. Seine einzigartige Lage unter der 1500 m hohen senkrechten Wand des Daubenhorns (2942 m, Leukerbad liegt 1400 m hoch) im halbrunden Felsenkessel hat ihn früher, vor der Fertigstellung moderner Lawinenverbauungen, immer wieder gefährdet: Allein im 18. Jahrhundert ist Leukerbad viermal durch Lawinen zerstört worden. Daß der Badebetrieb noch am Anfang des 20. Jahrhunderts in mittelalterlichen Formen vor sich ging, bestätigt, so unglaublich es klingt, der entsprechende, 1905 erschienene Band des GLS: Die Quelle «liefert in 24 Stunden 2952000 Liter Wasser, das in Kanälen zu den Piscinen geleitet wird, in denen die Kurgäste gemeinsam baden und zugleich auf Tischen und Pulten, die auf dem Wasser schwimmen, essen, lesen oder spielen können.» Geblieben ist das gemeinsame Baden, zum Hochgefühl gesteigert durch die Möglichkeit, auch im Winter in verschieden warmen Becken unter freiem Himmel zu schwimmen oder im heißen «Fußbädli» zu sitzen und in die tief verschneite Landschaft zu schauen.

Leukerbad heute

134
Zum erstenmal war Escher als 18jähriger auf seiner ersten großen Wanderung – der Rückkehr vom Genfer Aufenthalt nach Zürich – in Leukerbad gewesen. Am 16. August 1785 «nach Tische wanderte ich ganz allein dem Gemmiberg zu, stieg sorgsam über seine Schutthalden empor u. fand mich nun am Eingange der grausen Felsenkluft, an deren rechtseitiger senkrechter Felsenwand der Weg eingesprengt ist... Mit Schauer zog ich mich durch die gräßliche Kluft hinauf u. sah oft ängstlich in den tiefen Schlund herab, der sich in senkrechter Tiefe unter mir bildete. Die kleinen Wasserfälle, welche über die nahe gegenüberstehnde, ebenso schroff abgeschnittne Felsenwand herabstürzten, rissen oft Steine mit sich in den Abgrund herab, die an den hervorragenden Felsen anprellten u. durch diese unregelmäßig herumgeschleudert wurden u. ein furchtbares wiederhallendes Gerassel verursachten, so daß ich oft ängstlich herumblickte, um diesen stürzenden Steinen auszuweichen. Ich erstieg ganz die Höhe des Passes u. fand mich nun in der weiten kahlen Thalebene des Taubensees: er war noch zum Theil zugefroren u. von ganz kahlen Felsen eingeschlossen, die ihre Häupter in finstre Wolken emporhoben u. in deren Vertiefungen noch überall Schnee lag. Dieser Anblick war mir furchtbar traurig – kein lebendes Geschöpf – nicht einmal einzelne Pflanzen bemerkte ich in der todten mich umgebenden Natur – zum erstenmale fand ich mich so abgesondert, so ganz verlassen von allen lebenden Geschöpfen in der hohen, grauenvollen Alpennatur: – diese fürchterlich wilde Einsamkeit war mir beängstigend – doch wollte ich die Gegend möglichst vollständig beobachten u. gieng längs dem traurigen See hin – auch an

seinem Ende zog sich das öde, ziemlich breite Felsenthal noch weiter fort – endlich erblickte ich in demselben eine Herde Schaafe, die mühsam einige Kräuter aufsuchten, die zwischen den herabgestürzten Felsen standen; ein kleiner Hirt jodelte ihnen sein muntres Lied zu. Diese Erscheinung war mir wieder erquickend – doch mußte ich endlich ... längs dem traurigen See zurückkehren u. blickte nun auf einmal über die senkrechten Felsenwände der Gemmi ins tief unter mir liegende Leukerbad herab: wäre ich nicht vor 2 Stunden durch diese Felsenwände hinaufgestiegen, nie hätte ich begreifen können, wie es möglich sey, über sie herabzusteigen. Ich zog mich nun wieder in die ... Felsenschlucht hinein u. eilte, durch das immerwährende Gerassel der stürzenden Steine geschreckt, durch dieselbe herab u. fand mich... bey Einbruch der Nacht im Leukerbad ein.» (LB). Ähnliche Eindrücke schildert schon Sebastian Münster in seiner 1550 lateinisch, 1598 deutsch erschienenen Kosmographie: «Gegen Mitnacht kehren sich die Felsen herumb, haben viel schrunden und enge Klüfften, durch welche ein Weg gefunden ist, in dem man mit großer müh hinauff kommen mag, und heißt der Felß am selbigen ort der Gemmi. Dieser Weg geht nicht stracks hinauff, dann es were unmüglich solcher weiß zuersteigen, sondern krümpt sich hin und wider zur Lincken und zur Rechten mit kleinen und gantz schmalen Gängen; so einer neben dem Weg hinab siehet, kompt jhm ein grawsame tieffe entgegen, die kaum ohn schwindel des Haupts mag angeblickt werden. Ich weiß wol, da ich auß dem Bad auf den Berg stig, den zu besichtigen, zitterten mir mein Hertz und Bein.» Wegen des schlechten Zustands wurde der Saumweg 1739–1741 verbessert; nichtsdestoweniger galt die alte Bestimmung, daß nicht marschfähige Reisende, die mehr als zehn Jahre alt waren, im Tragsessel von 4, bei größerem Körpergewicht von 6 und in außerordentlichen Fällen von 8 Trägern zu tragen seien und beim Abstieg das Reiten auf dem Maultier verboten war (GLS). Heute schwebt man in der Luftseilbahn über den Saumweg hinweg; trotzdem zittern manchem, der da hinunterschaut, Herz und Bein...

135
Die Zeichnung entstand beim Abstieg vom Lötschenpaß auf der letzten Wanderung Eschers mit Arnold und Alder nach Leukerbad (s. 125). Es ist fast symbolisch für die Abgeschlossenheit und Eigenart des Lötschentals, daß Escher es nicht mehr durchwandern konnte – er wäre sicher in nächsten Jahr wiedergekommen. Das Tal war so isoliert, daß seine Bewohner sich noch 1790 – acht Jahre vor dem Untergang der alten Eidgenossenschaft, als die Zeichen der Zeit schon deutlich sichtbar wurden – für die hohe Summe von tausend Talern (auf etwa 700 Seelen!) aus der Abhängigkeit vom Oberwallis freikauften, ohne zu ahnen, daß die Umwälzung, die auch ihnen die Freiheit ohne Loskauf gebracht hätte, so nahe war. Sie hatten so wenig Rechte, daß ein Peter Zum Turm-Gestelenburg als ihr Feudalherr 1368 eine ganze Kolonie von Lötschentalern für 500 Goldgulden an das Kloster Interlaken verkaufen konnte, das sie dann in der Umgebung seiner einsamen Pfarrei Gsteig ansiedelte (GLS). Sie blieben bis in unsere Zeit so isoliert, daß Rudimente von Knabengesellschaften – Männerorganisationen der Matriarchatsepoche mit ihren Initiations- und anderen Riten – sich hier erhalten haben, als läge das Lötschental irgendwo in exotischer Ferne. Die schauerlichsten, urweltlichsten Holzmasken in den Schweizer Museen sind die der Lötschentaler «Roitschäggäte». Heute surren auch im Lötschental die Skilifte. Der verspätete Einbruch des Zeitalters der Information und Kommunikation in die Lötschentaler Abgeschiedenheit sollte nicht mehr dazu führen, daß diese Talschaft in Unkenntnis der Lage ihre schönen alten Dörfer der Spekulation opfert und damit sich selbst aufgibt.

136
Nach dem «in Leukerbad zugebrachten sehr angenehmen Ruhetag verreisten wir den 25. Juli (1797, s. 133 und 134, Anm. d. Hrg.) morgens früh... ins Hauptthal des Wallis... u. folgten nun... thalaufwärts bis Vischbach (Visp, Anm. d. Hrg.)..., um uns über die vergletscherte südliche Hochgebirgskette ins Piemont» zu begeben, d.h. über Saas-Grund und den Monte-Moro-Paß (2868 m) ins Val Anzasca abzusteigen. «Die Abenddämmerung überfiel uns schon 2 Stunden über Stalden in der Gegend der Ramsfluh, wo wir eine Hütte antrafen, die uns gastfreundlich, nach Alpensitte, aufnahm. Den 26. Juli frühe machten wir uns wieder auf den Weg... Nach einer starken Stunde erweitert sich das Thal auf einmahl zu einer ausgedehnten freundlichen Ebene, in deren Hintergrund wir das Dorf Saß am Fuß schöner Gebirge erblickten. Ich zeichnete diesen unerwartet freundlichen Thalgrund ab. In Saß frühstückten wir, u. da sich der Himmel zu umwölken anfieng, so eilten wir vorwärts, um unsren schwierigen, fast unbekannten Paß zu übersteigen» (LB). Oberhalb Saas «fand sich in dieser wilden Gegend noch ein armseliges Dörfchen, Maigeren, um die schwachen Überreste der Vegetation den Gletschern u. Gemsen zu entziehen» – Zermeiggern ist heute nur noch ein Flurname bei der Kapelle am Kraftwerk über Almagell. Sie kamen an dem bis ins Tal reichenden Allalingletscher und dem von ihm aufgestauten Mattmarksee vorbei, und als der vergletscherte Paß endlich erreicht war, hinderte ein Eisregen Escher daran, die gigantische Südwand des Monte Rosa zu zeichnen. Wer heute auf modernen Straßen nach Saas rollt, weiß nichts von den Ausbrüchen des Mattmarksees, die alle zehn, zwanzig Jahre im ganzen Tal furchtbare Verwüstungen anrichteten. Noch am Anfang unseres Jahrhunderts war das Tal fast unzugänglich, es gab keine Straße, über die Hilfe kommen konnte. Diese Gefahren gehören jedoch nicht der Vergangenheit an. Am 30. August 1965 brach ein Stück der Zunge des weit zurückgegangenen Allalingletschers ab und begrub die Baustelle des Kraftwerkdamms am Mattmarksee unter Eismassen. Die Katastrophe forderte zahlreiche Menschenleben. Sie führte zur heutigen intensiven Gletscherüberwachung in der Schweiz, über deren Möglichkeiten und Grenzen zuletzt H. Röthlisberger berichtet hat (s. Literaturverz.). Angesichts der neuen Straße ist die umsichtige Planung des autofreien Saas-Fee ein Lichtblick, ebenso wie die Umwälzung des älteren Beschlusses der Zermatter, den Autoverkehr bis ins Dorf zu leiten. Auch Zermatt bleibt autofrei – der erste Schritt ist getan. Nur der erste.

137
Spät in der Nacht hatten Escher, Kronig und Frey am 15. August 1806, vom Theodulpaß kommend, Breuil erreicht (s. 127). Der heutige elegante Fremdenort kommt in Eschers Reisenotizen nicht sehr gut weg: «Den 16. August war der Himmel morgens frühe ganz hell, so daß ich die Ansicht der Gegend ganz ungehindert genoß. Gleich außer dem enge zusammengebauten traurigen Sommerdörfchen Breuil, dem obersten im piemontesischen Thal Tournanche..., führt eine steinerne Brücke über den Thalstrom zu einer Capelle, bey der man die Südseite des Matterhorns sehr gut übersieht... Das Dörfchen Breuil selbst liegt in einer etwas sumpfigen flachen Ebene, die wohl einst Seegrund war...»

138
Auf dem Weg von Sion nach Evolène und Arolla im Val d'Hérens durchbricht die Straße mit einem kurzen Tunnel die berühmten Erdpyramiden von Euseigne. Sie mußten den Geognosten Escher, der auf seiner teilweise mit dem hervor-

ragenden Mineralogen H. Struve, Professor der Universität Lausanne, unternommenen Bergwanderung vom August und September 1805 in diese Gegend kam, besonders interessieren: «Nicht fern von diesem Dörfchen (Euseigne, Anm. d. Hrg.) stehen die Usegerpyramiden in einer Gruppe vereinigt u. bilden den seltsamsten Anblick, den man sich denken kann: von ferne sehen sie den Ruinen eines großen, mit vielen Thürmen versehenen Schlosses ähnlich: hier in der Nähe sieht man, daß es 20 bis 60 Fuß hohe Obelisken u. sehr steile Kegel sind, welche sich an ihrem Fuß vereinigen u. nur eine gleichförmige Steinmasse bilden; die Seiten dieser Obelisken u. Kegel, deren mehr als ein Dutzend ist, sind unter einem Winkel von 80 bis 85° eingesenkt; mehrere dieser Pyramiden zeigen auf ihrer obersten Spitze einen Felsenklotz, den sie nothdürftig unterstützen u. der beym ersten starken Wind herunterzustürzen droht. Diese Steinhüte... lösen leicht das Rätsel der seltsamen Pyramidengruppe... diese ganze Masse nämlich besteht aus zusammengebacknem merglichtem Thon, welchem größere u. kleinere Geschiebe beygemengt sind. Dieser Thon ist von aschgrauer Farbe u. ziemlich zähe, doch wird er vom Regen abgewaschen; wären keine Geschiebe ihm beygemengt, so wäre diese hohe Thonablage schon lange weggewaschen, allein sobald eines dieser Geschiebe in einer flachen Lage auf der Oberfläche der Thonmasse erscheint, so beschützt es die unter ihm sich befindende Thonmasse, während der unbedeckte Theil derselben weggewaschen wird, u. so entsteht unter jenem Geschieb nach u. nach ein ziemlich regelmäßiger Obelisk, der sich solange erhält, bis endlich das immer schwächer unterstützte Geschiebe herabstürzt, wodurch dann der unter ihm sich befindende Obelisk allmählig kegelförmig abgewaschen wird, sich aber doch noch lange erhält, weil seiner sehr steilen Abhänge wegen das Wasser keine beträchtliche Wirkung auf ihn hat. Da sich auch in den tiefern Stellen dieser beträchtlichen Thonmasse noch ziemlich viele zum Theil große u. wenig abgerundete Geschiebe eingemengt vorfinden, so werden, wann auch die jetzigen Obelisken u. Pyramiden sich nach u. nach zertrümmern, immer wieder wegen der bleibenden Anwesenheit dieser ihrer Ursachen neue entstehen, die freylich immer niedriger werden; allein da die vorhandne Thonmasse noch sehr beträchtlich ist, so können sich diese grotesken Erscheinungen noch Jahrhunderte lang erhalten u. erneuern...» (RN). Die Zeichnung gehört zu den zwölf in der ZBZ erhaltenen repräsentativen Blättern, die vermutlich aus der SAC-Jubiläumsausstellung von 1871 stammen.

139

In die Wunderwelt des Val de Bagnes war Escher erstmals im August 1805 eingedrungen. Ende Juli 1818 durchwanderte er das Tal, nachdem er seine beiden Töchter Nette und Döde nach Leukerbad begleitet hatte, kurz nach der am 16. Juni dieses Jahres erfolgten Durchbruchskatastrophe der vom Giétro-Gletscher aufgestauten Drance, zum zweiten und im August 1820 schließlich zum drittenmal, um das von den Walliser Behörden angeforderte Gutachten über die Sanierung ausarbeiten zu können. Die damals noch ganz von Gletschern umgebene grüne Insel der Alp Chanrion erscheint links im Bild, das eine Vorstellung von der Weite und Leere dieser Hochgebirgslandschaft unter dem Grand Combin (4314 m) gibt. «Die Aussicht thalaufwärts ist von hier aus merkwürdig: man sieht verschiedne Gletscher des Thalhintergrundes, welche quer über das ganze Thal weggehen u. also bis an den gegenüberstehnden Gebirgsabhang angedrängt sind; noch erheben sich schön begraste Gebirgsrücken mitten aus diesen Gletschern heraus, welche mit den höhern vergletscherten Gebirgen mahlerisch contrastiren», schreibt Escher an jenem 7. August 1820 in seinen Reisenotizen. Je mehr die wenigen Menschen, die hier oben lebten, aufeinander angewiesen waren, desto hilfsbereiter und gastfreundlicher waren sie. Escher schildert eine eisige und unwirtliche Nacht, die er hier oben verbringen mußte; sie war von menschlicher Wärme erfüllt (s. Kapitel über den Bergwanderer).

140

Fünf Wochen nach der Durchbruchskatastrophe im Val de Bagnes konnte Escher am 23. Juli 1818 am Ort feststellen: «Hier, am äußerst steilen Abhang der Pierre à Vire, fand ich mich dem schrecklichen Gletscher gegenüber, der sich in den letzten kalten u. nassen Jahren durch herunterstürzende Eismassen vom Getrozgletscher u. durch zusammengehäufte Schneelauwinen gebildet u. dieses Frühjahr den obern Hintergrund des Bagnethals geschlossen u. dessen Gewässer zu einem 200 Fuß tiefen See aufgedämmt hat... Bei jeder vorrückenden Bewegung des (Giétro-) Gletschers verlieren die äußersten Eismassen desselben ihre Unterlage, brechen sich los u. stürzen über den äußerst steilen Gebirgsabhang in den engen Thalgrund herab... Eine ziemlich tief eingeschnittne Felsenschlucht leitet alle am obern Gletscher losgebrochnen Eismassen an diejenige Stelle des Thals, wo sich der obere weitere Thalgrund gegen die Thalenge um Mauvoisin zusammenzieht. Schon im Jahr 1805 bey meinem ersten Besuche dieses Thals fand ich hier herabgestürzte Eismassen zusammengehäuft, u. jetzt, den 23. Juli, hatte ein fast ununterbrochenes Gerassel statt, welches die sich losreißenden Eismassen bewirkten, während sie über den mehr als 3000 Fuß hohen steilen Abhang herunterstürzten. Auf gleiche Art wie alle diese Eismassen durch jene rinnenförmige Schlucht an die gleiche Thalstelle hingeleitet werden, werden auch alle Schneelauwinen... an die nämliche Stelle hingetrieben, daher dann in Folge der letzten kältern Jahre sich hier eine Eis- u. Schneemasse in kegelförmiger Gestalt zusammenhäufte, deren Spitze mehr als 500 Fuß hoch vom Thalgrund aus in jene Felsenrinne ansteigt u. die so ganz den Thalhintergrund schloß, daß dieser Eiskegel am gegenüberstehnden Gebirge des Pierre à Vire sich mit einer Höhe von 200 Fuß anlehnte. Durch Regen u. Schnee, der in diesen schrecklichen Eiskegel herabfiel, wurde seine Schnee- u. Eismasse in eine homogene Gletschermasse zusammengesintert, die dem Eis des Hochgebirgsgletschers ganz ähnlich ist. Das rechtseitige Gebirge des Pierre à Vire, an das sich dieser kegelförmige Gletscher anlehnt, ist so hoch u. hebt sich so steil, daß jetzt abends um 4 Uhr schon ein großer Theil dieses Gletschers im Schatten lag u. also der Wirkung der brennenden Sonne entzogen war.« Die klare, keine der zahlreichen Möglichkeiten unberücksichtigt lassende Argumentation Eschers sei in ihren Schwerpunkten zusammengefaßt: «Der durch die künstliche Gallerie, welche der wackre Ingenieur Venetz durch die Eismasse durchtreiben ließ, beförderte Durchbruch des aufgedämmten Sees verminderte zwar die... Wassermenge auf den Drittheil von derjenigen, die auf einmahl losgebrochen wäre, wenn man diese Verhältnisse sich selbst überlassen hätte; aber nur derjenige sehr kleine Theil des Gletschers selbst wurde beym künstlich bewirkten Seedurchbruch zerstört, der sich zwischen dem Eisstollen u. dem linksseitigen Thalgebirge der Pierre à Vire befand u. einen Kegelabschnitt bildet, der kaum den 50ten Theil des ganzen... betragen mag. Diese kleine Lücke, welche sich durch den schnellbewirkten Durchbruch bildete, fand sich jetzt, noch nicht völlig 6 Wochen nach dem unglücklichen Ereignis, zum Theil schon wieder durch die herabstürzenden Eismassen so ausgefüllt, daß der Thalstrom... sich wieder zu einem mehrere tausend Fuß langen See aufgeschwellt befand. Daher ist sehr viel Wahrscheinlichkeit vorhanden, daß sich das nämliche Unglück... wieder erneuern könnte. Als im Jahr 1595 das ganz gleiche Ereignis, aber in weit höherm Masse statt hatte, weil damals der Durchbruch des aufgedämmten Sees durch keine künstlichen Hülfsmittel befördert worden war, so hatte keine spätere Erneuerung des Unglücks statt, u. es findet sich auch nicht die geringste Nachricht, daß noch ein Theil des damaligen Gletschers übriggeblieben sey...» Daraus dürfe man jedoch nicht folgern, daß man besser daran getan hätte, keinen Teildurchbruch zu bewirken. Der natürliche hätte am niedrigsten Punkt des Kegels stattgefunden und seine Hauptmasse unversehrt gelassen. «Überhaupt fehlen uns alle Angaben, um die Ursachen der Zerstörung, die im XVI. Jahrhundert statt hatte, mit den jetzigen Verhältnissen zu vergleichen: einzig ist bekannt, daß die frühere Verheerung des Thals u. Martinachs weit stärker u. umfassender war als die diesjährige. Damals wurde das Hauptdorf des Thales, Chable, ganz zerstört, u. man kann fast der ganzen Länge des Thales nach jetzt noch die Spuren der Auswaschungen der frühern weit höher angeschwollen gewesnen Wasserfluth verfolgen u. sich dadurch wohl einen ziemlich richtigen Maßstab zur Beurtheilung derjenigen Wirkung verschaffen, die dieses Jahr statt gehabt hätte, wann ohne künstliche Maßnahmen die Wassermasse des Sees bis auf 1700 Millionen Cubikfuß angeschwollen wäre, da sie hingegen jetzt beym Durchbruch nur 530 Millionen betrug.» (RN). Escher führt dann weiter aus: Der Eiskegel liegt zu tief unten, um bei geringerem Nachschub beständig zu sein. Er dürfte abschmelzen. Eine Sprengung wäre aussichtslos. Die Erneuerung des Eisstollens ist mit höchster Gefahr für die arbeitenden Männer verbunden und nur Aufschub einer echten Lösung. Da sich die Katastrophe 200 Jahre lang nicht mehr wiederholt hat, darf erwartet werden, daß der Nachschub kein ständiger sein wird. Die dauerhafteste und sicherste Lösung wäre ein Entwässerungsstollen durch den Felsen der Pierre à Vire. Hier spricht der erfahrene Linthingenieur.

141

Zwei Jahre später stand Escher vor dem von den Eismassen fast erdrückten Steg Pont du Lancet. «... findet man den ganzen Thalgrund mehrere hundert Fuß hoch von dem untersten Theil des Durand-Gletschers angefüllt, welcher von dem die ganze linksseitige Gebirgskette des Bagnethals überhöhenden Grand Combin herabhängt u. ungeheure übereinander aufgehäufte zerrißne Eismassen darbietet. Da dieser Gletscher... den Thalgrund... anfüllt, so strömt also nicht bloß dasjenige Wasser unter ihm hervor, welches er selbst vom Combin herab liefert, sondern auch dasjenige, welches von noch vier andern Gletschern abfließt... Unmittelbar unter der Stelle, wo die Drance zwischen den Eisblöcken des Durandgletschers wild hervorsprudelt, ist eine schwache Brücke, le Pont du Lancet, über dieselbe geworfen, welche den Alppfad wieder an die rechte Thalseite hinüberführt.» (RN). Soweit die trockenen Tatsachen, aber welche Intensität des Erlebens enthält die in Eschers Spätstil nur summarisch hinlinierte Zeichnung!

142

Die beiden riesenhaften Felstürme bei Chamonix sind ähnlich skizziert wie der Piz Linard in der Silvretta (54) und mit ihren Blautönen ähnlich wirkungsvoll. Die Zeichnung entstand auf einer großen Bergwanderung mit «Hoffrath» Horner vom 14. Juli bis 14. August 1816, die die beiden in den Jura und über Savoyen, Wallis und Gemmi wieder nach Zürich führte. An jenem 8. August waren sie von Chamonix aus nach Montenvers aufgestiegen. «Während wir an dieser merkwürdigen Stelle zeichneten u. unsre Beobachtungen machten, versammelte sich nach u. nach eine ganze Schaar von Engelländern mit Weibern u. Kindern, die in abgesonderten Grüppchen zum Theil im Gebäude, zum Theil außer demselben ihr mitgebrachtes Mittagmahl verzehrten – die Größe u. Erhabenheit der uns umgebenden Gegend schien nicht sehr tiefen Eindruck zu machen; doch stiegen alle den steilen Weg auf den nahen Gletscher herab, der ziemlich zerspalten, aber ganz schneelos das Tal ausfüllt. Auch wir machten dem Gletscher einen Besuch... Nach langem Aufenthalt an dieser prächtigen Stelle stiegen wir an der linken Seite dieses Querthals des Glacier des Bois in das Chamounixthal herab: der rauhe Pfad ist meist sehr steil... Wir ließen bald alle Engelländer zurück, welche vor uns diesen für viele von ihnen höchst mühsamen Pfad betreten hatten, und kamen in den von Gletschergeschieben überall bedeckten Thalgrund herab. Der Gletscher selbst fand sich ohne ein Eisgewölb, wie ich es an demselben vor 31 Jahren gesehen hatte, ziemlich weit ins Thal vorgerückt. An der rechten Seite des Arverond, dieser Hauptquelle der Arve, fand ich ein artiges Tannwäldchen, in dessen Schatten eine Menge Reitpferde u. Maulthiere mit vielen Charabancs auf die mühsam herabsteigenden Engelländer warteten, um sie wieder ins Wirthshaus zurückzutragen. Dieses bildete verschiedne höchst mahlerische Ansichten. Einerseits sahen wir neben diesem belebten Vorgrund jenseits dem Arverond... den gewaltigen Gletscher auf hohen Felswänden hängen, über die oft beträchtliche Stücke desselben mit fürchterlichem Rasseln herabstürzten; über dem blendenden Gletscher hoben sich die schroffen... Zwillingspyramiden der Aiguille Verte u. Aiguille du Dru, welche, zum Theil mit Schnee behangen, den nahen Hintergrund dieser Gletscherlandschaft bildeten. Thalabwärts hingegen sah man bey ähnlichem lustig belebtem Vorgrund, den die allmählig ankommenden Engländerfamilien u. ihre Abreise noch intressanter machten, an der linken Thalseite die prächtig glänzende Schneekuppe des Mont Blanc, neben der sich gleichsam zum Contrast die scharfzackichte Felsenpyramide der Aiguille du Midi erhob...» (RN). Der Text läßt fast auf eine Genreszene schließen – aber das wäre nicht Escher. Die Pferde und Maultiere im Wäldchen sind erst bei näherem Hinsehen da; so sehr dominieren die Berge.

143

Wir kehren wieder zur Wanderung vom August 1806 zurück, wo wir Escher nach der Überschreitung des Theodulpasses (127) in Breuil (137) verlassen haben. Er blickt am 17. August von der aus Pré St. Didier zum Kleinen St. Bernhard ansteigenden Straße nach Norden in den Talschluß des Val d'Aosta: «Da der Strom, der aus dem Thal de la Thuile herauskommt, durch eine sehr tiefe u. enge Felsenkluft dem Thale entrinnt, steigt die Straße sogleich hoch an der linken Seite seines Auslaufs über Schutthalden empor u. zieht sich erst in beträchtlicher Höhe in das Thal hinein. Auf einem Absatz des Gebirgsabhangs unmittelbar vor dem Eingang ins Thal selbst genießt man einer schönen Ansicht des südlichen Abhangs der Hochgebirgskette in der Gegend des Géant östlich vom Mt. Blanc; die finstern, fürchterlich schroffen Felswände dieser ungeheuren Gebirgsmasse stechen schön von den sehr ausgedehnten Gletschern ab... der Mt. Chetif zuoberst rechts im Val d'Aosta zeigt sich hier vollständig als eine bis in ihre Höhe hinauf mit Vegetation bekleidete breite Pyramide.» (RN). Im Bild wird sie links vor der Hochgebirgskette sichtbar. Die Stelle und Straßenführung entspricht übrigens der heutigen Situation. Die Schönheit der Panorama-Terrainstudie mit dem wohlausgewogenen Kontrast zwischen der halbkreisförmigen Umrahmung der schroffen Wände durch die weichen grünen Vordergrundhänge, die Wahl des Standorts und Ausschnitts, die durch den niedrigen

Himmel erzielte Wirkung übergroßer Höhe des Hochgebirges, die Verteilung von Licht und Schatten, ja sogar die Symmetrie der Gegenüberstellung des Grasflecks links unten und der weiß gelassenen Beschriftungsecke rechts unten – all das ordnet die Zeichnung Eschers besten Leistungen zu.

144
Die künstlerisch bedeutendsten Gebirgslandschaften Eschers entstanden nicht nur in den reifen Jahren. Die Ansicht des «gewaltigen Brenvagletschers» (das ist alles, was wir aus den Reisenotizen über das Bild erfahren) bei Entrèves ist so vergeistigt, wie es nur Spätwerke sein können – eine phantastische Landschaft von stärkster, schon an Van Gogh gemahnender Ausdruckskraft. Wer Gletscher kennt, weiß, daß es solche Formen von Eis, wie sie hier vorkommen, gar nicht gibt. Es ist bezeichnend, daß Escher jede lebende Staffage meidet. Der einsame Baum und mehr noch der zerrissene Baumstumpf links daneben sind sprechende Staffage genug. Und wieder: Ordnende Harmonie im urweltlichen Kampf von Eis und Fels; das Gegengewicht der Felsspitze rechts unten; das Ausgewogene der Felsmassen links und rechts – es ist, als hätte Escher das Bild komponiert, und doch wird es durch mühsame und wohlerwogene Wahl des Standorts bestimmt, stimmt es, wenn nicht in den expressiven Einzelheiten, so doch im ganzen mit dem natürlichen Vorbild überein. 1820: Escher ist dreiundfünfzig Jahre alt. Er weiß nicht, daß er nur noch zweieinhalb Jahre zu leben hat. Kaum. Aber sein Brenvagletscher ist Altersstil vor dem Alter.

145
«Wir zogen uns dann in den ...Grund des Mont Joiethales hinein, in welchem man nach einer Viertelstunde das Bad St. Gervais im Hintergrund dieser schmalen, flachen Thalebene unmittelbar am Fuß eines hohen, engen u. sehr wilden Thalabsatzes... vorfindet. In diesem in einer engen wilden Gegend liegenden Schwefelwasserbad fanden wir zahlreiche vornehme Gesellschaft, unter der wir auch den russischen Hofrath Hamel erkannten, der eine Ersteigung des Mt. Blancs vorhatte u. mich dazu einlud oder sich doch mein Barometer dazu ausbat; ich verweigerte beydes u. suchte ihn von einem so zwecklosen u. gefährlichen Vorhaben abzubringen – er büßte nachher die Nichtbefolgung meines Rathes durch den Tod dreyer seiner Führer u. eigne große Lebensgefahr.» (RN).

146
Nach dem Abstieg von Montenvers (142) wanderten Escher und Horner noch am gleichen Tag über das Dörfchen Les Bois, das dem heutigen Mer de Glace seinen damaligen Namen «Glacier des Bois» gab, nach Argentière und zum Col de Balme, der Schweiz entgegen. Die dokumentarische Eintragung des Zustandekommens der panoramatischen Ansicht von Argentière mit seinem gewaltigen Gletscher ist in den Reisenotizen zu finden. Ungeschildert bleibt dort das hinreissende Erlebnis der Farbe, das Escher an diesem schönen Nachmittag sich eingeprägt haben muß, so stark, daß er es später bei der Überarbeitung so wirkungsvoll wiedergeben konnte. Die beiden Freunde übernachteten in dem Dorf Le Tour, und auf dem Col de Balme «sahen wir zwey Anhöhen vor uns, durch deren Ersteigung wir die Aussicht sehr auszudehnen hoffen konnten. Die höhere nordöstliche, etwas entferntere ist diejenige, von der mein Freund Jacob Escher von Berg im Jahr 1792 herabstürzte u. zu Tode fiel.»

147
Mégève mit seinen weiten und sonnigen, nur sanft geneigten und blumigen Hängen muß die Lieblichkeit selbst gewesen sein, als es noch das war, was Escher sah. Auch die rustikale Unterkunft schien dem günstigen Eindruck durchaus zu entsprechen: «...auf der sehr flachen, weiten Scheidecke zwischen den Gewässern der Arve u. denen der Isère... das große und schöne Dorf Mégève. Am nördlichen Ende des Dorfes fanden wir eine angenehme, ins Freye gehende Herberge, wo wir uns bequem einquartirten u. von einer Gallerie einer angenehmen Aussicht nach den Gebirgen jenseits dem Arvethal ...genossen...» Das war am 5. August 1816 gewesen. Am 6. kann die Entstehung der schönen Zeichnung im Text der Reisenotizen gefunden werden: «Da es auch den 6. August morgens... regnerisch aussah, blieben wir noch in dem anmuthigen Mégève. Bey sich etwas erheiterndem Himmel gieng ich an den Abhang der Gebirge des Mt. Joli an der Ostseite der Scheidecke spazieren...» – das ist der Platz.

148
Auch der noch ganz unverbaute Lac d'Annecy gefiel Escher außerordentlich, obwohl wir mit manchen seiner Ansichten heute kaum übereinstimmen könnten. Die Altstadt am Fluß, der Stolz von Annecy, scheint ihm die «ziemlich ansehnliche Stadt» mit ihren alten Türmen eher zu beeinträchtigen: «Schade, daß der aus dem See hell abfließende Strom ganz enge mit Häusern verbaut ist u. daß keine breiten Straßen längs dem Ufer desselben hinlaufen...» Er war ein Mann der Aufklärung, der hellen und breiten Avenuen; das finstere Gassengewinkel des abergläubischen Mittelalters war ihm zuwider. «Ungemein lieblich hingegen fanden wir am entgegengesetzten östlichen Ende der Stadt am Ufer des Sees unsre willkommene vortreffliche Herberge gelegen: schön beleuchtete der Mond die anmuthige Seegegend.» Auch die Zeichnung läßt sich in den Reisenotizen nachweisen: «So wie man sich mehr von Anneçy entfernt, wird das linksseitige Gestade flacher u. sanft gegen den Fuß des sich vom See allmählig entfernenden Jurakalksteingebirges ansteigend; immerfort hat schöne Vegetation längs dem Seeufer statt, aber nur wenige Wohnungen geben dem Ganzen Leben. Erst nach 1½ Stunden Wegs findet man das kleine Dorf Chauvigny am flachen Seeufer; seine Kirche u. selbst seine Häuser haben schon einigermaßen italiänische Bauart...» (RN).

149
Chamonix unter der drückend schweren Wolkendecke – die Zeichnung des 18jährigen hat ihren psychologischen Hintergrund. Am 3. August 1785 hatte er mit seinem Genfer Lehrer und Freund fürs Leben den Mt. Buet auf Saussures und Bourrits Spuren bestiegen, und nun nahte die Stunde der Trennung: Vaucher reiste nach Genf, Escher nach Zürich zurück. «Den 5. August morgens brachten wir mit Reisebemerkungen, Pflanzentrocknen u. Einpacken zu. Nachmittag trat Hr. Vaucher seine Rückreise nach Genf an; die Trennung erleichterten wir uns durch einen Entwurf eines Besuchs, den er mir nächstes Frühjahr in Zürich zu machen versprach. Noch begleitete ich meinen edlen Freund u. Lehrer eine Stunde weit auf seiner Rückkehr – jetzt mehr als noch nie fühlten wir, daß uns reine Freundschaftsgefühle vereinigten. Endlich umarmten wir uns wehmüthig u. trennten uns stille. Nun fühlte ich mich ganz verlassen, zum ersten Male ganz mir selbst überlassen, entfernt von meiner Heimat – durch unbekannte Gegenden von ihr getrennt. Gleich nach meiner Rückkehr nach Chamouni reiste auch ich mit meinem in der Welt noch unbekanntern Gefährten ab, u. wir zogen wieder tahlaufwärths auf La Tour. Dicke Wolken umhüllten die Gebirge, u. das grause Ansehen der Gegend vermehrte meine Niedergeschlagenheit über die Trennung von meinem Lehrer u. Freund u. machte mich über meine gänzliche Unabhängigkeit bey diesem ersten selbständigen Eintritt in die Welt ängstlich. Doch allmählig enthüllte sich die Gegend, u. mit ihr erheiterte sich auch mein Gemüthe. In La Tour trafen wir unsren Wegweiser u. waren vergnügt auf seinem Heustock über Nacht.» (LB).

150
Am Anfang der schon öfter erwähnten Wanderung vom August 1805 begab sich Escher über Bern ins Freiburgerland. Der eigentliche Beginn war eine Eschersche Leistung: «Den 9. August morgens frühe verließ ich Zürich u. zog meinen gewohnten Weg, ohne neue Beobachtungen zu machen, über Birmenstorf, Muri, Hitzkirch, Münster, Sursee, Zell, Huttwyl, Burgdorf u. Krauchthal nach Bern, wo ich den 10. Nachmittags um 2 Uhr anlangte...» Und natürlich wanderte Escher nicht die Nacht hindurch. Die Leistung tritt allerdings vor der bekannten politisch motivierten zurück: Bern-Zürich in einem einzigen Tag (s. Kapitel über den Bergwanderer). Die Reisenotizen erwähnen das altertümliche Städtchen nur beiläufig. Es gab hier ja nur Historisches, das Escher nicht interessierte, und Malerisches, aber nichts Geognostisches zu vermerken. So liegt denn auch der malerische Vermerk, nicht aber ein geognostischer vor. Es ist der klare, harte, realistische und doch für die schöne Landschaft so empfängliche Stil der zwei Jahre früheren Hohgant-Zeichnung (111), den wir hier wiedererkennen. Gruyères, Hauptstädtchen der fetten grünen Gruyère, des Ländchens der leistungsstarken Milchkühe, ist oben auf seinem von der Burg gekrönten Hügel, von ihr beschützt und nur aus einer einzigen breiten Gasse mit schönen mittelalterlichen Häusern bestehend, ein unverändert reizvolles Bijou, wenngleich das flache Land um den Hügel verbauter ist als zu Eschers Zeiten. Le Bourg ist nicht die Burg, sondern die Stadt, La Cité nicht die Stadt, sondern die Burg – so will es die Logik der Sprache. Das Bildchen verrät, was Escher beeindruckte, auch wo er es nicht sagt: das «Mahlerische».

Gruyères heute

151
Der kleine Schwarzsee, lange der einzige See des Kantons Freiburg, bis kürzlich der reizvoll verzweigte Stausee Lac de Gruyère hinzukam, liegt heute inmitten dichter bewaldeter Hügel als sie es zu Eschers Zeiten waren, wie überhaupt der Waldbestand damals sich infolge des Raubbaus und mangelnder Pflege verringerte. «Etwan 200 Schritte über dem Anfang des linken Seeufers am begrasten Gebirgsabhang steht unter anderen zerstreuten Wohnungen eine Herberge, bey der ein starkes Schwefelbaad, nicht übel eingerichtet, ziemlich häufig von Landleuten besucht wird; ich nahm hier meine Nachtherberge. Das Baadhaus hat eine anmuthige Lage, u. auf seiner obern Gallerie genießt man einer Übersicht der ganzen Gegend.» Doch hier entstand die Zeichnung nicht: «Den 10. 7br (September, Anm. d. Hrg.) Morgens frühe verließ ich dieses artig gelegene Baadhaus u. gieng dem etwas sumpfigen linken Seeufer nach gegen den Ausfluß des Schwarzsees hin, an welchem eine Sägmühle gebaut ist: hier zeigt sich die Seegegend unter ihrem vortheilhaftestem Gesichtspunkt. Die Mühle im nahen Vorgrund, den stillen See in der Mitte..., längs seinen beyden Ufern sanfte, begraste, mit Wohnungen besetzte u. von Waldungen bekrönte Abhänge; im Hintergrund die Scheidecke, durch die man in diese Gegend eintritt, u. an ihrer östlichen Seite ein Gebirgsstock mit felsigter Kante u. bald waldigem, bald begrastem Abhange, u. in einem entfernteren südlichern Hintergrund über einer schön von der Morgensonne beleuchteten Alpengegend eine kahle, ebenfalls vortheilhaft beleuchtete Alpenkette: das Ganze bildet... eine überaus angenehme Landschaft.» Zum Zeugnis seines Augenscheins hat er sich in der Zeichnung selbst dargestellt: Er sitzt auf einem Steinhaufen und sein hochbeladener Träger und Diener Caspar Leisi kredenzt ihm einen Becher Milch, den die Melkerin rechts offenbar eben gefüllt hat. Die Kühe mit den drollig langen Hörnern sind eine Spezialität Eschers seit seiner Jugend, eine Vorstellung, von der er sich erst später befreit. Das Naive der Staffage und das Gekonnte der Landschaftsdarstellung auf einer Zeichnung nebeneinander ist für Escher typisch: Menschen und Tiere waren ihm nur Beiwerk zur Landschaft.

152
Die Wanderung vom Juli und August 1816 führte Escher mit J.K. Horner in den Jura und nach Savoyen, nicht aus geognostischen, sondern aus militärpolitischen Gründen, um die im Pariser Frieden und auf dem Wiener Kongreß neu festgesetzten Grenzen im Jura und das seither (bis zum Ende des ersten Weltkriegs) in die schweizerische Neutralität eingeschlossene Savoyen einer Reihe von Betrachtungen zu unterziehen (sie befinden sich als Manuskripte in der Handschriftenabteilung der ZBZ). Die Entstehung der Zeichnung des Schlosses in Burg (das französisch weder La Cité noch Le Château, sondern Le Bourg heißt) ist in den Reisenotizen belegt: Escher kam über Mariastein, wo ihn ein Platzregen in die Klosterkirche vertrieb, hierher: «Bey etwas unterbrochnem Regen wanderte ich über die hohe, doch mit Getrayde bepflanzte Ebene nach dem Dorf Mezerlen, dann um einen waldigen Endabhang eines Armes des Blauengebirges herum in südlicher Richtung nach dem in einer Juraschlucht liegenden Dörfchen Burg, das jetzt als alt bischöfliches Land dem Canton Bern zugehört. Eine der Quellen des Birsig entfließt dieser Schlucht in westlicher Richtung, um sich dann beym Dorf Leimen in die nördliche Richtung herumzuwenden. In einer tiefen Stelle dieser Juraschlucht, nicht weit unter dem Dörfchen Burg, liegt das Burgbad, das eine schwache Schwefelquelle benutzt u. ziemlich besucht ist. Ich blieb hier über Nacht. Den 17. Juli morgens frühe regnete es ziemlich stark. Ich zeichnete daher vom Badhaus aus, welches 134 Fuß über dem Zürichsee liegt, die alte Burg ab, welche mahlerisch auf einem in der Schlucht ziemlich abgesöndert stehnden Kalksteinfelsen liegt, dessen Fuß zum Theil bebaut, zum Theil aber mit schöner Waldung bekleidet ist.» (RN).

153
Die Zeichnung von Schloß Birseck entstand 24 Jahre früher. Schon im 8. Jahrhundert gegründet, war es später als Besitz des Bischofs von Basel bischöflicher Landvogteisitz, wurde 1792 von den Franzosen eingenommen und 1793 von einer Bauernschar geplündert und in Brand gesteckt. Escher zeichnete es kurz vor der französischen Besetzung. Er war damals nach Basel eingezogen worden, das ihm nicht sonderlich gefiel: «Übrigens lebte ich..., meiner Liebe zur Zurückgezo-

Oben: H.C. Escher, «Ansicht der Schweizerischen Alpen Kette von der Höhe der Schauenburger Fluhe im Canton Basel, d. 9. 10. 1792.»

Unten: «Vom Bruderholz gegen die Gränzen des Cantons Basel und Solothurn. Gegen das Bisthum Basel. Gezeichnet von J.C. Escher, 9br 1792.»

genheit wegen, weniger angenehm in Basel als auf dem Lande. Täglich mußte eine Stunde auf der Parade versäumt werden; es waren da Besuche zu machen; man wurde an große langweilige Gastmahle eingeladen, mußte oft an einer langweiligen Offizierstafel speisen u. in den s.g. Kämmerlin oder Abendgesellschaften, wohin man zuweilen von Bekannten mitgenommen wurde, zeigte sich der Mangel an höherer Cultur des Basler Publikums sehr auffallend: hier war nur von Spiel u. guten Mahlzeiten die Rede, u. der Handelsgeist zeigte sich als das Ausschließende, wofür die Kämmerlibesucher noch Sinn hatten...» Escher beschäftigte sich damit, eine Militärkarte des Baselbiets zusammenzustellen (s. Kapitel Entwicklung eines Menschen). «Dies veranlaßte mich zu vielfältigen Spaziergängen in der ganzen Gegend, die ich nach u. nach sehr umständlich in topographischer Hinsicht kennenlernte. So besuchte ich noch den 5. October Arlesheim, kurz vorher, ehe die Franzosen auch diesen Theil des Bistums Basel in militärischen Besitz nahmen; der merkwürdige s.g. englische Garten, die felsigt buschigen Irrgänge unter dem Schloß Birseck, die Felsenhöhlen u. die Aussicht von diesem Bergschloß über den untern Theil des Birsthals, u. die schönen Stiftsgebäude von Arlesheim hatten hohes Intresse für mich.» (LB). Und so sieht man in der Staffage der Zeichnung eine kleine Militärszene als Zeugnis der Umstände, unter denen sie entstand.

154

«Von Muttenz aus machte ich häufige Wanderungen zur umständlichen Untersuchung der Umgegend. Den 3. 9br. besuchte ich wieder die Schauenburger Hochwache, von der ich einen großen Theil der Alpenkette über den Jura hin erblickte, den Glärnisch, Dödi u. das Scherhorn erkannte, in deren Nähe ich letzten Sommer gewesen war...» Besagtes Alpenpanorama trägt das Datum 9. November 1792, die Zeichnung 8. November: es kann sich im Lebensbericht daher um einen Lesefehler handeln. Die von der Schauenburgflue und dem Burgstall – der Burgruine – als Vordergrundkulissen eingerahmte Fernsicht verrät die Bullingersche Schulung. Escher ist 25 Jahre alt, Offizier, von gutem Aussehen, und so nimmt es nicht wunder, wenn er die folgenden Bemerkungen macht: «Die Einquartierungen gaben dem Basler schönen Geschlechte überhaupt viel Arbeit – jedem Offizier war in der öffentlichen Meynung der Baslerinnen seine Nativität gestellt – man frug mittelbar oder unmittelbar durch Basen u. durch Kammerjungfern in den... Quartiren der Aufführung, besonders der Reinlichkeit, regelmäßigen Lebensart, Bescheidenheit u. Geselligkeit der Officiere nach, als den Haupttugenden, denen der wichtigste Werth ungefähr in obiger Reihenfolge beygelegt wurde, und wer von uns sich hierüber in guten Ruf gesetzt hatte, war überall begehrt u. konnte auf gutes Quartier zählen. Schon vom ersten Tag an war ich Hausfreund in meinem Quartier. Hr. Burkard, einer der reichsten Basler, war großer Liebhaber u. Kenner von Kunstgegenständen u. besaß selbst ein kleines artiges Naturaliencabinett. Nun gaben mir meine Reisen durch Italien u. England reichen Stoff zur Unterhaltung, die besonders nach dem Nachtessen, oft bis nach Mitternacht fortgesetzt wurde. Ein junger Sohn war Liebhaber des Zeichnens u. zeichnete meine in der Umgegend von Basel gemachten Landschaften ab...» (LB).

155

Es fällt schwer, sich das heutige Vallorbe ohne Industrie und das weite Orbe-Tal ohne jegliche Überbauung vorzustellen. Escher berichtet von der «militärpolitischen» Wanderung 1816: «...auch hier tritt das französische Gebiet in das große schweizerische Wasserbecken an die südöstliche Seite des Jura hinüber u. bildet dadurch in militärischer u. polizeylicher Hinsicht ungünstige u. widernatürliche Gränzverhältnisse... Bald erweitert sich die Tiefe dieses Thals (des Orbe-Tals, Anm. d. Hrg.) beträchtlich, man steigt in dessen ... breiten Thalgrund herab, in welchem sich die noch junge Orbe zwischen schönen Wiesen durchschlängelt. An der breitesten Stelle des Thals liegt das gut gebaute schöne Dorf Valorbe an den beyden Seiten der Orbe u. benutzt deren Wasser zum Betrieb mehrerer Eisenhämmer. Die Kirche steht noch etwas erhöht, u. in der Nähe derselben genießt man einer auch mahlerisch intressanten Übersicht des nahen Hintergrunds des Orbethals. Das ... mit einer gewölbten steinernen Brücke versehene, von prächtigen Bäumen beschattete Dorf Valorbe bildet den lebhaften Vorgrund dieser schönen Ansicht. Das Auge folgt der artigen, sich zwischen Wiesen durchschlängelnden Orbe bis zu dem nahen Gebirgskranz, der den Thalhintergrund vollständig schließt.» (RN).

156

Der Anblick von St. Ursanne, dem malerischen alten Städtchen am Doubs, ähnelt hingegen noch heute der Ansicht Eschers. Wie Gruyères hat auch St. Ursanne neben dem Reiz des Alten und dabei Lebendigen denjenigen der schönen Lage. Auch Escher war davon beeindruckt: «Nach einer Stunde von Bellfontaine aus fand ich am rechten gebognen Ufer des Doubs das Städtchen St. Ursis (das bernische Landstädtchen wurde deutsch St. Ursitz genannt, Anm. d. Hrg.) mit den Überresten eines Bergschlosses, das sich steil über das zwischen dem Berg u. Fluß gedrängte Städtchen erhebt, welches ehedem durch ein reiches geistliches Stift in einem etwelchen Wohlstand erhalten ward, von dem es seit der französischen Revolution sehr herabsank; jetzt als bernerisch sollte es durch jenes Eisenwerk wieder etwas aufblühen können...» Das Schloß war damals allerdings noch nicht lange Ruine. 1793 besetzten es die französischen Revolutionstruppen, 1796 wurde es als Nationaleigentum an einen Bürger in Belfort verkauft, der es bis auf kümmerliche Reste abtragen ließ. Abgebrochen wurde 1898 auch die alte Pfarrkirche, und die Stadtmauern erlitten immer empfindlichere Breschen. Erhalten geblieben sind die prachtvolle romanisch-gotische Stiftskirche mit dem gotischen Kreuzgang, drei Stadttore, das Gassengewinkel mit den alten Häusern und die in eines der Tore mündende steinerne Bogenbrücke von 1728 mit der Statue des Hl. Nepomuk – ein Anblick fast wie in Böhmen. Doch die Sprache, Kunst und Gastronomie sind französisch, die vorspringenden Dächer, die Wirtshausschilder, der Käsbissenturm (zwei spitze Giebel mit steilem Satteldach, typische Kirchturmform der Nord- und Westschweiz) der Stiftskirche und die Sauberkeit unverkennbar schweizerisch. Escher übernachtete hier vom 18. auf den 19. Juli 1816 mit seinen beiden Begleitern, und die Zeichnung entstand im frühen Morgenlicht des 19. Juli: «Da, wo etwas über St. Ursis das Doubs-Tal in westsüdwestlicher Richtung ansteigt, wird es so enge, daß keine Straße mehr in demselben fortläuft, sondern diese steigt nicht fern von St. Ursis auf die Höhe des rechtseitigen Gebirgsrückens an. Der Rückblick auf St. Ursis gewährt eine anmuthige Aussicht, indem das Städtchen in dieser Thalconcavität mahlerisch daliegt u. durch Mauren u. Thürme mit dem dasselbe dominierenden Schloß in Verbindung steht.» (RN). In der Staffage ist vermutlich Horner dargestellt – Escher erkennt man am blauen Jackett, das bei der Gestalt links fehlt; Alder, mit beider Gepäck beladen, dürfte ein wenig schwerfällig vorangekommen sein.

157

Den berühmten halbkreisförmigen Felsenzirkus Creux du Van hatte Escher am 25. Juli 1815 besucht und beschrieben; wie gewöhnlich, wenn er geognostisch Interessantes kennenlernte, kehrte er im folgenden Jahr zurück und fertigte zur besseren Erinnerung für sich die Zeichnung der bloßgelegten Felsschichtung des Abbruchs an – eine gewöhnliche Terrainstudie also, aber wiederum eine solche von stark ästhetischer Wirkung und von einer Dynamik, die die erosiven Kräfte des dort ständig wehenden Windes ahnen läßt. Wie zum Zeichen seines Augenscheins findet sich auch hier Eschers Selbstdarstellung als kleines zeichnendes Figürchen auf dem Felsvorsprung links von der Mitte im Vordergrund.

158

Die Grotte aux Fées, 3 km vom Dorf Buttes im Kanton Neuenburg, führt als Höhlengang zu einer Halle mit einem kleinen See und weiter zu einer Öffnung in der Felswand auf der anderen Seite. Auf einer einwöchigen Wanderung Ende Juli 1815 kam Escher in Begleitung des «Herrn v. Montmollin, Staatsrath von Neuchâtel», ins Val de Travers und zur Feengrotte. Bei einem einsamen Haus, Le Crêt genannt, «nahmen wir einen Wegweiser u. Lampen mit, um den s.g. Temple aux Fées zu besuchen,... eine Grotte..., welche durch einen schroffen hohen Felsen im Hintergrund des Thals de Buttes hindurchgeht. Der Weg, welcher zum Eingang dieser Grotte führt, geht erst eine ziemliche Strecke weit über den breiten unebenen Gebirgsrücken hin, um in den Rücken derjenigen Felsenwand zu kommen, in welcher sich die Grotte befindet. Dann steigt man steil u. mühsam über einen schmalen Berggrat zu dem Eingang... herab; dieser ist so niedrig, daß man mühsam auf dem Bauch in dieselbe hineinkriechen muß, dann aber erweitert sie sich bald u. theilt sich in mehrere Arme, die höchst unregelmäßig, bald steigend, bald abschüssig, bald niedrig bald hoch, bald weit bald enge sind: wie gewohnt ist sie an Wänden, Decke u. Sohle mit Kalksinter bekleidet... Nach etwas mehr als hundert Schritten öffnet sich die Grotte mitten in einer schroffen Felsenwand u. liefert eine sehr beschränkte Aussicht gegen Osten an die nahen Gebirgsmassen, welche das Thal de Buttes in seiner obersten Abtheilung einschließen.» (RN).

159

Der Lac de Derborence (1449 m) ist einer der jüngsten natürlichen Seen der Schweiz – er entstand erst 1749 durch einen Bergsturz von den nahen Diablerets (3210 m). Schon der Name nennt die Gefahr. Die Walliser Sennen waren bis ins 20. Jahrhundert überzeugt, daß dort oben die Teufel und Dämonen miteinander streiten oder auf dem Tsanfleurongletscher Kegel schieben. Sie zielen mit Felsbrocken nach der Quille du Diable (auch Tour de St. Martin genannt), und die über das Ziel hinausschießenden Blöcke stürzen dann

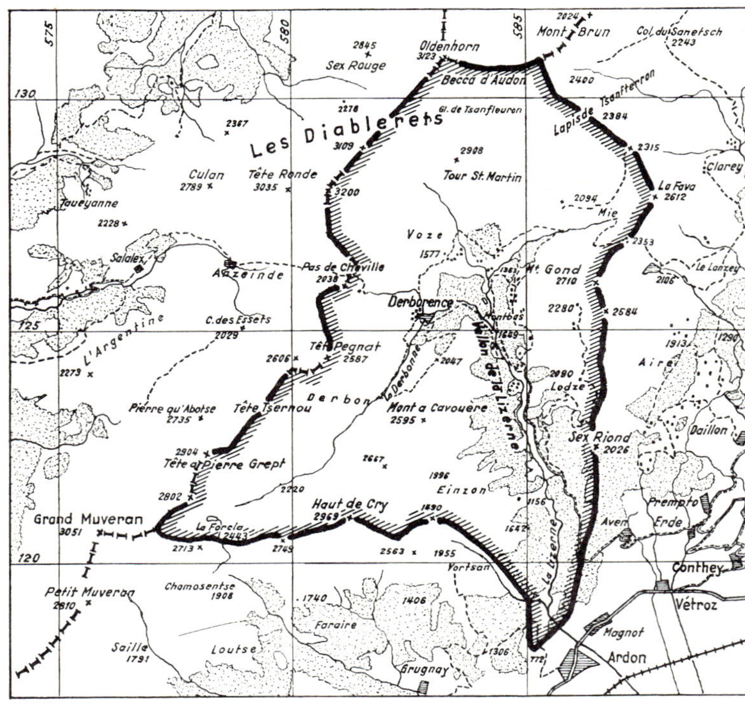

Aus dem «Inventar der zu erhaltenden Landschaften und Naturdenkmäler von nationaler Bedeutung», Olten 1963

Objet: Derborence-Vallon de la Lizerne
Canton: Valais
Communes: Conthey, Vétroz, Ardon, Savièse, Chamoson
Importance: Belle vallée alpestre jusqu'ici peu abîmée. Végétation très variée sur un espace limité. Au centre, les masses de l'éboulement, le petit lac alpestre de Derborence et la forêt vierge, subalpine, où dominent les sapins blancs, la seule de Suisse qui n'a jamais été exploitée. Sur l'éboulement même, bois de pins pionniers. Plus bas dans la vallée, forêt de hêtres, la plus orientale du Valais central.
Menaces: Constructions nouvelles. Envahissement par l'automobile. Camping, Téléphériques. Aménagement du glacier de Tsanfleuron pour l'aviation sportive.
Protection désirée: Selon les exigences générales. Interdiction de l'aménagement du glacier de Tsanfleuron comme lieu d'atterrissage d'avions.
Protection déjà existante: La forêt vierge (52 ha) est propriété de la LSPN. Servitude ad aeternum sur le lac et la rive nord (17 ha et demi) au profit de la LSPN. Convention de la LSPN avec la commune bourgeoisiale de Conthey du 10. 12. 1959; arrêté du Conseil d'Etat du Valais du 30. 3. 1961.

donnernd bis zum Lac de Derborence oder gar bis Anzeindaz hinunter. In Wirklichkeit waren es von Gletscher abbrechende Eismassen, die Geröll und Schutt in Bewegung brachten und Bergstürze verursachten. Der schlimmste war der vom 23. Juni 1714. Schon Tage vor der Katastrophe hörte man anhaltendes unterirdisches Getöse. An jenem Tag stürzte zwischen 14 und 15 Uhr ein Teil der Felswand auf die Alp Derborence, alles unter Schutt und Staub begrabend. 14 Menschen, 100 Kühe und eine Menge Kleinvieh kamen um. «In einer der verschütteten Hütten». berichtet das GLS, « an die sich ein großer Felsblock schützend derart angelegt hatte, daß sie dem Druck des Schuttes zu widerstehen vermochte, blieb ein Hirt mehrere Monate lang eingeschlossen. Als Nahrung dienten ihm Wasser und Käse. Als es dem längst Totgeglaubten gelungen war, sich durch den Schutt Bahn zu machen, hielten ihn seine Verwandten in seinem Heimatort Aven zuerst für einen Geist und ließen ihn durch den Pfarrer beschwören.» Diese Begebenheit hat C.-F. Ramuz zu einem klassischen Werk der welschschweizerischen und französischen Literatur gestaltet. Der nächste Bergsturz von 1749 ließ den See entstehen, der noch 1803, als Escher die Gegend besuchte, ein Bild der Verwüstung und Öde darbot: «...diese runde Ebene war einst begrast u. von zahlreichen Alphütten besetzt; seit beynahe hundert Jahren ist sie durch... Zertrümmerung eines der Felsenfirsten der Diablerets zu einer scheußlichen Einöde umgeschaffen, in der hier am Eingang in dieselbe die größten Felsenstücke aufgethürmt daliegen, während gegen den Fuß der Diablerets hin die kleinern Massen sich aufschütteten; der Abhang der im nahen Hintergrund des Thals sich erhebenden Diablerets zeigt nichts als gräßliche Schutthalden, die sich bis zu ihren Gletschern erheben...» Die Zeichnung Eschers zeigt das Gebiet 54 Jahre nach der Katastrophe noch im Urzustand. Heute ist es zu einem großen Teil von Wald überwachsen, zudem Urwald: Auf dem Felsschutt hat sich nämlich inzwischen sogenannter Pionierwald angesiedelt und mit dem älteren Urwald des Lizerne-Tals verbunden. Das Gebiet ist im «Inventar der zu erhaltenden Landschaften und Naturdenkmäler von nationaler Bedeutung» beschrieben, das 1959–1963 im Auftrag des Schweizerischen Bundes für Naturschutz, der Schweizerischen Vereinigung für Heimatschutz und des SAC von einer hiezu bestellten Kommission ausgearbeitet wurde (s. Abb. mit Text und Karte). Noch um die Jahrhundertwende war in einer «wilden und kahlen Landschaft» nur der See «an seinen Ufern mit einem Pflanzenkleid geschmückt» (GLS 1902). So schnell kann ein Urwald wachsen – wenn man ihn wachsen läßt. Denn dieser einzige Urwald der Schweiz wird zwar geschützt, ist derzeit jedoch durch Eingriffe der zuständigen Kraftwerkverwaltung gefährdet.

160

«Den 16. August (1805) morgens frühe bestieg ich beym hellsten Himmel den südlichen Abhang des Montez-Hügels u. zeichnete hier die im Glanz der Morgensonne sich überaus günstig darstellende Gegend von Bex, des engen Auslaufs des Wallisthals u. der beydseitigen prächtigen Hochgebirge, die sich von den reichsten Fluren ...mit schroffen Felswänden bis in die Gletscherregion erheben; im fernen Hintergrund glänzten die Gebirge, welche die Quellen des Trient mit Gletschern umzingeln: das Ganze dieser Landschaft ist ebenso erhaben u. mannigfaltig als mahlerisch u. schön.» Ein für die nüchternen Reisenotizen geradezu überschwängliches Lob, das sich in der heiteren Pleinairstimmung mit dem leuchtenden Grün bestätigt. Der Bildaufbau der panoramatischen Ansicht entspricht dem aufklärerischen Ideal der Symmetrie und offenen Weite, Harmonie und Klarheit: Um den Kirchturm in der Mitte gruppiert sich nicht nur der Ort, auch die Berge und sogar die seitliche Vordergrundkulisse des Beschriftungsfeldes mit dem Obstgarten links und des entsprechenden Stücks Rebland rechts stehen in Beziehung zu ihm. Man erkennt die deutliche, harte und scharfe Linie des reifen Zeichners, der die bei Bullinger erlernten illusionistischen Mittel nur sparsam und in Hochstimmung einsetzt.

161

Die beiden 1004 m hoch gelegenen Juraseen Lac de Joux und Lac des Brenets bilden eine zusammenhängende, durch einen Damm mit Durchlaß und Brücke getrennte Wasserfläche. Sie haben keinen sichtbaren Abfluß, sondern entwässerten sich unterirdisch durch trichterförmige Dolinen, entonnoirs genannt, in die 2.5 km nördlich des Lac des Brenets und 220 m tiefer liegende Source de l'Orbe, die allerdings mehr Wasser lieferte, als die Orbe dem Lac de Joux zuführte, woraus auf ein weitverzweigtes Netz von unterirdischen Wasserläufen und Zuflüssen geschlossen werden konnte. Die Orbe hat somit zwei Quellen, eine primäre im französischen Lac des Rousses und eine sekundäre in der Schweiz unter dem Lac des Brenets. Der Zusammenhang zwischen den beiden Seen und der Source de l'Orbe wurde lange angezweifelt, obwohl er schon 1776 bewiesen war, als sich nach einem Dammbruch an den Seen das Wasser des Orbe-Austritts trübte. Erst am Ende des 19. Jahrhunderts bestätigten Färbungsexperimente, daß die sogenannte Orbe-Quelle tatsächlich Wasser aus den Seen führte. Escher interessierte sich lebhaft für diese Probleme und hat auch einige Zeichnungen des Moulin des Entonnoirs angefertigt, wo das von einer Staumauer zurückgehaltene Wasser die Mühlräder antrieb, bevor es im Trichter versickerte (Abb.). Heute dient das Wasser der beiden Seen zur Erzeugung elektrischer Energie. Auch der zu Eschers Zeiten schmale Damm zwischen den Seen wurde seither verbreitert und für Bahn und Straße nutzbar gemacht. Eschers Zeichnung im Bildteil ist vor allem durch die sichere Charakteristik der Juralandschaft bemerkenswert. Das Schwermütige der langgezogenen Bergrücken mit den dunklen Nadelwäldern muß damals noch eindrucksvoller gewesen sein als heute; die Täler waren fast menschenleer, die Menschen arm. Escher hat diese Landschaft mit Worten nicht so gut schildern können wie mit Feder und Pinsel; mit der hydrologischen Problematik hingegen setzte er sich souverän auseinander: «Der Anblick des kleinern Jouxsees oder des Lac de Brenet ist anmuthig u. erquickend, nachdem man jene rauhe Zwischengegend durchwandert hat, doch bey näherer Untersuchung findet man die Gegend dieses kleinern Sees etwas einsam u. kahl. Längs dem ganzen rechten Ufer desselben, das wir verfolgten, ist keine Wohnung. Gegenüber sieht man am Fuß eines steilen, doch mit Holz u. Gras bekleideten Gebirges eine einsame Mühle aux Entonoirs, u. am obern See zeigt sich das Dorf Charbonnière, dessen Schindeldächer demselben ein ärmliches Ansehen geben. Wir wanderten dem kleinen, doch anmuthigen See entlang nach dem Dorf au Pont, dessen erstes Haus uns eine willkommne Herberge war. Dieses Dorf liegt längs dem rechten Ufer des größern Joux-Sees, der nur durch einen künstlichen Damm von dem kleinen See getrennt ist. Dieser Damm hat aber zum Behuf des Abflusses des größern Sees in den kleinern eine Öffnung, über die eine Brücke führt, daher hat das Dorf den Namen au Pont. Jetzt war der Wasserstand so hoch, daß die Wellen über den künstlichen Damm an mehrern Stellen wegschlugen. Eine kleine waldige Erdzunge zieht sich von der linken Thalseite zwischen die beyden Seen hinaus u. bildet eine natürliche Trennung derselben... Mit einigen Engländern aßen wir zu Nacht. Den 26. Juli morgens hielt uns der Regen ziemlich lange in der Herberge zurück; endlich benutzten wir eine trocknere Viertelstunde, um uns mit den Engländern auf dem kleinen Jouxsee einzuschiffen u. nach den Entonoirs hinüberzufahren. Hier sind die Felsenklüfte unmittelbar am Ufer des Sees, in welche sich das Wasser... herabstürzt, um dann bey der Source de l'Orbe 680 Fuß tiefer... wieder hervorzusprudlen. Diese durch die bloße Ansicht der Gegend einleuchtende Gemeinschaft der Orbe mit dem Jouxsee wurde einst handgreiflich bewiesen, indem man den obern Jouxsee (1776 bey der Brücke) zudämmte, um die Entonoirs gehörig zu reinigen u. zu öffnen; der Damm aber brach, wodurch die Wassermasse mit solcher Heftigkeit in den kleinen See drang, daß dadurch dessen Wasser ganz trübe ward, u. bald nachher lieferte auch die Orbequelle ganz trübes Wasser. Um... den Fall des Wassers von der Oberfläche... in diese Felsenklüfte hinab zu benutzen, ist eine Mühle hier angelegt worden, zu deren Behuf der See... durch einen festen gemaurten Damm auf einer bestimmten Höhe erhalten wird... Bey kleinem Wasserstand werden die Entonoirs alle Jahre sorgfältig gereinigt, um ihre Verstopfung zu hindern, welche unfehlbar das ganze Thal bis zur Höhe der gegen Valorbe hinführenden Scheidecke in einen großen See verwandeln würde...» Für Escher gab es also in der Frage des Zusammenhangs zwischen den Seen und der Orbe-Quelle ebensowenig Zweifel wie für die Bevölkerung und die lokalen Behörden.

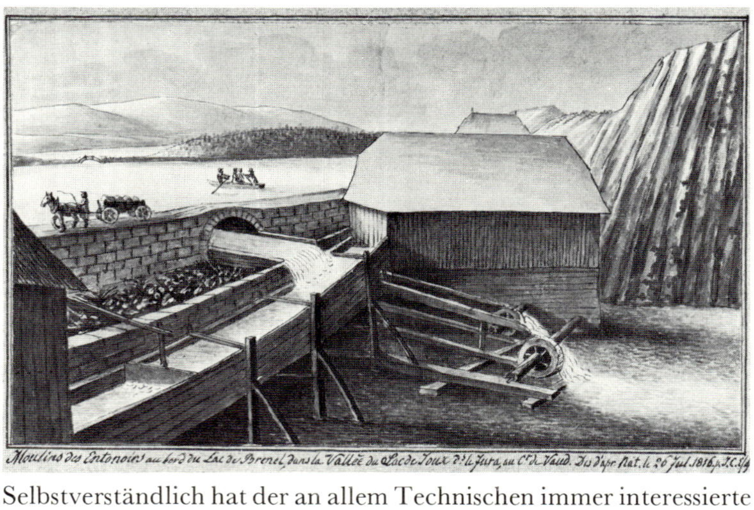

Selbstverständlich hat der an allem Technischen immer interessierte Escher festgehalten, wie der Moulin des entonnoirs am Lac de Joux funktionierte. Im Hintergrund die Brücke von Le Pont

162
Die militärische Bedeutung der französischen Grenzfestung Fort de Joux bei Pontarlier beschäftigte den an allem, was der Verteidigung seines Landes dienen konnte, stark interessierten Escher nicht weniger als die geognostische Beschaffenheit der Gegend: «Wir frühstückten in dem vor der Bergschlucht liegenden Dörfchen St. Pierre u. versuchten dann, mit der Empfehlung unsers Wirths die Erlaubnis zum Besuch der Festung zu erhalten. Eine Fahrstraße führt am Abhang des öden, rauhen Hügels zum Fort de Joux hinauf... auf der obersten, schroff abgeschnittnen Höhe sitzt das Fort, ehedem ein einfaches, mit runden Thürmen versehenes Bergschloß, in welchem eine sehr tiefe Wassercisterne sich befindet, u. vor welche gegen den sanftern Abhang hin eine neue doppelte Befestigung angebracht ist; der innere Raum des ganzen Forts ist aber sehr beschränkt. Wir erhielten die Erlaubnis des Eintritts u. fanden, daß dasselbe ziemlich gut unterhalten u. militärisch besetzt ist. Es wird vom Grand Taureau dominirt, u. die Straße nach Pontarlier ist größern Theils durch vorspringende Felsenköpfe gegen dasselbe gedeckt... der Höhe wegen dominirt zwar das Fort die Umgegend, doch ohne sie bestreichen zu können; es hat daher keine große militärische Wichtigkeit...» Escher konnte also zufrieden sein; nichtsdestoweniger hat er noch einen Grundriß der Festung gezeichnet (Abb.), für alle Fälle. Die aquarellierte Zeichnung (Bildteil) zeigt den trockener werdenden summarischen Spätstil der letzten Lebensjahre Eschers.

163
So manchen Genfer und Waadtländer dürfte diese Panorama-Ansicht wehmütig stimmen. Escher erfüllte sie mit einer geradezu inbrünstigen Bewunderung: «Sowie man in den Gebirgseinschnitt des breiten Col des Fosilles eintritt, bietet sich der prächtige Anblick der Alpenkette des Mont Blanc dar, welche nun durch die Abendsonne majestätisch beleuchtet war. Mit jedem Schritt, den man vorwärts geht, entwickelt sich die Aussicht, u. wann man absteigend ganz durch die Felsenschlucht dieser Scheidecke durchgedrungen ist, hat man das fruchtbare Ländchen Gex u. die schweizerischen schönen Ufer des Genfersees zu seinen Füßen; der See selbst als prächtiger Wasserspiegel verschmälert sich allmählig bis nach Genf hin, welches an seinem Ausfluß ein großes Ansehen hat u. dessen Anblick in mir so manche frohe Rückerinnerung weckte. Ferner hob sich gegenüber die Kette der finstren Voirons u. die schönen Felswände des Salève, zwischendurch die Gebirge des Arvethals, im Hintergrund die ganze Masse der Savoyschen Alpen, von der prächtig vergletscherten Hochgebirgskette bekrönt: Das Ganze bildete im Glanz der Abendsonne ein so majestätisches Gemählde, wie ich es noch selten sah u. mich daher auch noch selten so tief ergriffen fühlte wie hier. Langsam, bewundernd u. nachdenkend, stieg ich auf der schönen Straße herab – die Sonne sank, allmählig verlohr sich die magische Beleuchtung, doch hatte die große Landschaft für mich immer noch Reitz genug, u. die Gletscherkette blieb bis zum Einbruch der ganz dunklen Nacht noch sichtbar.»

164
Auf der Heimreise von seinem Genfer Aufenthalt, eigentlich der ersten großen Wanderung Eschers, kehrte der 18jährige 1785 nochmals in die Nähe der Gegend zurück, wo er vor nur zwei Jahren – einer langen Zeit für einen so jungen Menschen – sein Erwachsensein begonnen hatte. Am 7. August «nachmittag reiste ich mit Eschern (von Luchs, einem Schulkameraden aus Zürich, dem er in Genf begegnet war, Anm. d. Hrg.), ihm zu Gefallen auf einem Char à banc über Villeneuve nach Vevey. Dieser Weg hatte unbeschreibliche Reitze für mich. Das schöne weite, flache Thal von Aigle, die gute Bebauung des Bodens, das Ansehen von Wohlstand, welches allen Städtchen, Flecken, Dörfern und einzelnen Wohnungen ganz allgemein war, nebst den prächtigen Gebirgen, welche dieses große Thal einschlossen, brachte mich ganz in

Entzücken. Noch größere Reitze hatte die Gegend für mich, als ich den nahenden Genfersee erblickte. In Villeneuve benutzte ich einen kleinen Aufenthalt zu einem Spaziergang längs dem See – hier hatte ich das Schloß Chillon gerade vor mir –, im Mittelgrund zeigte sich Vevey, für welches ich besondre Anhänglichkeit fühlte wegen einem langen Aufenthalt, den meine älteste Schwester da gemacht hatte, u. durch die Beschreibung, die ich davon in Rousseaus Héloise (ohne den Roman selbst zu lesen) gelesen hatte; u. im fernsten Hintergrund entdeckte ich auch noch Morges, wodurch so mancherley Rückerinnerung an meinen anderthalbjährigen Aufenthalt in mir geweckt wurde. Mit gespannter Aufmerksamkeit u. tiefen Gefühlen durchreiste ich nun die unvergleichlich schöne Gegend von Villeneuve bis nach Vevey, wo wir mit Einbruch der Nacht anlangten. Da mein Reisegefährte Hr. Escher in Vevey in Pension gewesen war u. hier zur endlichen Abreise seine Anordnungen treffen wollte, so bat er mich, ihm hierzu 4 Tage Zeit zu gestatten; ich entsprach ihm sehr gerne, weil ich mir schon lange einen idealischen Begriff von Vevey gemacht hatte u. nun im Fall war, diese Gegend recht bequem zu betrachten u. zu genießen – auch gewährte mir dieser Aufenthalt einen Genuß, den ich sonst nicht außer meiner Heimath fand. Häufige Spaziergänge in den schönen Umgebungen von Vevey machten mich mit denselben umständlich bekannt. Die Höhe von St. Martin, der Spaziergang längs dem See, der Weg auf La Tour, die Höhe von Plattet, wo ich Vevey mit dem Auslauf des Rhodanthals nach dem Genfersee abzeichnete, besonders aber die Umgebungen des Schlosses Hauterive u. sein kleiner englischer Garten setzten mich in großes Entzücken, u. ich war, theils durch die wirkliche Schönheit der Gegend, theils durch die mir in lebhaftem Andenken vorschwebende Schilderung Rousseaus, in eine Art empfindelnde Schwärmerey gesetzt, die mich während meines ganzen Aufenthalts in Vevey in einer sonderbaren Spannung hielt.» (LB). Auch bei dieser Ansicht dürfte die Kenntnis von Aberlis Veduten eine Rolle gespielt haben: wie diejenige von Thun (121) ist auch die Ansicht von Vevey der Aberlischen ähnlich (s. Longchamp, F.C., 1927, Pl. XIII fig. 13 oder Geiser 110).

165

Die französische Grenzfestung Fort de l'Ecluse bei Genf interessierte den Militärfachmann Escher nicht weniger als das Fort de Joux. Escher kam während der «militärpolitischen» Wanderung vom Juli und August 1816 mit seinem Freund J.C. Horner in diese Gegend. «So wie wir den eigentlichen Fuß des Mont de Vuache auf einem etwas rauhen Pfad betraten, sahen wir uns gegenüber das halbdemolirte, zum Theil wieder etwas hergestellte Fort d'Ecluse, welches am jenseitigen ebenfalls sehr steilen südlichen Abhang dieser Jurakette hoch über dem rechtseitigen schroffen Rhodanufer steht u. durch welches die Heerstraße von Lyon nach Genf führt. Hoch über dem von dieser Seite her von den Östreichern vor einem Jahr zusammengeschossenen Fort d'Ecluse sahen wir eine französische Baterie, welche vor einem Jahr sehr thätig gewesen war...» Vor einem Jahr war Napoleon endgültig geschlagen worden; was die Österreicher damals nur zum Teil vollbracht hatten, war viel früher, im Jahre 1590, von den Genfern schon vollendet worden: sie hatten das Fort erobert und geschleift. Dennoch war es auch noch vor dem zweiten Weltkrieg mit einer Garnison belegt. Festungen leben länger als Kunstwerke. Escher wußte, daß Krieg zäher ist als Frieden. Er war nicht Soldat aus Passion. Er war es aus Sorge.

ANHANG

Abkürzungen

ETH Eidgenössische Technische Hochschule in Zürich
GLS Geographisches Lexikon der Schweiz, s. Literaturverzeichnis
HBL Historisch-biographisches Lexikon der Schweiz, s. Literaturverzeichnis
LB Lebensbericht H.C. Eschers, s. Quellen
RN Reisenotizen H.C. Eschers = Fragmente über die Naturgeschichte Helvetiens, s. Quellen
SAC Schweizer Alpen-Club
SKL Schweizerisches Künstler-Lexikon, s. Literaturverzeichnis
ZBZ Zentralbibliothek Zürich

Anmerkungen zum Text

Die angeführte Literatur wird abgekürzt bezeichnet. Die vollen bibliographischen Daten sind im alphabetischen Literaturverzeichnis zu finden.

1 s. Geiser, Bernhard, 1929.
2 s. Escher, H.C., Panoramen, 1975. Der Begleittext behandelt die Genesis des schweizerischen Panoramas.
3 s. Solar, Gustav, Drei schweizerische Erstleistungen, 1974.
4 Er erscheint nach dem Panoramenband ebenfalls im Verlag Orell Füßli in Zürich und bringt für jede einzelne Zeichnung die Hauptdaten und eine kleine Abbildung.
5 s. Hottinger, J.J., 1852.
6 Heute würde man sagen Geologe. Der Begriff Geologie hatte damals durch die Spekulationen des Genfer Forschers Deluc über die Entstehung der Erde eine andere Bedeutung erhalten.
7 Das stellte der junge Leo Weisz in einer seiner ersten Arbeiten fest, s. Weisz, Leo, 1923.
8 Dazu Weisz, Leo, 1923, S. 3: «...der Nationalökonom Escher, meines Erachtens der größte der Schweiz, harrt aber noch der Entdeckung und Würdigung.» Daran hat sich fünfzig Jahre später nichts geändert.
9 Heute im Besitz der Zentralbibliothek in Zürich. Einzig Leo Weisz hat sie – damals in Privatbesitz – gesehen und erwähnt, s. Weisz, Leo, 1923, S. 2. Es handelt sich allerdings nicht, wie Weisz meint, um ein eigenes theoretisches Werk Eschers über Statistik im heutigen Sinn, sondern – dem Lebensbericht zufolge – um eine Kompilation aus den Staatswissenschaften überhaupt, der Statistik im ursprünglichen, weiteren Sinn, in der die heutige Statistik als Hilfswissenschaft enthalten ist: «Neben diesen Studien bereitete ich mich nun auch wieder zu einem öffentlichen Lehrcurs für meine jungen Mitbürger vor, welchen ich mit Anfang des Jahrs 1797 eröffnete u. mit einer nicht unbedeutenden Zahl von Zuhörern von 18 bis 20 Jahren bis zur Ostern fortsetzte u. wöchentlich 3 Vorlesungen hielt... Die historische Politik theilte ich in die beschreibende oder Statistik u. in die eigentliche Geschichte ein. Zuerst behandelte ich die Theorie der Statistik ziemlich umständlich nach den neusten Lehrbüchern über dieselbe, nach Schlözer, Lüder, Moesel u.a., verband aber mit dieser theoretischen Behandlung doch immer die Angabe von Beyspielen aus der Statistik der Schweiz, insoweit mir diese bekannt war.»
10 Regierungsmitglied des Standes, d.h. Kantons, der Republik Zürich.
11 Landschaftszeichnungen H.C. Eschers v. d. Linth, 14.9.–16.10. 1971, ohne Katalog.
12 s. Hottinger 1852, S. 360.
13 Das übrige waren die im Anhang zu Hottinger, 1852, erwähnten 1430 Seiten Foliotext in drei Bänden mit Eschers «Fragmenten über die Naturgeschichte Helvetiens», den geognostischen Reisenotizen, hier kurz Reisenotizen genannt, die heute in der Handschriftenabteilung der ETH Zürich verwahrt werden, die gebundenen Tagebücher und Vorlesungen Arnold Eschers (heute ebenda) nebst einigen geologischen und Gebirgskarten desselben.
14 H.C. Escher hatte außer dem Sohn Arnold sieben Töchter und einen weiteren Sohn; dieser und zwei Töchter starben als Kleinkinder. Anna (1790–1862) heiratete 1809 den Zürcher Kaufmann Martin Bodmer im Windegg; Dorothea (1791–1859) 1811 den Seidenindustriellen und Zürcher Stadtrat Georg Konrad Bürkli im Tiefenhof; Juliane (1794–1845) 1815 Hans Kaspar Hirzel, Mineraloge und Besitzer einer Hammerschmiede, der Escher häufig auf seinen Bergwanderungen begleitete; Charlotte (1798–1870) 1821 Salomon Heß, Pfarrer in Ötenbach bei Zürich und nachmaliger Großmünsterdiakon. Die jüngste Tochter Sophie (1802–1847) war kränklich und starb unverheiratet. s. Keller-Escher, C., 1885.
15 s. SKL 1902, Bd. 1, S. 428. Der Verfasser des Vermerks, J.H. Graf, Professor der Mathematik an der Universität Bern und hochverdienter wissenschaftlicher Autor, hätte von der Existenz der 900 Zeichnungen wissen müssen, weil die von ihm angeführten Literaturquellen sie in mehreren Fällen erwähnen. Das ist nur ein Beispiel der unwissenschaftlichen Zufälligkeiten, die so oft zu falschen Schlüssen führen.
16 s. HBL Bd. 3, S. 357.
17 s. Studer, Bernhard, 1863, S. 508; Wolf, Rudolf, 1879, S. 116; Wartenweiler, Fritz, 1936, S. 37; Imhof, Eduard, 1963, S. 120.
18 s. Heer, Oswald, 1871, S. 13.
19 s. Staub, Rudolf, 1954, Tafeln II – Tödi, IV – Glärnisch, VIII – Martinsloch; Würdigung der Escher-Zeichnungen auf S. 129, 130, 133.
20 Hans Conrad Escher von der Linth 1767–1823, Ausstellung 15.6.–30.9. 1968 im Freulerpalast, Näfels.
21 Ansichten und Panoramen der Schweiz 1780–1822. Zum Lebenswerk Hans Conrad Eschers von der Linth, Ausstellung im Predigerchor der Zentralbibliothek Zürich, 9.3.–5.5. 1973, eröffnet zum 150. Todestag Eschers.
22 Salomon Hirzel, später Pfarrer in Maur und Grüningen, s. auch Kommentar 10 und Hottinger 1852, S. 4.
23 Die Neujahrskupfer sind eine schweizerische und vor allem zürcherische Besonderheit im Bereich der Druckgraphik, die von der alten Stadtbibliothek Zürichs, der Vorgängerin der heutigen Zentralbibliothek, ausging. Sie wurden seit 1645 für «eine kunst- und tugendliebende Jugend» als Ersatz für Wein und Tirggel (Honignäschereien) herausgegeben, die man den Kindern am Bächtelistag, dem 2. Januar, für die sogenannten Stubenhitzen dargereicht hatte. Die Stubenhitzen, ursprünglich Brennholz- und später Geldgaben zum Warmhalten der Zunftstuben, wurden zunächst von den Zürcher Zunfthäusern entgegengenommen und später nach dem Vorbild der Stadtbibliothek durch Neujahrskupfer ersetzt. Im 19. Jahrhundert verwandelten sich die inzwischen auch in anderen Städten herausgegebenen Neujahrskupfer in belehrende, mit Kupferstichillustrationen geschmückte Aufsätze, die Neujahrsblätter, die noch heute am Bächtelistag in der Zentralbibliothek und manchen Zürcher Zunfthäusern aufliegen.
24 Es handelt sich um Heinrich Escher (1713–1777), Oberst in holländischen und französischen Diensten, Statthalter und Gerichtsherr auf Kefikon und Islikon. H. Escher ist der Gründer des noch heute stehenden alten Waisenhauses in Zürich (das damals neue Gebäude hat H.C. Escher auf der Skizze «Zürich vom Wiedikoner Hügel», Bild 2, festgehalten). Die Gründung eines Waisenhauses solcher Größe und Qualität war damals eine soziale Großtat. Das Gebäude ist heute ein städtisches Amtshaus.
25 Weinkelter, zugleich Raum mit der Presse. Abgeleitet von treten – der alten Preßweise.
26 «Das geheime Tagebuch eines Beobachters seiner selbst», von J.C. Lavater 1769 geschrieben, wurde 1772 von seinem Freund Zollikofer auf eigene Verantwortung in Leipzig veröffentlicht, nachdem Lavater es dem Basler Ratsherrn Isaak Iselin zur Zirkulation unter Freunden überlassen hatte. Es

rief geradezu eine Mode der empfindsamen Selbstbetrachtung und -analyse hervor.
27 am 24. August 1779.
28 Der Mathematiklehrer David Breitinger (1737–1817) hatte sich um das Zürcher Schulwesen und die Volksaufklärung verdient gemacht.
29 de Tolnay, Charles, Michelangelo lehrt Zeichnen. Bemerkungen über ein bisher unveröffentlichtes Blatt des Meisters. Neue Zürcher Zeitung, 10. März 1974.
30 Condivi, Ascanio, Vita di Michel Agnolo Buonaroto, Rom 1553.
31 Dazu s.u.a.: Fromer-Im Obersteg, L., 1945, S. 14f.; Zürich um 1770, Johann Balthasar Bullingers Stadtansichten, hrg.v. C. Ulrich, Zürich 1967; Solar, G., Conrad Meyer und Jan Hackaert, Feststellungen um einen Fund. Jahrb. d. Schweiz. Instituts f. Kunstwissenschaft, Zürich 1975.
32 Gichter = Krämpfe, Zuckungen: gichterisch = an Krampfanfällen leidend. Heute nicht mehr gebräuchlicher Terminus.
33 Das Fricktal kam im 12.–13. Jhr., Rheinfelden 1330 an das Haus Habsburg und bildete mit Laufenburg, Säckingen und Waldshut die sog. Vorderösterreichische Herrschaft. Im Frieden von Lunéville 1801 an Frankreich abgetreten, wurde das Fricktal 1802 der Helvetischen Republik übergeben und in der Mediationsakte von 1803 dem Kanton Aargau angegliedert. S. HBL 3, S. 331.
34 Der sog. Tod von Basel war eines der Hauptwahrzeichen der Stadt und in vielen Stichen und Beschreibungen verbreitet. Es handelte sich um ein vor der Mitte des 15. Jahrhunderts auf die Kirchhofmauer des Dominikaner- oder Predigerklosters gemaltes Wandbild in Form eines durchlaufenden Streifens mit lebensgroßen Figuren. Lange fälschlich Hans Holbein d.J. zugeschrieben, ist das monumentale Wandgemälde sehr wahrscheinlich ein Werk aus dem Umkreis des Konrad Witz, dessen Stil die 19 nach dem Abbruch der Mauer im Jahre 1805 zufällig geretteten und kürzlich von den späteren entstellenden Übermalungen befreiten Fragmente, die heute im Basler Historischen Museum verwahrt werden, nahestehen. S. François Maurer, Die Kunstdenkmäler des Kantons Basel-Stadt, Bd. V, Basel 1966, S. 203–317, und Boerlin, P.-H., 1966.
35 Regula von Orelli (26.9.1768–22.4.1832), Tochter des Salomon von Orelli (1740–1829) und der Anna Schultheß. Salomon von Orelli war Gerichtsherr in Baldingen bei Zurzach, 1790 Präsident der Helvetischen Gesellschaft, 1794 Mitglied des Geheimen Rats; 1799 wurde er von den Franzosen als Repräsentant der «Aristokraten» nach Basel deportiert.
36 s. Verzeichnis der Bergwanderungen und Reisen H.C. Eschers im Anhang.
37 Heinrich Lavater, Dr. med. (1768–1819), Sohn des Zürcher Pfarrers und Physiognomikers Johann Caspar Lavater, war Eschers Schulkamerad aus der Kunstschule. S. auch Kapitel «Entwicklung einer Fertigkeit». H. Lavater studierte in Göttingen und zog auch Escher hin.
38 Samuel Rengger aus Brugg, Pfarrer in Baden/Aargau, Gesinnungsgenosse Eschers und älterer Bruder des Arztes, Naturforschers und Innenministers der Helvetik Dr. Albrecht Rengger, der zu Eschers Freunden aus der Göttinger Studienzeit gehörte.
39 Die Schwägerin im Felsenhof war Anna Barbara Escher-Landolt (1753–1829), Gattin von H.C. Eschers Stiefbruder Johannes Escher (1754–1819). Das Paar wohnte im Felsenhof. Johannes Escher war Besitzer des Landguts Schipf in Herrliberg, wo Goethe während seiner dritten Schweizer Reise zu Gast war, und Gründer des heutigen Industrieunternehmens Escher-Wyß. Sein Bruder war der Bankrotteur Heinrich Escher (1753–1811) (s. auch Anm. 57).
40 Arnold Escher hatte sich auf dieser Reise an Friedrich Hoffmann, Professor der Geologie in Berlin, angeschlossen.
41 Der italienische Jurist Gaetano Filangieri (1752–1788) aus Neapel, dessen siebenbändiges Hauptwerk «Scienza della legislazione» (1780–1785) unvollendet blieb. Die 1784–1793 erschienene deutsche Ausgabe mag Escher vorgelegen haben. Das Werk war damals das modernste Lehrbuch des allgemeinen und Staatsrechts.
42 Solche in sauberer, fast nur mit der Lupe lesbarer Miniatur-Lateinschrift geschriebene Auszüge und Verzeichnisse Eschers sind in der ZBZ zahlreich vorhanden; ein solches Blatt ist hier als Textabbildung wiedergegeben.
43 Das «Eydgenöss. Stadt- u. Landrecht» (1727–1746) in vier Bänden von Hans Jakob Leu (1689–1768). Leu war zuletzt Bürgermeister von Zürich.
44 Der Berner Rechtsanwalt Samuel Friedrich Lüthard (wie Escher 1767–1823) gehörte zu Eschers Freundeskreis aus den Göttinger Studienjahren, spielte während der Helvetik eine hervorragende Rolle, war kurze Zeit Justizminister, zog sich dann aus der Politik zurück und widmete sich zusammen mit dem Mechaniker Ulrich Schenk der Herstellung von physikalischen und astronomischen Instrumenten (HBL).
45 Paulus Usteri (1768–1831), Arzt, Staatsmann und Journalist, war einer der führenden Köpfe der Helvetik. Er gehörte gleichfalls zum Freundeskreis Eschers in den Göttinger Studienjahren, publizierte bedeutende wissenschaftliche Arbeiten im Bereich der Medizin und der Botanik, hatte während der Helvetik zahlreiche Spitzenfunktionen inne und gab mit Escher den «Schweizerischen Republikaner» heraus.
46 Der früher in der deutschen Schweiz gebräuchliche Name Luganos.
47 Die erste Veröffentlichung erfolgte in der Mai- und Juninummer 1743 des Journal Helvétique in Neuchâtel durch den Bibliothekar der Republik Genf Léonard Baulacre. Sie ist in seinen «Œuvres historiques et littéraires», Paris 1857, im I. Bd. S. 50–69 nochmals abgedruckt. Die englische Version gab Pierre Martel, der Verfasser der zweiten «lettre», 1744 in London heraus (alle drei Veröffentlichungen s. Literaturverzeichnis). Charakteristik und Auszüge im Kapitel «Der Bergwanderer».
48 Faucigny ist eine Schloßruine über der Straße Genf–Chamonix und eine Siedlung im heutigen arr. Bonneville, die einst dem Tal den Namen gab.
49 Jean André Deluc befaßte sich mit den atmosphärischen Schwankungen und dem Barometer und war kurz Professor der Philosophie und Geologie in Göttingen.
50 Das krasseste Beispiel hierfür ist seine Physica sacra von 1731, ein reich illustriertes Riesenwerk, wo er z.B. auf Grund der in der Bibel enthaltenen Angaben den Grund- und Aufriß der Arche Noahs darstellen ließ.
51 J.A. Deluc s. Anm. 48; sein Bruder Guillaume Antoine Deluc (1729–1812) war ebenfalls Geologe und befaßte sich vor allem mit den vulkanischen Erscheinungen.
52 S. 255.
53 Johann Gottfried Ebel (1764–1830) aus Preußisch-Schlesien weilte 1790–1792 in der Schweiz und schrieb 1793 eine «Anleitung, auf die nützlichste und genußvollste Art die Schweiz zu bereisen». 1796–1801 in Paris, wurde er französischer Bürger, befaßte sich mit den in der Schweiz vorzunehmenden Reformen und erhielt 1801 das helvetische Bürgerrecht. Er zog sich später in Zürich aus der Politik zurück und wandte sich geognostischen Forschungen zu; 1808 veröffentlichte er sein von Escher in den Alpina eingehend kritisiertes Werk über den «Bau der Erde im Alpengebirge».

54 Engel, l.c., S. 69: «Sa conscience, d'une probité presque exagerée, l'empêcha de rien publier avant 1779: pour obtenir des preuves définitives, il recommençait tous ses voyages, et vérifiait à nouveau ses notes accumulées depuis vingt ans.»
55 Engel, l.c., S. 69: «Ses méthodes de travail lui garantissaient la plus grande précision possible: durant toute sa vie, il rédigea ses notes sur place ou, au plus tard, dans les vingquatre heures.»
56 Vgl. Solar, G., Drei Erstleistungen, 1974.
57 Hottinger 1852, S. 355/356.
58 Im Lebensbericht heißt es dazu: «. .die Nachrichten von Zürich her waren erschütternd. Der Bankerott war also am Morgen unsrer Abreise ausgebrochen u. veranlaßte in Zürich eine allgemeine Consternation, die bald in Erbitterung gegen die Führer der gestürzten Handlung ausarthete – noch immer blieb mein Bruder zu Hause in seinem Wahn, sich aus der Sache loswinden zu können – seine Freunde bewiesen ihm das Unhaltbare seiner Behauptung und schickten ihm die dringendsten Warnungen, sich augenblicklich zu entfernen, indem er sich sonst der Mißhandlung des erbitterten Pöbels preisgebe – endlich übermannte ihn die Forcht – er floh aus seiner schönen Besitzung im Berg, ließ eine vortreffliche Gattin u. vier hoffnungsvolle Kinder, 3 Töchter u. einen Sohn, zurück, die er nie wiedersah – er mußte hinten in seinem schönen Garten über eine Hecke steigen, um unbemerkt seine Heimat, seine Vaterstadt, sein Vaterland auf immer zu verlassen, in denen er so glücklich, so angesehen selbst im höchsten bürgerlichen Wohlstand hätte leben können, wann er nicht nach übermäßigem Reichthum gestrebt hätte...»
59 Privatlehrer von Heinrich Eschers Sohn Hans Caspar Escher (1776–1844).
60 Es handelt sich um den 3. Teil von Scheuchzers «Natur-Geschichten des Schweitzerlands: Meteorologia et oryctographia helvetica oder Beschreibung der Lufft-Geschichten, Steinen, Metallen und anderen Mineralien des Schweitzerlands, absonderlich auch der Überbleibselen der Sündfluth. Zürich 1718.
61 Gottlieb Sigmund Gruner d.J. (1756–1830), Pfarrhelfer in Herzogenbuchsee und Bern, Pfarrer in Herzogenbuchsee und Zimmerwald, hervorragender Botaniker und Naturforscher.
62 Amden.
63 Leonhards Taschenbuch, 6. Jahrg., Frankfurt 1812, S. 392.
64 Hrg. von A.W. Köhler und C.A. Hofmann, Bd. I, Freiburg 1795.
65 Es handelt sich um Richard Pococke (1704–1765), einen Archäologen und Reiseschriftsteller, der 1737 eine Reise nach dem Morgenland unternahm und sich 1741 auf der Rückfahrt in Genf einfand. Ergebnis der Orientreise sind die «Travels to the East and some other Countries...», London 1743–1770. Pococke starb als anglikanischer Bischof. (Jöcker)
66 Aus Baulacres Schilderung, übersetzt vom Hrg.
67 Hottinger 1852, S. 359; Heer 1871, S. 9.
68 Dierauer 1889, S. 225.
69 Mit Kastenhofer (richtig Kasthofer) schloß Escher schon in Morges, wo der junge Berner sich ebenfalls in der französischen Sprache vervollkommnen sollte, eine lebenslange Freundschaft. Escher nennt nie den Vornamen. Es handelt sich sicher nicht um den bei Dierauer 1889 zweimal erwähnten Berner Forstmeister Karl Kasthofer, der 1777 geboren wurde und für Morges 1783–1784 zu jung gewesen wäre.
70 Escher schrieb dieses Kapitel des Lebensberichts Anfang 1822, als er schon über die Erfahrung der alles Land ringsum verwüstenden Nolla-Ausbrüche verfügte; s. auch Kommentar zu Bild 35.
71 Mitteilung von J. Hösli.
72 Z.B. bei Max Schefold, Alte Ansichten aus Baden, Weißenhorn 1971, Tafelband S. 105. Es gibt natürlich noch eine Reihe weiterer Definitionen, die im Panoramenband besprochen werden.
73 Solar, G., Johann Caspar Lavater im Spiegel seiner Sammlung, Neue Zürcher Zeitung 18.2.1973; Illustrationen s. derselbe, Les Restes de la collection de J.C. Lavater à la bibliothèque de Zurich, in: Gazette des Beaux Arts, Paris, März 1972.
74 Wie es dazu kam, wird im Panoramenband untersucht.
75 Das farbige Faksimile befindet sich in der Panoramenkassette.
76 Faksimile in der Panoramenkassette.
77 Text s. Kapitel «Quellen».
78 Publiziert in Leonhards Taschenbuch, 1812, in der Korrespondenz auf S. 393–394.
79 Faksimile in der Panoramenkassette.
80 E. Brock in der Tageszeitung «Die Tat», Zürich, 29. März 1973.
81 Zur Unterscheidung zwischen Prospekt und Vedute s.u.a. May, Alfred, Wien in alten Ansichten, Salzburg 1965, S. 14.
82 Über die Rolle Jan Hackaerts s. Stelling-Michaud, Sven, Unbekannte Schweizer Landschaften aus dem XVII. Jahrhundert, Zürich 1937, als grundlegende Arbeit; neuerdings haben sich mit Hackaert befaßt: Weber, Bruno, Der «Zürichsee» von Jan Hackaert, Zeitschrift für schweizerische Archäologie und Kunstgeschichte, Bd. 31, Zürich 1974, Heft 4; derselbe, Landschaftszeichner in Graubünden vom 16. bis zum frühen 19. Jahrhundert, Schriftenreihe des Rätischen Museums Chur, Heft 17, Chur 1975; Solar, Gustav, Conrad Meyer und Jan Hackaert..., Zürich 1975, s. Anm. 31.
83 Davon ausgehend, hat Bruno Weber diese Selbstdarstellungen untersucht und ihr Vorkommen vom 15. bis ins 19. Jahrhundert verzeichnet; eine Publikation steht 1975 bevor.
84 Am ausführlichsten und präzisesten untersucht Marc Sandoz in seiner Studie «De Genève à Chamonix, Essai sur l'évolution du paysage de montagne consécutive à la «découverte» des «glacières» du Faucigny», in: Genava, Nouvelle série, tome XVII/1969–XVIII/1970 und XIX/1971, diese ersten geognostischen Zeichnungen aus dem Hochgebirge.
85 Zitiert bei Solar, G., s. Anm. 3.
86 Näheres über diesen Maler, der für Saussure auf gemeinsamer Bergwanderung zwei «Bilder» – vermutlich Aquarelle – malte, hat auch Sandoz nicht ermitteln können.
87 s. Engel, l.c., S. 62–67.
88 So Thieme-Becker, Bd. 21, S. 449.
89 Über das Zurlaubenwerk sowie über Besson hat Bruno Weber alle erreichbaren Angaben in seiner Einführung zum Bildband «Berge und Städte der alten Schweiz», Basel 1973, verdienstvoll zusammengetragen. Zu Besson s. S. 19.
90 S. Sandoz, Marc, l.c., mit Illustrationen.
91 Eine Mikrofilmkopie befindet sich in der Zürcher Zentralbibliothek.
92 Als Kopisten einiger Ansichten und Panoramen sind ein Kull und ein Tempelmann genannt. Bei dem ersteren handelt es sich entweder um Hans Jakob Kull (1796–1846) oder um seinen Vetter Konrad Kull (1816–1897), beide Zeichner und Lithographen aus Zürich; Hans Jakob war auch Kupferstecher. Ein Maler der ebenfalls in Zürich beheimateten Familie Tempelmann konnte bisher nicht ermittelt werden.
93 Daß Escher nicht nur Baudenkmäler im Bild festgehalten, sondern auch denkmalpflegerisch eingegriffen hat, geht

beispielsweise aus einem Schreiben vom 18. November 1818 an den Verwalter des Großmünsters hervor, wo Escher auf den Einsturz einer Säule und die Gefährdung von Bürgerschulknaben hinweist und den baufälligen Zustand der durch Aufbauten auseinandergedrückten Kreuzganggewölbe beschreibt. Es ist ihm natürlich vor allem um die Schulkinder zu tun; aber er verlangt nicht die Niederreißung des gefährdeten und gefährdenden Teils, sondern seine Restaurierung. In einem anderen Schreiben – vom 28. Januar 1816 – an den Zürcher Stadtrat tritt er für eine Aufhebung der Kirchhöfe im Interesse der öffentlichen Hygiene ein; wieder sind es die Bürgerschulknaben, die ihn zu diesem Schritt veranlaßt haben, denn «Letzten Dienstag vor 8 Tagen wurde in dem Kirchhofe im Kreutzgang beym Fraumünster ein Grab gemacht u. bey dieser Arbeit ein weiblicher Leichnam ausgegraben, der noch so wenig verwest war, daß sich die Haut noch am Kopf vorhanden u. an dieser eine lange Haarflechte... zeigte... Die Bürgerschulknaben waren bey diesem Vorfall gegenwärtig u. trieben wie natürlich mit diesem Kopf ihren Spaß, bis ihn endlich der Todtengräber beseitigte...» Es sei «theils in Hinsicht der Gesundheitspflege, theils der den Todten schuldigen Achtung wegen» erforderlich, die Kirchhöfe, wo so wenig Platz sei, daß noch unverweste Leichen ausgegraben werden müßten, um neuen Begräbnissen Platz zu machen, abzuschaffen und Friedhöfe einzurichten, die über genug Platz verfügen. Es kennzeichnet Escher, daß er sich über die Schüler gar nicht entrüstet zeigte, im Gegenteil voll Verständnis: es ist natürlich, daß junge Menschen Spaß treiben...

94 Ein Bericht erscheint voraussichtlich 1975 in der Zeitschrift für schweizerische Archäologie und Kunstgeschichte.

95 Aus: Conrad Geßner 1516–1565 – Universalgelehrter, Naturforscher, Arzt. Zürich 1966. Übersetzt von Dr. Rudolf Steiger.

Verzeichnis der Bergwanderungen und Reisen H.C. Eschers

Die Daten und Trassen der etwa von 1779 bis 1790 erfolgten Wanderungen und Reisen sind dem Lebensbericht, die folgenden von 1791 bis 1822 den Reisenotizen entnommen. Dieser zweite Teil des Verzeichnisses gibt die am Ende eines jeden der 11 Hefte der Reisenotizen beigefügten Inhaltsverzeichnisse wortgetreu wieder, weshalb er nicht die heutigen, sondern die von Escher gebrauchten alten Namen und Bezeichnungen der Örtlichkeiten nennt. Der Authentizität wegen wurden auch eingestreute Briefe geognostischen Inhalts nicht weggelassen. So kann dieser Teil auch als Inhaltsverzeichnis der unpublizierten Reisenotizen dienen.

Aus dem Lebensbericht

1779–1782

Kleine Wanderungen mit Professor Bullinger: Regensberg, Schloßruinen Balp, Würb und andere, Üetliberg, Trichtenhauser-, Tobelmühle, Witikon, Leimbach, Adliswil u.a.

1782

Spaziergänge mit Freund C. Weber in der Umgebung von Kefikon und Frauenfeld: Iselisberg, Zumikerhöhe, Mörsburg. Wanderung nach Greifensee zu Oberst Landolt.

1783–1785

Welschlandaufenthalt:

1783

19.–25.4. Zürich–Baden–Lenzburg–Murgenthal–Kirchberg–Bern–Freiburg–Payerne–Jorat–Morges.

1784

13.–17.9. Erste Bergwanderung mit Pfarrer Guex und Begleitern: Morges–Hochwacht Belair–Schloß St. Saphorin–L'Isle–Dent de Vaulion–Lac de Joux–Le Pont–Entonnoirs–Source de l'Orbe–Vallorbe–Lac de Joux–Aux Brassus–Lac des Rousses–La Cure–Dôle–St. Cergue–Beniain–Rolle–Morges.

3.11. Ankunft in Genf

1785

Streifzüge mit J.P. Vaucher:

Frühjahr: Ferney–Voltaire

28.–29.6. Genf–Bonneville–Môle–St. Joire–Genf

20.7. Genf–St. Genis–Farges–Fort de l'Ecluse–Perte du Rhône–Jonction de la Valserine–Pont de Bellegarde–Genf

26.7. Genf–Carouge–Salève–Montreux–Pas de l'Echelle–Genf

30.7.–4.8. Abreise aus Genf, zunächst als Bergwanderung mit Vaucher: Genf–Bonneville–Cluses–Grotte de Balme–Chamonix–Col de Balme–Vallorcine–Mont Buet–Chamonix

5.–31.8. Ohne Vaucher: Chamonix–Col de Balme–Trient–Col de la Forclaz–Martigny–St. Maurice–Bex–Villeneuve–Vevey–Pissevache–Martigny–Gr. St. Bernhard–Martigny–Sion–Leukerbad–Gemmi–Leuk–Brig–Goms–Grimsel–Guttannen–Meiringen–Gr. Scheidegg–Grindelwald–Kl. Scheidegg–Staubbach und Lauterbrunnen–Thun–Bern–Aarau–Bad Schinznach (Eltern und Schwester)–Zürich

1786

22.–27.4. Zürich–Forch–Eßlingen–Grüningen (Besuch bei Pfarrer Hirzel, weiter mit ihm)–Gossau–Itzikon–Stäfa–Feldbach–Hombrechtikon–Grüningen–Rapperswil–Seebrücke–Lachen–Buchberg entlang–Grinau–Grüningen–Zürich

(Mai?) Thalwil

Juni: Zürich–Katzensee–Regensberg–Lägern–Baden–Zürich Albiskette

12.–27.6. Zürich–Thalwil–Oberrieden–Au–Wädenswil–Richterswil–Bäch–Pfäffikersumpf–Hurden Brücke–Rapperswil–Wurmsbach–Bollingen–Schmerikon–Uznach–Schänis–Ziegelbrücke–Näfels–Obersee–Rautialp–Rautispitz–Oberurnen–Weesen–Walenstadt–Churfirsten–Wildhaus–Gams–Rheintal–Hirschensprung–Appenzell–Hundwil–Herisau–St. Gallen–Speicher–Trogen–Heiden–Rheineck–Rorschach–Utwil–Konstanz–Mainau–Konstanz–Steckborn–Stein am Rhein–Schaffhausen–Rheinfall–Marthalen–Andelfingen–Kefikon

Frühling: Manöveraufenthalt in Benken, mit Offiziersgesellschaft zum Rheinfall, Schloß Laufen und Schaffhausen

Frühling: Militärmusterung mit dem Vater (Generalinspekteur): Zürich–Stäfa, Hinwil–Wetzikon–Pfäffikersee–Fehraltdorf–Greifensee–Zürich

1786–1788

«Fremdereise»:

1786

15.8. Abreise. Zürich–Wettingen–Windisch–Brugg–Bözberg–Fricktal–Rheinfelden–Basel

16.–18.8. Basel – Altkirch – Belfort – Lure – Vesoul – Langres Chaumont–Troyes–Nogent-sur-Seine–Charenton–Paris

19.8.–14.10. Paris (Ausflüge und Ausritte)

15.–23.10. Paris–St. Denis–Montmorençy–Pontoise–Rouen–Harfleur–Le Havre–Portsmouth–London

24.10.–31.12. London und England. Abreise Dover–Ostende

1787

1.1.–16.2. Ostende–Brügge–Gent–Aalst–Brüssel–Antwerpen–Breda–Dordrecht–Rotterdam–Delft–Den Haag–Leiden–Haarlem–Amsterdam–Utrecht–Nijmegen–Cleve–Düsseldorf–Köln–Limburg–Frankfurt a.M.–Marburg–Kassel–Göttingen

1787, 17.2.–1788, 17.3.

Studienaufenthalt in Göttingen und Reisen in verschiedene Teile Deutschlands:

1787

16. 3.–20. 4. Ferienreise mit H. Lavater:
Göttingen – Hannover – Hildesheim – Braunschweig – Celle – Lüneburger Heide – Lüneburg – Ratzeburg – Lübeck – Travemünde – Hamburg – Bremen – Vegesack – Hannover – Göttingen

25. 5.–2. 6. Harzreise: Göttingen – Osterode – Clausthal – Ilsenburg – Harzburg – Blocksberg – Brocken – Goslar – Göttingen

15. 9.–14. 10. Herbstferien: Göttingen – Goslar – Halberstadt – Magdeburg – Brandenburg – Potsdam – Berlin – Dresden – Meissen – Leipzig – Weimar – Erfurt – Gotha – Göttingen

1788

18. 3.–20. 9. Fortsetzung der Reise über Österreich, Italien und Südfrankreich nach Zürich zurück: Göttingen – Kassel – Koburg – Bamberg – Erlangen – Nürnberg – Regensburg – Straubing – Passau (Donaufahrt:) – Linz – Wien – Graz – Laibach – Triest (Seefahrt:) – Venedig – Bologna – Florenz – Siena – Viterbo – Rom – Neapel (und Umgebung) – Rom (und Umgebung) – Florenz – Pisa – Livorno (Seefahrt:) – Genua – Pavia – Mailand – Turin – Genf – Lyon – Montpellier – Sète – Nîmes – Grenoble – Genf – Avenches – Murten – Bern – Petersinsel im Bielersee – Zürich

1790

24. 8.–11. 9. Hochzeitsreise: Zürich – Rheinfall – Schaffhausen – Hechingen – Tübingen – Stuttgart – Ludwigsburg – Ulm – Augsburg – München – Ravensburg – Konstanz – Kefikon

1792–1793

17. 9.–31. 1. Grenzbesetzung bei Basel und Wanderungen im Baselbiet

Aus den Reisenotizen:

Heft 1

1791

6. 2. Lägerberg bey Baden u. Regensperg u. Gäbistorf
28. 2. Fortsetzung und Weilerberg hinter Baden
15. 3. Ütliberg bey Zürich
3. 4. Hertenstein hinter Baden und Fortsetzung des Lägerbergs
24. 4. Südliches Ufer des Zürichsees
10. 5. Fortsetzung des Lägerbergs bey Regensperg
31. 8. Fortsetzung des Lägerbergs bey Regensperg, Hexenbühel zwischen Dielstorf u. Niederhasli
16.–18. 9. Reise nach Einsidlen, Schweiz u. dem Rigi
25. 9. Nurren am südlichen Ufer des Rheins ob Zurzach
21. 10. Porphirfels ob Herrliberg am Zürchersee
23. 10. Würenloser Hügel in der Grafschaft Baden
12. 11. Fortsetzung des Hertensteins hinter Baden

1792

5. 2. Ende des Hertensteins hinter Baden
1. 4. Hügel zwischen dem Altschloßberg u. Weilerberg b. Baden
4.–7. 7. Reise auf den Rigi (über Arth, Brunen u. Gersau)
11.–17. 7. Reise durch das Linththal u. Schächenthal u. auf den Gothard (über den Rigi zurück)
23. 7. Reise nach den vulkanischen Hüglen jenseits dem Rhein
25.–31. 8. Reise nach den Appenzeller Alpen

1793

2. 1. Hauenstein bey Waldenburg, Ct. Basel
16. 6. Fortsetzung des Hohen Rohnen zwischen Zürich, Schwyz u. Zug
13. 7. Fortsetzung des Lägerbergs bey Baden
... 7. Jura (Lägerberg) im Aargau
23. 7. Habsburg im Aargau
3. 8. Hügel im Bader Gebieth (bey Längnau)
9.–20. 8. Reise durch Sargans, Bündten, Veltlin, Clefen u. das Serenftthal
30. 9.–3. 10. Reise auf den Rigi u. durch die Freyen Ämter (mit den munteren Gefährten)

1794

24. 2. Zürichberg
25. 2. Ütliberg an der Kette des Albis
2. 3. Widickerberg (Züricherberg)
6.–7. 3. Fortsetzung Albiskette
30. 3. Sihltal
6. 4. Albiskette u. Gubel
19.–22. 4. Reise in die Cantone Schwyz u. Zug (Einsidlen, Schwyz u. Morgarten.
10.–12. 5. Reise ins Wäggithal, Clönthal u. Muttenthal
11. 6. Fortsetzung Albiskette
11.–28. 8. Reise nach Unterwalden, Engelberg, Joch, Hasli, Grimsel, Furka, Liviner, Bedretter u. Arunkerthal, Gries, Grindelwald, Lauterbrun, Emmenthal, Entlibuch u. Luzern
3. 12. Fortsetzung Weillerberg hinter Baden
4. 12. Fortsetzung Lägerberg im Aargau, hinter Gebistorf

1795

19. 2. Fortsetzung Lägerberg bey Baden
5.–6. 4. Arauer Erzberg im Aargau
8. 4. Fortsetzung Albiskette
12. 4. Hörnli zwischen Zürich u. Toggenburg
29. 4. Fortsetzung Albiskette
3. 5. Loretzentobel im Ct. Zug
5.–7. 7. Reise von Bellenz durchs Misoxerthal, Rheinwald, Schamser u. Domletschgerthal, über Kunkels auf Pfeferz u. über Sargans u. Wallenstadt u. durch Gaster und Mark bis an den Zürichsee
2. 8. Buchhügel am N.O.Fuß des Heitlisbergs
6.–8. 8. Reise an den Zugersee u. um den Fuß des Rigi herum
27. 8. Reise an den Ezel u. an den hohen Rohnen
–. 9. Reise durchs Badergebieth an die nördlichen Ufer des Rheins u. durch das Frickthal zurück
29. 10. Kyburger Schloßberg im Ct. Zürich

1796

30. 4.–6. 5. Reise nach Sargans, Werdenberg, Sax u. durch das Toggenburg
14. 9. Fortsetzung Albiskette
Mai Arauerberg Südseite der Aare (Jura)

1797

9. 11. Fortsetzung Albiskette

Heft 2

1795

4.–8. 6. Reise über den Gothard nach der Italiänischen Schweiz
–. 6. Gegend von Lugano in der Italiänischen Schweiz
12.–20. 6. Reise von Lugano über Porlezza u. Menasio an den Comersee, über Varese ins Cuviothal u. über Ponte Tresa nach Lugano
24. 6.–2. 7. Reise durchs Tresathal an den Langensee u. an den Eingang des Maynthals, in die Vorhügel der Alpen gegen die Lombardey u. in die südöstlichen Piemontesischen Gebirge zwischen dem Langen u. Ortasee

1800

25. 3. Gersau am Vierwaldstättersee
7. 4. Wanderung über den Leuwen zwischen Hutwyl u. Burgdorf

1796

13.–17. 6. Reise über den Zuger, Lowerzer u. Vierwaldstätter See, durch das Reussthal ins Urselerthal
4.–6. 7. Reise von Zürich nach dem Pfeferzbaad
24.–31. 7. Reise von Zürich in den Canton Glaris, ins Sernftthal, Krauchthal, Weißthannerthal, durchs Rheinthal

herab, an den Bodensee u. über St. Gall u. Weil zurück
6.–16.8. Reise nach Engelberg, über Sureneneck in das Reußthal, durchs Maderaner u. Rubletenthal über den Brunnigletscher ins Scavreinthal u. Thal des Vorderrheins, über Oberalp ins Urselerthal, durch Unteralp über die Schattenstöck ins Canaria u. Livinerthal; auf den Gothard, in die Thäler der Sella u. Lucendroseen, u. längst der Reuß auf Zürich zurück

1797

16.–19.5. Reise ins Lorzentobel, Einsiedlerthal, auf die beyden Auberige u. ins Wegithal
15.–22.9. Reise in die Glarnerschen Gebirge, durch das Linthal, Thal des Wallenstattersees, das Bärenthal, Thal der Murgseen, u. durch die Schwendialp ins Wegithal

1801

4.–6.7. Reise vom Leukerbad durchs Baadnerthal ins Haubtthal des Wallis bis Sitten, von da über den Sanetsch ins Saanenland bis auf Saanen

Heft 3

1797

17.7.–4.8. Reise durch das Reußthal, Mayenthal, über Sustenscheidecke ins Gadmerthal u. Hasli; von da über die Grindelwald Scheidecke ins Grindelwaldthal, über Wenggerenalp ins Lauterbrunnerthal, ins Amerten u. Sefilütschenenthal, durchs Lütschenenthal an den Thunersee: von da durchs Frutigenthal in den Kanderstäg u. über die Gemmi ins Leukerthal; ins Wallis herab u. der Rhone nach hinauf auf Vispach. Durchs Vispacherthal ins Sasserthal, über Monte Moro ins Piemontische Val Anzasca; über Monte Turlo ins Val Sesia grande; durch Val Dobbia über Col Dobbia ins Val Lesa; über Col d'Aroso ins Val Challant, u. über den Berg von St. Vincent ins Val d'Aosta. Dann auf den Grossen St. Bernhardsberg, von da durch den Col des Fenetres ins Walliserthal Ferret, über den Col Ferret ins Val d'Entraive bis Cormajeur; durch die Allée blanche über den Col de la Seigne auf Glacier herab, dann über das Passage des Fours auf den Bonhomme; durch das Thal Mont Joye ins Thal der Arve u. durch dasselbe heraus bis Genf

1799

–.7. Reise von Bern in den Gurnigel u. von da über die Stockhornkette ins Weißenburgerbaad u. Simmenthal, mit der Rückreise auf Bern
8.9. Die Ufer des Thunersees
31.5.–1.6. Reise von Luzern nach Bern über den Brünig
Frühjahr Die Renck oder der Lopperberg am östlichen Fuß des Pilatus bey Luzern
Frühjahr Der Bürgen bey Stanz am Vierwaldstättersee u. der Rotzberg in gleicher Gegend

1798, Herbst, 1799, Frühjahr Gegend um Luzern

1800

3.–7.5. Reise in die Gebirge des Jura in den Grafschaften Neuenburg und Vallangin
19.–22.6. Reise auf Schwarzeneck und Sigriswyl, durch das Justithal u. Sulzithal, u. auf Tschangnau im Emmenthal
20.–21.7. Reise auf das Stockhorn im Canton Bern
27.–28.7. Reise auf den Niesen im Oberland

1799/1800

Gegend von Bern

1801

22.–24.4. Beatenberg, als Fortsetzung von den Ufern des Thunersees

1799

Sommer: Gegend zwischen Bern und Fryburg, an der Sense, dem Schwarzwasser u. der Saane

1801

2.7. Das Fruttigland, als Nachtrag zur Reise vom Thunersee in den Kanderstäg durch das Fruttigenland
19.–20.7. Reise über den Napf, zwischen den Cantonen Bern u. Luzern
23.8. Ein Theil des Emmenthals u. der Wegissen im Canton Bern

Heft 4

1801

6.–7.7. Reise von Chateau d'Oex im Welschsaanenland durch die Tine in den Canton Fryburg hinaus, längst der linken Seite der Saane bis Fryburg
6.–8.9. Reise von Zürich auf Luzern, über die Renk auf Staad am Vierwaldstättersee, dann ins Thal der Kleinen Schlieren nach dem Kalten Baad; von da ins Thal des Kragenbachs im Entlibuch hinüber; durchs Thal der Waldemmen, über die Hilftern Scheideck ins Emmenthal u. auf Bern
11.–13.9. Reise von Bern über Glütsch ins Simmenthal; durch dieses hinauf ins Saanenland hinüber; durch dieses herab bis auf Chateau d'Oex; dann ins Thal d'Etivaz hinein und über die Scheidecke des Mosses ins Thal der Grand Eau auf Aigle und Bex herab
14.–22.9. Untersuchungen über die Beschaffenheit der Salzrevier des Bezirks Aigle im Pays de Vaud
23.–26.9. Reise aus dem Bezirk Aigle durch die Lavaux am rechten Ufer des Genfersees bis Lausanne, von da über den Jorat, längst der Broye bis an den Murtensee u. über Güminen nach Bern
18.10. Untersuchung des Gächlinger Tobels im Thurgau, an der linken Seite des Murg- und Thurthals, an den Gränzen des Cantons Zürich
–.10. Bemerkungen über das Thal der Murg im Thurgau an der Ostseite der Zürchergränze
24.10. Untersuchung des Steinkohlenbergwerks im Birnstall bey Elgg, an der rechten Seite des Eulachthals im Canton Zürich

1802

5.7. Untersuchung des Kreuzlibergs bey Baden, am linken Ufer der Limmath
4.–5.9. Wanderung von Kefikon im Thurthal über Steineck nach Stein am Rhein, dann den Rhein hinab bis Schaffhausen, an den Rheinfall, u. über Andelfingen zurück
22.9.–1.10. Reise von Zürich auf Frauenfeld, über Wyl an die Krezerenbrück, dann ins Appenzellerland, auf Gäberis; über den Camor auf Kobelwies ins Rheinthal hinab; über den Stoß ins Appenzellerland zurück; in die Seealp, über die Scheidecke des Altenmanns ins Tokkenburg herab; dann über die Scheidecke auf Ammon, an den Wallenstadtersee, nach Glarus hinein. Durchs Gaster in die Thäler der Allmannsgebirgskette im Canton Zürich, u. auf Zürich zurück.
18.–19.10. Untersuchung des rechten Ufers des Zürichsees in der Gemeind Erlibach
3.12. Reise von Solothurn bis Olten am südöstlichen Fuß des Jura u. an der linken Seite der Aare

1803

20.3. Untersuchung der Gegend des östlichen Ausgangs des Lägerbergs im Ct. Zürich
12.–20.4. Reise von Zürich über Allmannskette nach dem Tokkenburg; dann durchs Thal der Urnäsch auf Appenzell u. Gais. Von hier auf die Ebenalp im Säntisgebirge; ins Rheinthal herab; längst der linken Seite des Rheins hinauf, über den Schollenberg auf Sargans. Durchs Thal des Wallensees herab auf Glaris hinein, u. an der linken Seite des Linthals auf Zürich zurück
15.–16.6. Wanderung von Zürich durchs Reppisch u. Limmatthal nach Baden

3.–15.7. Reise nach Glaris, durchs Clönthal über den Bragel, u. durch das Muttenthal auf Schwyz; von da nach Brunnen u. über den Vierwaldstättersee nach Hergiswyl u. Staad: dann auf Sarnen u. Saxlen, an den Eingang des Melchthals, durch Obwalden hinauf, am Lungerensee hin, über den Brünig auf Brienz, den Brienzersee herab bis Rinkenberg, über Golzwyl auf Unterseen. Von da durchs Habkerenthal über Bolscheidecke nach der Hohgant, von dieser herab ins Aelpgau u. Emmenthal, von da ins Entlenbuch herüber u. auf den Napf, von diesem durchs Entlenbuch an den Pilatusberg u. ins Eichthal; über Herrgottswald u. Luzern auf Zürich zurück

1804

14.–16.4. Wanderung an den obern Theil des Zürichsees

8.–14.5. Aufenthalt im Bezirk des Wallensees

21.–23.8. Wanderung von Zürich an den obern Zürichsee, über den Untern Buchberg auf Tuggen, von da über Reichenburg auf Glaris. Von hier über Kaltbrunn, Bolligen, Schwesterrein, Grüningen u. die Forch auf Zürich zurück

21.–25.9. Reise von Zürich über Zug, längst der östlichen Seite des Zugersees auf Arth; über den Lowerzersee auf Brunnen; über den Vierwaldstättersee ins Grütli u. von da ins Isithal; durch dieses Thal hinauf über die Sulzthalscheidecke ins Thal von Ober Rickenbach, durch dieses ins Thal der Aa auf Grafenorth u. ins Engelbergerthal hinein; an den nördlichen Fuß des Titlis, u. über Engelberg, Grafenorth, Stanz, Stanzstaad, Küsnach u. Zug auf Zürich zurück

Heft 5

1803

18.8.–14.9. Reise über Zug, Küsnacht, durch Obwalden, über den Brünig, durch den Brienzersee, durch Interlachen an den Thunersee; über den Aeschihügel ins Fruttigland, durch den Adelboden herauf, über Hahnemoos, an die Lenk im Simmenthal; ins Iffigerthal hinauf; über den Rawyll ins Wallis hinüber, durchs Thal der Liena auf Sitten. Ins Thal der Luzerne hinein, durch die Alp Cheville über Anzeindaz ins Aehlersalzgebirge, und durch das Thal des Avençon auf Bex herab. Durch das Thal der Kleinen Gryone auf die Pointe de Chamosaires. An das linke Ufer des Rhodans über Monthey ins Val d'Illier hinein: von da ins Val d'Abondance nach Savoyen hinüber, und an den Genfersee herab; längst dessen linker Seite nach Genf. Auf den Saleve. Durch das Thal der Arve hinauf, über Boneville, Cluse, Salenche, Servoz, nach Chamouni. Auf den Breven. Nach Vallorsine hinüber, durch das Thal des Trient, über Challant, ins Unterwallis an die Pissevache herab. Über St. Maurice auf Bex zurück. Ins Fondement. Durch das Thal des Grossen Gryone an den Col d'Arpville u. ins Ober Ormont hinüber. Über Pillon nach Gsteig, ins Saanenland. Über die Chrinnen an die Lauwinen See. Über Dungel Scheidecke nach An der Lenk zurück. Durch das Simmenthal herab bis Zweysimmen. Über den Hundsrücken nach Ablentschen. Durchs Thal der Joun herab bis Charmey. Durch Val Sainte, über Pré l'Essert an den Schwarzensee herab. Durch das Thal der Warmen Sense bis Plafeyen im Ctn. Fryburg. Nach Guggisberg herauf; auf den Schwendelberg. Über Schwarzenburg u. das Schwarzwasser nach Bern. Durch das Krauchthal ins Emmenthal. Über den Leuwen nach Huttwyl. Über Ettiswyl ins Knuttwylerbaad. Über Rickenbach, Hitzkirch, Muri u. Birmenstorf auf Zürich zurück

1804

23.–29.4. Reise von Zürich nach Kefikon im Thal der Thur; durch dieses herab bis zu seinem Einfluß in den Rhein; auf Eglisau; an der rechten Seite des Rheins hinauf bis Schaffhausen: Von hier über Herblingen in das Thal der Aach im Nellenburgischen, in diesem auf die kegelförmigen Berge von Hohenstollen, Hohen Eben, Magdberg, Hohen Kraehen u. Hohentwiel, über Engen u. Singen; dann über Schrozberg und Schinnen auf Stein am Rhein; längst der linken Seite des Untersees hinauf bis Constanz, u. über Schwaderloch auf Weinfelden im Thal der Thur u. durch dieses auf Kefikon zurück u. von da nach Zürich

8.–18.6. Reise von Zürich längst dem rechten Ufer des Zürichsees auf Schmerikon; über Hummelwald ins Tockenburg auf Ebnet, über Krummenau ins Ennetbühlerthal, von da in den obersten Hintergrund des Urnäschenthals, u. aus diesem ins Thal des Weißbaads hinüber; durch dieses Thal hinaus über Appenzell auf Gaiß. Von Gaiß ins Rheinthal hinunter, über Kobelwies u. St. Valentin an den Rhein; von hier an die rechte Seite des Rheins hinüber auf Bendern, Vaduz u. St. Luziensteig in Bündten hinein auf Marschlinz; von da ins Prätigau, durch dieses Thal über Grütsch, Schiers, Fideris bis Klosters hinauf; dann übers Schlappiner Joch ins Montafunerthal hinüber; durchs Gargellenthal ins Thal der Ill, u. längst demselben auf Bludenz u. Feldkirch bis an den Rhein hinaus, u. über Kobelwies wieder auf Gaiß zurück. Von hier über Gonten, Urnäschen, Peterzell, Hummelwald u. Rapperschwyl auf Zürich zurück

23.12. Auszug aus einem Brief an Hrrn. Professor u. Bergrath Struve in Lausanne

12.8. Spaziergang durchs Regenstörferthal von Zürich nach Baden

1805

30.4. Albiskette, Untersuchung der Laimbacher Faletschge

1806

2.–4.5. Wanderung über Käpfnach links am Zürichsee nach Richtenschwyl; von da über Wolrau in den Freyenbachersteinbruch, über den Zürichsee in den Bollingersteinbruch u. auf Rapperschwyl herab. Von da auf Dürnten am Fuß der Allmannskette, in die Braunkohlengruben, u. über Grüningen auf Zürich zurück

1810

23.5. Auszug aus einem Brief an Hrr. Leopold v. Buch in Stolpe in Pommern

1818

30.4. Über die freyliegenden Alpfelsblöcke am Ütliberg, an der Albiskette

1821

30.5.–3.6. Reise von Zürich über Kefikon auf den Iselis u. Steineckerberg nach Stein. Längs der rechten Seite des Untersees auf die Insel Reichenau. Über Constanz nach der Meinau. Von Constanz über Schwaderloch nach Weinfelden. Über Münchwylen u. Bichelsee ins Thurbenthal, und über Fehraltorf u. Greiffensee auf Zürich zurück

Heft 6

1804

25.8.–3.9. Reise von Zürich über Einsiedlen durchs Sihlthal auf Iberg, über Sterneck ins Muttenthal, durchs Kienzigthal auf den Kulm; ins Schaechenthal herab, und durchs Reußthal auf Amstäg; ins Maderanerthal hinein, durchs Neßlithal aufs Kreutzli; ins Strunsärthal herab auf Tavetsch im Thal des Vordern Rheins in Bündten. Von da auf Medels ins Thal des Mittleren Rheins hinüber und durch dieses herauf bis auf Sta Maria Scheidecke. Von hier über die hohe Kette hinter Faido auf Daziogrande ins Livinerthal herab. Auf die Scheidecke von Campo Longo hinauf u. auf Dazio zurück. Über Airolo, die Gothardscheidecke, Urseren, Amstäg, Schwyz, den Sattelberg, Rothenthurm und Schindellegi auf Zürich zurück.

1805

3.–6.6. Wanderung von Zürich durchs Glatthal auf Kayserstuhl, in die Gegend des Rafzerfeldes rechts dem Rhein, nach Schaffhausen, auf den Randen, durchs Klettgau u. über Ofteringen u. Eglisau auf Zürich zurück
8.–12.6. Reise über Einsiedlen, den Schwyzerhaken, Schwyz u. Lowerz auf den Rigi; über Wäggis auf Luzern u. Zürich zurück
21.–25.6. Wanderung von Zürich auf Arau, über Stafeleck ins Frickthal, über Herznach, Hornussen u. Sulzthal auf Laufenburg; von da über Mandach und Stilli nach Zürich zurück
12.–22.7. Reise von Zürich über die Balderen ins Thal der Reuß auf Mühlau; von da über Hochdorf, Hiltisrieden und Rußwyl ins Entlibuch; durch dieses hinauf u. über Escholtsmatt auf Tschangnau im Emmenthal, über den Schallenberg auf Schwarzeneck u. Thun. Auf Leisingen am Thunersee; von hier aus erst ins Lauterbrunnerthal hinein, dann ins Simmenthal, durchs Diemtigerthal hinauf, übers Alpetli in das obere Simmenthal; durchs ganze Simmenthal herab auf Leisingen zurück, u. endlich über Interlachen, Brienzersee, den Brünig, Sarnen, Alpnach u. Zug auf Zürich
9.8.–1.9. Reise von Zürich auf Bern, Freyburg, durchs Thal der Saanen auf Montbovent, durchs Thal des Hongrins auf die Esperts Scheidecke, in den Hintergrund des Thals der Eau Froide, u. durch das Thal des Luan auf Aehlen und Bex; durchs Thal des Rhodans bis Martinach; durchs Val d'Entremont auf den Großen St. Bernhardsberg u. auf die Pointe de Dronaz hinauf. Über Petemont ins Val Sorret, u. wieder durchs Val d'Entremont herab auf St. Branchier; ins Val de Bagne hinein bis auf den Mont Gétro; auf Bagne zurück u. über den Mont Levron ins Haubtthal des Rhodans hinüber u. auf Sitten. Ins Val d'Herens hinein u. auf Sitten zurück. Durchs Wallis hinauf über Leuck auf Brieg. Auf den Simplon, durchs Val di Vedro hinab ins Val d'Antigorio hinein, durch dieses u. das Val Formazza hinauf aufs Gries, durch das Eginenthal hinab auf Ober Gestelen; durchs Oberwallis hinauf über die Furka ins Urselerthal; auf den Sixmadun; auf Urselen zurück, und endlich über Altorf, Brunnen, Arth und Zug auf Zürich zurück

Heft 7
1806
21.6.–11.7. Reise durch den Wallenstadtersee auf Marschlinz; auf Chur, durch Churwalden auf Parpan; aufs Rothhorn; ins Arosathal; über die Fürkeli am Strela auf Davos; durchs Thal des Landwassers in den Silberberg. Von Davos durchs Dismathal auf den Scaletta; durchs Susanathal ins Ober Engadin; durchs ganze Engadin herab auf Finstermünz. Durchs Thal von Nauders über die Reschen Scheidecke ins Thal der Malserheide. Auf Glurns, ins Etschthal hinab. Ins Münsterthal hinein, und durch dasselbe über die Scheidecke del Furno, und durchs Furnothal ins Engadin zurück; durch dieses bis St. Moritzen. Dann über das Albulagebirge, auf Alvaneu im Albulathal; durch dieses herab ins Domletschgerthal, und durch dieses heraus auf Chur und Marschlinz. Von da über das Pfeferzbad auf Zürich zurück.
9.8.–7.9. Reise über den Zuger und Vierwaldstättersee in den Canton Unterwalden; durchs Melchthal über Erzeck ins Gentelthal u. auf Hasligrund. Durchs Guttannenthal auf den Grimsel; ins Lauteraarthal und auf das Sidlerhorn. Durchs Wallis herab bis Visbach. Durchs Visbacherthal ins St. Niklausthal hinein; durch dieses herauf über die Matterhorn Scheidecke ins piemontesische Val Tournanche hinüber, aus diesem ins Val d'Aosta; durch dieses hinauf bis St. Didier; auf den Cramont; durchs Val de la Tuile u. über den Kleinen St. Bernhardsberg ins Iserethal hinüber; von diesem durchs Versoythal über den Bonhomme ins Val du Mont Joye, durch dieses heraus ins Arvethal bis Genf. Von da über Anneçy auf Aix; auf den Mont Revers; dann auf Chambery, von da durch den Paß des Echelles auf Pont Beauvoisin und Lyon. Von hier über Crémieux in die Grotte de Balme, dann nach dem Sault du Rhône, über die Gebirge von Ennemont auf Bellay, über Fort de Pierre Chatel auf Jenne, über Mont Burget u. Burgetsee auf Aix zurück; von da über den Mont Sion auf Genf; über den Jorat nach Bern u. auf Zürich zurück
1807
Wanderungen in den Thälern der Linth:
10.–11.7. Besuch der Gstade des Wallensees
11.–12.7. Frohnalpstock ob Mollis
21.7. Rufitobel ob Mollis im Wallenberg
4.8. Mühlital am Wallenberg
1809 (in Wirklichkeit 1807)
Juli Linththal von Mollis bis zum Auslauf des Sernftthals
7.–9.8. Oberster Theil des Linththals, die Pantenbrücke, die untere und obere Sandalp; der Dödiberg mit seinen Umgebungen
1807
23.8. Hirschli ob Bilten
18.10. Speer am Schänisserberg
30.8. Clönthal
1808
22.–23.6. Besuch des Fontanenthals im Entlenbuch
7.–12.6. Reise über den Wallensee nach Chur, über Reichenau ins Domletschgerthal bis Thusis; durchs Nolathal hinauf bis zur Glasscheidecke; über Schappin auf Thusis zurück. An der rechten Seite des Domletschgerthals herab, über die Ortensteiner Alp auf den Batzokelberg; über diesen herab auf Chur u. an die Linth zurück

Heft 8
1809
6.–15.8. Reise von Zürich über Zug, Arth, Brunnen, Altorf, durchs Schächenthal, über den Clausenpaß ins Linththal; durch dieses herab bis Mollis; nebst verschiednen kleinen
25.6. und *2.9.* Wanderungen ins Wiggisgebirge
1810
31.5. und *26.6.* Das Zuhlthal im Canton Bern
7.–18.8. Reise von Zürich über Zug u. Küsnacht auf Stanz; von da auf Engelberg: über das Joch und durchs Genthelthal auf Meyringen. Über Scheideck nach Grindelwald; über Wenggern Alp nach Lauterbrun und auf Interlachen heraus. Über Thun auf Bern, Solothurn, Aarwangen u. Baden auf Zürich zurück.
25.–26.8. Der Schilt im Canton Glarus
8.–9.9. Der Leistkamm am Wallensee
6.10. Fuß des Hummelwalds bey Kaltbrun im Gaster
21.10. Grüninger Amt im Canton Zürich
1811
24.–29.6. Jura Gebirge im Canton Solothurn
13.–22.7. Reise ins Sernftthal, über den Segnispaß nach Illanz; durchs Lugnetzer u. Petersthal, über die Valserscheidecke nach Hinterrhein, durch Rheinwald auf Splügen; über den Splügenberg u. durchs Jacobsthal bis Clefen. Durchs Bregell auf den Septimer, über die Aversergebirge ins Averser und Ferrerathal; durch Schams u. Via mala auf Thusis. Über den Heinzenberg ins Savienthal; durch dieses hinaus auf Reichenau u. über den Kunkelsberg ins Pfeferzerbad
29.7.–8.8. Reise von Zürich auf Einsiedlen, über den Hakken auf Schwytz; längst dem Fuß des Rigi auf Gersau, ins Teuffenbachtobel; über den Vierwaldstättersee auf Buchs, Stanz, Saxlen, Lungeren, über den Brünig auf Meyringen, in

Grund, auf Grimsel, auf den Lauteraargletscher; über Grimselscheidecke auf Ober Gestelen im Wallis, durchs Eginenthal auf den Griesgletscher, ins Formazzerthal herab, bis Frutwald; durchs Val d'Oglia über St. Jacob ins Bunkerthal, durchs Bedretterthal auf Airolo u. ins Livinerthal: über den Gothard ins Urselerthal; u. über Altorf, Schwytz u. Sattel nach Zürich zurück
18.8. Wanderung auf den Rautispitz im Wiggis
1812
21.6.–1.7. Wanderung über den Bötzberg nach Basel u. über Schopfheim und Wehr auf Zürich zurück
18.7.–3.8. Reise von Zürich ins Tösthal, durch die Allmanskette, über die Lad an die Linth; ins Sernftthal, über Martinsloch ins Flimserthal u. Vorderrheinthal bis Illanz; durchs ganze Lugnetzerthal; über La Greina ins Polenserthal u. Livinerthal; über den Schafgrat ins Verzaskerthal, u. durch dieses hinaus an den Langensee auf Luggaris. Von da durchs Maynthal u. Lavizarerthal hinauf; über den Fusiopaß auf Airolo in Livinen; und über den Gothard, Altorf, Schwyz u. Zug auf Zürich
9.9. Linke Seite des Wallensees
16.–23.9. Wanderung auf Alpnach, ins Thal der Großen Schliere, an die Gestade des Lungernsees, über Stanz in die Töbler des Steinibachs, auf das Stanzerhorn u. nach Zürich zurück
1813
24.4. Auslauf des Goldingerthals zwischen Utznach u. Grynau
26.–31.5. Reise auf den Rigi, über Gersau nach Seelisberg, über Emmatten nach Beckenried, Stanzstaad, Luzern u. Zürich
15.–25.7. Reise über Sempach durch das Entlibuch bis Sörrenberg; über den Brienzergrat nach Brienz: längs dem rechten Ufer des Brienzersees auf Interlachen; über Zweylütschenen nach Grindelwald u. über Interlachen, Brienz u. den Brünig auf Zürich zurück

Heft 9
3.–16.8. Reise von der Linth nach Chur, durchs Schalfickthal über Strela nach Davos und in den Silberberg; Untersuchung von dessen Bergbau und Umgebungen. Durch die Züge und das Thal der Albula, durch den Schein ins Domletschgerthal. An der rechten Seite des Vorder Rheins bis Illanz, dann auf Brigels u. über die Brigelser Scheidecke bis zum Mutsee über der Glarnerschen Limeren Alp Von da auf Brigels zurück u. längs der linken Seite des Vorderrheins herab auf Reichenau; über den Kunkelspaß nach Pfefers und von da an die Linth zurück
1814
13.–14.5. Wanderung von der Linth über Uznaberg durchs Goldingerthal, über die Kammscheidecke an die Quellen der Tös hinüber; durch den Schwarzengrund, dann ins Fischenthal hinüber: über den Allmann ins Gyrenbad, über Hinwyl, Grüningen u. die Forch auf Zürich
13.–14.8. Wanderung über die Schindellegi, den Etzel, durch das Sihlthal auf den Kleinen Auberig, ins hintere Weggithal, über Trubschen u. Wageten Scheidecke ins Thal der Linth hinüber
Herbst: 24.9., 2.10., 3.10., 4.10., 7.10., 3.11. Geognostische Beobachtungen aus einigen Theilen des Cantons St. Gallen. Im Späthjahr von 1814 während meiner diplomatischen Mission in diesem Canton
1815
29.5. Gyps u. Mergellager am Lägerberg im Wenthal
22.–30.7. Reise auf Solothurn, längs der linken Seite der Aare u. Zihl auf Biel, in den Jurapaß der Ruchenette; nach Neuchatel, ins Thal Mottiers Travers bis zur Grotte aux Fées, u. über Biel, Solothurn und Habsburg auf Zürich zurück
8.–14.8. Reise ins Linththal
22.–28.8. Reise auf den Rigi, über Schwyz ins Muttenthal u. Bisisthal, über Rußalp Scheidecke ins Schaechenthal, über die Clausen Scheidecke auf den Geißberg am Glatten, durch den Urnerboden ins Linththal, über die Pantenbrücke auf Baumgartenalp; durch Braunwaldalp auf den Kniegrat u. an den Oberblegi See, u. über Schwanden an die Linth
1816
14.7.–14.8. Reise nach Basel, durchs Birsigthal auf Landskron u. Burgbad, über die Römelscheidecke ins Lützelthal, dann ins Thal der Halle auf Pruntrut u. Blamont: ins Doubsthal auf St. Ursis, über den Freyberg nach Chaux de Fond u. Locle. An den Saut du Doubs durch Ranconiere u. Cul des Roches auf Locle zurück; dann auf Chaux de Milieu, über Chateleux u. Grand Torreau aufs Fort de Joux. Über Verzieres ins Thal von Motiers Travers bis Brod. Über Creux du Vent auf St. Aubin am Neuenburgersee. Auf Yverdon, Orbe, Valorbe; ins Thal du Lac de Joux. Über Les Rousses auf die Dole. Durch Val des Dappes, Col des Fossilles auf Gex u. Genf. Um den Mont du Vuache herum auf Seyssel, über Rumilly auf Anneçy, längs dem Anneçysee auf Faverge u. Ugine. Über Flumet auf die Scheidecke von Megeve, über St. Gervais auf den Praromont, ins Chamounythal. Auf Montanvert; über den Col de Balme auf Martinach. Durchs Wallis hinauf bis Leuck. Ins Leuckerbad, über die Gemmi auf Kanderstäg. Über Aeschi an den Thunersee. Über Interlachen an den Brienzersee u. Gießbach. Über den Brünig und Lungernsee auf Saxlen u. Alpnach. Über den Vierwaldstättersee, den Zugersee u. das Albis auf Zürich zurück.
24.8. Wanderung von der Linth ins Goldingerthal an den Bergsturz in der Gemeinde von St. Gallen Capell an der linken Thalseite
1817
4.3. Einschnitt der Aare in den Jura bey Altenburg ob Brugg im Canton Aargau
29.7. Spaziergang auf den Längenberg, links im Aarthal bey Bern
10.–14.8. Wanderung ins Clönthal, über den Bragel, u. durchs Muthenthal über Arth u. Zug auf Zürich
22.8.–2.9. Reise ins Linththal, über Baumgarten Alp und den Kistenbergpaß ins Vordere Rheinthal hinüber. Durchs Somvixerthal auf La Greina und durchs Munteraskathal auf Olivone im Blegnothal. Durchs Val Casacia auf die Scheidecke von St. Maria, durchs Val Terma ins Piorathal, und aus diesem auf Airolo im Livinerthal. Dann über den Gothardsberg durchs Urselerthal u. Reusthal auf Altorf u. Schwyz; über den Sattel, Gubel, Sihlbrücke und den Zimmerberg auf Zürich zurück

Heft 10
1818
23.5.–3.6. Reise auf Sargans, nach St. Luzisteig; ins Pfeferserbad, in die Melser Steinbrüche, an die Linth zurück; über den Etzel nach Einsiedeln, auf Egeri und Zug; auf den Walchwylerberg, über Kam auf Frauenthal, durchs Repischthal über Balderen auf Zürich zurück
12.7.–18.8. Reise über Bern nach Thun, über Kanderstäg u. die Gemmi ins Leuckerbad; auf den Dorentgrat; auf Sitten, über den Levron nach St. Branchier, ins Bagnethal bis an den neuen Gétrogletscher; zurück auf St. Branchier, Martinach, St. Moritzen: durch die linke Seite des Rhodanthals an die linke Seite des Genfersees, über St. Gringolph u. Meillerie auf Evian, über den Genfersee auf Lausanne: nach Genf. Auf

Bern zurück u. über Solothurn u. Aarau auf Zürich zurück
4.–11.9. Reise auf Kefikon über Gündelhard auf Steckborn, auf die Insel Reichenau, auf Constanz, die Insel Meynau, nach Mörsburg hinüber; über Buchhorn u. Lindau auf Bregenz. Über Rheineck u. St. Gallen auf Kefikon u. Zürich zurück.
14.9., 18.10. Beobachtungen über Alpblöcke in den Thälern der Tös und Thur
1819
13.–20.4. Umgebungen von Luzern, Reise dahin über das Albis u. zurück über Brengarten
15.–16.5. Reise durch die Limmat herab auf Baden, Spaziergänge in der Gegend von Baden und Rückkehr über den Heitlisberg auf Zürich zurück
3.6. Beobachtungen über den Utznaberg, rechts im Linth- u. Ober Zürichseethal
26.–28.6. Wanderung von Zürich über das Nidelbad, durch den Forst, auf den Zimmerberg, auf Hütten, auf den Hohen Rohnen, an den Egerisee herab, auf Zug, Cham, Sins, über die Reus, über den Horben, ins Thal des Baldeckersees u. Hallwylersees, auf Sengen, über die Hilfikerhöhe ins Thal der Bünz, über Wohlen, über Bremgarten im Reusthal, über Niel ins Repischthal auf Birmenstorf, u. über den Uto auf Zürich zurück
18.–21.7. Beobachtungen auf einigen Wanderungen nach dem Rigi und
25.–28.7. Engelberg; über Utznach nach St. Gallen;
2.–4.8. nach Schinznach
8.–15.8. u. nach Luzern
20.8.–7.9. Reise an die Linth, über den Wallensee nach Sargans u. Pfeferz. Über St. Margrethen u. Untervatz auf Chur. Über Purpan ins Albulathal: durch das Oberhalbsteinthal u. über den Jullier nach St. Moritzen im Engadin; über die Maleuja ins Bergel: über den Septimer ins Oberhalbsteinthal zurück. Durchs Averserthal nach Ferrera u. ins Schamserthal. Durch den Rheinwald an die Quellen des Hinter Rheins: durchs Kanallückli u. Kanalthal auf Sofreila im Valserthal. Über Scaradra ins Luzonthal u. durch dieses hinaus ins Blegnothal: durchs Boverinothal auf Sta Maria. Auf die Höhe des Lukmaniers: durchs Medelsthal hinaus ins Vorderrheinthal; über Oberalp ins Urselerthal. Durchs Reusthal herab an den IV Waldstättersee, über diesen auf Brunnen; über den Lowerzersee auf Arth. Über den Zugersee, Zug u. Schnabelberg auf Zürich zurück
1820
30.4. Untersuchung des Flybachtobels bey Wesen, rechts am Wallensee
10.–12.5. Wanderung an den Rheinsberg bey Eglisau, u. von da durch das Thal des Rheins herab zum Einfluß der Aare in dasselbe. Rückkehr auf Zürich
15.7.–13.8. Reise über Baden, Klingnau, Waldshut, Laufenburg u. Rheinfelden auf Basel, durchs Birsthal über Lauffen, Delsberg u. Münster auf Pierre Pertuis. Über Sonceboz ins St. Immerthal: durch dieses hinauf in die Neuenburger Gebirge von Chaux de Fond u. Locle hinüber: über les Brenets an den Saut du Doubs, dann über les Queues auf Chaux de Milieu; über Brevine nach Verrieres ins Thal de la Morte hinüber. Von da aufs Fort de Joux, durchs Thal de Mijoux auf Jougne: Durchs Thal der Jougne ins Thal der Orbe hinaus; diesem nach auf Les Clées u. auf La Sarra in die Waadt. Über Cossonay, Aubone und Nion auf Genf. Über den Saleve auf Mornex: dann über Bonne u. St. Joire durchs Thal des Gifre auf Cluse in Savoyen. Durchs Maglansthal auf Sallanche. Auf St. Gervais ins Thal vom Mont Jovet hinüber; durch dieses hinauf u. über die Enclave du Mont Jovet ins Thal der Isere auf Glacier hinüber. Von diesem über den Col de la Seigne in die Allée blanche; durch diese herab ins Doirethal auf Courmajeur hinaus. Dann durch das Piemontesische Val Ferret hinauf über den Col du Mont d'Ollant in dessen Thal und ins Walliser Ferretthal hinab auf Orsière. Durchs Entremontthal auf St. Branchier u. Martinach hinaus. Von da durchs Rhodanthal hinab bis auf Bex u. dessen Salzwerke. Wieder auf Martinach zurück u. über St. Branchier ins Bagnethal bis in dessen Hintergrund auf Champrion hinein. Wieder auf Chable hinaus, über Pierre à voire und durchs Iserablethal ins Hauptthal des Rhodans herab auf Riddes. Über Sitten u. Siders auf Leuck. Durchs Dalathal ins Leuckerbad. Über die Gemmi in Kanderstäg u. durch Fruttigen hinaus. Über Aeschi u. den Thunersee auf Unterseen. Über den Brienzersee auf Brienz u. über den Brünig auf Lungeren u. Sarnen. Über Alpnach u. den Vierwaldstättersee auf Küsnach. Über den Zuggersee auf Zug u. über den Albis auf Zürich zurück
Heft 11
1821
21.–29.7. Reise über Baden u. die Stille, durch die Aare u. den Rhein hinab bis Hauenstein, dem rechten Rheinufer nach über Lauffenburg bis Seckingen, u. längs der linken Rheinseite bis Rheinfelden. Durch den Rhein herab bis Augst u. dann auf Basel. Auf das Grenzacherhorn u. Bruderholz. Auf Mühlhausen u. auf Basel zurück. Durch das Wiesenthal in den Hintergrund des Wehr u. Ibachthals und auf St. Bläsi im Albthal im Schwarzwald. Über die linkseitige Höhe des Albthals auf Waldshut, durch das Aarthal auf Schinznach u. über Baden auf Zürich zurück
13.8.–2.9. Reise über Rapperschwyl an die Linth nach Mollis, über den Wallenberg an den Wallensee bis Unter Terzen, über Quarten ins Flumserthal hinüber: durch dieses hinauf in die Fanzalp u. über die Lauwifurka ins Weißtanerthal hinüber. Durch dieses hinauf bis in die Ober Sietz Alp. Durch das Thal herab bis Weißtannen. Durch das Tunithal u. die Vantischalp ins Kalfeuserenthal hinüber: durch dieses hinab bis Vettis u. durch das Taminthal herab nach Pfeferz u. Ragaz hinaus. Von da der Landquart nach ins Praetigau hinein bis Grüsch, dann auf Seewis hinauf, u. durch den Stutz beym Ganybad vorbey auf den Tschingel, auf die große u. kleine Gamperthoner Furka in die Valsalp. Über die Goldrose Scheidecke auf die Lünerseescheidecke, u. an das Schweizerthor hinüber. Von diesem über das Evajoch in die Sparzenalp u. durch das Gauerthal herab auf Tschaggun im Montafun. Durch dieses herab über Bludenz auf Frastanz. Von da über Rankwyl ins Thal des Rheins hinaus bis Hohen Embs u. Dorrenbirren. Von da über den Rhein auf Mondstein, Rheineck u. an den Bodensee bis Arbon. Über Bischofzell, Wyll u. Kefikon auf Zürich zurück
1822
14.7.–26.8. Reise über das Albis nach Zug, über die Seen u. den Brünig nach Brienz, Unterseen, Leisingen nach Fruttigen u. in den Kanderstaeg: ins Gasterenthal, über den Lötscherberg ins Lötschthal u. durch dieses hinaus auf Gampel im Wallis, nach Leuck herab und ins Leukerbad; Aufenthalt daselbst und Reise nach Leuck, durchs Wallis hinauf bis Moerell, ins Binnenthal hinein, über die Ambrun Scheidecke ins Antigoriothal; durch dieses herab ins Tosathal u. durch dieses herab bis an den Langensee; auf die Boromeischen Inseln u. längs der rechten Seite des Langensees bis Sesto, auf Mailand. Von da an den Comersee u. durch diesen herauf auf Riva u. Clefen: durchs St. Jacobsthal über den Splügen in Rheinwald, durchs Schamserthal, die Viamala u. das verlohrne Loch auf Thusis, durchs Domletschgerthal auf Reichenau u. Chur, über Ragaz an den Schollberg u. über Sargans, Wallenstadt, Wesen u. Grynau auf Zürich zurück

Literaturverzeichnis

Das Verzeichnis erfaßt nur genannte oder unmittelbar verwendete Werke. Von einer allzu extensiven Nennung weiterer Quellen wurde zugunsten der Übersichtlichkeit Abstand genommen.

Allemann, Fritz René, Große Schweizer sehen sich selbst. Zürich/Stuttgart 1967.
Aberli, Johann Ludwig, Collection de quelques vues dessinées en Suisse d'après nature. Bern 1782.
Altmann, Johann Georg, Versuch einer historisch-physischen Beschreibung der helvetischen Eisgebirge. Zürich 1751.
Baulacre, Léonard, Lettre sur les glacières de Savoie, in: Œuvres historiques et littéraires, receuillies et mises en ordre par Edouard Mallet. Paris 1857, Bd. I, S. 50–69. Ursprünglicher Text: Lettre sur les glacières de Savoye, in: Journal Helvétique, Neuchâtel, mai-juin 1743.
Boerlin, Paul-Henry, Der Basler Prediger-Totentanz, in: Unsere Kunstdenkmäler, Jg. XVII/1966 Nr. 4, S. 128f, auch als Separatdruck, Basel 1967.
Brock, Erich, Zeichnungen und Aquarelle von Hans Conrad Escher von der Linth, Ausstellung in der Zentralbibliothek [Rezension], in: Die Tat, Zürich 29. 3. 1973.
Bourrit, Marc-Théodore, Description des glacières, glaciers & amas de glace du Duché de Savoye. Genf 1773.
Bourrit, Marc-Théodore, Nouvelle Description des Vallées de Glace et des Hautes Montagnes qui forment la Chaine des Alpes pennines & rhétiennes. Genf 1783.
Buch, Leopold von, Gesammelte Schriften. Berlin 1867.
Buffon, Georges Louis, Comte de Leclerc, Théorie de la Terre. 3 Bde., Paris 1749.
Bullinger, Johann Balthasar, L [50] Landschaften [Radierungen]. Zürich 1756.
Castiglione, Baldassare, Il libro del Cortegiano. Venedig 1528.
Condivi, Ascanio, Vita di Michel Agnolo Buonaroto. Rom 1553.
Deluc, Jean-André, Lettres physiques et morales sur les montagnes et sur l'histoire de la terre et de l'homme, 6 Bde. Den Haag 1778–1780.
Dierauer, Johannes, Briefwechsel zwischen Johann Rudolf Steinmüller und Hans Conrad Escher von der Lint. (1796–1821). St. Gallen 1889.
Ebel, Johann Gottfried, Anleitung auf die nützlichste und genußvollste Art in der Schweiz zu reisen. Zürich 1793.
Ebel, Johann Gottfried, Über den Bau der Erde in dem Alpengebirge, zwischen 12 Längen- und 2–4 Breitengraden, nebst einigen Beobachtungen über die Gebirge und den Bau der Erde überhaupt. Zürich 1808.
Engel, Claire-Eliane, La littérature alpestre en France et en Angleterre aux XVIIIe et XIXe siècles. Chambéry 1930.
Escher von der Linth, Arnold, Escher als Gebirgsforscher. Anhang zu J.J. Hottingers Escher-Biographie von 1852.
Escher von der Linth, Hans Conrad, Manuskripte (nur soweit verwendet):
– Lebensbericht für den Sohn, 1767–1798, geschrieben 1812–1823. Zürcher Privatbesitz.
– Reisenotizen = Fragmente über die Naturgeschichte Helvetiens. 1791–1822. Handschriftenabt. der Bibliothek der ETH Zürich.
– Jahresrückblicke 1795–1822. Zürcher Privatbesitz.
– Der Kupferstecher. 1782. Handschriftenabt. ZBZ.
– Von der Mechanic, Hydrostatic und Hydraulic, Behandlet von Hr. Professor Breitinger in Zürich anno MDCCLXXXI für Joh. Conr. Escher von Kefikon. Zürcher Privatbesitz.
– Von der Mechanich, Hydrostatich und Hydraulich. 1784. Handschriftenabt. ZBZ.
– Theorie der Statistik. Handschriftenabt. ZBZ.
– Testament vom 6. März 1823. Zürcher Privatbesitz.
– Vereinigte Niederlande. 1782. Handschriftenabt. ZBZ.

Publikationen (nach Arnold Escher):
– Geognostische Übersicht der Alpen in Helvetien, in: Andrés kompendiöse Bibliothek, der Mineralog, 19. Abt., Heft 3–5. Eisenach u. Halle 1796. Mit berichtigenden Zusätzen wiederabgedruckt in: Fäsis Bibliothek der schweizerischen Erdbeschreibung und Statistik, Bd. II, und in: Alpina, Bd. I, S. 266–282.
– Geognostische Angaben über die Alpen in Helvetien. Vortrag in der Naturforschenden Gesellschaft in Zürich, 14. Juni 1802, in: Alpina, Bd. I, S. 283–290.
– Geognostische Nachrichten über die Alpen, in Briefen aus Helvetien. Erster Brief: Profilreise von Zürich bis an den Gotthard, 18. August 1795, in: Neues bergmännisches Journal, Bd. I.
– Geognostische Nachrichten über die Alpen, in Briefen aus Helvetien. Zweiter Brief: Profilreise vom Fuß des Gotthards bis ins Urselerthal, Herbstmonat 1797. Wiederabdruck des ersten wie des zweiten Briefes mit Zusätzen in: Alpina, Bd. II, S. 1–58. 1807.
– Bemerkungen über Herrn von Humboldts Anzeigen das Streichen und Fallen der Felsenschichten in den Alpen betreffend, nebst einigen Angaben über das Profil der Granitformation in der Gegend des Gotthard, in: Alpina, Bd. I, 1806, S. 35–46.
– Berichtigung einiger Angaben, die schweizerischen Alpen betreffend, in der Abhandlung «Von dem Streichen der Gebirge aus der Schweiz durch Tirol bis nach Ungarn. In von Molls Annalen der Berg- und Hüttenkunde. In: Alpina I, Bd. I, S. 46–54.
– Itineraire des salines d'Aigle, Lausanne 1805, und Memoires sur differens objets relatifs à la géologie, aux mines et aux salines. lr. cahier, Lausanne 1805. In: Alpina, Bd. I, 1806, S. 304–310.
– Briefe in: Leonhards Taschenbuch für die gesammte Mineralogie, 1. Jahrg. 1807, S. 347.
– Über den Bau der Erde im Alpengebirge nebst einigen Beobachtungen über die Gebirge und den Bau der Erde überhaupt; mit geognostischen Karten. Von Joh. G. Ebel, Zürich 1808. [Rezension]. In: Alpina, Bd. IV, S. 283–415.
– Brief vom November 1807 in Leonhards Taschenbuch, 3. Jg. 1809, S. 339–354.
– Bemerkungen über den Aufsatz Leopold v. Buchs «Vom Splügen...» in: Magazin der naturforschenden Freunde zu Berlin, 3. Jg. 1809, S. 176.
– Brief in Leonhards Taschenbuch, VI. Bd. 1812, S. 369–394.
– Brief in Leonhards Taschenbuch, VIII. Bd. 1814, S. 612.
– Bemerkungen über die in Gilberts Annalen der Physik 1816 mitgeteilten Ideen eines Edinburger Gelehrten und der Herren Pictet und Deluc d.J. über Talbildung, in: Gilberts Annalen 1816, 6. Stück, S. 122–137.
– Beiträge zur Naturgeschichte der freiliegenden Felsblöcke in der Nähe der Alpen. Vorlesung in der Naturforschenden schweizerischen Gesellschaft, 28. Juni 1819. In: Neue Alpina I, S. 1–31, und in: Leonhards mineralog. Taschenbuch 1822, S. 631–676.
– Einige geognostische Angaben über das Juragebirge. Vortrag in der Gesellschaft schweizerischer Naturforscher, 28.

Juli 1820 in Genf, in: Leonhards Taschenbuch, 16. Jg. 1822, S. 315–338.
– Gegenbemerkungen über die von Herrn Toussaint von Charpentier aufgestellte Erklärung des Vorwärtsgehens der Gletscher, in Gilberts Annalen der Physik, 1821, S. 113–125. In: Meissners naturwissenschaftlicher Anzeiger IV, 1821, S. 81–84.
– Über das bernerische Eisenwerk im Aarauer Erzberg, in: Höpfners Magazin über die Naturkunde Helvetiens 1797.
– Nachrichten von dem bernischen Bergwerk bei Trachsellauinen, in: Fäsis Bibliothek der schweizerischen Staatskunde, 2. Jg. 1797, S. 117–131.
– Materialien zu einer naturhistorisch-technischen Geschichte des Bergbaus in Trachsellauinen im Lauterbrunnerthal, nebst Plan, in: Alpina, Bd. II, 1807, S. 236–324.
– Über Bergschlipfe, mit besondrer Hinsicht auf die Bergschlipfe im Nollathal hinter Thusis und im Plessurthal hinter Chur in Bündten. Chur 1809, und in: Bündtner Sammler, Bd. IV, S. 236–268. Wiederabdruck in Leonhards Taschenbuch 1821, S. 631–674.
– Rapport sur l'état de la Reuse dans le Val de Travers, Canton de Neuchâtel, avec un projet de correction pour ce torrent. Juin 1816, Neuchâtel.
– Bericht über den Bergschlipf im Goldingerthal im Kanton St. Gallen. Vortrag in der Naturforschenden Gesellschaft in Zürich, 2. September 1816, in: Schweizerisches Museum, S. 561–574.
– Bericht über die Verhältnisse des Bagnethals im Wallis, von Escher, Trechsel und v. Charpentier, Zürich 1821.
– Angaben über die aus dem Wasserbecken des Rheins in den Alpen und dem Jura bei Basel jährlich abfließende Wassermenge. Vortrag in der Schweizerischen naturforschenden Gesellschaft, Juli 1821 in Basel, in: Meissners naturwissenschaftlicher Anzeiger V, S. 17–24.

Zeichnungen und Aquarelle (soweit publiziert oder zur Publikation vorbereitet):
– Ansichten und Panoramen der Schweiz. Die Ansichten 1780–1822. Hrg. von Gustav Solar, Text ders. und Jost Hösli. Zürich 1974.
– Ansichten und Panoramen der Schweiz. Die Panoramen. Hrg. von Gustav Solar. Zürich 1975.
– Ansichten und Panoramen der Schweiz. Werkverzeichnis. Bearbeitet von Gustav Solar. Zürich, voraussichtlich 1976.
Filangieri, Gaetano, Scienza della legislazione. Milano 1780–1785. Deutsche Ausgabe: System der Gesetzgebung. Anspach 1784–1793.
Fromer-Im Obersteg, Liselotte, Die Entwicklung der schweizerischen Landschaftsmalerei im 18. und frühen 19. Jahrhundert. Inauguraldissertation, Basel 1945.
[Füssli, Johann Rudolf], Allgemeines Künstlerlexikon oder: Kurze Nachricht von dem Leben und den Werken der Maler, Bildhauer, Baumeister, Kupferstecher, Kunstgießer, Stahlschneider &c.&c. Nebst angehängten Verzeichnissen der Lehrmeister und Schüler, auch der Bildnisse der in diesem Lexikon enthaltenen Künstler. Zürich 1779. Fortsetzung:
[Füssli, Johann Heinrich], [wie oben] Zweyter Theil, welcher die Fortsetzung des ersten enthält. 4 Bände. Zürich 1806–1821.
Geiser, Bernhard, Johann Ludwig Aberli 1723–1786. Leben, Manier und graphisches Werk. Inauguraldissertation Bonn 1924. Bonn 1929.
Geographisches Lexikon der Schweiz, mit dem Beistande der Geographischen Gesellschaft zu Neuenburg herausgegeben unter der Leitung von Charles Knapp, Maurice Borel und V. Attinger, Deutsche Ausgabe besorgt von Heinrich Brunner. 6 Bde. Neuenburg 1902–1910.
Gessner, Conrad, Description Montis Fracti. Zürich 1555.
Gessner, Conrad, Libellus de lacte. Zürich 1541.
Conrad Gessner 1516–1565 – Universalgelehrter, Naturforscher, Arzt. Festschrift Zürich 1967.
Goethe, Johann Wolfgang v., Werke (Gedenkausgabe). Zürich 1946–1972.
Gruner, Gottlieb Sigmund, Die Eisgebirge des Schweizerlandes. Bern 1760.
Gsteu, Hermann, Länderkunde Österreichs. Innsbruck 1971.
Haller, Albrecht von, Die Alpen – Ode sur les Alpes [1732]. Bern 1773.
Heer, Oswald, Hans Conrad Escher von der Linth. Vortrag gehalten den 3. September 1871 bei der Festversammlung des Schweizer Alpen-Club auf dem Rathaus in Zürich. Zürich 1871.
Historisch-biographisches Lexikon der Schweiz hrg. mit der Empfehlung der Allgemeinen geschichtsforschenden Gesellschaft der Schweiz unter der Leitung von Prof. Dr. Heinrich Türler, Dr. Marcel Godet, Victor Attinger. Neuenburg 1921–1934.
Hösli, Jost, Die Linthkorrektion, in: Kommentare zum Schweizerischen Schulwandbilderwerk. Zürich 1968.
Hottinger, Johann Jakob, Hans Conrad Escher von der Linth. Charakterbild eines Republikaners. Zürich 1852.
Humboldt, Alexander, Voyage aux régions équinoxiales du Nouveau Continent, fait en 1799–1804..., Atlas pittoresque. Atlas géographique et physique. Paris 1810–1834.
Imhof, Eduard, Züricher Kartenkünstler und Panoramenzeichner, in: Zürich Vorhof der Alpen, Festgabe zum 100jährigen Bestehen der Sektion Uto SAC. Zürich 1963.
Inventar der zu erhaltenden Landschaften und Naturdenkmäler von nationaler Bedeutung. Olten 1963.
Jöcker, Christian Gottlieb, Allgemeines Gelehrten-Lexikon. Bremen 1750–Leipzig 1897.
Neues bergmännisches Journal, hrg. von A.W. Köhler u. C.A. Hofmann. Freyb. 1795–1802.
Kant, Immanuel, Critik der Urtheilskraft. Berlin 1790.
Kasser, P. und Aellen, M., Die Gletscher der Schweizer Alpen im Jahr 1971/72, Auszug aus dem 93. Bericht der Gletscherkommission der Schweizerischen Naturforschenden Gesellschaft, in: Die Alpen, Bern 1973/IV.
Keller-Escher, C., Fünfhundert und sechzig Jahre aus der Geschichte der Familie Escher vom Glas 1320–1885. Festgabe zur Feier des fünfhundertsten Jahrestags ihrer Einbürgerung in Zürich. I. Teil: Geschichtliche Darstellung und biographische Schilderungen. II. Teil: Genealogie der Familie Escher vom Glas. Zürich 1885.
Lavater, Johann Caspar, Das geheime Tagebuch eines Beobachters seiner selbst. Leipzig 1771.
Leonhard, Carl Caesar, Taschenbuch für die gesammte Mineralogie mit Hinsicht auf die neuesten Entdeckungen. Frankfurt a. Main 1807f.
Leu, Hans Jakob, Eydgenössisches Stadt- und Land-Recht. Zürich 1727–1746.
[Martel, Peter], An account of the Glaciers or the Ice Alps of Savoy, in two letters, One from an English Gentleman to his Friend at Geneva; the other from Peter Martel, Engineer, to the said English Gentleman. London 1744.
Maurer, François, Die Kunstdenkmäler des Kantons Basel-Stadt. Basel 1966.
May, Alfred, Wien in alten Ansichten. Salzburg 1965.
Merian, Matthäus d.Ä., Topographia Helvetiae, Rhaetiae et Valesiae. Frankfurt a.M. 1642.
Münster, Sebastian, Cosmographia universalis. Erste deutsche

Ausgabe 1544, lat. Ausg. 1550 (die Fehlangabe im Kommentar zu Bild 134 des vorliegenden Buches geht auf das GLS zurück).
[Neujahrsblatt der Zürcher Stadtbibliothek] Der Zürcherischen Jugend auf das Neujahr 1828 von der Stadtbibliothek. [Würdigung H.C. Eschers]. Zürich 1827.
Neujahrsblatt der Zürcherischen Hülfsgesellschaft, Neuntes, Zum Nutzen und Vergnügen der Vaterländischen Jugend. Zürich 1809.
– Vierundzwanzigstes, Für die menschenfreundliche Jugend unserer Vaterstadt. Zürich 1824.
Notizenblatt, die Linthunternehmung betreffend, Offizielles, Zürich 1807f.
Plinius, Naturalis historiae libri XXXVII.
Pococke, Richard, Travels to the East and some other countries, with cuts and maps. London 1743–1770.
Ramuz, Charles-Ferdinand, Derborence. Lausanne 1944.
Republikaner, Der Schweizerische, herausgegeben von Escher und Usteri. Bern 1798–1799. Fortsetzung: *Neues helvetisches Tageblatt*, Bern 1799–1800. Fortsetzung: *Neues republikanisches Blatt*, Bern 1800. Fortsetzung: Der Neue Schweizerische Republikaner, Bern 1800–1803.
Roemer, Adolf, Durch Natur und Kultur bedingte landschaftliche Veränderungen im untern Linthgebiete. Inauguraldissertation, St. Gallen 1918.
Röthlisberger, Hans, Möglichkeiten und Grenzen der Gletscherüberwachung. NZZ, 29.4.1974.
Rousseau, Jean Jacques, Lettres de deux amans, habitans d'une petite ville aux pieds des Alpes (Julie ou la Nouvelle Heloyse). Genf 1761.
Rousseau, Jean Jacques, Les rêveries d'un promeneur solitaire: Cinquième promenade (L'Ile de St. Pierre au Lac de Bienne). Französisch, deutsch und englisch. SVZ 1962.
Sandoz, Marc, De Genève à Chamonix. Essai sur l'évolution du paysage de montagne consécutive à la «découverte» des «glacières» du Faucigny. (Du milieu du XVIII. au milieu du XIX. siècle), in: Genava, t. XVII, 1969–XVIII, 1970, XIX, 1971. Genève, Musée d'Art et d'histoire.
Saussure, Horace-Benédict, Voyages dans les Alpes précédés d'un Essai sur l'Histoire naturelle des environs de Genève. Neuchâtel 1779–1796.
Schefold, Max, Alte Ansichten aus Baden. Weißenhorn/Ulm 1971.
Scheuchzer, Johann Jakob, Meteorologia et oryctographia helvetica oder Beschreibung der Lufft-Geschichten, Steinen, Metallen und anderen Mineralien des Schweitzerlands, absonderlich auch der Überbleibselen der Sündfluth. 9. Teil der Natur-Geschichten des Schweitzerlands. Zürich 1718.
Scheuchzer, Johann Jakob, Beschreibung der Natur-Geschichten des Schweitzerlands. Zürich 1706–1708.
Scheuchzer, Johann Jakob, Physica sacra, iconibus aeneis illustrata procurante Joh. Andreae Pfeffel. Augsburg 1731–1735.
Schuler, Johann Melchior, Die Linth-Thäler. Zürich 1814.
Schweizerisches Künstler-Lexikon, hrg. mit Unterstützung des Bundes und kunstfreundlicher Privater vom Schweizerischen Kunstverein. Red. v. Dr. Carl Brun. Frauenfeld 1905–1917.
Simmler, Josias, Vallesiae descriptio, libri duo; de Alpibus commentarius. Zürich 1574.
Solar, Gustav, Conrad Meyer und Jan Hackaert, Feststellungen um einen Fund. Jahrbuch des Schweizerischen Instituts für Kunstwissenschaft, Zürich 1975.
Solar, Gustav, Die Panoramen H.C. Eschers, s. Escher.
Solar, Gustav, Drei schweizerische Erstleistungen in der Frühgeschichte des Panoramas, in: Geographica Helvetica, Heft. 2–3. Bern 1974.
Solar, Gustav, Johann Caspar Lavater im Spiegel seiner Sammlung. NZZ 18.2.1973.
Solar, Gustav, Les restes de la collection de J.C. Lavater à la bibliothèque de Zurich, in: Gazette des Beaux Arts, Paris, März 1972.
Solar, Gustav, Werkverzeichnis der Zeichnungen und Aquarelle H.C. Eschers, s. Escher.
Staub, Rudolf, Der Bau der Glarneralpen und seine prinzipielle Bedeutung für die Alpengeologie. Glarus 1954.
Stelling-Michaud, Sven, Unbekannte Schweizer Landschaften aus dem XVII. Jahrhundert. Zeichnungen und Schilderungen Jan Hackaerts und anderer holländischer Maler. Zürich–Leipzig 1937.
Studer, Bernhard, Geschichte der physischen Geographie der Schweiz bis 1815. Bern und Zürich 1863.
Tableaux topographiques, pittoresques, physiques, historiques, moraux, politiques, littéraires de la Suisse. Paris 1777–1788.
Thieme, U. und F. Becker, Allgemeines Lexikon der bildenden Künstler von der Antike bis zur Gegenwart. Leipzig 1907–1950. 37 Bände.
Tolnay, Charles de, Michelangelo lehrt Zeichnen. Bemerkungen über ein bisher unveröffentlichtes Blatt des Meisters. NZZ 10. März 1974.
Trebra, Friedrich Wilhelm Heinrich von, Erfahrungen vom Innern der Gebirge, nach Beschreibungen gesammlet... Leipzig und Dessau 1785.
Trümpi, Christoph, Neuere Glarner Chronick. Winterthur 1774.
Trümpy, Rudolf, Goethes geognostisches Weltbild, in: Kultur- u. staatswissenschaftliche Schriften der ETH, Heft 127, Zürich 1968.
Ulrich, Conrad, Zürich um 1770. Johann Balthasar Bullingers Stadtansichten. Zürich 1967.
Weber, Bruno, Berge und Städte der alten Schweiz. Basel 1973.
Weber, Bruno, Der «Zürichsee» von Jan Hackaert, in: Zeitschrift für schweizerische Archäologie und Kunstgeschichte, Bd. 31 Heft 4, Zürich 1974.
Weber, Bruno, Landschaftszeichner in Graubünden vom 16. bis zum frühen 19. Jahrhundert. Schriftenreihe des Rätischen Museums Chur, Heft 17. Chur 1975.
Wartenweiler, Fritz, Hans Conrad Escher von der Linth. Schweiz. Jugendschriftenwerk Nr. 54/55. Zürich 1936.
Weisz, Leo, Hans Conrad Escher von der Linth als Forstpolitiker, in: Schweiz. Zeitschrift für Forstwesen 1923, Separatdruck Bern 1923.
Wolf, Rudolf, Biographien zur Kulturgeschichte der Schweiz, 4 Bde. Zürich 1858–1862.
Wolf, Rudolf, Geschichte der Vermessungen in der Schweiz. Zürich 1879.
Zurlaubenwerk s. Tableaux topographiques etc. de la Suisse.

Zeittafel

Die in diesen Kolonnen aufgeführten Daten und Ereignisse sind allenfalls noch mit dem Verzeichnis der Bergwanderungen zu vergleichen.

	LEBENSDATEN		ZEITGESCHEHEN		GEOGNOSIE UND GUTACHTEN
1767	24.8. geb. in Zürich				
1776–1779	Lateinschule				
1777	Vater wird Schloßherr auf Kefikon				
1779–1782	Kunstschule				
1783	19.4. Abreise nach Morges				
1784	3.11. Ankunft in Genf				
1785	30.7. Abreise aus Genf				
1786	15.8. Abreise nach Paris. Fremdereise				
1787–1788	Göttinger Studienjahr 10.2.87 bis 17.3.88				
1788	20.9. Heimkehr von der Fremdereise nach Zürich				
1789	24.8. Heirat	1789	Beginn der französischen Revolution		
				1791	erste geognostische Wanderungen
1792	Herbst: Militäreinsatz bei Basel				
1793	Beginn der Vorlesungen über Politik und Staatswissenschaft.			1793	Bergwanderung mit Gruner
		1794/1795	Stäfnerunruhen	1795	erste geognostische Publikation
1797	Bittschriften um Amnestie der Stäfner				
1798	20.2. erste Nummer des «Schweizerischen Republikaners» 9.4. Escher im Helvetischen Großen Rat in Aarau 1.10. Eröffnungsrede der Sitzungen der Räte in Luzern durch Escher als Präsidenten des Helv. Großen Rates	1798	5.2. Beginn der helvetischen Revolution		
		1799	Bündnis mit Frankreich, Aufgabe der Neutralität, Krieg 26.9. Schlacht bei Zürich, Verdrängung der russischen Truppen durch General Masséna		
1800	Herbst: Escher Präsident des Gesetzgebenden Rates	1800	7.1.: Sturz und Auflösung des Direktoriums, Staatsstreich, ein 7gliedriger Vollzugsausschuß ersetzt die 5 Direktoren		

LINTHWERK		ERSTBESTEIGUNGEN		ZEICHNUNGEN UND AQUARELLE
	1739	Titlis – 4 Engelberger Klosterleute		
	1770	Mont Buet – Brüder Deluc		
	1779	Mont Vélan – Klosterprior L.J. Murith		
			1780	erste Ansicht: Amthaus Stampfenbach
			1781	erste Radierung: Kefikon
			1782	Kopien nach Bullinger
			1783	Zürich vom Burghölzli Morges
	1784	Dent du Midi – Abbé Clément	1784	Genève depuis Les Délices
			1785	Selbstbildnis in Genf erste Terrainstudie: Ville de Gex Blick von der Kirche Thun
	1786	Montblanc – Dr. M.G. Paccard + J. Balmat (1787 H.B. de Saussure)	1786	Herrliberg St. Denis Dover
			1787	Passau
	1789	Rheinwaldhorn – P. a Spescha		
	1791	Kleines Matterhorn – H.B. de Saussure		
			1792	Camor-Panorama Basler Reportagen Fieudo-Panorama
	1793	Piz Urlaun – P. a Spescha	1793	Lago Bianco mit Cambrenagletscher
			1794	Lauteraargletscher
			1795	Lugano
			1796	Brunnigletscher
	1800	Großglockner – Fürstbischof Salm-Reifferscheidt		

	LEBENSDATEN		ZEITGESCHEHEN		GEOGNOSIE UND GUTACHTEN
1801	«Der neue schweizerische Republikaner» 27.3. Rücktritt Eschers von der Redaktion Mai: Ausschluß Eschers aus der Zürcher Sonntagsgesellschaft	1801	24.10.: Abschluß der Verfassungsrevision im Vollzugsrat. Staatsstreich der Föderalisten mit Hilfe Frankreichs		
1802	31.1. Escher Kriegsminister 17.4. Escher tritt nach Staatsstreich der Unitarier zurück	1802	17.4.: Staatsstreich der Unitarier. Volksabstimmung verwirft die neue Verfassung, aber die Unitarier manipulieren das Ergebnis, indem die die Nichtstimmenden als Ja-Stimmen zählen		
1803	Escher wird zum Mitglied des Zürcher Erziehungsrates gewählt. Lebt wieder seinem kaufmännischen Beruf	1803	Mitte April: Mediation		
1805	Herbst: Tod von Eschers Vater			1805	Bergwerksgutachten in Schwaben
1806	1.4. Tod von Eschers Onkel, Kompagnon in der Seidenfabrik			1806	Gutachten Silberberg Davos
1807	Gründung eines Politischen Instituts für die Erziehung zum Staatsdienst durch den Zürcher Erziehungsrat. Berufung Eschers zu Vorlesungen Frühjahr: Erneuerung der Helvetischen Gesellschaft. Escher wird in absentia zum Präsidenten gewählt				
1810	Escher tritt Kefikon an seine Schwestern ab				
				1811	Gutachten im Aare-, Zihl- und Emmegebiet, Erdschlipfe Dallenwil, Holzleitung Alpnach, Warnung vor Entwaldung. Gutachten Erdschlipfe Chur und Thusis, Untersuchung Via mala, Gutachten Rhein-Schollberg, Bergschlipf Ägerisee
				1812	Gutachten Lungernseesenkung, Erdschlipfe am Nidwaldner Steinibach, Gutachten und Planung der Korrektion der Zürcher Glatt, Arbeiten ab 1813 anfangs unter Eschers Leitung
1813	Vorlesungen über Staatswirtschaft			1813	zweites Gutachten Silberberg Davos

	LINTHWERK		ERSTBESTEIGUNGEN		ZEICHNUNGEN UND AQUARELLE
				1801	Ansicht der Alpen westlich von Bern
		1802	Chimborazo – A. v. Humboldt		
1803	Eschers Plan zur Gründung eines «Actienvereins» zur Aufbringung der Mittel für die Linthkorrektion			1803	Hohgant von der Pfaffenmoosalp Montblanc-Panorama vom Brévent
1804	Juni: Wahl einer Linthkommission durch die Tagsatzung, Escher Berichterstatter 28. 7. Annahme des Kommissionsantrags durch die Tagsatzung	1804	Ortler	1804	Campolungopaß
				1805	Mythen Jungfrau und Staubbach Dronaz-Panorama Erdpyramiden bei Useigne Berneralpen von der Furka Sixmadun-Panorama
1806	Goldauer Bergsturz – Linthprojekt bleibt liegen			1806	Dürrboden Piz Linard Schinschlucht Siedelhorn-Panorama Zermatt Grandes Jorasses von Süden
1807	Inangriffnahme des Linthwerks März: «Aufruf an die schweizerische Nation zur Rettung der durch Versumpfungen ins Elend gestürzten Bewohner der Gestade des Wallensees und des unteren Linththals». Escher Präsident der Linthaufsichtskommission. Oktober: Aktien um 403 überzeichnet. Escher bringt Tulla und Obrecht an die Linth			1807	Großes Tödibild Linthsümpfe vom Biberlikopf
				1808	à Schwanden (Skizze Sernftaleingang) Amden Terrainstudie
1809	15. 3.: Eröffnung des Cölen-Kanals			1809	Obersee und Rautispitz
1811	8. 5.: Eröffnung des Molliser Kanals	1811	Jungfrau – Joh. Rud. u. Hier. Meyer (v. Aarau)	1811	Valserberg-Panorama Kardinell Grimselhospiz
		1812	Finsteraarhorn – A. Abbühl, A. Volker, J. Bortes	1812	Martinsloch Lugnez-Panorama Vrin und Puzzatsch Brione/Verzasca
		1813	Breithorn – H. Maynard	1813	Reckholterfluh Grindelwald Schanfigg vom Strelapaß

	LEBENSDATEN		ZEITGESCHEHEN		GEOGNOSIE UND GUTACHTEN
1814	Escher bekämpft vergeblich die Rückkehr zur aristokratischen Herrschaft der Stadt über die Landschaft 22.7. Wahl Eschers in den Großen Rat 23.7. Wahl Eschers in den Kleinen Rat Juli–September. Diplomatische Mission im Sarganserland				
1815	Besuch des russischen Zaren Alexander I. in der Schweiz. Escher wird zu seinem Begleiter bestimmt	1815	7.8.: Restauration		
1816	Denkschrift Eschers an den englischen Gesandten über die Not in Glarus und im Linthgebiet. Alexander I. spendet 100000 Rubel			1816	preisgekröntes Gutachten über die Reuse im Val de Travers, Gutachten Krienbach Luzern, Erdschlipfe Walchwil, Rheinüberflutungen Rüdlingen, Mühlgrabenkorrektur zwischen Kaltbrunn und Benken, Bergschlipf im Goldingertal
1817	Eschers Untersuchungen über die «Verdienstlosigkeit» unter den 30000 Baumwollspinnern der Nordostschweiz			1817	Entwürfe Aarekorrektion
1818	Landwirtschaftliche Armenschule Bläsihof bei Töß. Escher präsidiert die Aufsichtskommission			1818	Bericht über die Gefahr eines Rheindurchbruchs zum Walensee, Gutachten zur Katastrophe am Giétrogletscher im Val de Bagne
1819	April: Eröffnung der Erziehungsanstalt Linthkolonie				
1822	erste «Hämorrhoidal-Beschwerden» Juni: Kur in Baden ohne Erfolg August: Kur in Leukerbad ohne Erfolg November in Brief an Vaucher: «Geschwulst in den tiefern Teilen des Unterleibs»				
1823	6.3. Testament 9.3. Tod				

	LINTHWERK		ERSTBESTEIGUNGEN		ZEICHNUNGEN UND AQUARELLE
				1814	Gonzen-Panorama
				1815	Von Schwyz gegen Rigi und Brunnen
1816	Sommer: Eröffnung des Benkener Kanals			1816	Molliserkanal Creux du Van Le Pont Vom Col de la Faucille gegen den Genfersee Mégève + Panorama Montblanc-Panorama vom Prarion Argentièregletscher Aiguilles Verte u. du Dru
				1817	Muotathal vom Pragel Piorasee
1818	Verlust der «Schäniser Klause» durch Aufhebung des Damenstifts und Spekulationen mit dem Grundbesitz. Wagenunfall Eschers, Kopfverwundung			1818	Giétrogletscher, Eiskegel mit See
1819	Sommer: Genfer Gelehrte an der Linth: «Quel bonheur d'avoir exécuté une si belle chose!»	1819–1855	Monte Rosa (versch. Gipfel, 1855 Dufourspitze)	1819	Tiefencastel St. Moritz Sauerbrunn
1820	Herbst: Konferenz der Stände Schwyz, Glarus, St. Gallen über das Linthwerk; Befriedigung und Lob	1820	Zugspitze	1820	Brenvagletscher Pont du Quart Pont du Lancet
1822	13.–17.5.: Konferenz der drei Stände zur Übernahme der letzten 220 Aktien. Eschers Aufgabe ist erfüllt			1822	Brig und Napoleonbrücke Lago di Dévero
		1824	Tödi – P. Curschellas und A. Bisquolm		

Ortsregister

Kursiv gesetzte Ziffern beziehen sich auf die Abbildungsnummer des Bildteils.

Personenregister

Kursiv gesetzte Ziffern beziehen sich auf die Abbildungsnummer des Bildteils.

Berichtigungen und Ergänzungen

Zu Kommentar 72 (Mythen): Es handelt sich, wie der Augenschein bestätigte, nur um den Kleinen Mythen mit seinen beiden Zinken. Eschers Angabe ist richtig.

Zum Kapitel «Die 900 Ansichten und Panoramen», S. 23: In seiner Inauguraldissertation «Durch Natur und Kultur bedingte landschaftliche Veränderungen im unteren Linthgebiete», St. Gallen 1918, hat Adolf Roemer u. a. vier Escher-Zeichnungen, davon drei aus dem «Escherkasten», reproduziert, die sich auf die Linthebene beziehen, ohne jedoch auf die Zeichnungen einzugehen. Sie sind als bloße Dokumentation abgedruckt, waren also nicht als Hinweis auf die Escher-Zeichnungen wirksam. Immerhin beweist dieses Beispiel, daß die Zeichnungen im Escherschrank in vereinzelten Fällen von den Fachleuten zu Rate gezogen wurden.

Bildnachweis

Die farbigen Abbildungen sind von den Originalen, die schwarzweißen von Aufnahmen der Zürcher Zentralbibliothek reproduziert. Die Aufnahmen des heutigen Zustands der Landschaft hat die Schweizerische Verkehrszentrale dankenswerterweise zur Verfügung gestellt.